神经网络导论

王晓梅　编著

科学出版社

北　京

内 容 简 介

本书共 5 章,第 1 章主要介绍神经网络、微分系统稳定性理论和泛函分析的基本理论和概念;第 2 章介绍神经网络的基本模型及算法;第 3 章介绍后期比较热门的三种神经网络,即 Hopfield 神经网络、细胞神经网络与双向联想(BAM)神经网络的模型及动力学问题;第 4 章介绍复杂神经网络模型及动力学问题;第 5 章介绍神经网络的应用. 因为神经网络模型是一个非线性动力学系统,有些内容让读者难以读懂,所以本书写作时力求内容简洁、通俗,论述深入浅出,系统地介绍了神经网络模型、算法及动力学问题.

本书既可作为数学专业或工科专业的本科生教材,也可作为研究生教材或供从事神经网络理论研究的科研人员阅读.

图书在版编目(CIP)数据

神经网络导论/王晓梅编著. —北京:科学出版社,2017.1(2018.5重印)
ISBN 978-7-03-051155-3

Ⅰ.①神… Ⅱ.①王… Ⅲ.①人工神经网络-研究 Ⅳ.①TP183

中国版本图书馆 CIP 数据核字(2016) 第 318203 号

责任编辑:李静科/责任校对:彭 涛
责任印制:张 伟/封面设计:陈 敬

科 学 出 版 社 出版
北京东黄城根北街 16 号
邮政编码:100717
http://www.sciencep.com

北京九州迅驰传媒文化有限公司 印刷
科学出版社发行 各地新华书店经销
*
2017 年 1 月第 一 版 开本:720×1000 1/16
2018 年 5 月第三次印刷 印张:19 1/4
字数:378 000
定价:98.00 元
(如有印装质量问题,我社负责调换)

前　　言

　　神经网络技术是 20 世纪末迅速发展起来的一门高新技术. 由于神经网络具有良好的非线性映射能力、自学习适应能力和并行信息处理能力, 为解决不确定非线性系统的建模和控制问题提供了一条新的思路, 因而吸引了国内外众多的学者和工程技术人员从事神经网络控制的研究, 并取得了丰硕成果, 提出了许多成功的理论和方法, 使神经网络控制逐步发展成为智能控制的一个重要分支.

　　神经网络控制的基本思想就是从仿生学角度, 模拟人神经系统的运作方式, 使机器具有人脑那样的感知、学习和推理能力. 它将控制系统看成是由输入到输出的一个映射, 利用神经网络的学习能力和适应能力实现系统的映射特性, 从而完成对系统的建模和控制. 它使模型和控制的概念更加一般化. 从理论上讲, 基于神经网络的控制系统具有一定的学习能力, 能够更好地适应环境和系统特性的变化, 非常适合于复杂系统的建模和控制. 特别是当系统存在不确定性因素时, 更体现了神经网络方法的优越性.

　　神经网络在控制领域受到重视主要归功于它的非线性映射能力、自学习适应能力、联想记忆能力、并行信息处理方式及其良好的容错性能. 应用神经网络时, 人们总期望它具有非常快的全局收敛特性、大范围的映射泛化能力和较少的实现代价.

　　非线性控制系统早期的研究是针对一些特殊的、基本的系统而言的, 其代表性的理论有: 相平面法、描述函数法、绝对稳定性理论、Lyapunov 稳定性理论、输入输出稳定性理论等. 自 20 世纪 80 年代以来, 非线性科学越来越受到人们重视, 数学中的非线性分析、非线性泛函及物理学中的非线性动力学, 发展都很迅速. 与此同时, 非线性系统理论也得到了蓬勃发展, 有更多的控制理论专家转入到非线性系统的研究, 更多的工程师力图用非线性系统理论构造控制器, 并取得了一定的成就. 神经网络方法是主要方法中的一种.

　　对读者来讲, 本书作为人工神经网络的入门课程, 重点介绍人工神经网络及其网络模型, 使读者了解智能系统描述的基本模型, 掌握人工神经网络的基本概念与各种基本网络模型的结构、特点、典型训练算法、运行方式, 掌握软件实现方法; 然后将学生引入人工神经网络应用的研究领域, 通过实验进一步体会有关模型的用法和性能, 获取一些初步的经验, 同时使读者了解人工神经网络的有关研究思想, 从中学习问题的求解方法. 对高级研究者可以查阅适当的参考文献, 将所学的知识与自己未来研究课题 (包括研究生论文阶段的研究课题) 结合起来, 达到既丰富学习内容, 又具有一定的研究和应用的目的.

本书针对本科高年级学生或研究生用书的实际情况, 精选了《神经网络稳定性理论》(钟守铭等编著) 部分内容, 并对内容进行了优化和增删, 同时结合相关的参考文献和自身的研究领域, 增添了基本网络模型的结构、特点、典型训练算法、运行方式及典型问题等, 并加进了最新的一些研究成果. 本书注重内容和体系的整体优化, 浅显易懂, 语言通俗简洁, 重视培养学生应用神经网络知识解决实际问题的能力.

本书由电子科技大学王晓梅副教授主编和执笔.

本书的出版获得了电子科技大学学科建设和新编特色教材项目经费的资助, 并得到了电子科技大学数学科学学院和科学出版社的大力支持. 在本书的编写过程中, 电子科技大学钟守铭教授对本书进行了评审, 并提出了不少宝贵的意见, 在此一并表示衷心的感谢. 电子科技大学于雪梅硕士阅读了本书的部分手稿, 对编辑格式和内容进行了仔细查阅, 在此表示诚挚的感谢, 同时也对关心帮助本书出版的老师们表示感谢.

由于编者水平有限, 不足之处在所难免, 恳请读者批评指正!

作　者

2016 年 6 月

目　　录

第 1 章   绪   论

人们通常所说的神经网络指的是人工神经网络 (artificial neural network, ANN), ANN 是由多个非常简单的处理单元 (神经元) 彼此按某种方式相互连接而成的计算系统, 该系统靠其状态对外部输入信息的动态响应来处理信息, 是以大脑的生理研究成果为基础模拟生物神经网络进行信息处理的一种数学模型. 其目的在于模拟大脑的某些机理与机制, 实现一些特定的功能. 人工神经网络模型主要考虑网络连接的拓扑结构、神经元的特征、学习规则等. 神经动力学就是以研究神经网络的数学模型为主要内容, 自从神经网络理论建立以后, 由于要求算法的收敛性, 人们开始了对神经网络模型动力学行为的研究, 为了研究神经动力学行为, 必须先介绍神经网络的基本理论.

1.1   神经网络简介

神经网络控制的基本思想就是从仿生学角度模拟人脑神经系统的运作方式, 使机器具有和人脑一样的感知、学习和推理功能, 将控制系统看成是一个由输入到输出的映射, 利用神经网络的学习能力和适应能力来实现系统的映射特性, 从而完成对系统的建模和控制. 目前, 神经网络的研究内容十分广泛, 这也反映出多学科交叉技术领域的特点. 其中主要研究工作概括为以下四个方面:

(1) 生物原型研究:

从生理学、心理学、脑科学、病理学、解剖学等生物科学方面研究神经细胞、神经系统、神经网络的生物原型结构及其功能机理.

(2) 理论模型的研究与建立:

在生物原型研究的基础上建立神经元、神经网络的理论模型, 其中包括知识模型、概念模型、数学模型、物理化学模型等.

(3) 研究网络模型及其算法:

在理论模型研究的基础上建立具体的神经网络模型, 以实现计算机仿真或者准备制作硬件, 其中包括网络学习算法的研究. 这方面的工作也称为技术模型研究.

(4) 神经网络应用系统研究:

在网络模型和算法研究的基础上, 通过神经网络组成实际的应用系统, 例如, 完成某类信号处理或模式识别的功能、制造机器人、构建专家系统等.

神经网络由于其大规模并行、分布式存储和处理、容错性、自组织和自适应能力以及联想功能等特点，已成为解决问题的强有力的工具，特别是非常适合处理需要同时考虑诸多因素和条件的、不精确或者模糊的信息处理问题. 例如, 面对缺乏物理理解和统计理解、数据由非线性机制产生、观察的数据中存在着统计变化等棘手问题时, 神经网络往往能够提供非常有效的解决办法. 另一方面, 神经网络对突破现有科学技术的瓶颈, 更深入地探索研究非线性等复杂现象具有非常重大的意义. 此外, 神经网络理论在实际中的应用也取得了令人瞩目的发展, 特别是在信息处理、智能控制、模式识别、非线性优化、生物医学工程等方面都有重要的应用实例. 根据 Mritin T.Hagen 等的归纳总结, 神经网络在实际生活中也有着诸多应用. 例如, 汽车自动驾驶系统、汽车调度和路线系统、动画和特效设计、产品最优化、货币价格预测、脑电图和心电图分析、石油和天然气的勘探等. 我们相信随着神经网络研究的进一步深入和拓展, 特别是神经网络作为一种智能方法与其他学科技术领域更为紧密的结合, 神经网络将具有更为广阔的应用前景.

1.1.1 神经网络的概念

神经网络的全称是人工神经网络, 是由大量的、非常简单的处理单元 (神经元) 彼此按某种方式互连而成的复杂网络系统, 它通过对人脑的抽象、简化和模拟反映人脑功能的基本特性, 是一个高度复杂的非线性动力学系统. 神经网络的研究是以人脑的生理结构为基础来研究人的智能行为, 模拟人脑信息处理能力. 神经网络的发展与数理科学、神经科学、计算机科学、人工智能、信息科学、分子生物学、控制论、心理学等相关, 因此, 神经网络是一门特别活跃的边缘交叉学科. 神经网络控制的基本思想就是从仿生学角度模拟人脑神经系统的运作方式, 使机器具有和人脑一样的感知、学习和推理功能, 将控制系统看成是一个由输入到输出的映射, 利用神经网络的学习能力和适应能力来实现系统的映射特性, 从而完成对系统的建模和控制. 为了更好地理解什么是神经网络, 下面简单介绍人脑结构.

人的神经系统可看作三个阶段系统, 如同图 1.1.1 所描绘的框图, 系统的中央是人脑, 由神经网络表示, 它连续地接收信息, 感知它并做出适当的决定. 图中有两组箭头, 从左到右的箭头表示携带信息的信号通过系统向前传输, 从右到左的箭头表示系统中的反馈. 感受器把人体或外界环境的刺激转换成电冲击, 对神经网络 (大脑) 传送信息. 神经网络的效应器将电冲击通过神经网络转换为可识别的响应作为系统输出.

图 1.1.1   神经系统的框图表示

人脑神经系统的基本单元是神经细胞, 即生物神经元, 人脑神经系统约由 10^{11} 个神经元构成, 每个神经元与约 10^4 个其他神经元相连接. 神经细胞与人体中其他细胞的关键区别在于神经细胞具有产生、处理和传递信号的能力. 一个神经元的构造主要包括细胞体、树突、轴突和突触, 如图 1.1.2 所示.

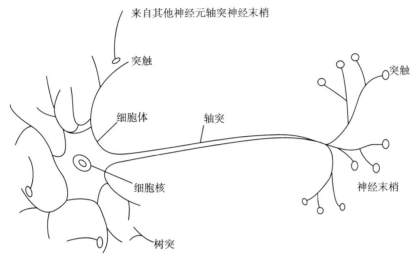

图 1.1.2　生物神经元示意图

细胞体: 由细胞核、细胞质和细胞膜等组成.

树突: 从细胞体延伸出来像树枝一样向四处分散开来的许多突起, 称之为树突, 其作用是感受其他神经元的传递信号.

轴突: 一般每个神经元从细胞体伸出一根粗细均匀、表面光滑的突起, 长度从几微米到 1m 左右, 称为轴突, 它的功能是传出来自细胞体的神经信息. 在高等动物的神经细胞中, 大多数神经元都有轴突.

突触: 轴突末端有许多细的分枝, 称之为神经末梢, 每一根神经末梢可以与其他神经元连接, 其连接的末端称为突触.

神经元之间的连接是靠突触实现的, 主要有: 轴突与树突、轴突与细胞体、轴突与轴突、树突与树突等连接形式.

神经细胞单元的信息是宽度和幅度都相同的脉冲串, 若某个神经细胞兴奋, 其轴突输出的脉冲串的频率就高; 若某个神经细胞抑制, 其轴突输出的脉冲串的频率就低, 甚至无脉冲发出. 根据突触对下一个神经细胞的功能活动的影响, 突触又可分为兴奋性的和抑制性的两种. 兴奋性的突触可能引起下一个神经细胞兴奋, 抑制性的突触使下一个神经细胞抑制.

神经细胞的细胞膜将细胞体内外分开, 从而使细胞体内外有不同的电位, 一般内部电位比外部低, 其内外电位差称为膜电位. 突触使神经细胞的膜电位发生变化, 且电位的变化是可以累加的, 该神经细胞膜电位是它所有突触产生的电位总和. 当该神经细胞的膜电位升高到超过一个阈值时, 会产生一个脉冲, 从而总和的膜电位直接影响该神经细胞兴奋发放的脉冲数.

突触传递信息需要一定的延迟, 对温血动物, 延迟时间为 0.3~1.0ms. 一般每个神经细胞的轴突连接 100~1000 个其他神经细胞, 神经细胞的信息就这样从一个神经细胞传到另一个神经细胞, 且这种传播是正向的, 不允许逆向传播.

1.1.2　神经网络的发展

神经网络主要经过早期阶段、过渡期、新高潮期、热潮期四个阶段:

(1) 早期阶段指的是 1913 年到 20 世纪 60 年代末. 60 年代中期神经网络的研究处于低潮, 在这期间研究人员提出了许多神经元模型和学习规则. 1913 年人工神经系统的第一个实践是由 Russell 描述的水力装置; 1943 年美国心理学家 Warren S McCulloch 与数学家 Walter H Pitts 合作, 提出了 M-P 模型; 1949 年心理学家 D.O.Hebb 提出了突触联系效率可变的假设, 这种假设就是调整权值; 1957 年 F.Rosenblatt 设计制作了著名的感知器; 1962 年 Bernard Widrow 和 Marcian Hoff 提出了自适应线性元件网络.

(2) 20 世纪 60 年代末到 20 世纪 70 年代为过渡期, 这期间神经网络研究跌入了一个低潮. 人们开始发现感知器存在一些缺陷, 例如它不能解决异或问题, 因而使研究工作陷入了谷底. 难能可贵的是, 在这一时期, 仍有众多学者在极端艰难的环境下持之以恒地对神经网络进行研究. 例如, Grossberg 提出了自适应共振理论; Kohenen 提出了自组织映射; Fukushima 提出了神经认知机网络理论; Anderson 提出了 BSB 模型; Webos 提出了 BP 理论; 还有这一时期日本福岛彦帮的认知机模型和日本东京大学的中野馨的联想记忆模型等.

(3) 新高潮期指的是 20 世纪 80 年代, 这一时期主要是 Hopfield 神经网络模型, 引入了 "计算能量函数" 的概念, 给出了网络稳定性判断依据, 有力地推动了神经网络的研究与发展.

(4) 热潮期指的是 20 世纪 80 年代后期, 1986 年 Rumelhart 和 McCelland 等提出并行分布处理 (PDP) 的理论, 与此同时还提出了多层次网络的误差反向传播学习算法, 简称 BP 算法. 这种算法从实践上证明神经网络具有很强的运算能力, 可以完成许多学习任务, 解决许多具体问题, 自 1986 年以来, 在控制领域, 将神经网络与传统控制技术相结合取得了许多令人鼓舞的结果. 神经网络理论的应用研究已经渗透各个领域, 并在智能控制、模式识别、自适应滤波和信号处理、非线性优化、传感技术和机器人、生物医学工程等方面取得了令人鼓舞的进展. 这些成就加强了人们对神经网络系统的进一步认识, 引起了世界许多国家的科学家、研究机构及企业界人士的关注, 也促使不同学科的科学工作者联合起来, 从事神经网络理论、技术开发及应用于现实的研究.

1.1.3 神经网络的优点

在学习神经网络优点之前, 先了解神经网络的计算能力和性质, 计算能力有两点:

(1) 大规模并行分布结构.

(2) 神经网络学习能力以及由此而来的泛化能力. 泛化是指神经网络对不在训练 (学习) 集中的数据可以产生合理的输出. 这两种信息处理能力让神经网络可以解决一些当前还不能处理的复杂的 (大型) 问题. 但是在实践中, 神经网络不能单独做出解答, 它们需要被整合在一个协调一致的系统工程方法中. 具体来讲, 一个复杂问题往往被分解成若干相对简单的任务, 而神经网络则处理与其能力相符的子任务.

神经网络具有下列性质和能力:

(1) 非线性. 一个人工神经元可以是线性或者是非线性的. 一个由非线性神经元互连而成的神经网络, 其自身是非线性的, 并且非线性是一种分布于整个网络中的特殊性质.

(2) 输入输出映射. 有监督学习或有教师学习是一个学习的流行范例, 涉及使用带标号的训练样本或任务例子对神经网络的突触权进行修改. 每个样本由一个唯一的输入信号和相应的期望响应组成. 从一个训练集中随机选取一个样本给网络, 网络就调整它的突触权值 (自由参数), 以最小化期望响应和由输入信号以适当的统计准则产生的实际响应之间的差别. 使用训练集中的例子很多, 重复神经网络的训练, 直到网络到达没有显著的突触权值修正的稳定状态为止. 先前使用过的例子可能还要在训练期间以不同顺序重复使用, 因此对当前问题, 网络通过建立输入/输出映射从例子中进行学习.

(3) 适应性. 神经网络嵌入了一个调整自身突触权值以适应外界变化的能力. 特别是, 一个在特定运行环境下接受训练的神经网络, 对环境条件不大的变化可以容易地进行重新训练. 而且, 当它在一个时变环境 (即它的统计特性随时间变化) 中运行时, 网络突触权值就可以设计成随时间变化. 用于模式识别、信号处理和控制的神经网络与它的自适应能力耦合, 就可以变成能进行自适应模式识别、自适应信号处理和自适应控制的有效工具.

(4) 证据响应. 在模式识别问题中, 神经网络可以设计成既能提供不限于选择哪一个特定模式的信息, 也能提供决策的置信度的信息. 后者可以用来拒判那些出现得过于模糊的模式.

(5) 背景的信息. 神经网络的特定结构和激发状态代表知识. 网络中每一个神

经元潜在地都受到网络中所有其他神经元全局活动的影响. 因此, 背景信息自然由一个神经网络处理.

(6) 容错性. 一个以硬件形式实现后的神经网络有天生容错的潜质, 或者鲁棒计算的能力, 意即它的性能在不利条件下逐渐下降. 比如, 一个神经元或它的连接损坏了, 存储模式的回忆在质量上被削弱. 但是, 由于网络信息存储的分布特性, 在网络的总体响应严重恶化之前这种损坏是分散的. 因此, 原则上, 一个神经网络的性能显示了一个缓慢恶化而不是灾难性的失败. 有一些关于鲁棒性计算的经验证据, 但通常它是不可控的. 为了确保网络事实上的容错性, 有必要在设计训练网络的算法时采用正确的度量.

(7) 超大规模集 (very-large-scale-integrated, VLSI) 实现. 神经网络的大规模并行性使它具有快速处理某些任务的潜在能力. 这一特性使得神经网络很适合用 VLSI 实现. VLSI 的一个特殊优点是提供一个以高度分层的方式捕捉真实复杂性行为的方法.

(8) 分析和设计的一致性. 基本上, 神经网络作为信息处理器具有通用性, 即涉及神经网络的应用的所有领域都使用同样记号. 这种特征以不同的方式表现出来:

① 神经元: 不管形式如何, 在所有的时间网络中都代表一个相同部分.

② 这种共性使得在不同应用中的神经网络共享相同的理论和学习算法成为可能.

③ 模块化网络可以用模块的无缝集成来实现.

基于神经网络以上能力和性质, 所以神经网络具有以下优点:

(1) 分布式存储信息. 其信息的存储分布在不同的位置, 神经网络是用大量神经元之间的连接及对各连接权值的分布来表示特定的信息, 从而使网络在局部网络受损或输入信号因各种原因发生部分畸变时, 仍然能够保证网络的正确输出, 提高网络的容错性和鲁棒性.

(2) 并行协同处理信息. 神经网络中的每个神经元都可以根据接收到的信息进行独立的运算和处理, 并输出结果, 同一层中的各个神经元的输出结果可被同时计算出来, 然后传输给下一层做进一步处理, 这体现了神经网络并行运算的特点. 这一特点使网络具有非常强的实时性. 虽然单个神经元的结构极其简单, 功能有限, 但大量神经元构成的网络系统所能实现的行为是极其丰富多彩的.

(3) 信息处理与存储合二为一, 神经网络的每个神经元都兼有信息处理和存储功能. 神经元之间连接强度的变化, 既反映了对信息的记忆, 同时又与神经元对激励的响应一起反映了对信息的处理.

(4) 对信息的处理具有自组织、自学习的特点, 便于联想、综合和推广. 神经网络的神经元之间的连接强度用权值大小来表示, 这种权值可以通过对训练样本的学习而不断变化, 而且随着训练样本量的增加和反复学习, 这些神经元之间的连接强度会不断增加, 从而提高神经元对这些样本特征的反应灵敏度.

1.1.4 人工神经元模型

神经元是神经网络操作的基本信息处理单位, 是 (人工) 神经网络的设计基础. 这里给出神经元模型的三种基本元素:

(1) 突触或连接链, 每一个都由其权值或者强度作为特征. 特别地, 在连到神经元 k 的突触 j 上的输入信号 x_j 被乘以 k 的突触权值 w_{kj}. 注意突触权值 w_{kj} 的下标的写法很重要. 第一个下标指查询神经元, 第二个下标指权值所在的突触的输入端. 和人脑中的突触不一样, 人工神经元的突触权值有一个范围, 可以取正值也可以取负值, 正值表示兴奋性突触, 负值表示抑制性突触.

(2) 加法器, 用于求输入信号中神经元的相应突触加权的和. 这个操作构成一个线性组合器.

(3) 激活 (励) 函数, 用来限制神经元输出振幅. 激活函数也称为压制函数, 由于它将输出信号压制 (限制) 到允许范围之内的一定值. 通常, 一个神经元输出的正常幅度范围可以写成单位闭区间 $[0, 1]$ 或者另一种区间 $[-1, 1]$.

图 1.1.3 的神经元模型也包括一个外部偏置, 记为 b_k. 偏置的作用是根据其为正或为负, 相应地增加或降低激活函数的网络输入.

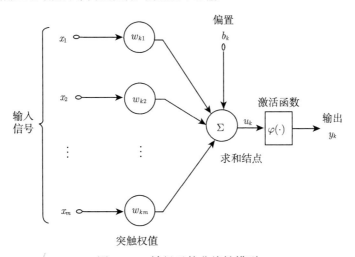

图 1.1.3   神经元的非线性模型

用数学术语, 可以用如下一对方程描述一个神经元 k:

$$u_k = \sum_{j=1}^{m} w_{kj} x_j = Wp, \tag{1.1.1}$$

$$y_k = \varphi(u_k + b_k). \tag{1.1.2}$$

其中, $x_1, \cdots, x_m$ 是输入信号; $w_{k1}, w_{k2}, \cdots, w_{km}$ 是神经元 k 的突触权值; u_k 是输入信号的线性组合器的输出; 偏置为 b_k, 激活函数是 $\varphi(\cdot)$; y_k 是神经元输出信号. 偏置 b_k 的作用是对图 1.1.3 模型中的线性组合器的输出 u_k 作仿射变换, 如下所示:

$$v_k = Wp + b = \sum_{j=1}^{m} w_{kj}x_j + b_k. \tag{1.1.3}$$

特别地, 根据偏置 b_k 取正或取负, 神经元 k 的诱导局部或激活电位 v_k 和线性组合器输出 u_k 的关系如图 1.1.4 所示. 注意到, 由于这个仿射变换的作用, v_k 与 u_k 的图形不再经过原点.

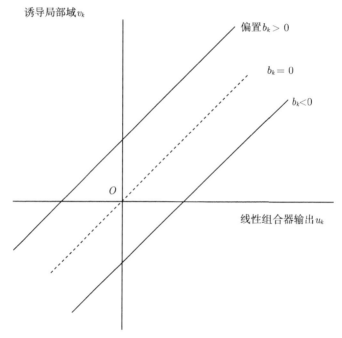

图 1.1.4   偏置产生的仿射变换 (注意 $u_k = 0$ 时 $v_k = b_k$)

偏置 b_k 是人工神经元 k 的外部参数. 结合方程 (1.1.1) 和 (1.1.3) 得到如下公式:

$$v_k = \sum_{j=0}^{M} w_{kj}x_j, \tag{1.1.4}$$

$$y_k = \varphi(v_k). \tag{1.1.5}$$

在 (1.1.4) 中, 我们加上一个新的突触, 其输入是

$$x_0 = 1, \tag{1.1.6}$$

权值是

$$w_{k0} = b_k, \tag{1.1.7}$$

因此得到了神经元 k 的新型模型图 1.1.5. 在这个图形中, 偏置的作用是做两件事: ①添加新的固定的输入 +1: ② 添加新的等于偏置 b_k 的突触权值. 虽然形式上图 1.1.3 和图 1.1.5 的模型不相同, 但在数学上它们是等价的.

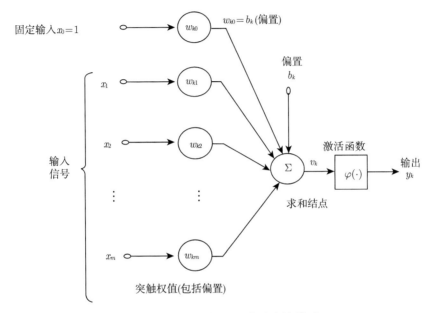

图 1.1.5 神经元的另一个非线性模型

1. 传输 (激活) 函数类型

传输函数, 记为 $\varphi(v)$, 通过诱导局部域 v 定义神经元输出. 这里主要介绍三种基本的传输函数:

(1) 阈值函数. 这种传输函数如图 1.1.6(a) 所示, 可写为

$$\varphi(v) = \begin{cases} 1, & v \geqslant 0, \\ 0, & v < 0. \end{cases} \tag{1.1.8}$$

相应地, 在神经元 k 使用这种阈值函数, 其输出可表示为

$$y_k = \begin{cases} 1, & v_k \geqslant 0, \\ 0, & v_k < 0, \end{cases} \tag{1.1.9}$$

其中 v_k 是神经元的诱导局部域, 即

$$v_k = \sum_{j=1}^{m} w_{kj} x_j + b_k. \tag{1.1.10}$$

这样一个神经元称为 MeCulloch-Pitts 模型 (简称 M-P 模型, 详见第 2 章).

(2) 分段线性函数. 分段线性函数由图 1.1.6(b) 所示得

$$\varphi(v) = \begin{cases} 1, & v \geqslant \dfrac{1}{2}, \\ v + \dfrac{1}{2}, & -\dfrac{1}{2} < v < \dfrac{1}{2}, \\ 0, & v \leqslant -\dfrac{1}{2}. \end{cases} \tag{1.1.11}$$

在运算的线性区域内放大因子值为 1. 这种形式的激活是对非线性放大器的近似. 下面两种情况可以看作此函数的特例:

① 在保持运算的线性区域放大因子值不超过 1 的情况下, 就成为线性组合器.

② 如果线性区域的放大因子为无穷大, 那么此函数退化成阈值函数.

(3) sigmoid 函数. 此函数的图形是 S 型的, 是严格递增的. 以 Logsig 函数定义如下:

$$\varphi(v) = \frac{1}{1 + \exp(-av)}, \tag{1.1.12}$$

其中, a 是 sigmoid 函数的倾斜参数. 改变参数 a 就可以改变倾斜程度, 如图 1.1.6(c) 所示, 实际上, 在原点的斜度等于 $a/4$. 在极限情况下, 倾斜参数趋于无穷, sigmoid 函数就变成了简单的阈值函数. 阈值函数值仅取 0 或 1, 而 sigmoid 的值域是 0~1 的连续区间, 还要注意到 sigmoid 函数是可微的, 而阈值函数是不可微的.

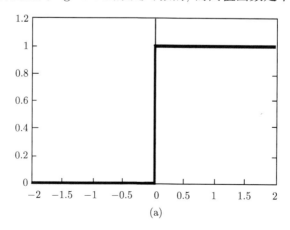

(a)

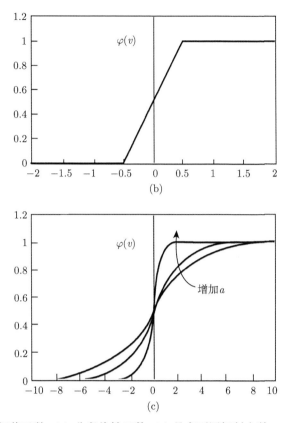

图 1.1.6 (a) 阈值函数; (b) 分段线性函数; (c) 具有不同倾斜参数 a 的 sigmoid 函数

在式 (1.1.8)、式 (1.1.11) 和式 (1.1.12) 中定义的激活函数的值域是 $[0, 1]$, 有时也期望激活函数的值域是 $[-1, 1]$, 在这种情况下激活函数是关于原点反对称的, 即激活函数是诱导局部的奇函数. 特别地, 阈值函数 (1.1.8) 的另一种形式是

$$\varphi(v) = \begin{cases} 1, & v > 0, \\ 0, & v = 0, \\ -1, & v < 0. \end{cases} \qquad (1.1.13)$$

通常称为 signum 函数. 为了和 sigmoid 函数相对应, 可以使用双曲正切函数

$$\varphi(v) = \tanh(v). \qquad (1.1.14)$$

它允许 sigmoid 型的激活函数取负值, 这在分析时是有用的.

还有其他常用传输函数列表, 如表 1.1.1 所示.

表 1.1.1

名　　称	输入/输出关系	图标	MATLAB函数
硬极限函数	$\varphi(v)=\begin{cases}0, & v<0,\\ 1, & v\geqslant 0\end{cases}$		hardlim
对称硬极限函数	$\varphi(v)=\begin{cases}-1, & v<0,\\ 1, & v\geqslant 0\end{cases}$		hardlims
线性函数	$\varphi(v)=v$		purelin
饱和线性函数	$\varphi(v)=\begin{cases}0, & v<0,\\ v, & 0\leqslant v\leqslant 1,\\ 1, & v>0\end{cases}$		satlin
对称饱和线性函数	$\varphi(v)=\begin{cases}-1, & v<-1,\\ v, & -1\leqslant v\leqslant 1,\\ 1, & v>1\end{cases}$		satlins
对数-S函数	$\varphi(v)=\dfrac{1}{1+\mathrm{e}^{-v}}$		logsig
双曲正切-S函数	$\varphi(v)=\dfrac{\mathrm{e}^{v}-\mathrm{e}^{-v}}{\mathrm{e}^{v}+\mathrm{e}^{-v}}$		tansig
正线性函数	$\varphi(v)=\begin{cases}0, & v<0,\\ v, & v\geqslant 0\end{cases}$		poslin
竞争函数	$a=1$, 具有最大v的神经元 $a=0$, 所有其他的神经元	C	compot

例 1.1.1　对于式 (1.1.3), 如果是单个神经元, 设输入 $p=2$, $W=1.2$, $b=-4$, 分别采用 hardlim, hardlims, purelin, satlin, logsig 传输函数, 求神经元的输出值.

解　据式 (1.1.3) 有

(1) $\varphi=\mathrm{hardlim}(Wp+b)=\mathrm{hardlim}(1.2\times 2-4)=0$;

(2) $\varphi=\mathrm{hardlims}(Wp+b)=\mathrm{hardlims}(1.2\times 2-4)=-1$;

(3) $\varphi=\mathrm{purelin}(Wp+b)=\mathrm{purelin}(1.2\times 2-4)=1.6$;

(4) $\varphi=\mathrm{satlin}(Wp+b)=\mathrm{satlin}(1.2\times 2-4)=0$;

(5) $\varphi=\mathrm{logsig}(Wp+b)=\mathrm{logsig}(1.2\times 2-4)=\dfrac{1}{1+\mathrm{e}^{1.6}}\approx 0.168$.

例 1.1.2　给定一个具有如下参数的两输入神经元: $b=1.2$, $W=[3\ 2]$, $p=[-5\ 6]^{\mathrm{T}}$, 试依据下列传输函数计算神经元输出:

(1) 对称硬极限传输函数.

(2) 饱和线性传输函数.

(3) 双曲正切 S 型 (tansig) 传输函数.

解　首先计算净输入 v:

$$v = Wp + b = \begin{bmatrix} 3 & 2 \end{bmatrix} \begin{bmatrix} -5 \\ 6 \end{bmatrix} + (1.2) = -1.8,$$

现针对每种传输函数计算该神经元的输出.

(1) $\varphi = \mathrm{hardlims}\,(-1.8) = -1$;

(2) $\varphi = \mathrm{satlin}\,(-1.8) = 0$;

(3) $\varphi = \mathrm{tansig}\,(-1.8) = -0.9468$.

例 1.1.3　现有一个单层神经网络, 具有 6 个输入和 2 个输出, 输出被限制为 0 到 1 之间的连续值. 叙述该网络的结构, 请说明:

(1) 需要多少个神经元?

(2) 权值矩阵的维数是多少?

(3) 能够采用什么传输函数?

(4) 需要采用偏置值吗?

解　该问题的求解结果如下:

(1) 需要两个输出神经元;

(2) 对应 2 个神经元和 6 个输入, 权值矩阵应有 2 行 6 列 (乘积 Wp 是一个二元向量);

(3) 根据前面所讨论的传输函数性质, 选用 logsig 传输函数是最适合的;

(4) 题中未能给出足够的条件以确定是否需要偏置值.

2. 神经元的统计模型

图 1.1.5 的神经元模型是确定性的, 它的输入/输出行为由所有的输入精确定义, 但在一些神经网络应用中, 基于随机神经模型的分析更符合需要. 用一些解析处理方法, M-P 模型的激活函数用概率分布来实现. 特别地, 一个神经元允许有两个可能的状态值 (1 或 -1). 一个神经元激发 (即它的状态开关从 "关" 到 "开") 是随机决定的. 用 x 表示神经元状态, $P(v)$ 表示激发的概率, 其中 v 是诱导局部域. 我们可以设定

$$x = \begin{cases} 1, & \text{以概率} P(v), \\ -1, & \text{以概率} 1 - P(v). \end{cases}$$

$P(v)$ 的一个标准选择是 sigmoid 型的函数

$$P(v) = \frac{1}{1 + \exp(-v/T)}, \tag{1.1.15}$$

其中 T 是伪温度, 控制激发中的噪声水平即不确定性. 但是, 不管神经网络是生物的还是人工的, 它都不是神经网络的物理温度, 认识到这一点很重要. 进一步, 正如所说明的一样, 我们仅仅将 T 看作是一个控制表示突触噪声效果的热波动的参数. 注意: 当 T 趋于 0 时, 式 (1.1.15) 所描述的随机神经元就变为无噪声 (即确定性) 形状, 也就是 McCulloch-Pitts 模型.

1.1.5 神经网络的网络结构

神经网络中神经元的构成方式是和训练网络的学习算法紧密连接的. 因此, 可以说, 用于网络设计的学习算法 (规则) 是被构造的. 有关学习算法, 这里就不再介绍了, 本小节主要介绍网络的体系结构.

一般说来, 我们可以区分三种基本不同的网络结构.

1. 单层前馈网络

在分层网络中, 神经元以层的形式组织. 在最简单的分层网络中, 源节点构成输入层, 直接投射到神经元输出层 (计算节点) 上去, 而不是相反, 也就是说, 这个网络是严格的无圈的或前馈的. 如图 1.1.7 所示, 输出/ 输入各层各有 4 个节点, 这样一个网络称为单层网络. "单层" 指的是计算节点 (神经元) 输出层. 我们不把源节点的输入层计算在内, 因为在这一层没有计算.

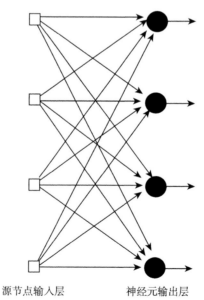

源节点输入层　　　　　神经元输出层

图 1.1.7　单层前馈或无圈神经元网络

2. 多层前馈网络

第二种前馈网络是多层前馈网络, 通常有一层或多层隐藏节点层, 相应的计算节点称为隐藏单元或隐藏神经元. 隐藏神经元的功能是以某种有用方式介入外部输入和网络输出之中, 加上一个或多个隐藏层, 网络可以引出高阶统计特性. 即使网络为局部连接, 由于额外的突触连接和额外的神经交互作用, 可以使网络在不那么严格意义下获得一个全局关系. 当输入层很大时, 隐藏层提取高阶统计特性的能力就更有价值了.

输入层的源节点提供激活模式的元素 (输入向量), 组成第二层 (第一隐藏层) 神经元 (计算节点) 的输入信号. 第二层的输出信号作为第三层输入, 这样一直传递下去. 通常, 每一层的输入都是上一层的输出, 最后的输出层给出相对于源节点的激活模式的网络输出. 其结构图如图 1.1.8 所示. 图中只有一个隐藏层以简化神经网络的布局. 这是一个 10-4-2 网络, 其中有 10 个源节点、4 个隐藏神经元和 2 个输出神经元. 作为另外一个例子, 具有 m 个源节点的前馈网络, 第一个隐藏层有 h_1 个神经元, 第二个隐藏层有 h_2 个神经元, 输出层有 q 个神经元, 可以称为 $m - h_1 - h_2 - q$ 网络. 图 1-8 所示的网络也可以称为完全连接网络, 这是指相邻层任意一对节点都有连接; 否则, 我们称之为部分连接网络.

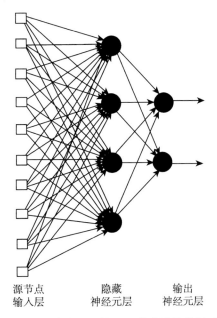

源节点　　　　隐藏　　　　输出
输入层　　　神经元层　　神经元层

图 1.1.8　具有一个隐层和输出层的全连接前馈或无圈图

3. 递归网络

递归网络和前馈网络的区别在于它至少有一个反馈环. 如图 1.1.9 所示, 递归网络可以是这样, 单层网络的每一个神经元的输出都反馈到所有其他神经元的输入中去. 这个图中描绘的结构没有自反馈环: 自反馈环表示神经元的输出反馈到它自己的输入上去. 图 1.1.9 也没有隐藏层. 图 1.1.10 所示是带有隐藏神经元的一类递归网络, 反馈连接的起点包括隐藏层神经元和输出神经元.

反馈环的存在, 不管在图 1.1.9 还是图 1.1.10 的递归结构中, 对网络的学习能力和它的性能有深刻的影响. 并且, 由于反馈环涉及使用单元延迟元素 (记为 z^{-1}) 构成的特殊分支, 假如神经网络包含非线性单元, 这导致非线性的动态行为.

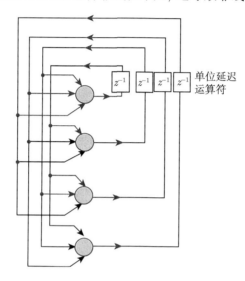

图 1.1.9   无自反馈环和隐藏神经元的递归网络

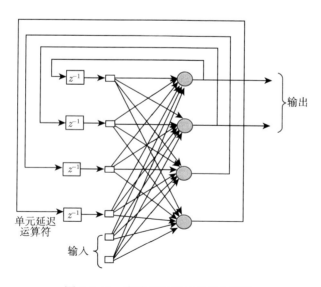

图 1.1.10   有隐藏神经元的递归网络

练习题

1. 一个单输入神经元的输入是 2.0, 其输入连接的权值是 1.3, 偏置值是 3.0. 如果它的输出分别为如下一些值, 请根据表 1.1.1 回答它分别可以采用哪些传输函数?

(1) 1.6;

(2) 1.0;

(3) 0.9963;

(4) −1.0.

2. 假设一个具有偏置值的单输入神经元, 现希望当输入值小于 3 时, 输出值为 −1, 输入值大于等于 3 时, 其输出值为 +1, 请问:

(1) 需要什么类型的传输函数?

(2) 偏置值应该取多大? 它与输入连接的权值相关吗? 如果相关, 如何相关?

(3) 通过指定传输函数的名称、描述偏置值和权值来概括该网络. 请画出网络的图形. 用 MATLAB 验证网络的性能.

3. 给定一个具有如下权值矩阵和输入向量的两输入神经元: $W = [3 \quad 2]$, 且 $p=[-5 \quad 7]^{\mathrm{T}}$, 希望其输出值为 0.5. 请问是否存在偏置值和传输函数的某种组合可以满足这一要求?

(1) 若偏置值为 0, 表 1.1.1 中有能够实现上述功能的传输函数吗?

(2) 如使用线性传输函数, 是否存在能实现上述功能的偏置值? 如果有, 说明偏置值是什么?

(3) 如使用对数-S 型传输函数, 是否存在能实现上述功能的偏置值? 请说明偏置值是什么?

(4) 如果使用对称硬极限传输函数, 是否存在能够实现上述功能的偏置值? 如果有, 请说明偏置值是什么?

1.2 微分方程稳定性理论基础

为了在第 3 章和第 4 章介绍神经网络动力学问题, 这里对稳定性的基本理论基础知识做一个简单的介绍. 19 世纪 90 年代, 俄国数学家 Lyapunov 创立了微分方程稳定性理论, 其特点就是在不求出方程的解的情况下, 直接根据微分方程本身的结构和特点, 来研究其解的性质. 由于这种方法的有效性, 近一百多年以来稳定性理论已经成为常微分方程发展的主流. 根据解的收敛情况, 稳定性又细分为稳定、一致稳定、渐近稳定、一致渐近稳定和指数稳定等.

1.2.1 微分方程的基本知识

考虑微分方程组

$$\frac{\mathrm{d}x_i}{\mathrm{d}t} = g_i(t, x_1, x_2, \cdots, x_n) = g_i(t, x), \quad i = 1, 2, \cdots, n. \tag{1.2.1}$$

这里, $x = (x_1, x_2, \cdots, x_n)^{\mathrm{T}} \in \Omega \subseteq \mathbf{R}^n$ 是状态变量; $t \in I = [t_0, T)$ 是时间变量, $t_0 < T \leqslant \infty$; $g_i : I \times \Omega \to \mathbf{R}(i = 1, 2, \cdots, n)$ 是连续函数、系统 (1.2.1) 的向量形式为

$$\frac{\mathrm{d}x}{\mathrm{d}t} = g(t, x). \tag{1.2.2}$$

定义 1.2.1   若对 $\forall t \in I, \forall x, y \in \Omega, \exists L > 0$, 使得

$$\|g(t, x) - g(t, y)\| \leqslant L \|x - y\|$$

成立, 则称函数 $g(t, x)$ 在 $I \times \Omega$ 上关于 x 满足 Lipschitz 条件.

如果函数 $g(t, x)$ 在 $I \times \Omega$ 上关于 x 具有一阶连续的偏导数, 则 $g(t, x)$ 在 $I \times \Omega$ 上关于 x 满足 Lipschitz 条件.

定理 1.2.1(解的存在唯一性定理)   若 $g(t, x)$ 在 $I \times \Omega$ 上连续, 且 x 满足 Lipschitz 条件, 则对 $\forall (t_0, x_0) \in I \times \Omega$, 存在常数 $\delta > 0$, 使得在区间 $[t_0 - \delta, t_0 + \delta]$ 上存在唯一的解 $x(t, t_0, x_0)$ 满足

$$\begin{cases} \dfrac{\mathrm{d}x(t, t_0, x_0)}{\mathrm{d}t} = g[t, x(t, t_0, x_0)], \\ x(t_0, t_0, x_0) = x_0, \end{cases} \tag{1.2.3}$$

其中系统 (1.2.3) 称为 Cauchy 问题, 即方程组 + 初始条件 = Cauchy 问题.

定理 1.2.2(解的延拓定理)   在定理 1.2.1 中由任意初始条件 $x(t_0) = x_0$ 所确定的解 $x(t, t_0, x_0)$, 当 t 向前延拓时, 有两种情况:

(1) $\exists \tau$, 当 $t \to \tau$ 时, $x(t, t_0, x_0)$ 到达 Ω 的边界;

(2) 对 $\forall t \in [t_0, \infty), x(t, t_0, x_0) \in \Omega$.

当 t 负向延拓时, 有类似的情况出现.

定理 1.2.3(解对初值的连续依赖性和可微性定理)   若定理 1.2.1 的条件满足, 则有:

(1) 方程 (1.2.3) 两个解, 即 $x^{(1)} = x(t, t_0, x_0^{(1)})$ 和 $x^{(2)} = x(t, t_0, x_0^{(2)})$ 在 $[t_0, t_1]$ 上有定义, 均位于 Ω 内, 则对 $\forall \varepsilon > 0, \exists \delta > 0$, 当 $\left\| x_0^{(1)} - x_0^{(2)} \right\| < \delta$ 时, 对 $\forall t \in [t_0, t_1]$, 有

$$\left\| x^{(1)}(t) - x^{(2)}(t) \right\| < \varepsilon.$$

(2) 若 $\dfrac{\partial g_i}{\partial x_j}$ 连续, $x_0 = (x_{10}, x_{20}, \cdots, x_{n0})$, 则 $\dfrac{\partial x_i(t, t_0, x_0)}{\partial x_{j0}}$ 也连续, $i, j = 1,$ $2, \cdots, n$.

考虑依赖参数的微分方程

$$\frac{\mathrm{d}x}{\mathrm{d}t} = g(t, x, \mu), \tag{1.2.4}$$

其中 $x \in \Omega$, $t \in I$, $\mu \in [\mu_1, \mu_2]$, $g : I \times \Omega \times [\mu_1, \mu_2] \to \mathbf{R}^n$ 连续且对 t 和 μ 关于 x 满足 Lipschitz 条件.

定理 1.2.4(解对参数的连续性和可微性定理) 对

$$\forall (t_0, x_0, \mu_0) \in I \times \Omega \times [\mu_1, \mu_2],$$

则有

(1) 当 $\exists a > 0$ 时, 系统 (1.2.4) 满足 $x(t_0) = x_0$ 的解 $x(t) = x(t, t_0, x_0, \mu)$ 在 $[t_0 - a, t_0 + a]$ 上有定义, 且是 μ 的连续函数;

(2) 若 g_i 是一切变量的解析函数, 则对 $\forall \mu \in (\mu_1, \mu_2)$, 解 $x(t) = x(t, t_0, x_0, \mu)$ 也是 μ 的解析函数;

(3) 若 g_i 是 x 和 μ 的连续可微函数, 则解 $x(t) = x(t, t_0, x_0, \mu)$ 也是 μ 的连续可微函数.

1.2.2 微分、积分不等式

定理 1.2.5 设 $F(t, x)$ 是连续函数, $\varphi(t)$ 在 $[\tau, b)$ 上是不等式

$$\begin{cases} x'(t) \leqslant F(t, x) \\ x(\tau) = \xi \end{cases} \tag{1.2.5}$$

的解; 且 $\Phi(t)$ 在 $[\tau, b)$ 上是方程

$$\begin{cases} y'(t) = F(t, y') \\ y(\tau) = \eta \geqslant \xi = \varphi(\tau) \end{cases} \tag{1.2.6}$$

的最大右行解, 则对 $\forall t \in [\tau, b)$ 有 $\varphi(t) \leqslant \Phi(t)$. 这就是比较定理.

定理 1.2.6 设函数 $f(t, x)$ 在平面区域 $\overline{R} = \{(t, x) | |t - \tau| \leqslant a, \|x - \xi\| \leqslant b\}$ 上连续, 且关于 x 不减, $x = \varphi(t)$ 在 $|t - \tau| \leqslant a$ 上连续, 当 $|t - \tau| \leqslant a$ 时, 有 $(t, \varphi(t)) \in \bar{R}$, 满足积分不等式

$$\begin{cases} \varphi(t) \leqslant \xi + \displaystyle\int_\tau^t f[s, \varphi(s)]\mathrm{d}s, \quad \tau \leqslant t \leqslant \tau + h, \\ \varphi(\tau) \leqslant \xi, \end{cases} \tag{1.2.7}$$

而 $\Phi(t)$ 在 $[\tau, \tau+h]$ 上满足微分方程

$$\begin{cases} x'(t) = f(t,x), \\ x(\tau) = \xi, \end{cases} \tag{1.2.8}$$

则对 $\forall t \in [\tau, \tau+h]$, 有 $\varphi(t) \leqslant \Phi(t)$; 其中 $h = \min\left(a, \dfrac{b}{M}\right)$, $M = \sup\limits_{(t,x) \in \bar{R}} |f(t,x)|$.

推论 1.2.1(Gronwall-Bellman 不等式)   设 $g(t)$ 和 $u(t)$ 在区间 $[t_0, t_1]$ 上是非负连续实值函数, c 为非负实数, 对 $\forall t \in [t_0, t_1]$, 有

$$u(t) \leqslant c + \int_{t_0}^{t} g(s)u(s)\mathrm{d}s, \tag{1.2.9}$$

则对 $\forall t \in [t_0, t_1]$, 有

$$u(t) \leqslant c\exp\left[\int_{t_0}^{t} g(s)\mathrm{d}s\right].$$

定理 1.2.7(第一比较定理)   设 $f(t,x)$ 和 $F(t,x)$ 都是平面区域 G 上的连续纯量函数, 且对 $\forall(t,x) \in G$, 满足不等式

$$f(t,x) < F(t,x). \tag{1.2.10}$$

设 $x = \varphi(t)$ 和 $x = \Phi(t)$ 分别是一阶微分方程

$$\begin{cases} x'(t) = f(t,x) \\ x(\tau) = \xi \end{cases} \tag{1.2.11}$$

和

$$\begin{cases} x'(t) = F(t,x) \\ x(\tau) = \xi \end{cases} \tag{1.2.12}$$

的解, 则对所有 t 属于两个解共同存在的区间上, 有

(1) 当 $t > \tau$ 时, $\varphi(t) < \Phi(t)$;

(2) 当 $t < \tau$ 时, $\varphi(t) > \Phi(t)$.

证明   令 $g(t) = \Phi(t) - \varphi(t)$, 有

$$g(\tau) = \Phi(\tau) - \varphi(\tau) = \xi - \xi = 0,$$
$$g'(\tau) = \Phi'(\tau) - \varphi'(\tau) = F(\tau, \Phi(\tau)) - f(\tau, \varphi(\tau)) = F(\tau, \xi) - f(\tau, \xi) > 0.$$

所以当 $t > \tau$ 且 t 充分接近 τ 时, 有 $g(t) > g(\tau) = 0$. 要证在 $\varphi(t)$, $\Phi(t)$ 共同存在的区间 (τ, b) 上均有 $g(t) > 0$.

反证, 因当 $t > \tau$ 且 t 充分接近 τ 时, 有 $g(t) > 0$, 由 $g(t)$ 的连续性, 若 $g(t) > 0$ 不真, 则存在 $t_1 > \tau$, 使得对 $\forall t \in (\tau, t_1)$, 有 $g(t) > 0$ 且 $g(t_1) = 0$, 从而有 $g'(t_1) \leqslant 0$. 另一方面, 因 $g(t_1) = \Phi(t_1) - \varphi(t_1) = 0$, 从而有 $\Phi(t_1) = \varphi(t_1)$, 由条件 (1.2.10) 有

$$g'(t_1) = \Phi'(t_1) - \varphi'(t_1) = F(t_1, \Phi(t_1)) - f(t_1, \varphi(t_1)) = F(t_1, \varphi(t_1)) - f(t_1, \varphi(t_1)) > 0$$

矛盾, 故在两个解共同存在的区间 (τ, b) 上, 有 $\varphi(t) < \Phi(t)$, 即 (1) 成立.

同理可证 (2) 也成立.

定理 1.2.8(第二比较定理) 设 $f(t, x)$ 和 $F(t, x)$ 都是平面区域 G 上的连续纯量函数, 且对 $\forall (t, x) \in G$, 满足不等式

$$f(t, x) \leqslant F(t, x). \tag{1.2.13}$$

设 $x = \varphi(t)$ 和 $x = \Phi(t)$ 分别是一阶微分方程 (1.2.11) 和 (1.2.12) 的解, 则对所有 t 属于两个解共同存在的区间上, 有

(1) 当 $t \geqslant \tau$ 时, $\varphi(t) \leqslant \Phi(t)$;

(2) 当 $t \leqslant \tau$ 时, $\varphi(t) \geqslant \Phi(t)$.

证明 对所有 t 属于两个解共同存在的区间上, 有

$$\varphi'(t) = f[t, \varphi(t)] \leqslant F[t, \varphi(t)],$$

由定理 1.2.5 可知 (1) 成立. 类似地可证 (2) 成立.

1.2.3 Lyapunov 函数相关定义和定理

Lyapunov 第二方法是以一个所谓 Lyapunov 函数 V 作为基础, 借助于函数 V 的不同性质来判断微分方程的稳定性问题. 现在引入函数 V 的各种定义、几何解释及其有关判别准则.

考虑函数

$$V(t, x) = V(t, x_1, x_2, \cdots, x_n),$$

其中 $V(t, x)$ 是实变数 $t, x_1, x_2, \cdots, x_n$ 的纯量实函数, 并满足如下条件:

(1) $V(t, 0) \equiv 0 (\forall t \geqslant t_0)$;

(2) $V(t, x)$ 在区域 G 上有定义且连续, 其中 $G = \{(t, x) | t \geqslant t_0, x \in D \subset \mathbf{R}^n\}$, 如果仅考虑平凡解是局部稳定性, 则取 $D = \{x \mid \|x\| \leqslant H\}$, 对全局稳定来说, 取 $D = \mathbf{R}^n$;

(3) $V(t, x)$ 是实的单值函数, 如果有多个分支, 仅取其中一个分支即可;

(4) $V(t, x)$ 在 G 内具有一阶连续的偏导数, 或 $V(t, x)$ 在 G 内连续且关于 x 满足 Lipschitz 条件.

今后所给出的函数 $V(t,x)$, 都要求 $V(t,x)$ 满足以上条件, 除非另有说明. 下面给出函数 $V(t,x)$ 的各种定义, 当函数 $V(t,x)$ 与 t 无关时, 记为 $w(x)$.

定义 1.2.2   若对 $\forall x \in D$, 有 $w(x) \geqslant 0$, 等号成立当且仅当 $x = 0$ 时, 则称 $w(x)$ 是 D 上的正定函数.

定义 1.2.3   若 $-w(x)$ 是 D 上的正定函数, 则称 $w(x)$ 是 D 上的负定函数.

定义 1.2.4   若对 $\forall x \in D$, 有 $w(x) \geqslant 0$, 则称 $w(x)$ 是 D 上的常正函数.

定义 1.2.5   若对 $\forall x \in D$, 有 $w(x) \leqslant 0$, 则称 $w(x)$ 是 D 上的常负函数.

定义 1.2.6   若 $w(x)$ 既不是常正函数, 也不是常负函数, 则称 $w(x)$ 是 D 上的变号函数.

定义 1.2.7   若对 $\forall(t,x) \in G$, 均有 $V(t,x) \geqslant w(x)$, 其中 $w(x)$ 正定, 则称 $V(t,x)$ 是 G 上的正定函数; 如果 $V(t,x) \leqslant w(x)$ 且 $w(x)$ 负定, 则称 $V(t,x)$ 是 G 上的负定函数; 此时正定函数和负定函数统称为定号函数.

定义 1.2.8   若对 $\forall(t,x) \in G$, 均有 $V(t,x) \geqslant 0$, 则称 $V(t,x)$ 是 G 上的常正函数; 如果 $V(t,x) \leqslant 0$, 则称 $V(t,x)$ 是 G 上的常负函数; 此时常正函数和常负函数统称为常号函数.

定义 1.2.9   若 $V(t,x)$ 不是常号函数, 则称 $V(t,x)$ 是 G 上的变号函数.

定义 1.2.10   若存在常数 $M > 0$, 对 $\forall(t,x) \in G$, 均有 $|V(t,x)| \leqslant M$, 则称 $V(t,x)$ 是 G 上的有界函数.

定义 1.2.11   若 $V(t,x)$ 有界, 并且 $\forall \varepsilon > 0$, $\exists \delta = \delta(\varepsilon) > 0$, 对 $\forall x \in B_\delta$, $t \geqslant t_0$, 有 $|V(t,x)| \leqslant \varepsilon$ 成立, 则称 $V(t,x)$ 具有无穷小上界, 或称 $V(t,x)$ 是一致小.

注   (1) $V(t,x)$ 具有无穷小上界 $\Leftrightarrow V(t,x) \to 0(\|x\| \to 0$ 对 $t \geqslant t_0$ 一致);

(2) 当 $V(t,x)$ 与 t 无关, 且 $V = V(x)$ 是 x 的连续函数时, $V(x)$ 具有无穷小上界, 因而一致小函数 $V(t,x)$ 又可写成 $|V(t,x)| \leqslant w(x)$, 其中 $w(x)$ 是一致小的.

(3) 若 $V(t,x)$ 是正定函数且具有无穷小上界, 则存在两个正定函数 $w_1(x)$ 和 $w_2(x)$, 使得 $w_1(x) \leqslant V(t,x) \leqslant w_2(x)$ (实际上, 要求 $w_1(x)$ 是正定函数, $w_2(x)$ 连续就足够了).

定理 1.2.9   若 $V(t,x)$ 具有无穷小上界, 则 $\forall l > 0$, $\exists \lambda = \lambda(l) > 0$, 当 $|V(t,x)| \geqslant l$ 时, 必有 $\|x\| \geqslant \lambda$.

证明   反证, 若对 $\forall \lambda > 0$, 均存在 x_0, 有 $|V(t,x_0)| \geqslant l$ 且 $\|x_0\| < \lambda$, 这就与 $V(t,x)$ 具有无穷小上界矛盾, 从而结论成立.

定义 1.2.12   如果存在正定函数 $w(x)$ 满足 $w(x) \to +\infty(\|x\| \to \infty)$, 使得 $V(t,x) \geqslant w(x)$, 则称 $V(t,x)$ 具有无穷大下界.

定义 1.2.13   设函数 $\varphi : \mathbf{R}^+ \to \mathbf{R}^+(\mathbf{R}^+ = [0, +\infty))$ 是严格单调上升函数, 且有 $\varphi(0) = 0$, 则称 φ 是属于 κ 类函数, 记为 $\varphi \in \kappa$.

定义 1.2.14 如果函数 φ 是属于 κ 类函数, 并且 $\varphi(r) \to \infty (r \to \infty)$, 则称 φ 属于径向无穷大的 κ 类函数, 记为 $\varphi \in \kappa R$.

定理 1.2.10 设 $w(x)$ 是 D 上的正定函数, 则存在两个函数 $\varphi_i \in \kappa (i = 1, 2)$, 使得
$$\varphi_1(\|x\|) \leqslant w(x) \leqslant \varphi_2(\|x\|).$$

证明 令 $\varphi(r) = \inf_{r \leqslant \|x\| \leqslant H} w(x)$, 其中 $H \in D$. 显然 $\varphi(0) = 0, \varphi(r) > 0 (r > 0)$, 且 $\varphi(r)$ 在 D 上是单调不减的 (不一定严格单调函数).

现证 $\varphi(r)$ 连续. 因为 $w(x)$ 连续, 故 $\forall \varepsilon > 0, \exists \delta > 0$, 当 $0 \leqslant r_2 - r_1 < \delta$ 时, 有
$$\|x_1 - x_0\| \leqslant r_2 - r_1 < \delta,$$
$$\varphi(r_2) - \varphi(r_1) = \inf_{r_2 \leqslant \|x\| \leqslant H} w(x) - \inf_{r_1 \leqslant \|x\| \leqslant H} w(x)$$
$$= \inf_{r_2 \leqslant \|x\| \leqslant H} w(x) - w(x_0)$$
$$\leqslant w(x_1) - w(x_0) < \varepsilon,$$

其中 x_0 满足 $\inf_{r_1 \leqslant \|x\| \leqslant H} w(x) = w(x_0)$, 当 $x_0 \in \{x \,|\, r_2 \leqslant \|x\| \leqslant H\}$ 时, 取 $x_1 = x_0$, 当 $x_0 \in \{x \,|\, r_1 \leqslant \|x\| < r_2\}$ 时, 取 x_1 为射线 ox_0 与 $\|x\| = r_2$ 的交点, 从而有 $\varphi(r)$ 连续.

令 $\varphi_1(r) = \dfrac{r}{H} \varphi(r) \leqslant \varphi(r)$, 显然有 $\varphi_1(0) = 0$, 且 $\varphi_1(r)$ 是严格单调上升的连续函数, 所以 $\varphi_1 \in \kappa$.

再令 $\psi(r) = \max_{\|x\| \leqslant r} w(x)$, 显然有 $\psi(0) = 0$, 类似于上面的证明可知, $\psi(r)$ 是单调不减的连续函数, 取 $\varphi_2(r) = \psi(r) + kr \geqslant \psi(r)$ ($k > 0$ 为常数), 从而有 $\varphi_2(0) = 0$, 且 $\varphi_2(r)$ 是严格单调上升的连续函数, 所以 $\varphi_2 \in \kappa$. 于是有
$$\varphi_1(\|x\|) \leqslant \varphi(\|x\|) = \inf_{\|x\| \leqslant \|\xi\| \leqslant H} w(\xi) \leqslant w(x) \leqslant \max_{\|\xi\| \leqslant \|x\|} w(\xi) = \psi(\|x\|) \leqslant \varphi_2(\|x\|).$$

定理 1.2.11 设 $w(x)$ 是 $\mathbf{R}^n$ 上具有无限大性质的正定函数, 则存在两个函数 $\varphi_i \in \kappa R (i = 1, 2)$, 使得
$$\varphi_1(\|x\|) \leqslant w(x) \leqslant \varphi_2(\|x\|).$$

证明 由定理 1.2.9 的证明可知, $\varphi(r) = \inf_{r \leqslant \|x\|} w(x)$ 满足 $\varphi(0) = 0$ 且 $\varphi(r)$ 是单调不减的连续函数, 又 $w(x)$ 具有无限大性质, 所以有 $\varphi(r) \to \infty (r \to \infty)$. 设 $\varphi_1(r) = \dfrac{r}{r + 1} \varphi(r)$, 对 $r_1 < r_2$, 注意到 $\varphi(r)$ 的不减性, 有
$$\varphi_1(r_2) - \varphi_1(r_1) = \frac{r_2}{r_2 + 1} \varphi(r_2) - \frac{r_1}{r_1 + 1} \varphi(r_1)$$

$$\geqslant \left(\frac{r_2}{r_2 + 1} - \frac{r_1}{r_1 + 1} \right) \varphi(r_2)$$

$$= \frac{r_2 - r_1}{(r_2 + 1)(r_1 + 1)} \varphi(r_2) > 0,$$

故 $\varphi_1(r)$ 是严格单调上升的连续函数, 因此有 $\varphi_1 \in \kappa R$. 类似地, 可知定理 1.2.11 成立.

下面给出定号函数的几何解释:

首先我们考虑 t 不明显出现的二维空间中的定号函数, 不妨设 $w(x) = w(x_1, x_2)$ 是正定函数, 取 $w(x_1, x_2) = c$ 时, 有如下结果:

定理 1.2.12　设 $M = \{(x_1, x_2) | w(x_1, x_2) = c\}$, 当 $c = 0$ 时, 集合 M 仅包含一点 $(0, 0)$; 当 $c > 0$ 足够小时, 集合 M 具有如下性质:

(1) 集合 M 是闭曲线;

(2) 闭曲线 M 包围原点;

(3) 当 $c_1 \neq c_2$ 时, 闭曲线 M_1 与 M_2 不相交;

(4) 当 $c_1 < c_2$ 时, 闭曲线 M_1 在闭曲线 M_2 之内.

证明　(1) 取 $h > 0$ 是一个固定数, 令 $l = \inf\limits_{\|x\| = h} w(x)$, 在圆 $\|x\| = h$ 上任取一点 $P(x_1^*, x_2^*)$, 作直线段 $\overline{OP}$, 由于 $w(x)$ 连续, 所以 $w(x)$ 在直线段 $\overline{OP}$ 上一致连续, 又 $w(0, 0) = 0$, $w(x_1^*, x_2^*) \geqslant l$, 当 $c < l$ 时, 由介值定理, 必在直线段 $\overline{OP}$ 内存在一点 $Q(\overline{x_1}, \overline{x_2})$, 使得 $w(\overline{x_1}, \overline{x_2}) = c$. 由 P 的任意性可知, $w(x_1, x_2) = c$ 是一条闭曲线.

(2) 由 (1) 的证明可知, 原点在闭曲线 $w(x_1, x_2) = c$ 之内.

(3) 反证, 当 $c_1 \neq c_2$ 时, 有两条闭曲线相交, 即 $M_1 \cap M_2 \neq \varnothing$, 故取 $(x_1, x_2) \in M_1 \cap M_2$, 即 $(x_1, x_2) \in M_1$, 有 $w(x_1, x_2) = c_1$, 又 $(x_1, x_2) \in M_2$, 有 $w(x_1, x_2) = c_2$, 由假设 $w(x_1, x_2)$ 是单值函数, 有 $c_1 = w(x_1, x_2) = c_2$, 矛盾, 所以 $M_1 \cap M_2 = \phi$.

(4) 类似于定理中 (1) 的证明, 用闭曲线 $w(x_1, x_2) = c_2$ 来代替 $\|x\| = h$, 可证得 M_1 在 M_2 之内.

注　(1) 当 $c > 0$ 足够大时, 正定函数 $w(x_1, x_2) = c$ 就可能不是闭曲线. 例如 $w(x_1, x_2) = \dfrac{x_1^2}{1 + x_1^2} + x_2^2$, 当 $c < 1$ 时, $w(x_1, x_2) = c$ 是闭曲线, 当 $x \geqslant 1$ 时, $w(x_1, x_2) = c$ 不是闭曲线.

(2) 函数 $V(t, x_1, x_2)$ 正定, 因此存在正定函数 $w(x_1, x_2)$, 满足 $V(t, x_1, x_2) \geqslant w(x_1, x_2)$, 把 t 看作参数, 对足够小的 $c > 0$, $V(t, x_1, x_2) = c$ 对每一个 t 值就表示一个包围原点的闭曲线, 对所有的 t 值, 就得到一串曲线族 (曲线随 t 变动), 但都包含在闭曲线 $w(x_1, x_2) = c$ 之内.

(3) 函数 $V(t, x_1, x_2)$ 正定且具有无穷小上界, 于是由定义 1.2.11 的注 (3) 可知, 存在两个正定函数 $w_1(x_1, x_2)$, $w_2(x_1, x_2)$, 满足 $w_1(x_1, x_2) \leqslant V(t, x_1, x_2) \leqslant$

$w_2(x_1, x_2)$, 当 $V(t, x_1, x_2) = c$ (c 固定) 随 t 运动时, 其所有闭曲线都包含在闭曲线 $w_1(x_1, x_2) = c$ 之内, 又包含在闭曲线 $w_2(x_1, x_2) = c$ 之外.

(4) 当 $V(t, x) : \mathbf{R} \times \mathbf{R}^n \to \mathbf{R}$ 时, 将上述曲线改为曲面, 可类似地讨论.

函数定号性的例子:

序号	$V(t, x)$	常号	定号	一致小	无穷大	变号
1	$\mathrm{e}^t(x_1^2 + x_2^2 + \cdots + x_n^2), \quad t \geqslant 0$	✓	✓	×	✓	×
2	$\mathrm{e}^{-t}(x_1^2 + x_2^2 + \cdots + x_n^2), \quad t \geqslant 0$	✓	×	✓	×	×
3	$(1 + \mathrm{e}^{-t})(x_1^2 + x_2^2 + \cdots + x_n^2), \quad t \geqslant 0$	✓	✓	✓	✓	×
4	$(x_1^2 + x_2^2 + \cdots + x_n^2)\sin t, \quad t \geqslant 0$	×	×	✓	×	✓
5	$(x_1^2 + x_2^2 + \cdots + x_n^2)\left|\sin t\right|, \quad t \geqslant 0$	✓	×	✓	×	×
6	$(2 + \sin t)(x_1^2 + x_2^2 + \cdots + x_n^2), \quad t \geqslant 0$	✓	✓	✓	✓	×
7	$(x_1 + x_2 + \cdots + x_n)\sin t, \quad t \geqslant 0$	×	×	✓	×	✓
8	$t(x_1^2 + x_2^2 + \cdots + x_n^2), \quad t \geqslant t_0 > 0$	✓	✓	×	✓	×
9	$t(x_1 + x_2 + \cdots + x_n), \quad t \geqslant t_0 > 0$	×	×	×	×	✓
10	$t(x_1^2 + x_2^2) - 2x_1 x_2 \cos t, \quad$ 二维, $1 \geqslant t \geqslant 0$	×	×	×	×	✓
11	$t(x_1^2 + x_2^2) - 2x_1 x_2 \cos t, \quad$ 二维, $t \geqslant t_0 > 1$	✓	✓	×	✓	×
12	$t^2 x_1^2 + x_2^2 - 2t x_1 x_2, \quad$ 二维, $t \geqslant 0$	✓	×	×	×	×
13	$\displaystyle\sum_{i=1}^{n} x_i^2 \text{或} \sum_{i=1}^{n} a_i x_i^2, a_i > 0$	✓	✓	✓	✓	×
14	$\displaystyle\sum_{i=1}^{k} x_i^2, \quad k < n, n \text{维}$	✓	×	✓	×	×
15	$t(x_1^2 + x_2^2) + x_3^3, \text{三维}$	×	×	×	×	✓
16	$\sin\left(\displaystyle\sum_{i=1}^{n} x_i^2\right), \text{任意}$	×	×	✓	×	✓

在实际应用 Lyapunov 第二方法时, 必须寻求定号函数或变号函数, 因此, 应该知道这些函数的判别准则. 不过遗憾的是, 还没有关于这种判别的普遍的准则, 而且在一般情况下, 问题也非常复杂. 但是在今后经常遇到的问题中, 往往可借助于一些简单的判别准则来解决. 下面介绍函数 V 定号性和变号性的判别准则:

首先假定 $V(x_1, x_2, \cdots, x_n)$ 是 m 次齐次型, 因而对于任何 λ, 恒有等式

$$V(\lambda x_1, \lambda x_2, \cdots, \lambda x_n) = \lambda^m V(x_1, x_2, \cdots, x_n)$$

成立. 于是, 如果 V 是定号的, 显然不仅在原点附近, 而且在整个空间都是定号的, 对于变号性而言, 也有同样的结论.

1. 不包含时间 t 的 V 函数 $w(x)$

准则 1.2.1　设 $w(x)$ 是 m 次齐次型, m 为奇数, 则 $w(x)$ 是变号函数.

证明 无论 $\delta > 0$ 多么小, 都有 $x_0 \in B_\delta$, 如果 $w(x_0) > 0$, 则 $w(-x_0) = -w(x_0) < 0$, 所以 $w(x)$ 是变号函数.

如果 m 为偶数, 则 $w(x)$ 可能是定号的, 也可能是变号的. 但是, 当 $m = 2$ 时, 即 $w(x)$ 是二次型, 其判别二次型是否是定号就变得相当简单了. 对于以后的应用来说, 二次型是最常见的. 由高等代数有:

准则 1.2.2 二次型 $w(x) = \sum_{i=1}^{n} \sum_{j=1}^{n} b_{ij} x_i x_j (b_{ij} = b_{ji}) = x^{\mathrm{T}} B x$ 是正定二次型的充要条件是下列条件之一成立:

(1) B 的特征方程 $\det(\lambda E - B) = 0$ 的所有根均具有正实部;

(2) B 的所有主子式为正, 即 $\Delta_k = \begin{vmatrix} b_{11} & b_{12} & \cdots & b_{1k} \\ b_{12} & b_{22} & \cdots & b_{2k} \\ \vdots & \vdots & & \vdots \\ b_{1k} & b_{2k} & \cdots & b_{kk} \end{vmatrix} > 0 (k = 1, 2, \cdots, n);$

(3) B 与单位矩阵 E 合同.

设 $w_m(x)$ 是任意 m 次型, 考虑任意函数 $U(x)$, 满足 $U(0) = 0$, 并且对 $\forall x \in D$, 满足不等式

$$|U(x)| < a \left(\sum_{i=1}^{n} |x_i| \right)^m,$$

其中 a 是某个正常数, 则有如下准则.

准则 1.2.3 设 $w(x) = w_m(x) + U(x)$, 则有:

(1) 若 $w_m(x)$ 是定号的, a 足够小, 则 $w(x)$ 也是定号的, 且与 $w_m(x)$ 同号;

(2) 若 $w_m(x)$ 是变号的, a 足够小, 则 $w(x)$ 也是变号的.

证明 令 $x = \rho\alpha(\alpha \in R^n)$, 其中 $\rho = \|x\|$, 则 $\|\alpha\| = 1$ 且 $p \leqslant H$, 于是有

$$w(x) = w(\rho\alpha) = w_m(\rho\alpha) + U(\rho\alpha) = \rho^m w(\alpha) + U(\rho\alpha),$$

又因为 $|U(\rho\alpha)| < a\rho^m$, 于是可知:

(1) 因 $w_m(x)$ 是定号的, 不妨设 $w_m(x)$ 是正定的, 则有 $l = \inf_{\|\alpha\|=1} w_m(\alpha) > 0$, 取 $a < l$, 有 $w(x) > \rho^m l - a\rho^m \geqslant 0$, 而且仅当 $x = 0$ 时, $w(x) = 0$, 所以 $w(x)$ 也是正定的.

类似地, 如果 $w_m(x)$ 是负定的, 可证得 $w(x)$ 也是负定的.

(2) 因 $w_m(x)$ 是变号的, 在单位球面上存在两个点 α_1 与 α_2, 使得 $\|\alpha_1\| = \|\alpha_2\| = 1$ 且 $w(\alpha_1) = A > 0, w(\alpha_2) = -B < 0$, 于是有

$$w(\rho\alpha_1) = \rho^m w(\alpha_1) + U(\rho\alpha_1) \geqslant (A - a)\rho^m,$$

$$w(\rho\alpha_2) = \rho^m w(\alpha_2) + U(\rho\alpha_2) \leqslant -(B-a)\rho^m,$$

如果取 $0 < a < \min\{A, B\}$, 则有 $w(\rho\alpha_1) > 0$, $w(\rho\alpha_2) < 0$, 由 ρ 可以任意小, 所以 $w(x)$ 是变号的.

准则 1.2.4　任意 m 次型加上系数足够小的 m 次型, 其定号性和变号性不变.

准则 1.2.5　m 次型加上更高阶的函数, 其定号性和变号性不变, 即对于 $w(x) = w_m(x) + U(x)$, 其中 $w_m(x)$ 是 m 次型, $U(x)$ 满足如下条件之一者, 均有 $w(x)$ 与 $w_m(x)$ 的定号性和变号性一致:

(1) $U(x) = o\left(\|x\|^m\right) (\|x\| \to 0)$;

(2) $|U(x)| = a\|x\|^{m+\delta}$, 其中 $\delta > 0$ 是任意常数;

(3) $U(x)$ 是 $w(x)$ 的幂级数展开式中高于 m 次型的全体之和.

注　(1) 准则 1.2.5 只适用于原点的邻域, 而准则 1.2.3、准则 1.2.4 可适用于整个区域 D.

(2) 准则 1.2.3~准则 1.2.5 对常号性不适用.

2. 包含时间 t 的函数 $V(t, x)$

准则 1.2.6　有连续系数的二次型 $V(t, x) = x^{\mathrm{T}} B(t) x (B^{\mathrm{T}}(t) = B(t), t \geqslant t_0)$ 是正定的充要条件是下列条件之一成立:

(1) $B(t)$ 的广义特征方程 $\det(\lambda E - B(t)) = 0$ 的根 $\lambda_i(t)$ 满足 $\mathrm{Re}[\lambda_i(t)] \geqslant \delta > 0$ $(t \geqslant T)$, 其中 $\delta > 0$ 是常数 $(i = 1, 2, \cdots, n)$, 或记为 $\lambda_*(t) = \min\limits_{1 \leqslant i \leqslant n}\{\mathrm{Re}\lambda_i(t)\} \geqslant \delta > 0$;

(2) $b_{ij}(t)$ 有界, 且

$$\Delta_k(t) = \begin{vmatrix} b_{11}(t) & b_{12}(t) & \cdots & b_{1k}(t) \\ b_{12}(t) & b_{22}(t) & \cdots & b_{2k}(t) \\ \vdots & \vdots & & \vdots \\ b_{1k}(t) & b_{2k}(t) & \cdots & b_{kk}(t) \end{vmatrix} \geqslant \delta > 0, \quad k = 1, 2, \cdots, n,$$

其中 $\delta > 0$ 是常数.

1.2.4　稳定性的基本定义和定理

考虑由微分方程组所描述的动力系统为

$$\frac{\mathrm{d}y}{\mathrm{d}t} = g(t, y), \tag{1.2.14}$$

其中 $y \in \mathbf{R}^n$, $g(t, y) = [g_1(t, y_1, \cdots, y_n), g_2(t, y_1, \cdots, y_n), \cdots, g_n(t, y_1, \cdots, y_n)]^{\mathrm{T}}$. 设 $y = \varphi(t)$ 是系统 (1.2.14) 的一个特解, 则称 $y = \varphi(t)$ 对应的运动为未被扰动的运动, 其他一切解所对应的运动称为扰动运动.

为了简化未被扰动运动的形式, 引入新变量 $x \in \mathbf{R}^n$, 令

$$y = x + \varphi(t), \tag{1.2.15}$$

于是未被扰动运动的稳定性问题就化为研究 $t \geqslant t_0$ 时变量 x 的稳定性问题.

方程组 (1.2.14) 经过变换 (1.2.15) 后, 变为

$$\frac{\mathrm{d}x}{\mathrm{d}t} = \frac{\mathrm{d}y}{\mathrm{d}t} - \frac{\mathrm{d}\varphi(t)}{\mathrm{d}t} = g(t, y) - g[t, \varphi(t)] = g[t, x + \varphi(t)] - g[t, \varphi(t)] = f(t, x),$$

显然有 $f(t, 0) \equiv 0$, 故系统 (1.2.14) 变为

$$\frac{\mathrm{d}x}{\mathrm{d}t} = f(t, x). \tag{1.2.16}$$

因此, 系统 (1.2.14) 的解 $y = \varphi(t)$ 就变成系统 (1.2.16) 的特解 $x = 0$, 称系统 (1.2.16) 为扰动运动微分方程组或扰动方程.

由于 $f(t, 0) \equiv 0$, 故 $x = 0$ 是系统 (1.2.16) 的解, 也称为系统 (1.2.16) 的平凡解或零解, 所以讨论方程组 (1.2.14) 未被扰动运动 $y = \varphi(t)$ 的稳定性就变为讨论关于方程组 (1.2.16) 的零解的稳定性, 于是我们就可以方便地应用现有的分析技巧, 仅对方程组 (1.2.16) 的零解研究其稳定性即可.

对系统 (1.2.16), 其中 $x \in \mathbf{R}^n$, $f : I \times \Omega \to \mathbf{R}^n$ 满足:

(1) 连续;

(2) 保证解存在唯一;

(3) $f(t, 0) \equiv 0$. 通常 $0 \in \Omega \subset \mathbf{R}^n$, 我们可取 $\Omega = \{ x \mid \|x\| < H, x \in \mathbf{R}^n \} = D_H$.

在上述要求下, 显然 $x = 0$ 是方程组 (1.2.16) 的解, 下面给出方程组 (1.2.16) 的平凡解 $x = 0$ 稳定性的各种定义, 并采用如下记号: $x(t) = x(t, t_0, x_0)$ 表示在 t_0 时刻过点 x_0 的解, $B_\delta = \{ x \mid x \in \mathbf{R}^n, \|x\| < \delta \}$.

定义 1.2.15(稳定的定义) $\forall \varepsilon > 0$, $t_0 \geqslant 0$, $\exists \delta = \delta(\varepsilon, t_0) > 0$, 对 $\forall x_0 \in B_\delta$, $\forall t \geqslant t_0$, 有 $\|x(t, t_0, x_0)\| < \varepsilon$ 成立.

定义 1.2.16(不稳定的定义) $\exists \varepsilon_0 > 0$, $t_0 \geqslant 0$, $\forall \delta > 0$, $\exists x_0 \in B_\delta$, $\exists t_1 \geqslant t_0$, 使 $\|x(t_1, t_0, x_0)\| \geqslant \varepsilon$ 成立.

定义 1.2.17(吸引的定义, 又称拟渐近稳定的定义) $\forall t_0 \geqslant 0$, $\exists \delta = \delta(t_0) > 0$, $\forall \varepsilon > 0$, $\forall x_0 \in B_\delta$, $\exists T = T(t_0, x_0, \varepsilon_0) > 0$, 对 $\forall t \geqslant t_0 + T$, 有 $\|x(t, t_0, x_0)\| < \varepsilon$ 成立, 并称区域 $D_0(t_0) = \left\{ x_0 \,\middle|\, x_0 \in D, \lim\limits_{t \to +\infty} x(t, t_0, x_0) = 0 \right\}$ 是方程组 (1.2.14) 的平凡解 $x = 0$ 的吸引域.

定义 1.2.18   渐近稳定 = 稳定 + 吸引.

定义 1.2.19(一致稳定的定义) $\forall \varepsilon > 0$, $\exists \delta = \delta(\varepsilon) > 0$, $\forall t_0 \geqslant 0$, 对 $\forall x_0 \in B_\delta$, $\forall t \geqslant t_0$, 有 $\|x(t, t_0, x_0)\| < \varepsilon$ 成立.

定义 1.2.20(一致吸引的定义, 又称拟一致渐近稳定的定义) $\exists \delta_0 > 0$, $\forall \varepsilon > 0$, $\exists T = T(\varepsilon) > 0$, 对 $\forall x_0 \in B_\delta$, $\forall t_0 \geqslant 0$, $\forall t \geqslant t_0 + T$, 有 $\|x(t, t_0, x_0)\| < \varepsilon$ 成立.

定义 1.2.21 一致渐近稳定 = 一致稳定 + 一致吸引.

定义 1.2.22(指数稳定的定义) $\forall \varepsilon > 0$, $\exists \delta = \delta(\varepsilon) > 0$, $\forall \alpha > 0$, $\forall t_0 \geqslant 0$, 对 $\forall x_0 \in B_\delta$, $\forall t \geqslant t_0$, 有 $\|x(t, t_0, x_0)\| < \varepsilon e^{-\alpha(t-t_0)}$ 成立.

定义 1.2.23(等度吸引的定义, 又称拟等度渐近稳定的定义) $\forall t_0 \geqslant 0$, $\exists \delta = \delta(t_0) > 0$, $\forall \varepsilon > 0$, $\exists T = T(t_0, \varepsilon) > 0$, 对 $\forall x_0 \in B_\delta$, $\forall t \geqslant t_0 + T$, 有 $\|x(t, t_0, x_0)\| < \varepsilon$ 成立.

定义 1.2.24 等度渐近稳定 = 稳定 + 等度吸引.

全局渐近稳定的定义如下.

定义 1.2.25(全局吸引的定义) $\forall t_0, \forall r > 0$, $\forall x_0 \in D_r$, $\forall \varepsilon > 0$, $\exists T = T(t_0, x_0, r, \varepsilon) > 0$, 对 $\forall t \geqslant t_0 + T$, 有 $\|x(t, t_0, x_0)\| < \varepsilon$ 成立.

定义 1.2.26 全局渐近稳定 =(局部) 稳定 + 全局吸引.

定义 1.2.27(全局一致吸引的定义) $\forall r > 0$, $\forall \varepsilon > 0$, $\exists T = T(r, \varepsilon) > 0$, 对 $\forall t_0$, $\forall x_0 \in D_r$, $\forall t \geqslant t_0 + T$, 有 $\|x(t, t_0, x_0)\| < \varepsilon$ 成立.

定义 1.2.28(全局一致有界的定义) $\forall r > 0$, $\exists \delta = \delta(r) > 0$, $\forall t_0$, $\forall x_0 \in D_r$, 对 $\forall t \geqslant t_0$, 有 $\|x(t, t_0, x_0)\| \leqslant \delta$ 成立.

定义 1.2.29 全局一致渐近稳定 =(局部) 一致稳定 + 全局一致吸引 + 全局一致有界.

定义 1.2.30(全局等度吸引的定义) $\forall t_0$, $\forall r > 0$, $\forall \varepsilon > 0$, $\exists T = T(t_0, r, \varepsilon) > 0$, $\forall x_0 \in D_r$, 对 $\forall t \geqslant t_0 + T$, 有 $\|x(t, t_0, x_0)\| < \varepsilon$ 成立.

定义 1.2.31(全局等度有界的定义) $\forall t_0$, $\forall r > 0$, $\exists \delta = \delta(t_0, r) > 0$, $\forall x_0 \in D_r$, 对 $\forall t \geqslant t_0$, 有 $\|x(t, t_0, x_0)\| \leqslant \delta$ 成立.

定义 1.2.32 全局等度渐近稳定 =(局部) 稳定 + 全局等度吸引.

定义 1.2.33(全局指数稳定的定义) $\exists \lambda > 0$, $\forall r > 0$, $\exists k = k(r) > 0$, $\forall t_0, \forall x_0 \in D_r$, 对 $\forall t \geqslant t_0$, 有 $\|x(t, t_0, x_0)\| < k e^{-\lambda(t-t_0)}$ 成立.

例 1.2.1 稳定、一致稳定但不是渐近稳定的例子.

考虑方程组

$$\begin{cases} \dot{x}_1 = -x_2, \\ \dot{x}_2 = x_1, \end{cases} \tag{1.2.17}$$

则可求得通解为

$$\begin{cases} x_1(t) = x_1(t_0)\cos(t - t_0) - x_2(t_0)\sin(t - t_0) \\ x_2(t) = x_1(t_0)\sin(t - t_0) + x_2(t_0)\cos(t - t_0) \end{cases}$$

或

$$x_1^2(t) + x_2^2(t) = x_1^2(t_0) + x_2^2(t_0),$$

由此可见, 方程组 (1.2.17) 的平凡解是稳定的, 且是一致稳定的, 但显然不是吸引的, 从而可知方程组 (1.2.17) 的平凡解不是渐近稳定的.

各种稳定性之间的关系如下所示:

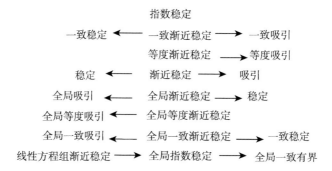

上述蕴涵关系一般是不可逆的, 下面再举例来说明.

例 1.2.2   具有吸引性, 但不稳定的例子.

考虑方程组

$$\begin{cases} \dot{x}_1 = f(x_1) + x_2, \\ \dot{x}_2 = -x_1, \end{cases} \quad f(x_1) = \begin{cases} -4x_1, & x_1 > 0, \\ 2x_1, & -1 \leqslant x_1 \leqslant 0, \\ -x_1 - 3, & x_1 < -1. \end{cases} \quad (1.2.18)$$

当 $x_1 > 0$ 时, 方程组的通解为

$$\begin{cases} x_1(t) = c_1(2 - \sqrt{3})e^{-(2-\sqrt{3})t} + c_2(2 + \sqrt{3})e^{-(2+\sqrt{3})t}, \\ x_2(t) = c_1 e^{-(2-\sqrt{3})t} + c_2 e^{-(2+\sqrt{3})t}. \end{cases}$$

当 $c_1 = 0$ 时, 有解为 $x_2 = (2 + \sqrt{3})x_1$. 当 $c_2 = 0$ 时, 有解为 $x_2 = (2 - \sqrt{3})x_1$.

当 $-1 \leqslant x_1 \leqslant 0$ 时, 方程组的通解为

$$\begin{cases} x_1(t) = (c_1 + c_2 t)e^t, \\ x_2(t) = (-c_1 + c_2 - c_2 t)e^t. \end{cases}$$

当 $t = 0$ 时, 过点 $(-1, 1)$ 的解为 $x_2 = -x_1$.

当 $x_1 < -1$ 时, 方程组的通解为

$$\begin{cases} x_1(t) = \dfrac{1}{2}\mathrm{e}^{-\frac{t}{2}}\left[c_1\left(\cos\dfrac{\sqrt{3}}{2}t + \sqrt{3}\sin\dfrac{\sqrt{3}}{2}t\right) + c_2\left(\sin\dfrac{\sqrt{3}}{2}t - \sqrt{3}\cos\dfrac{\sqrt{3}}{2}t\right)\right], \\ x_2(t) = \left(c_1\cos\dfrac{\sqrt{3}}{2}t + c_2\sin\dfrac{\sqrt{3}}{2}t\right)\mathrm{e}^{-\frac{t}{2}} + 3, \end{cases}$$

对一切 $x_1(t)$, $x_2(t)$, 均有

$$\lim_{t\to\infty} x_1(t) = \lim_{t\to\infty} x_2(t) = 0,$$

故平凡解是吸引的. 另一方面, 考虑过 $(x_1(0), x_2(0)) = (-1, 1)$ 的解.

$$x_1(t) = -\mathrm{e}^t = -x_2,$$

当 $t \leqslant 0$, $-1 \leqslant x_1 \leqslant 0$ 时, 有

$$\lim_{t\to-\infty} x_1(t) = \lim_{t\to-\infty}(-\mathrm{e}^t) = 0 = \lim_{t\to-\infty} x_2(t),$$

于是此解可视为由原点任意小邻域内某点 (x_{10}, x_{20}) 出发的解, 即

$$x_1(t) = -\mathrm{e}^t = -x_2, \quad x_1(t_0) = x_{10}, \quad x_2(t_0) = x_{20},$$

对于 $\varepsilon_0 = \sqrt{2}\mathrm{e}^{-1}$, $\forall \delta > 0$, 虽然 $x_{10}^2 + x_{20}^2 < \delta^2$, 但存在 t_1(如 $t_1 \geqslant -1$), 使得

$$\sqrt{x_1^2(t_1, t_0, x_{10}, x_{20}) + x_2^2(t_1, t_0, x_{10}, x_{20})} = \sqrt{(-\mathrm{e}^{t_1})^2 + (\mathrm{e}^{t_1})^2} = \sqrt{2}\mathrm{e}^{t_1} \geqslant \varepsilon_0,$$

故平凡解是不稳定的.

注 上面说明, 稳定与吸引是相互独立的概念, 对于一般的系统, 它们不存在包含关系.

例 1.2.3 渐近稳定, 但不是一致渐近稳定的例子.

考虑方程

$$\dot{x} = -\frac{1}{t+1}x, \tag{1.2.19}$$

则可求得通解为

$$x(t, t_0, x_0) = \frac{1+t_0}{1+t}x_0.$$

显然平凡解是一致稳定 ($\forall \varepsilon > 0$, 取 $\delta = \varepsilon$ 与 t_0 无关, 有 $|x(t, t_0, x_0)| \leqslant |x_0| < \delta = \varepsilon$), 且

$$\lim_{t\to\infty} x(t, t_0, x_0) = 0,$$

故平凡解是渐近稳定的. 但对 $\forall T > 0$, 今取 $t_0 = t - T$, 即 $t = t_0 + T$, 有

$$x(t, t_0, x_0) = \frac{1+t_0}{1+T+t_0}x_0 \to x_0 \neq 0 \quad (t_0 \to \infty),$$

故平凡解不是一致吸引的, 从而不是一致渐近稳定的.

    例 1.2.4　等度渐近稳定, 但不是一致稳定的例子.

    考虑方程

$$\dot{x} = (t\sin t - \cos t - 2)x, \tag{1.2.20}$$

则可求得通解为

$$x(t, t_0, x_0) = x_0\exp[-2(t - t_0) - t\cos t + t_0\cos t_0].$$

$\forall \varepsilon > 0$, 取 $\delta = \varepsilon\mathrm{e}^{-2t_0}$, 当 $|x_0| < \delta$ 时, 对 $\forall t \geqslant t_0$, 有

$$|x(t, t_0, x_0)| \leqslant |x_0|\,\mathrm{e}^{-(t-t_0)}\mathrm{e}^{2t_0} < \delta\mathrm{e}^{2t_0} = \varepsilon,$$

故平凡解是稳定的.

    $\forall\varepsilon > 0$, 取 $\delta = \varepsilon, T = 2t_0$, 则当 $|x_0| < \delta, t \geqslant t_0 + T$ 时, 有

$$|x(t, t_0, x_0)| \leqslant |x_0|\,\mathrm{e}^{-2(t-t_0)+t+t_0} = |x_0|\,\mathrm{e}^{-(t-t_0-T)} < \delta = \varepsilon,$$

因 T 与 x_0 无关, 故平凡解是等度吸引的, 从而是等度渐近稳定的, 甚至是全局等度渐近稳定的.

    但当 $x_0 \neq 0$ 时, 取 $t_0 = 2n\pi, t = t_0 + \dfrac{\pi}{2}$, 有

$$|x(t, t_0, x_0)| = |x_0|\,\mathrm{e}^{(2n-1)\pi} \to +\infty \quad (n \to \infty),$$

故平凡解不是一致稳定的. 从通解的表达式也容易证明平凡解不是一致吸引的.

    例 1.2.5　一致渐近稳定, 但不是指数稳定的例子.

    考虑方程

$$\dot{x} = -x^3, \tag{1.2.21}$$

则可求得通解为

$$x(t, t_0, x_0) = x_0(1 + 2x_0^2(t - t_0))^{-\frac{1}{2}}.$$

易知方程 (1.2.21) 的平凡解是一致渐近稳定的, 且为全局一致渐近稳定的, 但不是指数稳定的.

    例 1.2.6　渐近稳定, 但不是等度渐近稳定的例子.

    考虑用极坐标表示的二阶方程组

$$\begin{cases} \dfrac{\mathrm{d}r}{\mathrm{d}t} = \dfrac{\dot{g}(t, \varphi)}{g(t, \varphi)}r, \\[2mm] \dfrac{\mathrm{d}\varphi}{\mathrm{d}t} = 0, \end{cases} \tag{1.2.22}$$

其中

$$g(t,\varphi) = \frac{\cos^4\varphi}{\cos^4\varphi + (1 - t\cos^2\varphi)^2} + \frac{1}{t + \cos^4\varphi}\frac{1}{1 + t^2},$$

则可求得通解为

$$r(t, t_0, r_0, \varphi_0) = r_0\frac{g(t, \varphi_0)}{g(t_0, \varphi_0)}, \quad \varphi(t, t_0, r_0, \varphi_0) = \varphi_0,$$

显然有 $r(t, t_0, r_0, \varphi_0) \leqslant r_0\dfrac{2}{g(t_0, \varphi_0)}(t \geqslant 1)$, 易知方程组 (1.2.22) 的平凡解是稳定的. 由通解的表达式可知, 平凡解是吸引的, 因此, 平凡解是渐近稳定的. 但平凡解不是等度吸引的, 事实上, 取 $t_0 = \dfrac{1}{2\cos^2\varphi_0}$, $t_1 = \dfrac{1}{\cos^2\varphi_0}$, 令 $\varphi_0 \to k\pi + \dfrac{1}{2}\pi$, 且 $k \to \infty$时,

有 $t_1 \to +\infty$, 此时 $r(t_1, t_0, r_0, \varphi_0) = r_0\dfrac{g(t_1, \varphi_0)}{g(t_0, \varphi_0)} \to \infty(\varphi_0 \to k\pi + \dfrac{1}{2}\pi)$, 因此平凡解不是等度吸引的.

由上面讨论可知, 方程组 (1.2.22) 的平凡解是渐近稳定, 但不是等度渐近稳定的.

为了放宽 Lyapunov 函数可微的要求, 引进 Dini 导数, 它使得用不可导的 Lyapunov 函数来证明稳定性的定理, 证法往往会变得更简单.

例 1.2.7 对于系统 $\dfrac{\mathrm{d}x}{\mathrm{d}t} = f(x)$, 我们知道, 如果 $xf(x) < 0(x \neq 0)$, 其零解 $x = 0$ 是渐近稳定的. 事实上, 取 $V = \dfrac{1}{2}x^2$, $\dfrac{\mathrm{d}V}{\mathrm{d}t} = x\dfrac{\mathrm{d}x}{\mathrm{d}t} = xf(x)$, 由 V 正定, $\dfrac{\mathrm{d}V}{\mathrm{d}t}$ 负定, 可得结论. 另一方面, 我们也可考虑函数 V 为 $V = |x|$, 此时 V 正定, 而且 V 沿着系统的导数为

$$\frac{\mathrm{d}V}{\mathrm{d}t} = \frac{\mathrm{d}x}{\mathrm{d}t}\mathrm{sgn}(x) = f(x)\mathrm{sgn}(x) = \begin{cases} f(x), & x > 0 \\ 0, & x = 0, \\ -f(x), & x < 0 \end{cases}$$

由于 $xf(x) < 0(x \neq 0)$, 可知 $\dfrac{\mathrm{d}V}{\mathrm{d}t}$ 负定, 因此利用 $V = |x|$ 也能判别其稳定性, 此时函数 V 除个别点外均可导.

定义 1.2.34(Dini 导数) 设 $f(x)$ 在 **R** 上连续, $\forall x \in \mathbf{R}$, 下面四个导数

$$D^+f(x) = \varlimsup_{h \to 0^+}\frac{1}{h}[f(x + h) - f(x)],$$

$$D_+f(x) = \varliminf_{h \to 0^+}\frac{1}{h}[f(x + h) - f(x)],$$

$$D^-f(x) = \varlimsup_{h \to 0^-}\frac{1}{h}[f(x + h) - f(x)],$$

$$D_- f(x) = \lim_{h \to 0^-} \frac{1}{h} [f(x+h) - f(x)],$$

分别称为 $f(x)$ 在 x 点处的右上导数、右下导数、左上导数、左下导数, 统称为 Dini 导数.

注　(1) Dini 导数有可能为 $\pm\infty$, 但若不出现这种情况, Dini 导数恒存在;

(2) 当 $f(x)$ 满足局部 Lipschitz 条件时, 四个 Dini 导数均有限.

(3) $f(x)$ 的导数存在的充要条件是四个 Dini 导数存在且相等.

连续函数的单调性与 Dini 导数的定号性的关系如下:

定理 1.2.13　设 $V(t)$ 在 $I = [t_0, \infty)$ 上连续, 则 $V(t)$ 在 I 上单调不减的充要条件是下列四个条件之一成立.

(1) $D^+ V(t) \geqslant 0$;　(2) $D_+ V(t) \geqslant 0$;　(3) $D^- V(t) \geqslant 0$;　(4) $D_- V(t) \geqslant 0$.

证明　(1) "$\Rightarrow$"　因为 $V(t)$ 单调不减, 故对 $\forall h > 0$, 均有 $V(t+h) - V(t) \geqslant 0$, 于是有

$$D^+ V(t) = \overline{\lim_{h \to 0^+}} \frac{1}{h} [V(t+h) - V(t)] \geqslant 0.$$

"$\Leftarrow$"　先设 $D^+ V(t) > 0$, 若存在 $t_1, t_2 \in I$, 且 $t_1 < t_2$, 使得 $V(t_1) > V(t_2)$. 由 $V(t)$ 连续可知, 对 $\forall \mu \in (V(t_2), V(t_1))$, 均存在 $t^* \in (t_1, t_2)$, 使 $V(t^*) = \mu$, 设 $M = \{t \,|\, V(t) = \mu, t \in (t_1, t_2)\}$, 显然 M 非空, 并设 $\xi = \sup_{t \in M} \{t\}$, 由 $V(t)$ 的连续性可知, $V(\xi) = \mu$, 且 $\xi \neq t_2$, 于是有 $V(t) < \mu (\forall t \in (\xi, t_2))$. 当 $\xi + h \in (\xi, t_2)$ 时, 有 $V(\xi + h) - V(\xi) = V(\xi + h) - \mu < 0 (h > 0)$, 于是有

$$D^+ V(\xi) = \overline{\lim_{h \to 0^+}} \frac{1}{h} [V(\xi + h) - V(\xi)] \leqslant 0,$$

此时与 $D^+ V(t) > 0$ 矛盾, 所以 $V(t)$ 是单调不减的.

最后假设 $D^+ V(t) \geqslant 0, \forall \varepsilon > 0$, 则有

$$D^+ [V(t) + \varepsilon t] = D^+ V(t) + \varepsilon > 0.$$

从而可知 $V(t) + \varepsilon t$ 在 I 上单调不减, 由 ε 的任意性可知 $V(t)$ 在 I 上单调不减.

(2) "$\Rightarrow$"　由 (1) 的证明可知结论成立. "$\Leftarrow$"　$D_+ V(t) \geqslant 0$ 可推知

$$D^+ V(t) = \overline{\lim_{h \to 0^+}} \frac{1}{h} [V(t+h) - V(t)] \geqslant \lim_{h \to 0^+} \frac{1}{h} [V(t+h) - V(t)] = D_+ V(t) \geqslant 0,$$

因此有 $V(t)$ 是单调不减的.

(3) "$\Rightarrow$"　因为 $V(t)$ 单调不减, 故对 $\forall h < 0$, 均有 $V(t+h) - V(t) \leqslant 0$, 于是有

$$D^- V(t) = \overline{\lim_{h \to 0^-}} \frac{1}{h} [V(t+h) - V(t)] \geqslant 0.$$

"⇐" 类似于 (1)"⇐"的证明, 取 $\xi = \inf\limits_{t \in M}\{t\}$ 及 $V(t)$ 的连续性可知, $V(\xi) = \mu$ 且 $\xi \neq t_1$, 于是有 $V(t) > \mu(\forall t \in (t_1, \xi))$, 故当 $\xi + h \in (t_1, \xi)$ 时, 有 $V(\xi + h) - V(\xi) = V(\xi + h) - \mu > 0 (h < 0)$, 即

$$D^- V(\xi) = \varlimsup_{h \to 0^-} \frac{1}{h}[V(\xi + h) - V(\xi)] \leqslant 0,$$

与 $D^- V(t) > 0$ 矛盾, 所以 $V(t)$ 是单调不减的.

对于 $D^- V(t) \geqslant 0$, 考虑 $\forall \varepsilon > 0$, 有 $D^-[V(t) + \varepsilon t] = D^- V(t) + \varepsilon > 0$, 由上面证明可知, $V(t) + \varepsilon t$ 单调不减, 由 ε 的任意性, $V(t)$ 是单调不减的.

(4)"⇒" 显然.

"⇐" 因为

$$D^- V(t) = \varlimsup_{h \to 0^-} \frac{1}{h}[V(t + h) - V(t)] \geqslant \varliminf_{h \to 0^-} \frac{1}{h}[V(t + h) - V(t)] = D_- V(t) \geqslant 0,$$

故由 (3) 可知, $V(t)$ 是单调不减的.

推论 1.2.2 设 $V(t)$ 在 I 上连续, 则 $V(t)$ 在 I 上单调不增的充要条件是下列四个条件之一成立.

$(1) D^+ V(t) \leqslant 0$; $(2) D_+ V(t) \leqslant 0$; $(3) D^- V(t) \leqslant 0$; $(4) D_- V(t) \leqslant 0$.

考虑一个函数 $V(t, x)$ 沿着微分方程的解的 Dini 导数, 设系统为

$$\frac{\mathrm{d}x}{\mathrm{d}t} = f(t, x), \tag{1.2.23}$$

其中 $f(t, x)$ 在 G_∞ 上有定义、连续且保证解存在唯一.

导数不连续的函数 $V(t, x)$ 沿着系统 (1.2.23) 的 Dini 导数为

$$D^+ V(t, x)\big|_{(1.2.23)} = \varlimsup_{h \to 0^+} \frac{1}{h}[V(t + h, x + h f(t, x)) - V(t, x)],$$

$$D_+ V(t, x)\big|_{(1.2.23)} = \varliminf_{h \to 0^+} \frac{1}{h}[V(t + h, x + h f(t, x)) - V(t, x)],$$

$$D^- V(t, x)\big|_{(1.2.23)} = \varlimsup_{h \to 0^-} \frac{1}{h}[V(t + h, x + h f(t, x)) - V(t, x)],$$

$$D_- V(t, x)\big|_{(1.2.23)} = \varliminf_{h \to 0^-} \frac{1}{h}[V(t + h, x + h f(t, x)) - V(t, x)].$$

有时在研究稳定性问题时, 要用到一些重要矩阵, 下面介绍 Hurwitz 矩阵、定号矩阵和 M 矩阵的统一简化形式.

1. Hurwitz 矩阵

设 A 是 $n \times n$ 实矩阵, 记

$$f(\lambda) = \det(\lambda I - A) = \lambda^n + a_1 \lambda^{n-1} + \cdots + a_{n-1} \lambda + a_n \quad (a_0 = 1).$$

定义 1.2.35　若 $f(\lambda) = 0$ 的特征根均具有负实部, 则称 $f(\lambda)$ 是 Hurwitz 多项式, 称矩阵 A 是 Hurwitz 矩阵.

根据 $f(\lambda)$ 的系数, 可构造行列式

$$\Delta_1 = |a_1|, \quad \Delta_k = \begin{vmatrix} a_1 & a_0 & 0 & \cdots & 0 \\ a_3 & a_2 & a_1 & \cdots & 0 \\ a_5 & a_4 & a_3 & \cdots & 0 \\ \vdots & \vdots & \vdots & & \vdots \\ a_{2k-1} & a_{2k-2} & a_{2k-3} & \cdots & a_k \end{vmatrix} \quad (k = 2, 3, \cdots, n),$$

其中 $a_m = 0 (m > n)$. 我们有 Hurwitz 定理.

定理 1.2.14　$f(\lambda) = 0$ 的特征根均具有负实部的充要条件是

$$\Delta_k > 0, \quad k = 1, 2, \cdots, n.$$

2. 定号矩阵

给定一个实二次型 $V = x^{\mathrm{T}} A x$, 其中 $x \in \mathbf{R}^n$, $A = (a_{ij})_{n \times n} = A^{\mathrm{T}}$, 我们有如下结论:

$$A正定 \Leftrightarrow V是正定二次型 \Leftrightarrow A的顺序主子式均大于零;$$
$$A负定 \Leftrightarrow V是负定二次型 \Leftrightarrow -A正定;$$
$$A常正 \Leftrightarrow V是常正二次型 \Leftrightarrow A的顺序主子式均非负;$$
$$A常负 \Leftrightarrow V是常负二次型 \Leftrightarrow -A常正.$$

3. M 矩阵

设 $A = (a_{ij})_{n \times n}$ 是一个实矩阵, 满足条件 (A): $a_{ii} > 0 (i = 1, 2, \cdots, n)$, $a_{ij} \leqslant 0 (i \neq j; i, j = 1, 2, \cdots, n)$.

定义 1.2.36　实矩阵 A 称为 M 矩阵, 若满足条件 (A) 和 A 的顺序主子式均大于零.

我们有如下等价条件:

(1) $A = (a_{ij})_{n \times n}$ 是 M 矩阵;

(2) 条件 A 和 A^{-1} 是非负矩阵;

(3) 条件 A 和存在 $c_i > 0 (i = 1, 2, \cdots, n)$, 使得

$$\sum_{i=1}^{n} c_i a_{ij} > 0 \text{ 或 } \sum_{j=1}^{n} c_j a_{ij} > 0;$$

(4) 条件 A 和任给正数向量 $\xi = (\xi_1, \xi_2, \cdots, \xi_n)^{\mathrm{T}}$, 方程组 $Ax = \xi$ 有正数向量解 $\eta = (\eta_1, \eta_2, \cdots, \eta_n)^{\mathrm{T}}$;

(5) 条件 A 和 $-A$ 是 Hurwitz 矩阵, 即 A 的特征根均大于零;

(6) 条件 A 和谱半径 $\rho(G) < 1$, 其中

$$G = (g_{ij})_{n \times n}, g_{ij} = \begin{cases} 0, & i = j = 1, 2, \cdots, n, \\ \dfrac{a_{ij}}{a_{ii}}, & i \neq j; i, j = 1, 2, \cdots, n. \end{cases}$$

4. 保号变换

定义 1.2.37 设 $A = (a_{ij})_{n \times n}$ 是实矩阵, 将行列式 $|A|$ 的某行 (列) 乘以一个正数, 或某行 (列) 的 c 倍加到另一行 (列) 的变换称为行列式的保号变换.

保持行列式的所有顺序 2 子式符号不变的变换称为系列保号变换. 即

$$|A| = \begin{vmatrix} a_{11} & a_{12} & \cdots & a_{1n} \\ a_{21} & a_{22} & \cdots & a_{2n} \\ \vdots & \vdots & & \vdots \\ a_{n1} & a_{n2} & \cdots & a_{nn} \end{vmatrix} \xrightarrow{\text{通过系列保号变换}} \begin{vmatrix} b_{11} & b_{12} & \cdots & b_{1n} \\ 0 & b_{22} & \cdots & b_{2n} \\ \vdots & \vdots & & \vdots \\ 0 & 0 & \cdots & b_{nn} \end{vmatrix} = |B|$$

或

$$|A| = \begin{vmatrix} a_{11} & a_{12} & \cdots & a_{1n} \\ a_{21} & a_{22} & \cdots & a_{2n} \\ \vdots & \vdots & & \vdots \\ a_{n1} & a_{n2} & \cdots & a_{nn} \end{vmatrix} \xrightarrow{\text{通过系列保号变换}} \begin{vmatrix} c_{11} & 0 & \cdots & 0 \\ c_{21} & c_{22} & \cdots & 0 \\ \vdots & \vdots & & \vdots \\ c_{n1} & c_{n2} & \cdots & c_{nn} \end{vmatrix} = |C|.$$

定理 1.2.15 (1) 设 A 是 n 阶对称矩阵, $|A|$ 经过系列保号变换将 $|A|$ 化为 $|B|$ 或 $|C|$, 则有

A 正定 (常正) $\Leftrightarrow b_{ii} > 0$ 或 $c_{ii} > 0 (b_{ii} \geqslant 0$ 或 $c_{ii} \geqslant 0)(i = 1, 2, \cdots, n)$;

A 负定 (常负) $\Leftrightarrow b_{ii} < 0$ 或 $c_{ii} < 0 (b_{ii} \leqslant 0$ 或 $c_{ii} \leqslant 0)(i = 1, 2, \cdots, n)$;

A 变号 $\Leftrightarrow b_{ii}$ 或 c_{ii} 有正有负.

(2) 在条件 (A) 的假设下, 则 A 是 M 矩阵 $\Leftrightarrow b_{ii} > 0$ 或 $c_{ii} > 0(i = 1, 2, \cdots, n)$.

(3) 设 $f(\lambda) = \det(\lambda I - A) = \lambda^n + a_1 \lambda^{n-1} + \cdots + a_{n-1}\lambda + a_n$, 且 $a_i > 0(i = 1, 2, \cdots, n)$, 则 $f(\lambda)$ 是 Hurwitz 矩阵 $\Leftrightarrow \Delta_{n-1} \xrightarrow{\text{通过系列保号变换}}$

$$\begin{vmatrix} b_{11} & b_{12} & \cdots & b_{1n-1} \\ 0 & b_{22} & \cdots & b_{2n-1} \\ \vdots & \vdots & & \vdots \\ 0 & 0 & \cdots & b_{(n-1)(n-1)} \end{vmatrix} = |B| \text{ 或 } \begin{vmatrix} c_{11} & 0 & \cdots & 0 \\ c_{21} & c_{22} & \cdots & 0 \\ \vdots & \vdots & & \vdots \\ c_{n-11} & c_{n-12} & \cdots & c_{(n-1)(n-1)} \end{vmatrix} = |C|,$$

有 $b_{ii} > 0$ 或 $c_{ii} > 0 (i = 1, 2, \cdots, n-1)$.

下面介绍稳定性的几个等价命题.

考虑系统为

$$\frac{\mathrm{d}x}{\mathrm{d}t} = f(t, x), \tag{1.2.24}$$

其中 $x \in \mathbf{R}^n, f : I \times \Omega \to \mathbf{R}^n$ 连续, 保证解存在唯一, 且 $f(t, 0) \equiv 0$.

定理 1.2.16 若存在 $\omega > 0$, 使得 $f(t + \omega, x) \equiv f(t, x)$, 则系统 (1.2.24) 的零解稳定 $\Leftrightarrow$ 系统 (1.2.24) 的零解一致稳定.

证明 "$\Leftarrow$" 显然.

今证 "$\Rightarrow$" 因为系统 (1.2.24) 的零解稳定, 所以对 $\forall \varepsilon > 0$, $t_0 = \omega$, $\exists \delta_1 = \delta_1(\varepsilon, \omega) > 0$, $(\delta_1 < \varepsilon)$ 对 $\forall x_0 \in B_{\delta_1}$, $\forall t \geqslant \omega$, 有 $\|x(t, t_0, x_0)\| < \varepsilon$ 成立.

由解对初值的连续依赖性, 对 $\forall t_0 \in [0, \omega]$, $\exists \delta_2 = \delta_2(\delta_1, \omega) = \delta_2(\varepsilon, \omega) > 0$, 对 $\forall t \in [t_0, \omega]$, 有 $\|x(t, t_0, x_0)\| < \delta_1$, 特别有 $\|x(\omega, t_0, x_0)\| < \delta_1$. 于是取 $\delta = \min\{\delta_1, \delta_2\} = \delta(\varepsilon, \omega) > 0$, 对 $\forall t_0 \in [0, \omega]$, $\forall x_0 \in B_\delta$, $\forall t \geqslant t_0$, 均有 $\|x(t, t_0, x_0)\| < \varepsilon$ 成立.

对 $\forall t_0^* \in [0, \infty)$, 存在非负整数和 $t_0 \in [0, \omega)$, 使得 $t_0^* = m\omega + t_0$. 对任意的 $t^* \geqslant t_0^*$, 有 $t \geqslant t_0$, 使得 $t^* = m\omega + t$, 由 $f(t + \omega, x) \equiv f(t, x)$ 可知, $x(t, t_0, x_0)$ 也是系统 (1.2.24) 的解, 且有

$$x(t, t_0, x_0) \equiv x(t + m\omega, t_0 + m\omega, x_0).$$

从而可知系统工程 (1.2.24) 是一致稳定的.

推论 1.2.3 若系统 (1.2.24) 是自治系统, 即 $f(t, x) \equiv f(x)$, 则系统 (1.2.24) 的零解稳定 $\Leftrightarrow$ 系统 (1.2.24) 的零解一致稳定.

定理 1.2.17 若存在 $\omega > 0$, 使得 $f(t + \omega, x) \equiv f(t, x)$, 则系统 (1.2.24) 的零解等度渐近稳定 $\Leftrightarrow$ 系统 (1.2.24) 的零解一致渐近稳定.

证明 只需证明等度吸引 $\Rightarrow$ 一致吸引即可, 类似定理 1.2.16 的证明可知, 定理 1.2.17 的结论成立.

推论 1.2.4 若系统 (1.2.24) 是自治系统, 即 $f(t, x) \equiv f(x)$, 则系统 (1.2.24) 的零解等度渐近稳定 $\Leftrightarrow$ 系统 (1.2.24) 的零解一致渐近稳定.

定理 1.2.18 若 $f(t, x) = A(t)x$, 则有:

(1) 系统 (1.2.24) 的零解局部渐近稳定 ⇔ 系统 (1.2.24) 的零解全局渐近稳定;

(2) 系统 (1.2.24) 的零解一致渐近稳定 ⇔ 系统 (1.2.24) 的零解指数渐近稳定;

(3) 系统 (1.2.24) 的零解渐近稳定 ⇔ 系统 (1.2.24) 的零解等度渐近稳定;

(4) 若 $A(t) \equiv A$ 为常数矩阵, 则系统 (1.2.24) 的零解渐近稳定 ⇔ 系统 (1.2.24) 的, 零解指数渐近稳定.

1.2.5　Lyapunov 直接法的基本定理

Lyapunov 直接法是整个稳定性理论的核心方法, 1892 年 Lyapunov 给出的稳定性定理、渐近稳定性定理和两个不稳定性定理, 奠定了运动稳定性的基础, 被誉为基本定理.

1. Lyapunov 直接法的几何思想

考虑微分方程组

$$\begin{cases} x_1'(t) = f_1(x_1, x_2), \\ x_2'(t) = f_2(x_1, x_2), \end{cases} \quad (1.2.25)$$

其中 $f_i(x_1, x_2)(i = 1, 2)$ 连续、保证解存在唯一, $f_i(0, 0) = 0(i = 1, 2)$.

设 $V(x) = V(x_1, x_2)$ 是 K 类函数, 具有一阶连续的偏导数, 方程组 (1.2.25) 的解 $x(t)$ 是未知的, 但它满足 $(x_1'(t), x_2'(t)) = (f_1, f_2)$ 是已知的.

将方程组 (1.2.25) 的解代入函数 V, 可得 $V(t) = V[x_1(t), x_2(t)]$, 有

若解 $x(t) = [x_1(t), x_2(t)]$ 走近原点, 则 $V(t)$ 单调减, $V'(t) < 0$;

若解 $x(t) = [x_1(t), x_2(t)]$ 不远离原点, 则 $V(t)$ 不增, $V'(t) \leqslant 0$;

若解 $x(t) = [x_1(t), x_2(t)]$ 远离原点, 则 $V(t)$ 单调增, $V'(t) > 0$.

$$V'(t) = \sum_{i=1}^{2} \frac{\partial V}{\partial x_i} \frac{\mathrm{d} x_i}{\mathrm{d} t} = \sum_{i=1}^{2} \frac{\partial V}{\partial x_i} f_i(x_1, x_2) = \mathrm{grad} V \cdot f(x) \begin{cases} < 0, & \theta > \pi/2, \\ = 0, & \theta = \pi/2, \\ > 0, & \theta < \pi/2, \end{cases}$$

其中 θ 是向量 $\mathrm{grad} V$ 与 f 的夹角.

而最后的表达式已不依赖于方程组的解 $x(t)$ 的信息, 仅依赖于所构造的 V 和给定的向量场 f, 这就是 Lyapunov 直接法原始的几何思想.

2. 稳定性的定理

考虑微分方程组

$$\frac{\mathrm{d} x}{\mathrm{d} t} = f(t, x), \quad (1.2.26)$$

其中 $x \in \mathbf{R}^n$, $f : I \times D_H \to \mathbf{R}^n$ 连续、保证解存在唯一, 且 $f(t,0) \equiv 0$. 我们取

$$V(t,x) = V(t,x_1,x_2,\cdots,x_n).$$

在 $I \times D_H$ 上连续、具有一阶连续的偏导数, $V(t,0) \equiv 0$. $V(t,x)$ 沿系统 (1.2.26) 的导数为

$$\frac{\mathrm{d}V(t,x)}{\mathrm{d}t}\bigg|_{(1)} = \frac{\partial V}{\partial t} + \sum_{i=1}^{n} \frac{\partial V}{\partial x_i}\frac{\mathrm{d}x_i}{\mathrm{d}t} = \mathrm{grad}V \cdot f(t,x).$$

定理 1.2.19(Lyapunov 定理)   对于系统 (1.2.26), 若存在函数 V 满足

(1) $V(t,x)$ 正定 (负定);

(2) $\dfrac{\mathrm{d}V(t,x)}{\mathrm{d}t}\bigg|_{(1.2.26)} \leqslant 0 (\geqslant 0)$;

则系统 (1.2.26) 的零解是稳定的.

证明   不妨设 $V(t,x)$ 正定, 则 $\exists \varphi \in K$, 使得 $\varphi(\|x\|) \leqslant V(t,x)$. 对 $\forall t_0 \geqslant 0$, $\forall \varepsilon > 0$, 由 $V(t_0,0) = 0$ 和 $V(t_0,x)$ 的连续性, $\exists \delta = \delta(\varepsilon,t_0) > 0$, 对 $\forall x_0 \in B_\delta$, 均有 $V(t_0,x_0) < \varphi(\varepsilon)$, 由条件 (2), 对 $\forall t \geqslant t_0$, 我们有

$$\varphi(\|x(t,t_0,x_0)\|) \leqslant V(t,x(t,t_0,x_0)) \leqslant V(t_0,x_0) < \varphi(\varepsilon),$$

即 $\|x(t,t_0,x_0)\| < \varepsilon$, 所以系统 (1.2.26) 的零解是稳定的.

下面介绍改进的马尔金型稳定性定理:

定理 1.2.20   对于系统 (1.2.26), 若存在函数 V 满足

(1) $V(t,x)$ 正定 (负定);

(2) $V(t,x)$ 具有无穷小上界;

(3) $\dfrac{\mathrm{d}V(t,x)}{\mathrm{d}t}\bigg|_{(1.2.26)} \leqslant 0 (\geqslant 0)$;

则系统 (1.2.26) 的零解是一致稳定的.

证明   由条件 (1)、(2), $\exists \varphi_i \in K (i=1,2)$, 使得 $\varphi_1(\|x\|) \leqslant V(t,x) \leqslant \varphi_2(\|x\|)$. 对 $\forall \varepsilon > 0$, $\exists \delta = \min\left\{\varepsilon, \varphi_2^{-1}[\varphi_1(\varepsilon)]\right\} > 0$, $\forall t_0 \geqslant 0$, 对 $\forall x_0 \in B_\delta$, $\forall t \geqslant t_0$, 我们有

$$\varphi_1(\|x(t,t_0,x_0)\|) \leqslant V(t,x(t,t_0,x_0)) \leqslant V(t_0,x_0)$$
$$\leqslant \varphi_2(\|x_0\|) < \varphi_2(\delta) \leqslant \varphi_2\left\{\varphi_2^{-1}[\varphi_1(\varepsilon)]\right\},$$

即 $\|x(t,t_0,x_0)\| < \varepsilon$, 所以系统 (1.2.26) 的零解是稳定的.

定理 1.2.21 对于系统 (1.2.26), 若存在函数 $V(t,x)$、$\theta(t)$ 和 $W(x)$, 使得

$$U(t,x) = V(t,x) - \theta(t)W(x),$$

其中 $W(x)$ 是正定可微的函数, $\theta(t)$ 是单调增函数, $\theta(t_0) = 1$ 和 $\lim\limits_{t\to\infty} \theta(t) = \infty$, 满足

$$\left.\frac{\mathrm{d}V(t,x)}{\mathrm{d}t}\right|_{(1.2.26)} \leqslant 0, \qquad \left.\frac{\mathrm{d}U(t,x)}{\mathrm{d}t}\right|_{(1.2.26)} \geqslant 0.$$

则系统 (1.2.26) 的零解是一致稳定和吸引的.

证明 下面分两步来证明.

第一步: 若 $U(t,x) \equiv 0$, 则 $W(x) = \dfrac{V(t,x)}{\theta(t)}$, 设 $x(t) = x(t, t_0, x_0)$ 是系统 (1.2.26) 的解, 又因为 $\left.\dfrac{\mathrm{d}V(t,x)}{\mathrm{d}t}\right|_{(1.2.26)} \leqslant 0$, 所以 $V[t, x(t)]$ 不增, 由条件可知 $\theta(t)$ 是单调增函数, 故 $W[x(t)]$ 单调减, 又因为 $W(x)$ 正定且具有无穷小上界, 由定理 1.2.21 可知, 系统 (1.2.26) 的零解是一致稳定的.

$\exists \varphi \in K$, 使得 $\varphi(\|x\|) \leqslant W(x)$, 于是有

$$\varphi(\|x\|) \leqslant W(x) = \frac{V(t,x)}{\theta(t)} \to 0 \quad (t \to \infty),$$

所以 $\lim\limits_{t\to\infty} \|x(t)\| = 0$, 系统 (1) 的零解是吸引的.

第二步: 若 $U(t,x) \neq 0$, 令 $V^*(t,x) = V(t,x) - U(t,x) = \theta(t)W(x)$, 于是有

$$V^*(t,x) - \theta(t)W(x) \equiv 0,$$

且

$$\left.\frac{\mathrm{d}V^*(t,x)}{\mathrm{d}t}\right|_{(1.2.26)} = \left.\frac{\mathrm{d}V(t,x)}{\mathrm{d}t}\right|_{(1.2.26)} - \left.\frac{\mathrm{d}U(t,x)}{\mathrm{d}t}\right|_{(1.2.26)} \leqslant 0.$$

由第一步的证明可知, 系统 (1.2.26) 的零解是一致稳定和吸引的.

定理 1.2.22 对于系统 (1.2.26), 若存在函数 V 满足

(1) $V(t,x)$ 正定;

(2) $V(t,x)$ 具有无穷小上界;

(3) $\left.\dfrac{\mathrm{d}V(t,x)}{\mathrm{d}t}\right|_{(1.2.26)}$ 负定;

则系统 (1.2.26) 的零解是一致渐近稳定的.

证明 由定理 1.2.20 可知, 系统 (1.2.26) 的零解是一致稳定的; 现证系统 (1.2.26) 的零解是一致吸引的. 由条件 (1)、(2) 和 (3), $\exists \varphi_i \in K (i = 1, 2, 3)$, 使

得

$$\varphi_1(\|x\|) \leqslant V(t,x) \leqslant \varphi_2(\|x\|), \qquad \frac{\mathrm{d}V(t,x)}{\mathrm{d}t}\bigg|_{(1.2.26)} \leqslant -\varphi_3(\|x\|).$$

设 $x(t) = x(t,t_0,x_0)$ 是系统 (1.2.26) 的解, 记 $V(t) = V[t,x(t)]$, 于是有

$$\frac{\mathrm{d}V(t,x)}{\mathrm{d}t}\bigg|_{(1.2.26)} \leqslant -\varphi_3(\|x\|) \leqslant -\varphi_3\left[\varphi_2^{-1}(V(t))\right] < 0,$$

即

$$\frac{\mathrm{d}V}{\varphi_3\left[\varphi_2^{-1}(V)\right]} \leqslant -\mathrm{d}t.$$

对 $\forall \varepsilon > 0$, 有

$$t - t_0 = \int_{t_0}^t \mathrm{d}t \leqslant -\int_{t_0}^t \frac{1}{\varphi_3\left[\varphi_2^{-1}(V(t))\right]} \frac{\mathrm{d}V(t)}{\mathrm{d}t}\mathrm{d}t = \int_{V(t)}^{V(t_0)} \frac{\mathrm{d}V}{\varphi_3\left[\varphi_2^{-1}(V(t))\right]}$$

$$\leqslant \int_{\varphi_1(\|x\|)}^{\varphi_2(H)} \frac{\mathrm{d}V}{\varphi_3\left[\varphi_2^{-1}(V(t))\right]} = \int_{\varphi_1(\|x\|)}^{\varphi_1(\varepsilon)} \frac{\mathrm{d}V}{\varphi_3\left[\varphi_2^{-1}(V(t))\right]} + \int_{\varphi_1(\varepsilon)}^{\varphi_2(H)} \frac{\mathrm{d}V}{\varphi_3\left[\varphi_2^{-1}(V(t))\right]}.$$

我们取 $T = T(\varepsilon, H) = \displaystyle\int_{\varphi_1(\varepsilon)}^{\varphi_2(H)} \frac{\mathrm{d}V}{\varphi_3\left[\varphi_2^{-1}(V(t))\right]} + 1$, 对 $\forall t \geqslant t_0 + T$, 有

$$\int_{\varphi_1(\|x\|)}^{\varphi_1(\varepsilon)} \frac{\mathrm{d}V}{\varphi_3\left[\varphi_2^{-1}(V(t))\right]} \geqslant t - t_0 - \int_{\varphi_1(\varepsilon)}^{\varphi_2(H)} \frac{\mathrm{d}V}{\varphi_3\left[\varphi_2^{-1}(V(t))\right]} > t - (t_0 + T) \geqslant 0,$$

于是有 $\varphi_1(\|x(t)\|) < \varphi_1(\varepsilon)$, 即 $\|x(t,t_0,x_0)\| < \varepsilon$, 所以系统 (1.2.26) 的零解是一致吸引的, 从而系统 (1.2.26) 的零解是一致渐近稳定的.

注 (1) 定理 1.2.22 是充要条件, 即系统 (1.2.26) 的零解是一致渐近稳定的 $\Leftrightarrow \exists V$ 满足条件 (1)、(2) 和 (3);

(2) Lyapunov 仅给出渐近稳定的结论, 显然定理 1.2.22 改进了 Lyapunov 的结论;

(3) 对渐近稳定性, $V(t,x)$ 具有无穷小上界, 不能减少.

例 1.2.8 设 $g \in C^1(I,\mathbf{R})$ 在整数点 n 处有极大值 $g(n) = 1$, 宽度小于 $\left(\dfrac{1}{2}\right)^n$, 函数 g 如图 1.2.1 所示. 微分方程为

$$\frac{\mathrm{d}x}{\mathrm{d}t} = \frac{g'(t)}{g(t)}x,$$

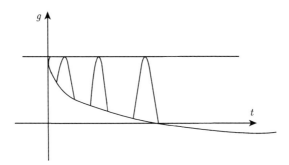

图 1.2.1

方程的解为

$$x(t, t_0, x_0) = \frac{g(t)}{g(t_0)} x_0,$$

显然

$$\lim_{t \to \infty} x(t, t_0, x_0) = 0$$

不成立, 由于

$$\int_0^\infty g(t)\mathrm{d}t < \int_0^\infty \mathrm{e}^{-t}\mathrm{d}t + \sum_{n=1}^\infty \left(\frac{1}{2}\right)^n = -\left.\mathrm{e}^{-t}\right|_0^\infty + \frac{1/2}{1-1/2} = 2,$$

取函数 V 为

$$V(t, x) = \frac{x^2}{g^2(t)}\left[3 - \int_0^t g^2(s)\mathrm{d}s\right] \geqslant \frac{x^2}{g^2(t)} \geqslant x^2,$$

显然 V 定正, V 沿方程的轨线的导数为

$$V' = \frac{2x}{g^2(t)}\left[3 - \int_0^t g^2(s)\mathrm{d}s\right]\frac{g'(t)}{g(t)}x - \frac{2x^2 g(t)g'(t)}{g^4(t)}\left[3 - \int_0^t g^2(s)\mathrm{d}s\right] - \frac{x^2}{g^2(t)}g^2(t) = -x^2$$

负定, 但 $V(t, x)$ 具有无穷小上界不成立.

(4) 定理 1.2.22 不是渐近稳定的充要条件.

例 1.2.9 考虑系统

$$x' = -\frac{x}{1+t},$$

它的解为

$$x(t, t_0, x_0) = \frac{1+t_0}{1+t}x_0.$$

显然方程的零解是渐近稳定的, 但是不存在具有无穷小上界的正定函数 $V(t, x)$, 使得 $V'(t, x)$ 是负定的.

反证, 若存在函数 $V(t,x)$ 和 $\varphi_i \in K(i = 1, 2, 3)$, 使得

$$\varphi_1(\|x\|) \leqslant V(t,x) \leqslant \varphi_2(\|x\|), \quad \left.\frac{\mathrm{d}V(t,x)}{\mathrm{d}t}\right|_{(1)} \leqslant -\varphi_3(\|x\|).$$

一方面, 我们取 $0 < |x_0| = \delta < H, t_1 = 2t_0 + 1$, 对 $\forall t \in [t_0, t_1]$, 有

$$|x(t, t_0, x_0)| = \frac{1 + t_0}{1 + t} |x_0| \geqslant \frac{|x_0|}{2} = \frac{\delta}{2},$$

另一方面,

$$\begin{aligned}
0 < \varphi_1(|x(t_1)|) \leqslant V[t_1, x(t_1)] &= V(t_0, x_0) + \int_{t_0}^{t_1} \frac{\mathrm{d}V}{\mathrm{d}t}\mathrm{d}t \\
&\leqslant V(t_0, x_0) - \int_{t_0}^{t_1} \varphi_3(|x(t)|)\mathrm{d}t \\
&\leqslant V(t_0, x_0) - (t_1 - t_0)\varphi_3\left(\frac{\delta}{2}\right) \\
&\leqslant \varphi_2(|x_0|) - (1 + t_0)\varphi_3\left(\frac{\delta}{2}\right) \\
&\leqslant \varphi_2(\delta) - (1 + t_0)\varphi_3\left(\frac{\delta}{2}\right) \to -\infty \quad (t_0 \to \infty)
\end{aligned}$$

矛盾.

定理 1.2.23   对于系统 (1.2.26), 若存在函数 V 满足

(1) $V(t,x) - \theta(t,x)$ 常正, 其中 $W(x)$ 正定, $\theta(t,x)$ 连续、非负且 $\lim\limits_{t \to \infty} \theta(t,x) = 0$ 关于 x 一致成立;

(2) $\left.\dfrac{\mathrm{d}V(t,x)}{\mathrm{d}t}\right|_{(1.2.26)} \leqslant 0$;

则系统 (1.2.26) 的零解是渐近稳定的.

证明   对 $\forall x \in D_H$, 由 $\lim\limits_{t \to \infty} \theta(t,x) = 0$ 关于 x 一致成立可知, $\exists T^* > 0$, 对 $\forall t \geqslant T^*$, 有

$$\theta(t,x) \geqslant 1.$$

再由条件 (1) 可知, $V(t,x) \geqslant \theta(t,x)W(x) \geqslant W(x)$, 故 $V(t,x)$ 正定, 由条件 (2) 可知, 系统 (1.2.26) 的零解是稳定的.

设 $x(t) = x(t, t_0, x_0)$ 是系统 (1.2.26) 的解, 因为 $W(x)$ 正定, 所以 $\exists \varphi \in K$, 有 $\varphi(\|x\|) \leqslant W(x)$, 由条件 (2) 可知, $V[t, x(t)]$ 不增, 于是有

$$V(t_0, x_0) \geqslant V[t, x(t)] \geqslant \theta(t,x)W(x) \geqslant \theta(t,x)\varphi(\|x\|),$$

从而有

$$\lim_{t\to\infty} \varphi(\|x(t)\|) \leqslant \lim_{t\to\infty} \frac{V(t_0, x_0)}{\theta(t, x)} = 0,$$

易知 $\lim\limits_{t\to\infty} \|x(t)\| = 0$, 所以系统 (1.2.26) 的零解是吸引的, 从而系统 (1.2.26) 的零解是渐近稳定的.

注 定理 1.2.21 中的 θ 仅是 t 的函数, 与 x 无关, 而本节定理 1.2.23 的 θ 不仅是 t 的函数, 而且是 x 的函数, 所以它更为广泛.

定理 1.2.24 对于系统 (1.2.26), 若存在函数 V 满足

(1) $f(t, x)$ 在 $[0, \infty) \times \overline{D_H}$ 上有界;

(2) $V(t, x)$ 正定;

(3) $\left. \dfrac{\mathrm{d}V(t, x)}{\mathrm{d}t} \right|_{(1.2.26)}$ 负定;

则系统 (1.2.26) 的零解是渐近稳定的.

证明 由条件 (2)、(3) 可知, 系统 (1.2.26) 的零解是稳定的.

今证吸引, 即证明 $\lim\limits_{t\to\infty} \|x(t, t_0, x_0)\| = 0$. 反证: 对 $\forall \varepsilon > 0$ 充分小, $\exists \{t_m\}$ 满足 $\lim\limits_{m\to\infty} t_m = \infty$ 和 $t_{m+1} - t_m > 1 (m = 1, 2, \cdots)$, 使得 $\|x(t_m, t_0, x_0)\| \geqslant \varepsilon$. 由条件(1) 可知, $\exists K > 0$, 使得

$$\|x'\| = \|f(t, x)\| \leqslant K.$$

对 $\forall t \in \left[t_m - \dfrac{\varepsilon}{2K}, t_m + \dfrac{\varepsilon}{2K} \right]$, 利用积分中值定理, 有

$$x(t) = x(t_m) + \int_{t_m}^{t} x'(s)\mathrm{d}s = x(t_m) + x'(\xi)(t - t_m),$$

其中 ξ 介于 t_m 与 t 之间, 所以 $\xi \in \left[t_m - \dfrac{\varepsilon}{2K}, t_m + \dfrac{\varepsilon}{2K} \right]$, 于是有

$$\|x(t)\| \geqslant \|x(t_m)\| - \|x'(\xi)\| |t - t_m| \geqslant \varepsilon - K\frac{\varepsilon}{2K} = \frac{\varepsilon}{2}.$$

由条件 (3) 可知, 在区间 $\left[t_m - \dfrac{\varepsilon}{2K}, t_m + \dfrac{\varepsilon}{2K} \right] (m = 1, 2, \cdots)$ 上, $\exists c > 0$ 使得 $\left. \dfrac{\mathrm{d}V(t, x)}{\mathrm{d}t} \right|_{(1.2.26)} < -c$. 当 $\varepsilon > 0$ 充分小时, 以上区间互不相交, 从而有

$$V\left(t_m + \frac{\varepsilon}{2K}\right) - V(t_0) = \int_{t_0}^{t_m + \frac{\varepsilon}{2K}} \frac{\mathrm{d}V}{\mathrm{d}t}\mathrm{d}t \leqslant \sum_{j=1}^{m} \int_{t_j - \frac{\varepsilon}{2K}}^{t_j + \frac{\varepsilon}{2K}} \frac{\mathrm{d}V}{\mathrm{d}t}\mathrm{d}t \leqslant -\sum_{j=1}^{m} \int_{t_j - \frac{\varepsilon}{2K}}^{t_j + \frac{\varepsilon}{2K}} c\mathrm{d}t$$

$$= -cm\frac{\varepsilon}{K} \to -\infty (m \to \infty)$$

矛盾, 故系统 (1.2.26) 的零解是吸引的, 从而系统 (1.1.26) 的零解是渐近稳定的.

定理 1.2.25 对系统 (1.2.26), 若存在 V 满足

(1) $\|x\| \leqslant V(t, x) \leqslant K(\alpha) \|x\|$, 其中 $\forall x \in \bar{D}_\alpha$ 和 $K(\alpha) > 0$ 为常数;

(2) $\dfrac{\mathrm{d}V(t, x)}{\mathrm{d}t}\bigg|_{(1.2.26)} \leqslant -cV(t, x)$, 其中 $c > 0$ 为常数;

则系统 (1.2.26) 的零解是指数稳定的.

证明 对 $\forall \alpha > 0$, $\forall x_0 \in \overline{D}_\alpha$, 设 $x(t) = x(t, t_0, x_0)$ 是系统 (1.2.26) 的解, 由条件 (2) 有

$$\frac{\mathrm{d}V[t, x(t)]}{V[t, x(t)]} \leqslant -c\mathrm{d}t,$$

上式两端从 t_0 到 t 积分, 对 $\forall t \geqslant t_0$ 并经过整理有

$$V[t, x(t)] \leqslant V(t_0, x_0)\mathrm{e}^{-c(t-t_0)}.$$

由条件 (1) 有

$$\|x(t, t_0, x_0)\| \leqslant V(t, x) \leqslant V(t_0, x_0)\mathrm{e}^{-c(t-t_0)} \leqslant K(\alpha) \|x_0\| \, \mathrm{e}^{-c(t-t_0)},$$

所以系统 (1.2.26) 的零解是指数稳定的.

定义 1.2.38 设 $\varphi, \psi \in K$, 若存在常数 $k_i > 0 (i = 1, 2)$, 使得

$$k_1 \varphi \left(\|x\|\right) \leqslant \psi \left(\|x\|\right) \leqslant k_2 \varphi \left(\|x\|\right),$$

则称 φ, ψ 具有局部 (全局) 同级增势.

定理 1.2.26 对系统 (1.2.26), 若存在 V 及与 $\|x\|^\lambda$ 具有局部 (全局) 同级增势的 φ_1, φ_2 和 $\psi \in K$, 使得

(1) $\varphi_1(\|x\|) \leqslant V(t, x) \leqslant \varphi_2 (\|x\|)$;

(2) $\dfrac{\mathrm{d}V(t, x)}{\mathrm{d}t}\bigg|_{(1.2.26)} \leqslant -\psi(\|x\|)$;

则系统 (1.2.26) 的零解是指数稳定的 (全局指数稳定的).

证明 由定理的条件可知, $\exists k_i > 0 (i = 1, 2, 3)$, 使得

$$k_1 \|x\|^\lambda \leqslant \varphi_1(\|x\|) \leqslant V(t, x) \leqslant \varphi_2(\|x\|) \leqslant k_2 \|x\|^\lambda,$$

$$\frac{\mathrm{d}V(t, x)}{\mathrm{d}t}\bigg|_{(1.2.26)} \leqslant -\psi(\|x\|) \leqslant -k_3 \|x\|^\lambda \leqslant -\frac{k_3}{k_2}V(t, x).$$

设 $x(t) = x(t, t_0, x_0)$ 是系统 (1.2.26) 的解, 由条件 (2) 和 (1) 有

$$k_1 \|x(t)\|^\lambda \leqslant V(t, x) \leqslant V(t_0, x_0)\mathrm{e}^{-\frac{k_3}{k_2}(t-t_0)} \leqslant k_2 \|x_0\|^\lambda \, \mathrm{e}^{-\frac{k_3}{k_2}(t-t_0)},$$

所以有

$$\|x(t)\| \leqslant \left(\frac{k_2}{k_1}\right)^{\frac{1}{\lambda}} \|x_0\| \, \mathrm{e}^{-\frac{k_3}{\lambda k_2}(t-t_0)}.$$

因此系统 (1.2.26) 的零解是指数稳定的 (全局指数稳定的).

定义 1.2.39　在域 G_H 中满足不等式 $V(t,x) > 0$ 的 x 的集合称为域 $V > 0$, 而曲面 $V = 0$ 称为域 $V > 0$ 的边界. 如果 V 明显地依赖 t, 则当 t 改变时, 域 $V > 0$ 亦改变.

定义 1.2.40　称 $w(t,x)$ 在域 $V > 0$ 中是有界函数, 如果 $\exists M > 0$, 对 $\forall t \in I$, $\forall x \in V$, 均有 $|w(t,x)| \leqslant M$.

定义 1.2.41　称 $w(t,x)$ 在域 $V > 0$ 中是具有无穷小上界函数, 如果 $\forall l > 0$, $\exists \delta > 0 (\delta < H)$, $\forall t \geqslant t_0$, $\forall x \in B_\delta \cap V > 0$, 有 $|w(t,x)| \leqslant l$.

定义 1.2.42　称 $w(t,x)$ 在域 $V > 0$ 中定号, 如果 $w(t,x)$ 在域 $V > 0$ 中有定义、连续, 只在域 $V > 0$ 的边界上可变为 0, 而且对任何 $\varepsilon > 0$, 不管它多么小, 总存在 $l > 0$, 使得当 $t \geqslant t_0$ 及 x 满足 $V \geqslant \varepsilon$ 时, 有不等式 $|w(t,x)| \geqslant l$.

定理 1.2.27(切塔耶夫 (Chetaev) 定理)　对于系统 (1.2.26), 如果存在函数 $V(t,x)$ 满足

(1) 在原点的任意小邻域内, 域 $V > 0$ 非空;

(2) 在域 $V > 0$ 内, $V(t,x)$ 有界;

(3) 在域 $V > 0$ 内, $\dot{V}\big|_{(1.2.26)}$ 正定;

则系统 (1.2.26) 的零解是不稳定的.

证明　选取 $\varepsilon > 0 (\varepsilon < H)$, 无论 $\delta > 0$ 多么小, 由条件 (1), 均存在 $x_0 \in B_\delta$, 使得 $V(t_0, x_0) > 0$. 今证解 $x(t, t_0, x_0)$ 必定要越出区域 $\{x \,|\, \|x\| \leqslant \varepsilon\}$. 否则, 由条件 (3), 对 $\forall t \geqslant t_0$, 有 $V[t, x(t, t_0, x_0)] \geqslant V(t_0, x_0)$, 且存在 $l > 0$, 使得 $\dot{V}[t, x(t, t_0, x_0)] \geqslant l$, 并且进一步有

$$V[t, x(t, t_0, x_0)] \geqslant V(t_0, x_0) + l(t - t_0) \to +\infty,$$

与条件 (2) 矛盾, 故系统 (1.2.26) 的零解 $x = 0$ 是不稳定的.

下面说明都是切塔耶夫定理的推论.

推论 1.2.5(Lyapunov 不稳定定理)　对于系统 (1.2.26), 如果存在函数 $V(t,x)$ 满足

(1) 对 $\forall t \geqslant t_0$, 存在任意小的 x, 使 $\dot{V}V > 0$;

(2) $V(t,x)$ 具有无穷小上界;

(3) $\dot{V}\big|_{(1.2.26)}$ 定号;

则系统 (1.2.26) 的零解 $x = 0$ 是不稳定的.

证明　如果 $\dot{V}\big|_{(1.2.6)}$ 正定, 由条件 (1) 可知, 域 $V > 0$ 非空, 由条件 (2) 可知, 并且在域 $V > 0$ 与 B_ε 的交集上, V 有界. 而且 $\dot{V}\big|_{(1.2.6)}$ 正定, 故切塔耶夫定理条件成立.

如果 $\dot{V}\big|_{(1.2.6)}$ 负定, 令 $V^* = -V$, 即 $\dot{V}^*|_{(1.2.6)} = -\dot{V}\big|_{(1.2.6)}$ 正定, 由条件 (3) 可知, 域 $V^* > 0$ 非空, 并且在域 $V^* > 0$ 与 B_ε 的交集上, V^* 有界. 而且 $\dot{V}^*\big|_{(1.2.6)}$ 正定, 故切塔耶夫定理条件成立.

推论 1.2.6(Lyapunov 不稳定定理)　对于系统 (1.2.26), 如果存在函数 $V(t, x)$ 满足

(1) $V(t, x)$ 在 G_H 上有界;

(2) $\dot{V}(t, x) = \lambda V(t, x) + w(t, x)$, $\lambda > 0$ 是常数;

(3) $w \equiv 0$ 或 $w \equiv 0$, 但 w 保持常号且对 $\forall t \geqslant t_0$, 均存在任意小的 x, 使 $Vw > 0$;
则系统 (1.2.26) 的零解 $x = 0$ 是不稳定的.

证明　如果 $w \equiv 0$, 假设 w 常正, 则存在充分小的 x, 使 $w(t, x) > 0$. 由 $wV > 0$ 可知, 域 $V > 0$ 非空. 由条件 (1) 可知, 在域 $V > 0$ 上 V 有界. 由条件 (2) 可知, 在域 $V > 0$ 内, $\dot{V}\big|_{(1.2.26)}$ 定正, 故切塔耶夫定理的条件成立.

如果 $w(t, x) < 0$, 令 $V^* = -V$, 即 $\dot{V}^* = -\dot{V} = -(\lambda V + w) = \lambda V^* + w^*$, 其中 $w^* > 0$, 与上面讨论一样, 切塔耶夫定理的条件成立. 关于更多的稳定和不稳定的定理可以查看定性理论相关资料.

1.2.6　构造 Lyapunov 函数的基本方法

Lyapunov 直接法的核心技巧是构造 Lyapunov 函数, 虽然人们针对不同的实际问题已经运用了多种方法, 如能量函数法、类比法、梯度法、变梯度法等, 但构造 Lyapunov 函数的方法仍无一般规律可循, 纯粹是凭借研究工作者本人的经验和技巧.

下面简单介绍三种常用的构造 Lyapunov 函数的方法:

1)　凑合 Lyapunov 函数法

当我们碰到问题时, 首先试探构造出正定的函数 V(或变号 V), 然后沿系统之解对 V 求导数 $\dfrac{\mathrm{d}V}{\mathrm{d}t}$, 再看条件能否保证 $\dfrac{\mathrm{d}V}{\mathrm{d}t}$ 是负定、半负定. 如能, 则可断定系统的平衡位置是渐近稳定、稳定的. 否则只能再找其他的 Lyapunov 函数 V.

目前, 大部分 Lyapunov 函数的构造都是利用这种试探凑合法.

2)　倒推 Lyapunov 函数法

当我们碰到问题时, 先设计 $\dfrac{\mathrm{d}V}{\mathrm{d}t}$ 为负定 (或半定), 然后积分求出 Lyapunov 函数

V, 来看函数 V 是否正定. 若正定, 便能断定系统平衡位置渐近稳定 (稳定); 否则, 也只好重新寻找其他合适的 Lyapunov 函数 V.

3) Krasovski 方法

对系统 $\dfrac{\mathrm{d}x}{\mathrm{d}t} = f(x, t)$, 平衡点 $x_0 = 0$, 取 $F(x) = \dfrac{\partial f}{\partial x^{\mathrm{T}}}$, 若 $\hat{F} = F^*(x) + F(x) < 0$, 则 x_0 是渐近稳定的, 且 $V(x) = f^* f$ 是 Lyapunov 函数. 当 $\|x\| \to 0$ 时, 有 $V(x) \to \infty$, 则是全局渐近稳定. 其中 $F^*(x)$、f^* 分别是 $F(x)$、f 的共轭转置.

特别地, 当 $x = Ax$ 时, 假若 A 是非奇异的, 则只有 $x = 0$ 唯一的一个平衡点, 有 $F(x) = \dfrac{\partial f}{\partial x^{\mathrm{T}}} = A$, $\hat{F} = F^*(x) + F(x) = A^* + A$. 因此, 如果有 $A^{\mathrm{T}} + A < 0$, 则 x_0 全局渐近稳定.

在某些情况下, 可以通过 Krasovski 方法找到 Lyapunov 函数, 但这是一个充分条件, 不是所有的系统都可以用这种方法找到 Lyapunov 函数.

下面就上述方法, 针对具体的系统来谈谈构造 Lyapunov 函数 V.

非线性系统

$$\frac{\mathrm{d}x}{\mathrm{d}t} = Ax + f(x), \tag{1.2.27}$$

$$f(0) = 0, \quad \frac{f(x)}{\|x\|} \to 0, \quad \text{当} x \to 0.$$

如果不知道系统是否稳定, 可尝试构造

$$V = x^{\mathrm{T}} B x \quad (B \text{正定}),$$

则计算

$$\begin{aligned}
\frac{\mathrm{d}V}{\mathrm{d}t} &= \dot{x}^{\mathrm{T}} B x + x^{\mathrm{T}} B \dot{x} \\
&= x^{\mathrm{T}} \left(BA + A^{\mathrm{T}} B\right) x + x^{\mathrm{T}} B f(x) + f^{\mathrm{T}}(x) B x.
\end{aligned}$$

若 $BA + A^{\mathrm{T}} B$ 是负定, 可立即断言系统 (1.2.27) 的平衡位置 $x = 0$ 是指数稳定的.

如果已知 A 为 Hurwitz 矩阵, 只是希望知道非线性系统 (1.2.27) 在多大的区域内仍然指数稳定, 则可以任意给定负定矩阵 $-C$, 作 $V = x^{\mathrm{T}} B x$, 其中 B 为线性矩阵不等式 $BA + A^{\mathrm{T}} B = -C$ 的解.

非线性系统

$$\frac{\mathrm{d}x_i}{\mathrm{d}t} = \sum_{j=1}^{n} a_{ij} f_{ij}(x_j). \tag{1.2.28}$$

许多自动控制系统、生物数学系统、神经网络系统、基因调控网络系统、复杂网络系统等都可以通过适当的变形化为这种系统, 故它的 Lyapunov 函数的构造具有普遍性.

(1) 加权和 1 次型绝对值 Lyapunov 函数

$$V = \sum_{i=1}^{n} c_i \, |x_i|,$$

对于 a_{ij}, f_{ij} 加一定条件, 使得

$$D^+V \big|_{(1.2.28)} = \sum_{i=1}^{n} c_i \dot{x}_i \mathrm{sgn} x_i$$

$$= \sum_{i=1}^{n} c_i \sum_{j=1}^{n} a_{ij} f_{ij}(x_i) \, \mathrm{sgn} x_i < 0,$$

在原点的邻域内 (在 $\mathbf{R}^n$ 内) 负定 $\Rightarrow x = 0$ 渐近稳定 (全局渐近稳定).

(2) 如果 $f_{ii}(x_i) > 0, x_i \neq 0$, 适当选取 $c_i > 0, i = 1, 2, \cdots, n$, 作形如

$$V = \sum_{i=1}^{n} c_i \int_0^{x_i} f_{ii}(x_i) \, \mathrm{d}x_i.$$

若 $\int_0^{x_i} f_{ii}(x_i) \, \mathrm{d}x_i = +\infty$, 则 V 还是径向无界的, 看是否保证所选的 $c_i (i = 1, 2, \cdots, n)$ 存在, 使得 $\dfrac{\mathrm{d}V}{\mathrm{d}t} \big|_{(1.2.28)}$ 负定, 则式 (1.2.28) 的平衡位置 $x = 0$ 局部 (全局) 渐近稳定.

下面举例说明如何找 Lyapunov 函数.

例 1.2.10　讨论方程组零解的稳定性

$$\begin{cases} \dfrac{\mathrm{d}x}{\mathrm{d}y} = xy - x^3 + y, \\[2mm] \dfrac{\mathrm{d}y}{\mathrm{d}t} = x^4 - x^2 y - x^3. \end{cases}$$

对于这个问题, 我们可以考虑取函数 $V = \dfrac{1}{4}x^4 + \dfrac{1}{2}y^2$ 是正定函数, 沿方程全导数为 $\dfrac{\mathrm{d}v}{\mathrm{d}t} = x^3(xy - x^3 + y) + y(x^4 - x^2y - x^3) = -x^2(x^2 - y^2)^2 \leqslant 0$(常负函数), 则零解稳定.

例 1.2.11　研究质点振动方程的稳定性

$$m\frac{\mathrm{d}^2 x}{\mathrm{d}t^2} + a\frac{\mathrm{d}x}{\mathrm{d}t} + bx = 0, \quad m > 0, a, b > 0.$$

由题可知, 上式振动方程可以改写为

$$\begin{cases} \dfrac{\mathrm{d}x}{\mathrm{d}t} = y, \\[2mm] \dfrac{\mathrm{d}y}{\mathrm{d}t} = -\dfrac{b}{m}x - \dfrac{a}{m}y. \end{cases} \tag{1.2.29}$$

它的零解对应的平衡点为 $(0,0)$, 取函数 $V = \dfrac{m}{2}y^2 + \dfrac{b}{2}x^2$ 是正定函数, 故沿 (1.2.29) 的导数为

$$\frac{\mathrm{d}v}{\mathrm{d}t} = my\left(-\frac{b}{m}x - \frac{a}{m}y\right) + bxy = -ay^2 \leqslant 0,$$

此为常负函数. 振动方程是零解稳定的.

例 1.2.12 讨论方程组零解稳定性

$$\begin{cases} \dfrac{\mathrm{d}x}{\mathrm{d}t} = -3x + y - z + 3x\left(6x^2 + 5y^2 + 2z^2\right), \\[2mm] \dfrac{\mathrm{d}y}{\mathrm{d}t} = -2x - 5y + z + 5y\left(6x^2 + 5y^2 + 2z^2\right), \\[2mm] \dfrac{\mathrm{d}z}{\mathrm{d}t} = 2x - y - 2z + 2z\left(6x^2 + 5y^2 + 2z^2\right). \end{cases} \tag{1.2.30}$$

取 $V(x,y,z) = 2x^2 + y^2 + z^2$, 显然它是正定函数, 沿方程对 t 求导, 得

$$\frac{\mathrm{d}v}{\mathrm{d}t} = -2\left(6x^2 + 5y^2 + 2z^2\right)\left[1 - \left(6x^2 + 5y^2 + 2z^2\right)\right]$$

可知, 当 $6x^2 + 5y^2 + 2z^2 < 1$ 时, $\dfrac{\mathrm{d}v}{\mathrm{d}t} < 0$, 故它是负函数. 方程组 (1.2.30) 是渐近稳定的.

由上面可知微分方程组的稳定性和渐近稳定性, 可以构造如下形式的 Lyapunov 函数:

(1) 二维空间: $V(x_1, x_2) = ax_1^{2n} + bx_2^{2m}$, 其中这里的 $a, b > 0, m, n$ 为正整数;

(2) n 维空间: $V(x_1, \cdots, x_n) = a_1 x_1^{2n_1} + \cdots + a_n x_n^{2n_n}$, 其中 $a_1, \cdots, a_n$ 同号, 且 $n_1, n_2, \cdots, n_n$ 都是正整数.

这样构造的函数 V 都是定号函数且不含 t, 也就有无穷小上界的性质.

例 1.2.13 讨论下面方程组中零解的稳定性:

$$\begin{cases} \dfrac{\mathrm{d}x}{\mathrm{d}t} = -x + y, \\[2mm] \dfrac{\mathrm{d}y}{\mathrm{d}t} = x\cos t - y. \end{cases} \tag{1.2.31}$$

取 $V(t, x, y) = \dfrac{1}{2}(x^2 + y^2)$, 显然它是正定函数. 现在沿方程对 t 求导, 得

$$\frac{\mathrm{d}v}{\mathrm{d}t} = x(-x + y) + y(x\cos y - y) = -\left(x^2 + y^2 - 2xy\cos\frac{t}{2}\right) \leqslant 0.$$

它是常负函数. 因此, 当 $t = 2k\pi(k = 0, \pm 1, \pm 2, \cdots), x = y = 0$ 时, $\dfrac{\mathrm{d}v}{\mathrm{d}t} = 0$ 是常负的. 方程组 (1.2.31) 的零解是稳定的.

例 1.2.14   已知方程组

$$\begin{cases} \dfrac{\mathrm{d}x}{\mathrm{d}t} = n\,(t)\,y + m\,(t)\,(x^2 + y^2)\,x, \\[2mm] \dfrac{\mathrm{d}y}{\mathrm{d}t} = -n\,(t)\,x + m\,(t)\,(x^2 + y^2)\,y. \end{cases} \tag{1.2.32}$$

此处 $n\,(t)$, $m\,(t)$ 对于 $t \geqslant t_0$ 均为连续函数. 试问: 在什么条件下使其解 $x = y = 0$ 稳定或是渐近稳定?

对于这个问题, 我们可以取函数 $V = \dfrac{1}{2}(x^2 + y^2)$, 则此函数是正定函数, 又有 $\dfrac{\mathrm{d}v}{\mathrm{d}x} = m\,(t)\,(x^2 + y^2)$, 由此可见, 若从某一时刻 $t = T \geqslant t_0$, 有 $m\,(t) \leqslant 0$, 则 $\dfrac{\mathrm{d}v}{\mathrm{d}t}$ 为常负函数, $x = y = 0$ 是稳定的. 假若加强条件 $m\,(t) \leqslant m_0 < 0 (m$ 为常数), 则 $\dfrac{\mathrm{d}v}{\mathrm{d}t}$ 为负定函数, 由于 V 不含 t, 当然具有无限小上界, $x = y = 0$ 是渐近稳定的.

现在我们分析例 1.2.13 和例 1.2.14, 可以得出以下结论:

讨论微分方程组的稳定性和渐近稳定性常常找不含 t 的 Lyapunov 函数 $V(x_1, x_2, \cdots, x_n)$, 用这类函数的优点在于满足具有无限小上界的性质, 然而这类函数 V 只适用于简单的运动方程.

如果用含有 t 的 Lyapunov 函数 $V(x_1, x_2, \cdots, x_n)$, 其 t_0 可以取任意大, 这时条件满足就可以了, 如下面的例 1.2.15.

例 1.2.15   讨论下列方程零解的稳定性

$$\frac{\mathrm{d}x}{\mathrm{d}t} = -\sin(xy). \tag{1.2.33}$$

对于这问题, 取函数 $V\,(t,x) = \dfrac{x^2}{2} + [1 - \cos(xt)]$, $V\,(t,x) \geqslant \dfrac{x^2}{2} = W(x)$, 则 $V\,(t,x)$ 是正定函数, 而且有

$$\frac{\mathrm{d}v}{\mathrm{d}t} = \frac{\partial v}{\partial t} + \frac{\partial v}{\partial x}\frac{\mathrm{d}x}{\mathrm{d}t} = x\sin(xt) + [x + t\sin(xt)]\cdot[-\sin(xt)] = -t\sin^2(xt) \leqslant 0 \quad (t \geqslant 0),$$

则显然 $\dfrac{\mathrm{d}v}{\mathrm{d}t}$ 是常负的. 方程 (1.2.33) 在 $x = 0$ 处稳定.

由上面几个例子, 可以发现 Lyapunov 函数 V 的形式是多种多样的, 在具体问题中要灵活运用.

第 2 章　神经网络基本模型

人工神经网络基本模型主要指早期几个具有代表性的模型. 本章将简单介绍 M-P 模型、感知器模型、自适应线性神经元 (ADALINE) 模型、BP 神经网络模型和径向基函数神经网络模型.

2.1　M-P 模型

2.1.1　MP 模型的概念

M-P 模型的提出: 目前人们提出的神经元模型有很多, 其中最早提出且影响最大的是 1943 年心理学家麦克洛奇 (McCulloch) 和数理逻辑学家皮兹 (Pitts) 从信息处理的角度出发, 提出了形似神经元的著名的阈值加权和模型, 简称 M-P 模型, 发表于数学生物物理学会刊 *Bulletin of Methematical Biophysics*, 从此开创了神经科学理论的新时代.

M-P 模型的概念: 把神经元视为二值开关元件, 按不同方式组合可以完成各种逻辑运算, 这种逻辑神经元模型被称为 M-P 模型.

M-P 模型属于一种阈值元件模型, 这种模型和第 1 章介绍的形式神经元没有太大的差异, 也可以说 M-P 模型是大多数神经网络模型的基础.

McCulloch

Walter Pitts

2.1.2　标准 M-P 模型

下面介绍经典的 M-P 模型, 图 2.1.1 给出了这种模型的示意结构图:

$$y_j(t) = \mathrm{sgn}\left(\sum_{i=1}^{n} W_{ij}X_i(t) - \theta_j\right).$$

对于第 j 个神经元, 接收多个其他神经元的输入信号 X_i. 各突触强度以实系数 W_{ij} 表示, 这是第 i 个神经元对第 j 个神经元作用的加权值. 净输入表达式有多种类型, 其中最简单的一种形式是线性加权求和, 即此作用引起神经元 j 的状态变化, 而神经元 j 的输出 y_j 是其当前状态的函数. 式中 θ_j 为阈值, sgn 是符号函数, 当净输入超过阈值时, y_j 取 $+1$ 输出, 反之取 -1 输出.

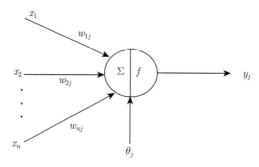

图 2.1.1   M-P 神经元模型

M-P 模型的六个特性: 关于神经元的信息处理机制, 该模型在简化的基础上提出了以下六点进行描述:

(1) 每个神经元都是一个多输入单输出的信息处理单元. 正如生物神经元有许多激励输入一样, 人工神经元也应该有许多输入信号, 图中每个输入的大小用确定数值 x_i 表示, 它们同时输入神经元 j, 神经元的单输出用 y_j 表示;

(2) 神经元输入分兴奋性输入和抑制性输入两种类型. 生物神经元具有不同的突触性质和突触强度, 其对输入的影响是使有些输入在神经元产生脉冲输出过程中所起的作用比另外一些输入更为重要, 对神经元的每一个输入都有一个加权系数 W_{ij}, 称为权重值. 其正负模拟了生物神经元中突触的兴奋和抑制, 其大小则代表了突触的不同连接强度;

(3) 神经元具有空间整合特性和阈值特性. 作为 ANN 的基本处理单元, 必须对全部输入信号进行整合;

(4) 神经元之间连接方式有两种, 即兴奋性和抑制性突触, 其中抑制性突触起否决作用;

(5) 每个输入通过权值表征它对神经元的耦合程度, 无耦合则权值为 0;

(6) 突触接头上有时间延迟, 以该延迟为基本时间单位, 网络的活动过程可以离散化.

2.1.3   延时 M-P 模型

延时 M-P 模型可表示为

$$y_j(t) = f\left(\sum_{i=1}^{n} W_{ij} X_i(t - \tau_{ij}) - \theta_j\right),$$

其中 τ_{ij} 为突触时延. 该模型具有下面的一些特点:

(1) 神经元的状态满足 "激活/抑制" 规律, 即 0/1 律.

(2) 神经元为一 "多输入/单输出" 处理单元.

(3) 具有 "空间整合" 与 "阈值" 作用, 即

$$
y_j(t) = \begin{cases} 1, & \sum\limits_{i=1(i \neq j)}^{n} W_{ij} X_i(t - \tau_{ij}) > \theta_j, \\ 0, & \sum\limits_{i=1(i \neq j)}^{n} W_{ij} X_i(t - \tau_{ij}) \leqslant \theta_j. \end{cases}
$$

(4) 所有神经元具有相同的、恒定的工作节律, 工作节律取决于突触时延 τ_{ij}.

(5) 没有考虑时间整合作用和不应期.

(6) 神经元突触德尔时延 τ_{ij} 为常数, 权系数也为常数, 即

$$
W_{ij} = \begin{cases} 1, & \text{当} W_i \text{为兴奋性输入时}, \\ -1, & \text{当} W_i \text{为抑制性输入时}. \end{cases}
$$

2.1.4 改进的 M-P 模型

对于上面的 M-P 模型, 如考虑时间整合作用和不应期, 有

$$
y_j(t) = f\left(\sum_{j=1}^{n} W_{jj}(k) X_j(t - k\tau_{jj}) + \sum_{i=1(i \neq j)}^{n} W_{ij}(k) X_i(t - k\tau_{ij}) - \theta_j \right), \quad k = 1, 2, \cdots,
$$

其中 $W_{ij}(k)$ 随 k 变化 (也即随时延变化), 且

$$
W_{ij} \begin{cases} > 0, & \text{兴奋性突触}, \\ \leqslant 0, & \text{抑制性突触}. \end{cases}
$$

这里 $\sum\limits_{i=1(i \neq j)}^{n} W_{ij}(k) X_i(t - k\tau_{ij})(k = 1, 2, \cdots)$ 表示对过去所有输入进行时间整合. 而 $W_{jj}(k)$ 表示神经元内的反馈连接权.

$$
W_{jj}(k) = \begin{cases} -a, & \text{当} \theta_j = \infty, & \text{绝对不应期}, \\ -h(k), & \text{当} \beta < \theta_j < \infty, & \text{相对不应期}, \\ 0, & \text{当} \theta_j \leqslant \beta, & \text{反应期}. \end{cases}
$$

其中, a 为整数, $h(k)$ 为 k 单调减的指数函数. 改进的 M-P 模型的主要区别在于其结构可塑性, 即在改进的 M-P 模型中权系数 $W_{ij}(k)$ 是可变的. 譬如, 兴奋性突触 $W_{ij}(k)$ 将会增大或减小.

2.2   感知器模型

本节介绍感知器模型并给出一个模式识别的简单问题.

2.2.1   问题背景

将水果放进储存仓时, 不同类型的水果可能会混淆在一起, 所以希望能够有一台能够将水果自动分类摆放的机器. 假设将水果送到储存仓之间有一条传送带, 传送带要通过一组特定的传感器, 这组传感器可以分别测量水果的三个特征: 外形、质地和重量, 如图 2.2.1 所示.

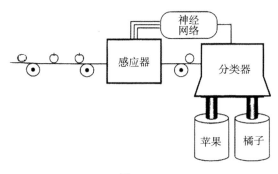

图 2.2.1

对这些传感器:

如果水果基本上是圆形的, 外型传感器的输出就为 1; 如果水果更接近于椭圆, 那么外型传感器的输出就为 −1;

如果水果表面光滑, 质地传感器的输出就是 1; 如果水果表面比较粗糙, 那么质地传感器的输出就为 −1;

当水果重量超过 1 磅时, 重量传感器的输出为 1; 当水果重量轻于 1 磅时, 重量传感器的输出为 −1;

然后, 这三个传感器的输出将会输入到神经网络. 网络的功能就是要确定传送带上是什么类型的水果, 这样才能把不同类型的水果分别送到相应的储存仓内. 为了使问题更加简单, 现假设传送带上只有两种类型的水果: 苹果和橘子.

当每个水果通过这些传感器后, 就可以用式 (2.2.1) 所示的三维向量来表示.

$$p = \begin{bmatrix} 外形 \\ 质地 \\ 重量 \end{bmatrix}. \tag{2.2.1}$$

所以一个标准橘子可表示为

$$p_1 = \begin{bmatrix} p_1 \\ p_2 \\ p_3 \end{bmatrix} = \begin{bmatrix} 1 \\ -1 \\ -1 \end{bmatrix}. \tag{2.2.2}$$

一个标准苹果可表示为

$$p_2 = \begin{bmatrix} p_1 \\ p_2 \\ p_3 \end{bmatrix} = \begin{bmatrix} -1 \\ 1 \\ 1 \end{bmatrix}. \tag{2.2.3}$$

对传送带上的每个水果而言, 神经网络都可接收到一个三维输入向量, 并且必须判断是一个橘子 p_1 还是一个苹果 p_2. 这就是模式识别问题, 感知器就可以应用于这种简单的模式识别.

2.2.2 感知器的概念

前面第 2.1 节研究了 M-P 模型, 该模型的主要特点是把神经元输入信号的加权和与其阈值相比较, 以确定神经元的输出. 如果加权和小于阈值, 则该神经元的输出值为零, 如果加权和大于阈值, 则该神经元的输出值为 1.

Warren McCulloch 和 Walter Pitts 进一步证明了这些神经元网络原则上可以完成任何数学和逻辑函数的计算. 与生物神经网络不同的是, 由于没有找到训练这些网络的方法, 所以必须设计出这些神经元网络的参数, 以实现特定的功能. 但是, 由于该模型使人们看到了生物学与数字计算机之间的某些联系, 从而引起了人们的极大兴趣.

感知器是由美国计算机科学家罗森布拉特 (F.Roseblatt) 于 1957 年提出的. 感知器可谓是最早的人工神经网络之一. 单层感知器是一个具有一层神经元、采用阈值激活函数的前向网络. 通过对网络权值的训练, 可以使感知器对一组输入矢量的响应达到元素为 1 或 −1(或者 1 或 0) 的目标输出, 从而实现对输入矢量分类的目的. 感知器特别适用于简单的模式分类问题.

F Roseblatt

F.Roseblatt 的主要贡献在于引入了用于训练神经网络解决模式识别问题的学习规则. 他证明了只要求解问题的权值存在, 那么其学习规则通常会收敛到正确的网络权值上. 整个学习过程较为简单而且是自动的. 只要把反映网络行为的实例提交给网络, 网络就能够根据实例从随机初始化的权值和偏置值开始自动的学习. 然而, 感知器 (感知机) 网络本身却具有其内在的局限性. 在 Marvin Minsky 和

Seymour Papert 所著的《感知机》(*Perce Ptrons*) 一书中, 对这些局限性进行了全面深入的分析, 指出感知机网络不能实现某些基本的功能 (异或等). 直到 20 世纪 80 年代, 改进的 (多层) 感知机网络和相应学习规则的提出才克服了这些局限性.

2.2.3　单层感知器神经元模型

感知器实际上是在 M-P 模型的基础上加上学习功能, 使其权值可以调节的产物. F.Roseblatt 证明了单层感知器可以将线性可分输入矢量进行正确划分. 考虑两个输入的单层神经元感知器, 如图 2.2.2 所示. 该模型的输出函数由下式所决定:

$$a = \mathrm{hardlim}(n) = \mathrm{hardlim}(wp + b) = \mathrm{hardlim}\left(w_{1,1}p_1 + w_{1,2}p_2 + b\right). \qquad (2.2.4)$$

图 2.2.2 中只给出两个神经元输入 p_1, p_2, 事实上, 可以有 s 个神经元输入 $_1w^{\mathrm{T}} = [w_{1,1}, w_{1,2}, \cdots, w_{1,s}]$, 每一个输入分量 $p_j(j = 1, 2, \cdots, s)$ 通过一个权值分量 $w_{1,j}$ 进行加权求和, 并作为阈值函数的输入 (也可选择其他传输函数), 偏差 b 的加入使得网络多了一个可调参数, 为使网络输出达到期望的目标提供了方便.

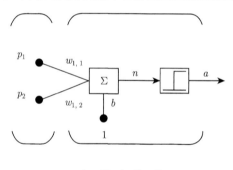

$$a = \mathrm{hardlim}(_{1i}w^{\mathrm{T}}p + b)$$

图 2.2.2　两输入/单输出的单层神经元感知器

2.2.4　单层感知器工作原理

单层感知器可将外部输出分为两类. 当感知器的输出为 1 时, 输入属于 l_1 类, 当感知器的输出为 0(也可以为 -1) 时, 输入属于 l_2 类, 从而实现两类目标的识别. 判定边界将外部输出分成两类. 判定边界由那些使得净输入 n 为零的输入向量确定:

$$n = {}_1w^{\mathrm{T}}p = (w_{1,1}p_1 + w_{1,2}p_2 + b) = 0. \qquad (2.2.5)$$

为了使该实例更加具体, 现将权值和偏置值分别设置为

$$w_{1,1} = 1, \quad w_{1,2} = 1, \quad b = -1.$$

那么, 判定边界是

$$n = {}_1w^{\mathrm{T}}p = (w_{1,1}p_1 + w_{1,2}p_2 + b) = p_1 + p_2 - 1 = 0. \tag{2.2.6}$$

式 (2.2.6) 在输入空间中定义了一条直线. 该直线一侧 ($p_1 + p_2 - 1 < 0$) 的输入向量相应的网络输出为 0, 而直线上另一侧 ($p_1 + p_2 - 1 > 0$) 的输入向量相应的网络输出则为 1, 见图 2.2.3.

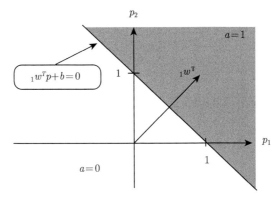

图 2.2.3　双输入感知器的判定边界

在二维空间, 单层感知器进行模式识别的判别超平面由下式决定:

$${}_1w^{\mathrm{T}}p + b = 0.$$

对于只有两个输入的分类边界是直线, 如图 2.2.4 所示.

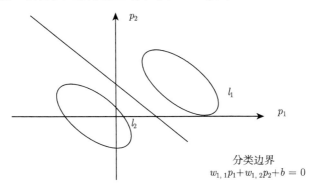

图 2.2.4　两输入分类边界 (直线)

选择合适的学习算法可训练出满意的 $w_{1,1}$ 和 $w_{1,2}$, 当它用于两类模式的分类时, 相当于在高维样本空间中用一个超平面将两类样本分开.

单神经元感知器可将输入向量分成两类. 例如, 对一个两输入感知器而言, 如

果 $w_{1,1} = -1$ 且 $w_{1,2} = 1$，那么

$$a = \mathrm{hardlims}(n) = \mathrm{hardlims}\left([-1 \ \ 1]\,p + b\right).$$

如果权值矩阵 (行向量) 与输入向量的内积大于等于 $-b$, 则感知机的输出为 1; 如果权值向量和输入的内积小于 $-b$, 那么感知机的输出为 -1. 这就将输入空间划分为两个部分, 图 2.2.5 表明了在 $b = -1$ 的情况下, 该感知器对输入空间的这种划分情况.

$$n = \left[\begin{array}{cc} -1 & 1 \end{array} \right] p - 1 = 0 \Rightarrow -p_1 + p_2 - 1 = 0.$$

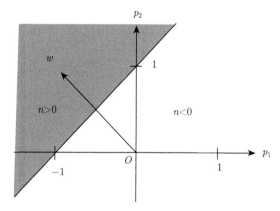

图 2.2.5   两输入分类边界 (直线)

该分类边界总是和权值矩阵正交 (即在 $p_1 O p_2$ 平面上, 判断边界的直线方向与权值矩阵的指向是相互垂直的), 在此, 权值向量矩阵 $_1 w^\mathrm{T} = [-1 \ \ 1]$, 且边界的位置随 b 的改变而上下移动, 若 $b = 0$ 边界经过坐标原点.

因为边界必须是线性的, 所以单层感知器只能用于识别一些线性可分 (能够用一条线边界区分) 的模式.

2.2.5   单层感知器用于模式识别

现在回到前面所给出的橘子/苹果模式识别问题. 求解橘子/苹果问题用的是一个三输入感知器, 因为仅仅只有两个类别, 所以可采用单层神经元感知器. 向量输入是三维的, 该感知器的输入/输出关系由下式描述:

$$a = \mathrm{hardlims}\left(\left[\begin{array}{ccc} w_{1,1} & w_{1,2} & w_{1,3} \end{array} \right] \left[\begin{array}{c} p_1 \\ p_2 \\ p_3 \end{array} \right] + b \right). \tag{2.2.7}$$

现在希望选择适当的偏置值 b 和权值矩阵元素, 使得该感知器能够将苹果和橘子区分开来. 比如, 如果输入是苹果, 希望该感知器的输出为 1; 如果输入是橘子,

希望感知器的输出为 -1. 下面将讨论如何找到一个线性边界将橘子和苹果区分开来.

如果权值矩阵与可偏置值分别是

$$_1w^{\mathrm{T}} = [0\ \ 1\ \ 0], \quad b = 0.$$

一个标准橘子可表示为

$$p_1 = \begin{bmatrix} p_1 \\ p_2 \\ p_3 \end{bmatrix} = \begin{bmatrix} 1 \\ -1 \\ -1 \end{bmatrix}. \tag{2.2.8}$$

一个标准苹果可表示为

$$p_2 = \begin{bmatrix} p_1 \\ p_2 \\ p_3 \end{bmatrix} = \begin{bmatrix} -1 \\ 1 \\ 1 \end{bmatrix}. \tag{2.2.9}$$

那么可对称区分这两个向量的线性边界是 p_1 和 p_3 两个轴所定义的平面, 如图 2.2.6 所示.

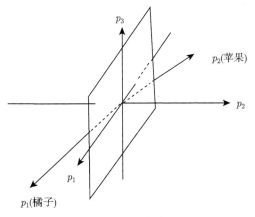

图 2.2.6   三输入分类边界 (平面)

p_1 和 p_3 两个轴所定义的平面就是所求的分类边界, 可以将其分别表示为

$$p_2 = 0, \tag{2.2.10}$$

这样

$$\begin{bmatrix} 0 & 1 & 0 \end{bmatrix} \begin{bmatrix} p_1 \\ p_2 \\ p_3 \end{bmatrix} + 0 = 0. \tag{2.2.11}$$

权值矩阵和分类边界正交, 且指向含有标准模式 p_2(苹果) 的空间区域, 在该区域中感知器的输出为 1.

下面将对该感知器模式分类器进行测试.

当输入是橘子时, 有

$$a = \mathrm{hardlims}\left(\begin{bmatrix} 0 & 1 & 0 \end{bmatrix}\begin{bmatrix} 1 \\ -1 \\ -1 \end{bmatrix} + 0\right) = -1(橘子). \qquad (2.2.12)$$

当输入是苹果时, 有

$$a = \mathrm{hardlims}\left(\begin{bmatrix} 0 & 1 & 0 \end{bmatrix}\begin{bmatrix} -1 \\ 1 \\ 1 \end{bmatrix} + 0\right) = 1(苹果). \qquad (2.2.13)$$

由此可以看出, 该感知机能够正确区分苹果和橘子. 但是, 当将一个并不是十分标准的感知器输出又将会是什么呢? 如果一个椭圆形的橘子通过传感器, 那么感知器的输入向量为

$$p = \begin{bmatrix} -1 \\ -1 \\ -1 \end{bmatrix}, \qquad (2.2.14)$$

网络的响应将是

$$a = \mathrm{hardlims}\left(\begin{bmatrix} 0 & 1 & 0 \end{bmatrix}\begin{bmatrix} -1 \\ -1 \\ -1 \end{bmatrix} + 0\right) = -1(橘子). \qquad (2.2.15)$$

实际上, 如果相对于苹果的标准向量而言, 任何输入向量更加接近于橘子的标准向量 (按欧几里得距离), 那么该输入向量都将被划为橘子一类 (反之亦然).

2.2.6   多层感知器神经元

单层感知器的缺点是只能解决线性可分的分类模式问题, 采用多层网络结构可以增强网络的分类能力, 即在输入层与输出层之间增加一个 (或几个) 隐含层, 从而构成多层感知器 (multilayer perceprons, MLP). 该模型如图 2.2.7(a) 所示.

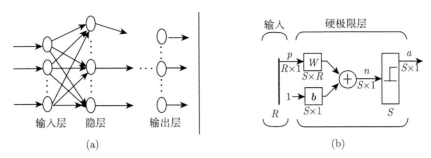

图 2.2.7 多层神经元感知器结构

对于如图 2.2.7(b) 所示的多神经元感知器而言, 每个神经元都有一个分类边界. 在开发感知器的学习规则中十分有用, 利用该公式可以方便地引用感知器网络输出中的单个元素.

首先考虑如下权值矩阵:

$$
W = \left[\begin{array}{cccc}
w_{1,1} & w_{1,2} & \cdots & w_{1,R} \\
w_{2,1} & w_{2,2} & \cdots & w_{2,R} \\
\vdots & \vdots & & \vdots \\
w_{S,1} & w_{S,2} & \cdots & w_{S,R}
\end{array}\right].
$$

我们将构成 W 的第 i 个行向量定义为

$$
{}_iw = \left[\begin{array}{c}
w_{i,1} \\
w_{i,2} \\
\vdots \\
w_{i,R}
\end{array}\right],
$$

据此, 可将权值矩阵 W 重写为

$$
W = \left[\begin{array}{c}
{}_1W^{\mathrm{T}} \\
{}_2W^{\mathrm{T}} \\
\vdots \\
{}_sW^{\mathrm{T}}
\end{array}\right].
$$

这样就可以将网络输出向量的第 i 个元素写成

$$
a_i = \mathrm{hardlim}(n_i) = \mathrm{hardlim}({}_iw^{\mathrm{T}}p + b_i).
$$

这里

$$
a_i = \mathrm{hardlim}(n_i) = \left\{\begin{array}{ll}
1, & n_i \geqslant 0, \\
0, & n_i < 0.
\end{array}\right.
$$

所以, 如果权值矩阵的第 i 个行向量与输入向量的内积大于等于 $-b_i$, 该输出为 1, 否则输出为 0. 因此, 网络中的每个神经元将输入空间划分成两个区域. 研究这些区域之间的边界是非常有用的. 分类边界的超平面为

$$_iw^\mathrm{T}p + b_i = 0. \tag{2.2.16}$$

由于单神经元感知器的输出只能为 1 或 0(选择函数不同, 输出也可以是 1 或 -1), 所以它可以将输入向量分为两类. 而多元神经感知器则可以将输入分为许多类, 每一类都由不同的输出向量来表示. 由于输出向量的每个元素可以取值 1 或 -1, 所以共有 2^S 种可能的类别, 其中 S 是多神经元感知器中神经元数目.

多层神经元感知器的特点:

(1) 含有一层或多层隐单元, 从输入模式中获得了更多有用的信息, 使网络可以完成更复杂的任务;

(2) 每个神经元的激活函数采用可微的 sigmoid 函数;

(3) 多个突触使得网络更具连通性;

(4) 具有独特的学习算法: 该学习算法就是著名的反向传播 (back-propagation algorithm, BP) 算法, 所以多层感知器也常被称为 BP 网络.

目前其他形式的人工神经元已有很多, 但是大多数都是在 MLP 模型的基础上经过不同的修正, 改进变换而发展起来的, 因此 MLP 人工神经元是整个人工神经元的基础, 是目前应用最为广泛的一种神经网络.

2.2.7   感知器的学习规则

在多输入神经元网络的分类边界无法用图形方式表示的情况下, 如何确定权值矩阵和偏置值? 下面将介绍一种用于训练感知器网络的算法, 使感知器能够学习求解分类问题.

在开始讨论感知器的学习规则之前, 首先讨论一般的学习规则. 所谓学习规则就是修改神经网络的权值和偏置值的方法和过程 (也称这种过程是训练算法). 学习规则的目的是为了训练网络来完成某些工作. 现在有很多类型的神经网络学习规则, 大致可将其分为三大类: 有监督学习、无监督学习和增强 (或分级) 学习.

有监督学习   在有监督学习中, 学习规则由一组描述网络行为的实例集合 (训练集) 给出:

$$\{p_1, t_1\}, \{p_2, t_2\}, \cdots, \{p_Q, t_Q\}. \tag{2.2.17}$$

其中, p_Q 为网络的输入, t_Q 为相应的正确 (目标) 输出. 当输入作用到网络时, 网络的实际输出与目标相比较, 然后学习规则调整网络的权值和偏置值, 从而使网络的实际输出越来越接近目标输出. 感知器的学习规则就属于这一类有监督学习.

无监督学习 在无监督学习中, 仅仅根据网络的输入调整网络的权值和偏置值, 它没有目标输出. 乍一看这种学习似乎并不可行: 不知道网络的目的是什么, 还能够训练网络吗? 实际上, 大多数这种类型的算法都是要完成某种聚类操作, 学会将输入模式分为有限的几种类型. 这种功能特别适合于诸如向量量化等应用问题.

聚类是一个将数据集划分为若干个子集的过程, 并使得同一集合内的数据对象具有较高的相似度, 而不同集合中的数据对象则是不相同的, 相似或不相似的度量是基于数据对象描述属性的聚类值来确定的, 通常就是利用各个聚类间的距离来进行描述的. 聚类分析的基本指导思想是最大程度地实现类中对象相似度最大, 类间对象相似度最小.

聚类与分类不同, 在分类模型中, 存在样本数据, 这些数据的类标号是已知的, 分类的目的是从训练样本集中提取出分类的规则, 用于对其他标号未知的对象进行类标识. 在聚类中, 预先不知道目标数据的有关类的信息, 需要以某种度量为标准将所有的数据对象划分到各个簇中. 因此, 聚类分析又称为无监督学习.

增强学习 增强学习与有监督学习类似, 只是它并不像有监督学习一样为每一个输入提供相应的目标输出, 而是仅仅给出一个级别. 这个级别 (或评分) 是对网络在某些输入序列上的性能测度. 当前这种类型的学习要比有监督的学习少见, 一般适合控制系统应用领域.

下面介绍感知器的学习规则, 其分为以下几个步骤:

(1) 随机地给定一组连接权数据;

(2) 输入一组样本和期望的输出 (亦称之为教师信号);

(3) 计算感知器实际输出;

(4) 如果实际输出和期望输出不同, 则修正权值;

(5) 选取另外一组样本, 重复上述 (2)~(4) 的过程, 直到权值对一切样本均稳定不变为止, 学习过程结束.

1. 测试问题

在讨论感知器学习规则中, 下面给出一个简单的实例, 说明学习规则的工作机理. 设输入/目标为

$$\left\{ p_1 = \begin{bmatrix} 1 \\ 2 \end{bmatrix}, t_1 = 1 \right\}, \quad \left\{ p_2 = \begin{bmatrix} -1 \\ 2 \end{bmatrix}, t_2 = 0 \right\}, \quad \left\{ p_3 = \begin{bmatrix} 0 \\ -1 \end{bmatrix}, t_3 = 0 \right\}.$$

图 2.2.8 中目标输出为 0 的两个输入向量用空心圆圈 ◯ 表示, 目标输出为 1 的输入向量用实心圆 ● 表示. 这是两个输入和一个输出的网络. 为了简化其学习规则的开发, 这里首先采用一种没有偏置值的网络. 于是网络只需调整两个参数 $w_{1,1}$ 和 $w_{1,2}$.

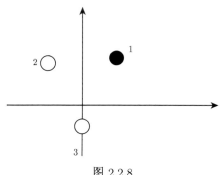

图 2.2.8

由于在网络中去掉了偏置值, 所以网络的判定边界必定穿过坐标轴的原点. 为了保证简化后的网络仍然能够解决上面所给出的问题, 这里必须找到一条判定边界将向量 p_1 同 p_2, p_3 分开. 实际上通过坐标原点的直线有无数条, 都可供选择为判定边界.

我们希望学习规则能够找到指向这些方向中的一个权值向量. 请注意: 权值向量的长度无关紧要, 重要的是它的方向.

2. 学习规则的构造

在训练开始时, 为网络的参数赋一些初始值. 由于这里要训练的是一个两输入/单输出的无偏置值网络, 所以仅需对其两个权值进行初始化. 这里将 $_1w^{\mathrm{T}}$ 的两个元素设置为如下两个随机生成的数:

$$_1w^{\mathrm{T}} = \left[\begin{array}{cc} 1.0 & -0.8 \end{array} \right].$$

现在将输入向量提供给网络. 开始用 p_1 送入:

$$a = \mathrm{hardlim}(_1w^{\mathrm{T}}p_1) = \mathrm{hardlim}\left(\left[\begin{array}{cc} 1.0 & -0.8 \end{array} \right] \left[\begin{array}{c} 1 \\ 2 \end{array} \right] \right) = \mathrm{hardlim}(-0.6) = 0,$$

(2.2.18)

网络没有返回正确的值. 该网络当前的实际输出为 0, 而相应的目标值 t_1 却为 1.

由图 2.2.9 可以看出, 判决边界初始的权值向量导致了对向量 p_1 错误分类的判决边界. 我们需要调整权值向量, 使它更多地指向 p_1, 以便在后面更有可能得到正确的分类结果.

一种调整方法是令 $_1w$ 等于 p_1. 这种简单的处理方法的确能够保证问题可以得到正确的分类结果. 然而非常容易构造出一个并不能通过这种简单处理方法求解的问题.

图 2.2.10 就给出了这样一个实例. 在图中, 如果令权值向量直接指向两个输出值为 1 的输入向量中的一个, 那么权值向量并不是问题的正确解. 如果每次都令

$_1w = p$, 那么这两个输入向量中必有一个被错误划分, 于是网络权值的求解过程将前后振荡, 永远得不到正确的解.

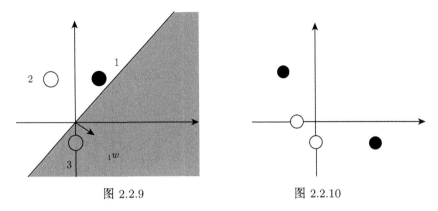

图 2.2.9   图 2.2.10

另一种调整方法是将 p_1 加到 $_1w$ 上, 这样会使 $_1w$ 的指向更加偏向 p_1. 重复这一操作, 将使 p_2 的指向逐步达到 p_1 的方向. 这一规则可以表述为:

如果 $t = 1$, 且 $a = 0$, 则

$$_1w(k + 1) = {}_1w(k) + p. \qquad (2.2.19)$$

在上述问题中应用这个规则, 将会得到新的 $_1w$ 值:

$$_1w(k + 1) = {}_1w(k) + p = \begin{bmatrix} 1.0 \\ -0.8 \end{bmatrix} + \begin{bmatrix} 1 \\ 2 \end{bmatrix} = \begin{bmatrix} 2.0 \\ 1.2 \end{bmatrix}. \qquad (2.2.20)$$

现在考虑另一个输入向量, 并继续对权值进行调整, 不断重复这一过程, 直到所有输入向量被正确分类.

设下一个输入向量是 p_2, 当它被送入该网络后, 有

$$a = \text{hardlim}({}_1w^{\mathrm{T}} p_2) = \text{hardlim}\left(\begin{bmatrix} 2.0 & 1.2 \end{bmatrix} \begin{bmatrix} -1 \\ 2 \end{bmatrix} \right)$$
$$= \text{hardlim}(0.4) = 1. \qquad (2.2.21)$$

p_2 的目标值 t_2 等于 0, 而该网络的实际输出是 1, 所以一个属于类 0 的向量被错误划分为类 1 了.

既然现在的目的是将 p_2 从输入向量所指的方向移开, 因此可以将式 (2.2.20) 中的加法变为减法.

如果 $t = 0$, 且 $a = 1$, 则

$$_1w(k + 1) = {}_1w(k) - p, \qquad (2.2.22)$$

则

$$_1w(k+1) = _1w(k) - p = \begin{bmatrix} 2.0 \\ 1.2 \end{bmatrix} - \begin{bmatrix} -1 \\ 2 \end{bmatrix} = \begin{bmatrix} 3.0 \\ -0.8 \end{bmatrix}. \qquad (2.2.23)$$

现在将第三个输入向量 p_3 送入该网络:

$$a = \mathrm{hardlim}(_1w^{\mathrm{T}}p_2) = \mathrm{hardlim}\left(\begin{bmatrix} 3.0 & -0.8 \end{bmatrix} \begin{bmatrix} 0 \\ -1 \end{bmatrix}\right) = \mathrm{hardlim}(0.8) = 1.$$
$$(2.2.24)$$

可以看出, 这里 $_1w$ 所形成的判定边界也错误划分了 p_3. 在这种情况下, 前面已经有了相应的处理规则, 所以, 按照式 (2.2.23) 对 $_1w$ 进行修正:

$$_1w(k+1) = _1w(k) - P_3 = \begin{bmatrix} 3.0 \\ -0.8 \end{bmatrix} - \begin{bmatrix} 0 \\ -1 \end{bmatrix} = \begin{bmatrix} 3.0 \\ 0.2 \end{bmatrix}. \qquad (2.2.25)$$

图 2.2.11 表明该感知机最终可以对上述三个输入向量进行正确的分类. 如果将上述任意输入向量送入神经元, 感知器将输出/输入向量的正确分类.

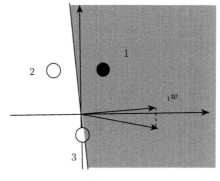

图 2.2.11

据此, 可以得到第三条也是最后一条规则: 如果感知器能够正确工作, 则不用改变权值向量:

如果 $t = a$, 则

$$_1w(k+1) = _1w(k). \qquad (2.2.26)$$

下面是涵盖了实际输出值和目标输出值所有可能组合的三条规则:

(1) $t = 1$, 且 $a = 0$, 则 $_1w(k+1) = _1w(k) + p$;

(2) $t = 0$, 且 $a = 1$, 则 $_1w(k+1) = _1w(k) - p$; $\qquad (2.2.27)$

(3) $t = a$, 则 $_1w(k+1) = _1w(k)$.

3. 统一的学习规则

式 (2.2.27) 中的三条规则可以统一表示为一个表达式. 首先将感知器的误差定义为一个变量 e:

$$e = t - a.$$

现在可将式 (2.2.27) 中的三条规则重写为:

(1) $e = 1$, 则 $_1w(k + 1) =_1 w(k) + p$;

(2) $e = -1$, 则 $_1w(k + 1) =_1 w(k) - p$;　　　　　　　　(2.2.28)

(3) $e = 0$, 则 $_1w(k + 1) =_1 w(k)$.

仔细观察式 (2.2.28) 中的前两条规则, 不难发现 p 的符号和误差 e 的符号一致. 另外, 在第三条规则中, 由于 $e = 0$, 所以 p 没有出现, 因此可以将上述三条规则统一成表达式

$$_1w(k + 1) =_1 w(k) + ep =_1 w(k) + (t - a)p. \qquad (2.2.29)$$

此规则可扩展到偏置值的训练过程中: 将偏置值看作是一个输入总是为 1 的权值即可, 于是可以将式 (2.2.29) 中的 p 用偏置值的输入 1 替换, 得到感知器的偏置值学习规则:

$$b(k + 1) = b(k) + e. \qquad (2.2.30)$$

4. 多层神经元感知器的训练

由式 (2.2.29) 和式 (2.2.30) 给出的感知器规则, 修改单层神经元感知器的权值向量. 我们能把这个规则按照如下方法推广到多层神经元感知器. 权值矩阵的第 i 行用下式进行修改:

$$_1w(k + 1) =_1 w(k) + e_i p.$$

而偏置向量的第 i 个元素则按下式进行修改:

$$b(k + 1) = b(k) + e_i.$$

感知器规则　感知器的学习规则可以方便地用矩阵符号表示为

$$W(k + 1) = W(k) + ep^{\mathrm{T}} \qquad (2.2.31)$$

和

$$b(k + 1) = b(k) + e. \qquad (2.2.32)$$

这里

$$W=\begin{bmatrix} {}_1W^{\mathrm{T}} \\ {}_2W^{\mathrm{T}} \\ \vdots \\ {}_SW^{\mathrm{T}} \end{bmatrix}.$$

为了验证感知器的学习规则, 再次考虑前面的苹果/橘子识别问题. 其输入/输出原型向量为

$$\left\{P_1=\begin{bmatrix}1\\-1\\-1\end{bmatrix},t_1=[0]\right\},\quad \left\{P_2=\begin{bmatrix}-1\\1\\1\end{bmatrix},t_2=[1]\right\}. \tag{2.2.33}$$

(请注意: 这里橘子模式 P_1 的目标输出用 0 表示, 而不是用前面的 -1 表示. 这是因为此处使用的是 hardlim 传输函数.)

通常将权值和偏置值初始化为较小的随机数. 假设这里的初始权值矩阵和偏置值分别为

$$W(1)=\begin{bmatrix}0.5 & -1 & -0.5\end{bmatrix},\quad b=0.5. \tag{2.3.34}$$

第一步将第一个输入向量 p_1 送入网络:

$$\begin{aligned} a=&\text{hardlim}(W(1)p_1+b)\\ =&\text{hardlim}\left(\begin{bmatrix}0.5 & -1 & -0.5\end{bmatrix}\begin{bmatrix}1\\-1\\-1\end{bmatrix}+0.5\right)\\ =&\text{hardlim}(2.5)=1. \end{aligned} \tag{2.2.35}$$

然后计算误差:

$$e=t_1-a=0-1=-1. \tag{2.2.36}$$

权值更新为

$$\begin{aligned} W(2)=&W(1)+ep_1^{\mathrm{T}}\\ =&\begin{bmatrix}0.5\\-1\\-0.5\end{bmatrix}-\begin{bmatrix}1\\-1\\-1\end{bmatrix}=\begin{bmatrix}-0.5\\0\\0.5\end{bmatrix}. \end{aligned} \tag{2.2.37}$$

偏置值更新为

$$b(2)=b(1)+e=0.5+(-1)=-0.5. \tag{2.3.38}$$

至此完成了第一次迭代.

该感知器学习规则的第二次迭代为

$$
\begin{aligned}
a &=\mathrm{hardlim}(W(2)p_2 + b) \\
&=\mathrm{hardlim}\left(\begin{bmatrix} -0.5 & 0 & 0.5 \end{bmatrix}\begin{bmatrix} -1 \\ 1 \\ 1 \end{bmatrix} + (-0.5)\right) \\
&=\mathrm{hardlim}(0.5) = 1.
\end{aligned}
\tag{2.2.39}
$$

因为输出 a 等于目标值 t_2, 所以无需调整权值和阈值,

$$
\begin{aligned}
a &=\mathrm{hardlim}(W(2)p_1 + b) \\
&=\mathrm{hardlim}\left(\begin{bmatrix} -0.5 & 0 & 0.5 \end{bmatrix}\begin{bmatrix} 1 \\ -1 \\ -1 \end{bmatrix} + (-0.5)\right) \\
&=\mathrm{hardlim}(-1.5) = 0.
\end{aligned}
\tag{2.2.40}
$$

发现两个输入向量都能被正确分类. 算法已收敛到了一个解上.

如果输入向量的取值范围很大, 一些输入的值太大, 而一些输入的值太小, 则按照式上述方法进行学习的时间将会变得很长. 为了解决这一问题, 阈值调整仍然按式 (2.2.32) 进行, 而权值的调整可以采用归一化算法, 即

$$
\begin{aligned}
W(k + 1) &= W(k) + e\frac{p^{\mathrm{T}}}{\|p\|}, \\
\|p\| &= \sqrt{\sum_{i=1}^{s} p_i^2},
\end{aligned}
\tag{2.2.41}
$$

式中, s 为输入向量元素的个数.

训练是不断学习的过程. 单层感知器网络只能解决线性可分的分类问题, 所以要求网络的输入模式是线性可分的. 在这种情况下, 上述学习过程反复进行, 通过有限步数后, 网络的实际输出与期望输出的误差将减小到零, 此时, 也就完成了网络的训练过程. 训练的结果使网络的训练样本模式分布记忆在权值和阈值中, 当给定网络一个输入模式时, 网络将根据式 $a = f(wp + b)$ 计算出网络的输出, 从而判断这一输入模式属于记忆中的哪一种模式或接近于哪一种模式.

例 2.2.1 试用单层神经元感知器完成下列分类, 写出其训练的迭代过程, 画出最终的分类示意图. 已知:

$$
\left\{p_1 = \begin{bmatrix} 2 \\ 2 \end{bmatrix}, t_1 = 0\right\}, \quad \left\{p_2 = \begin{bmatrix} 1 \\ -2 \end{bmatrix}, t_2 = 1\right\},
$$

$$\left\{ p_3 = \begin{bmatrix} -2 \\ 2 \end{bmatrix}, t_3 = 0 \right\}, \quad \left\{ p_4 = \begin{bmatrix} -1 \\ 0 \end{bmatrix}, t_4 = 1 \right\}.$$

解 据题意, 神经元有两个输入量, 传输函数为阈值型函数.

(1) 初始化: $W(0) = [0, 0], b(0) = 0$.

(2) 第一次迭代:

$$a = f(n) = f[W(0)p_1 + b(0)] = f\left(\begin{bmatrix} 0 & 0 \end{bmatrix} \begin{bmatrix} 2 \\ 2 \end{bmatrix} + 0 \right) = f(0) = 1,$$

$$e = t_1 - a = 0 - 1 = -1.$$

因为输出 a 不等于目标值 t_1, 所以按照式 (2.2.31) 与式 (2.2.32) 调整权值和阈值:

$$W(1) = W(0) + eP_1^{\mathrm{T}} = \begin{bmatrix} 0 & 0 \end{bmatrix} + (-1) \begin{bmatrix} 2 & 2 \end{bmatrix} = \begin{bmatrix} -2 & -2 \end{bmatrix},$$

$$b(1) = b(0) + e = 0 + (-1) = -1.$$

(3) 第二次迭代. 以第二个输入样本作为输入向量, 以调整后的权值和阈值进行计算:

$$a = f(n) = f[W(1)p_2 + b(1)] = f\left(\begin{bmatrix} -2 & -2 \end{bmatrix} \begin{bmatrix} 1 \\ -2 \end{bmatrix} + (-1) \right) = f(0 - 1) = 1,$$

$$e = t_2 - a = 1 - 1 = 0.$$

因为输出 a 等于目标值 t_2, 所以无需调整权值和阈值:

$$W(2) = W(1) = \begin{bmatrix} -2 & -2 \end{bmatrix},$$

$$b(2) = b(1) = -1.$$

(4) 第三次迭代. 以第三个输入样本作为输入向量, 以 $W(2), b(2)$ 进行计算:

$$a = f(n) = f[W(2)p_3 + b(2)] = f\left(\begin{bmatrix} -2 & -2 \end{bmatrix} \begin{bmatrix} -2 \\ 2 \end{bmatrix} + (-1) \right) = f(-1) = 0,$$

$$e = t_3 - a = 0 - 0 = 0.$$

因为输出 a 等于目标值 t_3, 所以无需调整权值和阈值:

$$W(3) = W(2) = \begin{bmatrix} -2 & -2 \end{bmatrix},$$

$$b(3) = b(2) = -1.$$

(5) 第四次迭代. 以第四个输入样本作为输入向量, 以 $W(3), b(3)$ 进行计算:

$$a =f(n) = f\left[W(3)p_4 + b(3)\right] = f\left(\begin{bmatrix} -2 & -2 \end{bmatrix}\begin{bmatrix} -1 \\ 0 \end{bmatrix} + (-1)\right) = f(1) = 1,$$

$$e =t_4 - a = 1 - 1 = 0.$$

因为输出 a 等于目标值 t_4, 所以无需调整权值和阈值:

$$W(4) =W(3) = \begin{bmatrix} -2 & -2 \end{bmatrix},$$

$$b(4) =b(3) = -1.$$

(6) 以后各次迭代又从以第一个输入样本开始, 作为输入向量, 以前一次的权值和阈值进行计算, 直到调整后的权值和阈值对所有的输入样本, 其输出的误差为零为止. 进行第五次迭代:

$$a =f(n) = f\left[W(4)\,\boldsymbol{p}_1 + b(4)\right] = f\left(\begin{bmatrix} -2 & -2 \end{bmatrix}\begin{bmatrix} 2 \\ 2 \end{bmatrix} + (-1)\right) = f(-9) = 0,$$

$$e =t_1 - a = 0 - 0 = 0.$$

因为输出 a 等于目标值 t_4, 所以无需调整权值和阈值:

$$W(5) =W(4) = \begin{bmatrix} -2 & -2 \end{bmatrix},$$

$$b(5) =b(4) = -1.$$

可以看出 $W = \begin{bmatrix} -2 & -2 \end{bmatrix}, b = 1$ 对所有的输入样本, 其输出误差为零, 所以为最终调整后的权值和阈值.

(7) 因为 $n > 0$ 时 $a = 1$, $n \leqslant 0$ 时 $a = 0$, 所以以 $n = 0$ 作为边界. 于是可以根据训练后的结果画出分类示意图, 如图 2.2.12 所示.

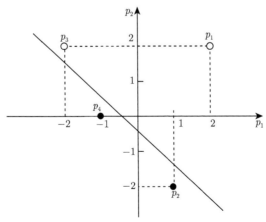

图 2.2.12 分类示意图

其边界由下列直线方程 (边界方程) 决定:

$$n = Wp + b = \begin{bmatrix} -2 & -2 \end{bmatrix}\begin{bmatrix} p_1 \\ p_2 \end{bmatrix} + (-1) = -2p_1 - 2p_2 - 1 = 0.$$

2.2.8   感知器的局限性

感知器神经网络的局限性在于:

(1) 感知器神经网络的传输函数一般采用阈值函数, 故输出值只有两种 (0 或 1,−1 或 1);

(2) 单层感知器网络只能解决线性可分的分类问题, 而对线性不可分的分类问题无能为力;

(3) 感知器学习算法只适于单层感知器网络, 所以一般感知器网络都是单层的.

2.2.9   本节小结

本节介绍了第一个学习规则——感知机学习规则. 感知机学习规则属于有监督学习类型, 其中学习规则用一组正确反映网络行为的实例的方式提供. 当每个输入送入网络后, 该规则调整网络参数, 使网络的实际输出逐步接近相应输入的目标值.

虽然感知机的学习规则非常简单, 但是它的功能十分强大. 前面已经证明: 只要问题的解存在, 那么学习规则总能收敛到正确的解上. 感知机的弱点并不在于它的学习规则, 而是在于其简单的网络结构. 标准的感知机模型只能分类线性可分的向量.

2.3   自适应线性神经元模型

自适应线性神经元 (adaptive linear neuron, ADA-LINE) 是线性神经网络最早的典型代表, 1962 年, 韦德罗 (Widrow) 和胡佛 (Hoff) 提出了自适应线性单元, 这是一个连续取值的线性网络, 其学习算法称为最小均方 (least mean squares,LMS) 算法.

Bernard Widrow

ADALINE 网络与感知器网络非常相似, 只是神经元的传输函数不同而已. 单层 ADALINE 网络和感知器网络一样, 只能解决线性可分的问题, 但其 LMS 学习规则却比感知器学习规则的性能强得多. 因为感知器学习规则训练的网络, 其分类的判决边界往往与各分类模式靠得很近, 这使得网络对噪声十分敏感, 而 LMS 学习规则使均方误差最小, 从而使判决边界尽可能远离分类模式, 增强了网络的抗噪能力.

Ted Hoff

但 LMS 算法只适于单层网络的训练, 当需要进行多层网络的设计时, 需要寻找新的学习算法 (如 BP 算法).

2.3.1 线性神经网络模型

线性神经元和线性神经网络层模型分别如图 2.3.1 和图 2.3.2 所示.

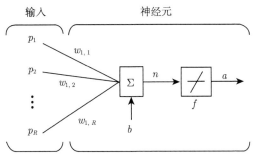

图 2.3.1 线性神经元的一般模型

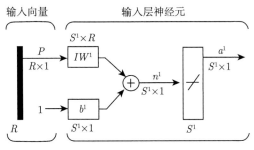

图 2.3.2 线性神经网络层模型

线性神经元与感知器神经元类似, 不同的是线性神经元的传输函数为线性函数. 线性神经网络层的输出为

$$a = \mathrm{purelin}\,(Wp + b) = Wp + b, \tag{2.3.1}$$

其中, p 是输入神经元, b 是偏置值, 且

$$W = \left[\begin{array}{cccc} w_{1,1} & w_{1,2} & \cdots & w_{1,R} \\ w_{2,1} & w_{2,2} & \cdots & w_{2,R} \\ \vdots & \vdots & & \vdots \\ w_{S,1} & w_{S,2} & \cdots & w_{S,R} \end{array} \right].$$

线性神经网络层的输出可以取任意值, 克服了感知器神经网络的输出只能取 0 或 1 的不足. 另外, 一般感知器神经网络是单层的, 而线性神经网络可以是多层的. 当然, 线性网络只能求解线性问题, 而不能用于非线性计算, 这一点与感知器神经网络是相同的.

ADALINE 是一个自适应可调的网络, 适用于信号处理中的自适应模型识别、滤波和预测. 自适应线性神经元模型如图 2.3.3 所示, 它有两个输出量, a 是模拟输出量, q 是数字输出量. 实际应用时, 往往还将目标响应 t 与模拟输出量 a 的误差 $e = t - a$ 作为输出.

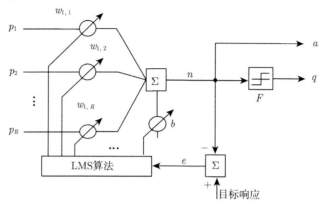

图 2.3.3   自适应线性神经元模型

同样, 单层线性网络只能进行空间上的线性划分, 若以线性神经元构成多层网络, 则可实现空间上的非线性划分, 此时的模型称为多个自适应线性元模型 (MADA-LINE).

2.3.2   线性神经网络的学习

对线性神经网络可以不经过训练直接求出网络的权值和阈值, 如果网络有多个零误差解, 则取最小的一组权值和阈值; 如果网络不存在零误差解, 则取网络的误差平方和最小的一组权值和阈值.

另外, 当不能直接求出网络权值和阈值时, 线性神经网络及自适应线性神经网络可采用使均方误差最小的学习规则, 即 LMS 算法. 它是一种沿误差的最陡下降方向对前一步权值向量进行修正的方法.

对于 Q 个训练样本

$$\{p_1, t_1\}, \{p_2, t_2\}, \cdots, \{p_Q, t_Q\},$$

LMS 算法的基本思想是要寻找最佳的 W, b, 使各神经元输出的均方误差最小. 神经元的均方误差为

$$\text{mse} = \frac{\sum\limits_{k=1}^{Q} (t_k - a_k)^2}{Q} = \frac{\sum\limits_{k=1}^{Q} e_k^2}{Q}, \tag{2.3.2}$$

式中, Q 为训练样本数; a_k 为神经元输出的实际值; t_k 为神经元输出的期望 (目标) 值.

为了寻找最佳的 W, b 使每个神经元输出的均方误差最小, 以 x 代表 W 或 b, 求 mse 对 x 的偏导:

$$\frac{\partial \mathrm{mse}}{\partial x} = \frac{\partial \left(\dfrac{1}{Q} \sum\limits_{k=1}^{Q} e_k^2 \right)}{\partial x}. \tag{2.3.3}$$

令式 (2.3.3) 等于 0, 则可以求出 mse 的极值点. 当然, 极值点的值可以是极大值, 也可以是极小值, 但 mse 为正值, 即 $\mathrm{mse} - x_j$ 为曲面一定是下凸的, 所以极值点必为极小值.

可是, 按式 (2.3.3) 计算很麻烦, 尤其当输入向量的维数 R 很高时. 所以通常采用搜索优化法, 即假设获得第 k 次训练得到权值或阈值 $x(k)$, 然后找出 $\mathrm{mse} - x$ 曲面上在该点的最陡下降方向, 再沿此方向对权值进行修正.

据式 (2.3.1), 对于单个线性神经元 $a(k) = W_{1,j}(k)p + b(k)$, 有

$$\frac{\partial e(k)}{\partial W_{1,j}} = \frac{\partial (t - a(k))}{\partial W_{1,j}} = \frac{\partial \{t - [W_{1,j}(k)\,p + b(k)]\}}{\partial W_{1,j}} = -p. \tag{2.3.4}$$

同理

$$\frac{\partial e(k)}{\partial b(k)} = \frac{\partial (t - a(k))}{\partial b(k)} = \frac{\partial \{t - [W_{1,j}(k)\,p + b(k)]\}}{\partial b(k)} = -1. \tag{2.3.5}$$

为避免求均方误差梯度的麻烦, 以误差平方的梯度代替均方误差的梯度, 则

$$\frac{\partial mse(k)}{\partial W_{1,j}(k)} \approx \frac{\partial e^2(k)}{\partial W_{1,j}(k)} = 2e(k)\frac{\partial e(k)}{\partial W_{1,j}(k)} = -2e(k)\,p, \tag{2.3.6}$$

$$\frac{\partial mse(k)}{\partial b(k)} \approx \frac{\partial e^2(k)}{\partial b(k)} = 2e(k)\frac{\partial e(k)}{\partial b(k)} = -2e(k). \tag{2.3.7}$$

所谓最陡梯度下降就是梯度的反方向, 即

$$W_{1,j}(k+1) = W_{1,j}(k) + 2\alpha e(k)\,p, \tag{2.3.8}$$

$$b(k+1) = b(k) + 2\alpha e(k). \tag{2.3.9}$$

式中, α 是决定权值和阈值的收敛速度和稳定性参数, 称之为学习速率. 学习速率越大, 学习的速度越快, 但过大的学习速率会使修正过度, 造成不稳定, 反而使误差更大.

上面讨论了单个线性神经元的 LMS 算法, 其结论推广到多个线性神经元的情况, 可写成如下向量形式:

$$W\left(k+1\right) = W\left(k\right) + 2\alpha e\left(k\right)p^{\mathrm{T}}, \tag{2.3.10}$$

$$b\left(k+1\right) = b\left(k\right) + 2\alpha e\left(k\right). \tag{2.3.11}$$

2.3.3   线性神经网络的 MATLAB 仿真程序设计

1. 线性神经网络设计的基本方法

从神经网络的程序设计来说, 线性神经网络与感知器大体一致, 只是创建神经网络的函数不同. 另外, 线性神经网络还可以用设计函数进行创建, 不需要进行训练. 线性神经网络的 MATLAB 仿真程序设计的基本方法如下:

(1) 以 newlin 创建线性神经网络. 首先根据所要解决的问题确定输入向量的取值范围和维数、网络层的神经元数目等; 然后以线性神经网络的创建函数 newlin 创建网络.

(2) 以 train 训练创建网络. 构造训练样本集, 确定每个样本的输入向量和目标向量, 调用函数 train 对网络进行训练, 并根据训练的情况, 决定是否调整训练参数, 以得到满足误差性能指标的神经网络.

(3) 若以 newlind 设计线性神经网络, 则不需要进行训练.

(4) 用 sim 对训练后的网络进行仿真. 如果所要解决的问题需要得到网络的仿真结果, 则需要构造测试样本集, 加载训练后的网络, 调用函数 sim, 以得到网络的仿真结果.

(5) 有一点要特别注意, 在有些应用中, 自适应线性神经网络的输出不是取自线性神经元的输出, 而是目标响应 t 与模拟输出量 a 的误差 $e = t - a$.

从以上过程可以看出, 重要的线性神经网络函数有 newlin, newlind, train, sim, 除此之外还涉及 init, adapt, mse 等, 这些 MATLAB 工具箱函数可参阅附录.

2. 线性神经网络的设计实例

线性神经网络在模式识别、信号滤波、预测和函数逼近等方面有广泛的用途, 下面以线性神经网络用于模式分类说明线性神经网络的 MATLAB 仿真程序设计.

例 2.3.1   以单层线性网络模拟与函数.

解   (1) 问题分析: 与函数真值表见表 2.3.1.

若把与函数看成 p_1-p_2 平面上的点, 则点 $A_0(0,0)$, $A_1(0,1)$ 和 $A_2(1,0)$ 表示输出为 0 的 3 个点, $B_0(1,1)$ 表示输出为 1 的 1 个点, 如图 2.3.4 所示.

表 2.3.1 与函数真值表

输入	p_1	p_2	输出	a
	0	0		0
	0	1		0
	1	0		0
	1	1		1

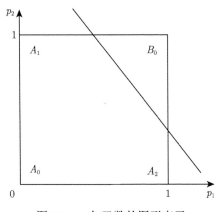

图 2.3.4 与函数的图形表示

可以看出, 与函数是一个简单的线性划分问题, 用一个线性神经元构成的网络就可实现.

(2) 设计线性神经网络.

根据以上分析, 按本题要求设计的线性神经网络的基本结构为:

① 网络有一个输入向量, 包括 2 个元素, 输入元素的取值范围为 $[0,1]$;

② 输出向量有一个元素为二值变量 0 或 1.

据此, 设计的线性神经网络结构示意图如图 2.3.5 所示.

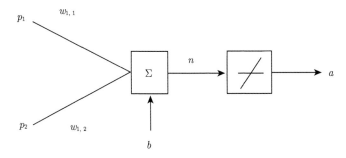

图 2.3.5 线性神经网络结构示意图

③ MATLAB 仿真程序设计

例 2.3.2   单层线性网络实现与函数的 MATLAB 仿真程序代码

```
% Example231
clear all ;                        %清除所有内存变量
%设计线性神经网络
p=[ 0 0 ; 0 1 ; 1 0 ; 1 1]′       %输入向量
t = [ 0 0 0 1 ] ;                 %目标向量
net = newlind(p, t) ;             %设计线性神经网络
w=net.IW {1};                     %输出训练后的权值
b=net.b{1};                       %输出训练后的阈值
%线性神经网络的仿真
w
b
a = sim (net, p)                  %输出仿真结果
y =a>0.5                          %将模拟仿真结果转换为数字量
```

运行结果如下:

```
w = 0.5000   0.5000
b = −0.2500
a = −0.2500   0.2500   0.2500   0.7500
y = 0   0   0   1
```

可以看出, 当输出是模拟量 a 时, 结果与目标误差为 0.25, 如果将结果与某限定值 (如 0.5) 比较, 即可消除该误差. 在程序中是以最后一条语句: $y = a > 0.5$ 来实现的.

本节介绍了线性神经网络以及自适应线性神经元 (ADALINE) 模型, 详细讨论了线性神经网络的 LMS 学习规则. 就线性神经网络本身而言, 它与感知器一样, 只能解决线性可分的模式分类, 但 LMS 算法比感知器的 δ 学习算法更有效, 因为它使均方误差最小, 可以使各分类模式远离判决边界, 从而使网络具有更好的抗噪性能. 另一方面, ADALINE 至今仍然广泛应用于各种实际系统中, 特别是在自适应滤波方面, 用途更为广泛; 同时, 因 LMS 算法是 BP 算法的基础, 所以正确理解和掌握线性神经网络模型及其学习规则是十分重要的. 线性神经网络的 MATLAB 仿真程序设计, 从方法上, 与感知器没有多大区别, 只是创建网络函数 (newlin) 和网络设计函数 (newlind) 不同而已.

2.4 BP 神经网络模型

前面所讲的感知器学习规则和 LMS 算法是设计训练单层网络的. 这些单层网络的缺点是只能解线性可分的分类问题. 为了将算法推广到训练功能更强的网络, 1974, 韦伯斯 (Werbos) 提出了 BP(back-propagation) 理论, 为神经网络的发展奠定了基础. 1986 年, Rumelhart 和 McClel-land 提出了多层网络学习的误差反向传播学习算法 ——BP 算法, 较好地解决了多层网络的学习问题, 反向传播算法成了最著名的多层网络学习算法, 由此算法训练的神经网络称为 BP 神经网络.BP 网络主要应用于函数逼近、模式识别、数据压缩等, 所以是一个重要的神经网络.

Werbos

Rumelhart

McClelland

2.4.1 BP 神经元及 BP 网络模型

BP 神经元模型如图 2.4.1 所示.

BP 神经元与其他神经元类似, 不同的是 BP 神经元的传输函数为非线性函数, 最常用的函数是 logsig 和 tansig 函数, 其输出为

$$a = \mathrm{logsig}\,(Wp + b)\,. \tag{2.4.1}$$

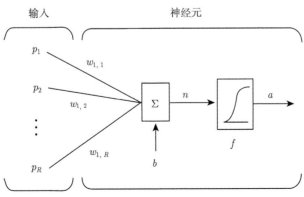

图 2.4.1 BP 神经元的一般模型

BP 网络一般为多层神经网络. 由 BP 神经元构成的二层网络如图 2.4.2 所示, BP 网络的信息从输入层流向输出层, 因此是一种多层前馈神经网络.

若多层 BP 网络的输出层采用 S 型传输函数 (如 logsig 函数), 其输出值将会限制在较小的范围 (0,1) 内, 线性传输函数则可以取任意值.

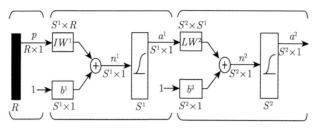

图 2.4.2   两层 BP 神经网络模型

2.4.2   BP 网络的学习

BP 网络要通过输入和输出样本集对网络进行训练, 也就是对网络的阈值和权值进行学习和修正, 以使网络实现给定的输入/输出.

BP 网络的学习过程分为两个阶段:

第一个阶段是输入已知学习样本, 通过设置的网络结构和前一次迭代的权值和阈值, 从网络的第一层向后计算各神经元的输出.

第二个阶段是对权值和阈值进行修改, 从最后一层向前计算各权值和阈值对总误差的影响 (梯度), 据此对各权值和阈值进行修改.

以上两个过程反复交替, 直至达到收敛为止. 由于误差逐层往回传递, 以修正层与层之间的权值和阈值, 所以称该算法为误差反向传播算法, 这种误差反传学习算法可以推广到有若干个中间层的多层网络, 因此该多层网络常称为 BP 网络.

标准的 BP 算法也是一种梯度下降学习算法, 其权值的修正是沿着误差性能函数梯度的反方向进行的.

2.4.3   BP 网络学习算法

多层网络的 BP 算法是 LMS 算法的推广. 两个算法均使用相同的性能指数: 均方误差. 算法的输入是一个网络正确行为的样本集合:

$$\{p_1, t_1\}, \quad \{p_2, \quad t_2\}, \quad \cdots, \quad \{p_q, t_q\}.$$

这里, p_q 是网络的输入, t_q 是对应的目标输出. 每输入一个样本, 便将网络输出与目标输出相比较. 算法将调整网络参数以使均方误差最小化:

$$F(x) = E\left[e^2\right] = E\left[(t - a)^2\right].$$

这里, x 是网络权值和偏置值的向量. 若网络有多个输出, 则上式的一种形式为

$$F(x) = E[e^{\mathrm{T}}e] = E\left[(t-a)^{\mathrm{T}}(t-a)\right],$$

其中

$$e = \{e_1, e_2 \cdots, e_Q\}, \quad t = \{t_1, t_2 \cdots, t_Q\}, \quad a = \{a_1, a_2 \cdots, a_Q\}.$$

如同 LMS 算法, 我们用 $\hat{F}(x)$ 来近似计算均方误差:

$$\hat{F}(x) = (t(k) - a(k))^{\mathrm{T}} (t(k) - a(k)) = e^{\mathrm{T}}(k)e(k).$$

这里, 均方误差的期望值被第 k 次迭代时的均方误差所代替.

1. 最速下降 BP(steepest descent back-propagation, SDBP) 算法

对于图 2.4.2 所示的 BP 神经网络, 设 k 为迭代次数, 则每一层权值和阈值的修正按下式进行:

$$x(k+1) = x(k) - \alpha g(k), \tag{2.4.2}$$

式中, $x(k)$ 为第 k 次迭代各层之间的连接权向量或阈值向量; $g(k) = \dfrac{\partial E(k)}{\partial x(k)}$ 为第 k 次迭代的神经网络输出误差对各权值或阈值的梯度向量; 负号表示梯度的反方向, 即梯度的最速下降方向; α 为学习速率, 在训练时是一常数, 在 MATLAB 神经网络工具箱中, 其默认值为 0.01, 可以通过改变训练参数进行设置. $E(k)$ 为第 k 次迭代的网络输出的总误差性能函数, 在 MATLAB 神经网络工具箱中, BP 网络误差性能函数的默认值为均方误差 MSE(mean square error).

以二层 BP 网络为例, 当只有一个输入样本时, 有

$$E(k) = E\left[e^2(k)\right] \approx \frac{1}{s^2} \sum_{i=1}^{s^2} [t_i^2 - a_i^2(k)]^2, \tag{2.4.3}$$

$$\begin{aligned} a_i^2(k) &= f^2\left\{\sum_{j=1}^{S^2}\left[w_{i,j}^2(k)\,a_i^1(k) + b_i^2(k)\right]\right\} \\ &= f^2\left\{\sum_{j=1}^{S^2}\left[w_{i,j}^2(k)\,f^1\left\{\sum_{j=1}^{S^1}\left[iw_{i,j}^1(k)\,p_i + ib_i^1(k)\right]\right\} + b_i^2(k)\right]\right\}. \end{aligned} \tag{2.4.4}$$

如果有 n 个输入样本:

$$E(k) = E\left[e^2(k)\right] \approx \frac{1}{nS^2} \sum_{j=1}^{n} \sum_{i=1}^{S^2} [t_i^2 - a_i^2(k)]^2, \tag{2.4.5}$$

根据式 (2.4.3) 或式 (2.4.5) 和各层的传输函数, 可以求出第 k 次迭代的总误差曲面的梯度 $\mathbf{g}(k) = \dfrac{\partial E(k)}{\partial x(k)}$, 分别代入式 (2.4.2), 便可以逐次修正其权值和阈值, 并使总的误差向减小的方向变化, 直至达到所要求的误差性能为止.

从上述过程可看出, 权值和阈值的修正是在所有样本输入并计算其总的误差后进行的, 这种修正方式称为批处理. 在样本数比较多时, 批处理方式比分别处理方式的收敛速度快.

2. 动量 BP(momentum back-propagation, MOBP) 算法

动量 BP 算法是在梯度下降算法的基础上引入动量因子 $\eta(0 < \eta < 1)$:

$$\Delta x(k+1) = \eta \Delta x(k) + \alpha(1-\eta)\frac{\partial E(k)}{\partial x(k)}, \tag{2.4.6}$$

$$x(k+1) = x(k) + x(k+1). \tag{2.4.7}$$

该算法是以前一次的修正结果来影响本次修正量, 当前一次的修正量过大时, 式 (2.4.6) 第二项的符号将与前一次修正量的符号相反, 从而使本次的修正量减小, 起到减小振荡的作用; 当前一次的修正量过小时, 式 (2.4.6) 第二项的符号将与前一次修正量的符号相同, 从而使本次的修正量增大, 起到加速修正的作用. 可以看出, 动量 BP 算法总是力图使在同一梯度方向上的修正量增加. 动量因子 η 越大, 同一梯度方向上的 "动量" 也越大.

在动量 BP 算法中, 可以采用较大的学习率, 而不会造成学习过程的发散, 因为当修正过量时, 该算法 (即动量 BP 算法) 总是可以使修正量减小, 以保持修正方向向着收敛的方向进行; 另一方面, 动量 BP 算法总是加速同一梯度方向的修正量. 上述两个方面表明, 算法稳定的同时, 动量 BP 算法的收敛速率较快, 学习时间较短.

3. 学习率可变的 BP(variable learnling rate back-propagation, VLBP) 算法

在最速下降 BP 算法和动量 BP 算法中, 其学习率是一个常数, 在整个训练过程中保持不变, 学习算法的性能对于学习率的选择非常敏感, 学习率过大, 算法可能振荡而不稳定; 学习率过小, 则收敛的速度慢, 训练的时间长. 而在训练之前, 要选择最佳的学习率是不现实的, 事实上, 可以在训练的过程中使学习率随之变化, 而使算法沿着误差性能曲面进行修正.

自适应调整学习率的梯度下降算法, 在训练的过程中, 力图使算法稳定, 而同时又使学习的步长尽量大, 学习率则是根据局部误差曲面作出相应的调整.

当误差以减小的方式趋于目标时, 说明修正方向正确, 可使步长增加, 因此学习率乘以增量因子 k_{inc}, 使学习率增加; 而当误差增加超过事先设定值时, 说明修正

过头, 应减小步长, 因此学习率乘以减量 k_{dec}, 使学习率减小, 同时舍去使误差增加的前一步修正过程, 即

$$\alpha(k+1) = \begin{cases} k_{\text{inc}}\alpha(k), & E(k+1) < E(k), \\ k_{\text{dec}}\alpha(k), & E(k+1) > E(k). \end{cases} \tag{2.4.8}$$

2.4.4 理论与实例

1. 模式分类

要说明多层感知机用于模式分类的能力, 考虑经典的异或 (exclusive or,XOR) 问题. 异或的输入/目标输出对为

$$\left\{ p_1 = \begin{bmatrix} 0 \\ 0 \end{bmatrix}, t_1 = 0 \right\}, \quad \left\{ p_2 = \begin{bmatrix} 0 \\ 1 \end{bmatrix}, t_2 = 1 \right\},$$

$$\left\{ p_3 = \begin{bmatrix} 1 \\ 0 \end{bmatrix}, t_3 = 1 \right\}, \quad \left\{ p_4 = \begin{bmatrix} 1 \\ 1 \end{bmatrix}, t_4 = 0 \right\}.$$

1969 年明斯克曾用此问题来说明单层感知机的局限性, 如图 2.4.3 所示.

因为两个类别不是线性可分的, 所以一个单层的感知机不能完成分类任务. 然而一个两层的网络能解决异或问题. 事实上, 有许多种多层网络可解决此问题. 一种办法是在第一层中用两个神经元来产生两个判定边界. 第一个边界将 p_1 和其他模式分开, 第二个边界则将 p_4 分开, 然后第二层网络用一个 AND 操作 (与运算) 将两个边界结合在一起. 对第一层的每个神经元, 其判定边界如图 2.4.4 所示.

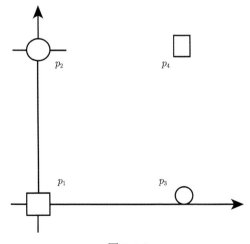

图 2.4.3

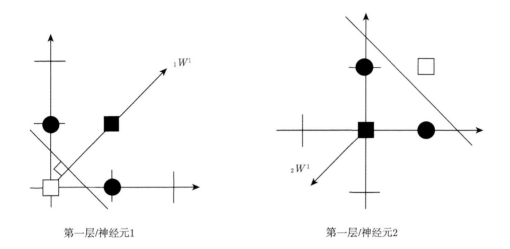

第一层/神经元1   第一层/神经元2

图 2.4.4   异或 (XOR) 网络的判定边界

注: (1) XOR 运算 (表 2.4.1):

表 **2.4.1**

输入	运算符	输入	结果
1	$\oplus$	0	1
1	$\oplus$	1	0
0	$\oplus$	0	0
0	$\oplus$	1	1

(2) AND 运算 (表 2.4.2):

表 **2.4.2**

输入	运算符	输入	结果
1	AND	0	0
1	AND	1	1
0	AND	0	0
0	AND	1	0

结果产生的两层 2-2-1 网络如图 2.4.5 所示. 网络的判定边界如图 2.4.6 所示, 阴影区域表示产生网络输出为 1 的那些输入.

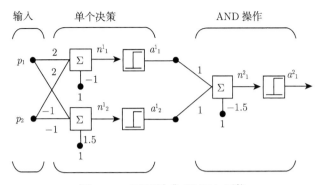

图 2.4.5 两层异或 (XOR) 网络

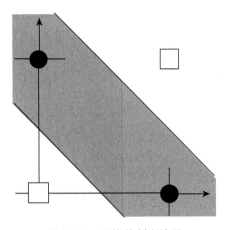

图 2.4.6 网络的判定边界

2. 函数逼近

前面介绍的神经网络的应用主要是在模式分类方面. 神经网络在本质上也可被看作是函数逼近器. 例如, 在控制系统中, 目标是要找到一个合适的反馈函数, 它能将测量到的输出映射为控制输入.

下面是一个网络逼近函数的例子, 考虑两层的 1-2-1 网络, 如图 2.4.7 所示.

这里, 第一层的传输函数是 log-sigmoid 函数, 第二层的传输函数是线性函数, 即

$$f^1(n) = \frac{1}{1+\mathrm{e}^{-n}} \text{ 且 } f^2(n) = n. \tag{2.4.9}$$

假定这个网络的权值和偏置值为

$$w_{1,1}^1 = 10, w_{2,1}^1 = 10, b_1^1 = -10, b_2^1 = 10, w_{1,1}^2 = 1, w_{1,2}^2 = 1, b^2 = 0.$$

网络在这些参数下的响应如图 2.4.8 所示, 图中网络输出 a^2 为输入 p 的函数, 且 p 的取值范围为 $[-2,2]$.

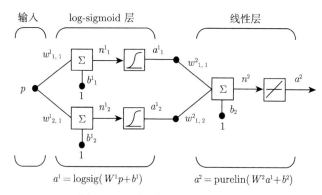

图 2.4.7　用网络逼近函数的例子

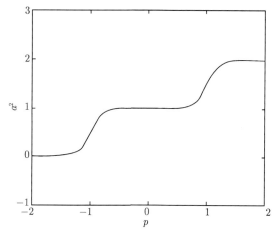

图 2.4.8　网络的响应

　　网络的响应包括两步, 每一步都是对第一层中的对数-S 型神经元的响应. 通过调整网络的参数, 每一步的曲线形状和位置都可以发生改变 (见下面的讨论).

　　每步的曲线中心对应网络第一层中的神经元的净输入为 0:

$$n_1^1 = w_{1,1}^1 p + b_1^1 = 0 \Rightarrow p = -\frac{b_1^1}{w_{1,1}^1} = -\frac{-10}{10} = 1, \tag{2.4.10}$$

$$n_2^1 = w_{2,1}^1 p + b_2^1 = 0 \Rightarrow p = -\frac{b_2^1}{w_{2,1}^1} = -\frac{10}{10} = -1. \tag{2.4.11}$$

通过调整网络的权值可以调整每一步曲线的陡度.

图 2.4.9 说明了参数改变对网络响应的影响. 图中的曲线是参数未作调整前的网络响应. 其他的曲线对应参数的取值范围是 (2.4.12) 时的网络响应:

$$-1 \leqslant w_{1,1}^2 \leqslant 1, \quad -1 \leqslant w_{1,2}^2 \leqslant 1, \quad 0 \leqslant b_2^1 \leqslant 20, \quad -1 \leqslant b^2 \leqslant 1. \tag{2.4.12}$$

图 2.4.9(a) 说明第一层 (隐层) 的网络偏置值如何被用来确定每一步曲线的位置. 图 2.4.9(b)(c) 说明网络权值如何决定每步曲线的坡度. 第二层 (输出层) 的网络偏置值使整个网络响应曲线上移或下移, 如图 2.4.9(d) 所示.

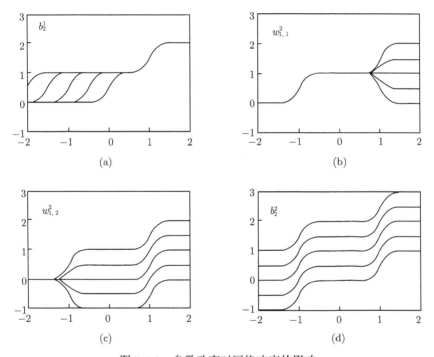

图 2.4.9 参数改变对网络响应的影响

两层网络在其隐层中使用 S 型传输函数, 在输出层中使用线性传输函数, 只要隐层中有足够的单元可用, 就几乎可以以任意精度逼近任何感兴趣的函数.

下一步定义网络要解决的问题. 假定用此网络来逼近函数

$$g(p) = 1 + \sin\left(\frac{\pi}{4}p\right), \quad -2 \leqslant p \leqslant 2. \tag{2.4.13}$$

训练集可以通过计算函数在几个 p 值上的函数值来得到. 在开始 BP 算法前, 需要选择网络权值和偏置值的初始值, 通常选择较小的随机值. 选择的值为

$$W^1(0) = \begin{bmatrix} -0.27 \\ -0.41 \end{bmatrix}, \ b^1(0) = \begin{bmatrix} -0.48 \\ -0.13 \end{bmatrix}, \ W^2(0) = [0.09 - 0.17], \ b^2(0) = [0.48].$$

网络对这些初始值的响应如图 2.4.10 所示, 图中还包括要逼近的正弦函数的曲线.

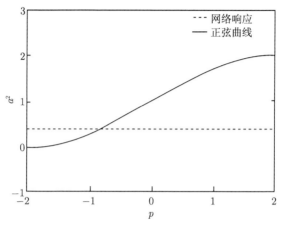

图 2.4.10   网络对初始值的响应

现在可以开始执行算法了. 对初始输入, 我们选择 $a^0 = p = 1$.

第一层的输出为

$$a^1 = f\left(W^1 a^0 + b^1\right) = \text{logsig}\left(\begin{bmatrix} -0.27 \\ -0.41 \end{bmatrix}[1] + \begin{bmatrix} -0.48 \\ -0.13 \end{bmatrix}\right)$$

$$= \text{logsig}\left(\begin{bmatrix} -0.75 \\ -0.54 \end{bmatrix}\right) = \begin{bmatrix} \dfrac{1}{1 + e^{0.75}} \\ \dfrac{1}{1 + e^{0.54}} \end{bmatrix} = \begin{bmatrix} 0.321 \\ 0.368 \end{bmatrix}.$$

第二层的输出为

$$a^2 = f^2\left(W^2 a^1 + b^2\right) = \text{purelin}\left([0.09 - 0.17]\begin{bmatrix} 0.321 \\ 0.368 \end{bmatrix} + [0.48]\right) = [0.446],$$

误差为

$$e = t - a = \left\{1 + \sin\left(\frac{\pi}{4}p\right)\right\} - a^2 = \left\{1 + \sin\left(\frac{\pi}{4}1\right)\right\} - 0.446 = 1.261.$$

算法的下一阶段是反向传播敏感性值. 在开始反向传播前需要先求传输函数的导数 $\dot{f}^1(n)$ 和 $\dot{f}^2(n)$. 对第一层:

$$\dot{f}^1(n) = \frac{\mathrm{d}}{\mathrm{d}n}\left(\frac{1}{1+\mathrm{e}^{-n}}\right) = \frac{\mathrm{e}^{-n}}{(1+\mathrm{e}^{-n})^2} = \left(1 - \frac{1}{1+\mathrm{e}^{-n}}\right)\left(\frac{1}{1+\mathrm{e}^{-n}}\right) = (1-a^1)(a^1).$$

对第二层:

$$\dot{f}^2(n) = \frac{\mathrm{d}}{\mathrm{d}n}(n) = 1.$$

下面可以执行反向传播了. 起始点在第二层:

$$s^2 = -2\dot{f}(n^2)(t-a) = -2\left[\dot{f}^2(n^2)\right](1.261) = -2[1](1.261) = -2.522.$$

第一层的敏感性由计算第二层的敏感性反向传播得到:

$$s^1 = \dot{f}^1(n^1)(w^2)^{\mathrm{T}} s^2 = \begin{bmatrix} (1-a_1^1)a_1^1 & 0 \\ 0 & (1-a_2^1)a_2^1 \end{bmatrix} \begin{bmatrix} 0.09 \\ -0.17 \end{bmatrix}[-2.522]$$

$$= \begin{bmatrix} (1-0.321)(0.321) & 0 \\ 0 & (1-0.368)(0.368) \end{bmatrix} \begin{bmatrix} 0.09 \\ -0.17 \end{bmatrix}[-2.522]$$

$$= \begin{bmatrix} 0.218 & 0 \\ 0 & 0.233 \end{bmatrix} \begin{bmatrix} -0.227 \\ 0.429 \end{bmatrix} = \begin{bmatrix} -0.0495 \\ 0.0997 \end{bmatrix}.$$

算法的最后阶段是更新权值. 为简单起见, 学习速度设为 $\alpha = 0.1$.

$$W^2(1) = W^2(0) - \alpha s^2 (a^1)^{\mathrm{T}} = [0.09 -0.17] - 0.1[-2.522][0.321\ 0.368]$$
$$= [0.171 -0.0772],$$

$$b^2(1) = b^2(0) - \alpha s^2 = [0.48] - 0.1[-2.522] = [0.732],$$

$$W^1(1) = W^1(0) - \alpha s^1 (a^0)^{\mathrm{T}} = \begin{bmatrix} -0.27 \\ -0.41 \end{bmatrix} - 0.1\begin{bmatrix} -0.0495 \\ 0.0997 \end{bmatrix}[1] = \begin{bmatrix} -0.265 \\ -0.420 \end{bmatrix},$$

$$b^1(1) = b^1(0) - \alpha s^1 = \begin{bmatrix} -0.48 \\ -0.13 \end{bmatrix} - 0.1\begin{bmatrix} -0.0495 \\ 0.0997 \end{bmatrix} = \begin{bmatrix} -0.475 \\ -0.140 \end{bmatrix}.$$

这样就完成了 BP 算法的第一次迭代. 下一步可以选择另一个输入 p, 执行算法的第二次迭代过程. 迭代过程一直进行下去, 直到网络响应和目标函数之差达到某一可接受的水平.

反向传播法的实际实现相关的一些问题包括网络结构的选择和网络收敛性.

3. 网络结构的选择

多层网络可用来逼近几乎任一个函数, 只要在隐层中有足够的神经元. 但是, 并不能说多少层或多少神经元就足以得到足够的性能. 下面通过一些例子来说明这个问题.

第一个例子: 假定要逼近如卜的函数:

$$g(p) = 1 + \sin\left(\frac{i\pi}{4}p\right), \quad -2 \leqslant p \leqslant 2, \qquad (2.4.14)$$

其中 i 取值 1,2,4 和 8. 随 i 的增加, 函数变得更为复杂, 在 $-2 \leqslant p \leqslant 2$ 的区间内将有更多的正弦波周期. 当 i 增加时, 很难用隐层中神经元数目固定的神经网络来逼近 $g(p)$.

使用一个 1-3-1 网络, 第一层的传输函数为对数-S 型, 第二层的传输函数是线性函数. 根据前面的函数逼近例子, 这种两层网络的响应是 3 个对数-S 型函数 (或多个对数-S 型函数之和, 只要隐层中有同样多的神经元). 显然, 对这个网络能实现的函数有多么复杂有一个限制. 图 2.4.11 是网络经训练来逼近 $g(p)$ (对 $i = 1, 2, 4,$ 8) 后的响应曲线. 最终的网络响应用图中画出的曲线来表示.

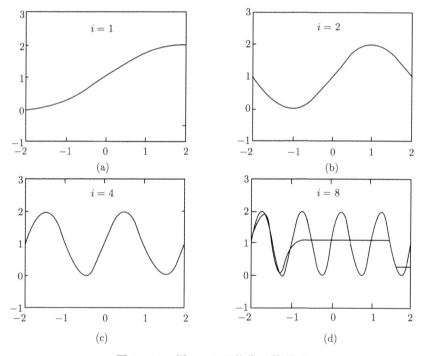

图 2.4.11   用 1-3-1 网络作函数逼近

可以看到, 对 $i=4$, 这个 1-3-1 网络达到了它的最大能力; 当 $i > 4$ 时, 网络不能生成 $g(p)$ 精确的逼近曲线. 从图 2.4.11(d) 可以看到 1-3-1 网络试图逼近 $i=8$ 时的函数 $g(p)$. 网络的响应和 $g(p)$ 之间的均方误差达到了最小化, 但网络响应曲线只能与函数的一小部分相匹配.

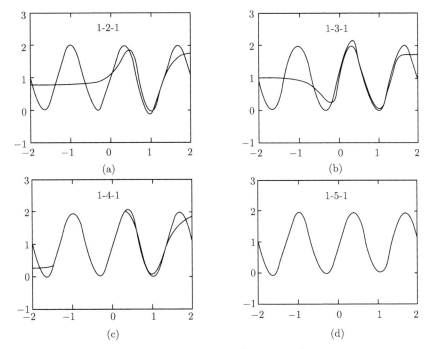

图 2.4.12 增加隐层中的神经元数目的影响

第二个例子: 为了解决网络响应曲线只能与函数的一小部分相匹配的问题. 这次选择函数 $g(p)$ 使用越来越大的网络, 直到能精确地逼近函数为止. $g(p)$ 采用

$$g\left(p\right) = 1 + \sin\left(\frac{6\pi}{4}p\right), \quad -2 \leqslant p \leqslant 2. \tag{2.4.15}$$

用两层网络来逼近此函数, 第一层的传输函数是对数-S 型函数, 第二层的是线性函数 ($1\text{-}S^1\text{-}1$ 网络).

换句话说, $1\text{-}S^1\text{-}1$ 网络在隐层为 S 型神经元而在输出层中为线性神经元时, 可以产生 S^1S 型函数相叠加的网络响应曲线. 若要逼近有大量拐点的函数, 隐层中就要有大量的神经元.

4. 收敛性

尽管 BP 算法可以获得使均方误差最小化的网络参数, 网络的响应却不能精确地逼近所期望的函数. 这是由于网络的能力受隐层中神经元数目的限制. 下面给出一个例子, 说明网络能逼近函数, 但学习算法不能产生精确逼近解的网络参数.

第三个例子: 网络要逼近的函数为

$$g\left(p\right) = 1 + \sin\left(\pi p\right), \quad -2 \leqslant p \leqslant 2. \tag{2.4.16}$$

还是用一个 1-3-1 网络来逼近此函数, 其中第一层的传输函数是对数-S 型函数, 第二层的是线性函数.

图 2.4.13 说明学习算法收敛到使均方误差最小的一个解的情况. 细线表示中间迭代结果, 粗线表示最终解, 此时算法收敛 (每条曲线旁边的数字表示迭代的顺序, 0 表示初始条件, 5 表示最终解. 这些曲线没有列出对应的迭代次数, 数字仅表示一个顺序).

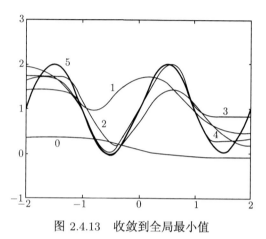

图 2.4.13   收敛到全局最小值

图 2.4.14 说明学习算法收敛到一个解但均方误差并没有被最小化的一种情况. 粗线 (标记为 5) 代表最终的迭代中的网络响应. 在最终的迭代计算中, 均方误差的梯度为 0, 因而得到一个局部极小值, 但正如图 2.4.13 中表示的, 存在一个更好的解. 图 2.4.14 中的结果与图 2.4.13 中的结果之间的差别仅仅是初始条件. 从一个初始条件开始, 算法收敛到全局极小值而从另一个初始条件开始, 算法收敛到一个局部极小值.

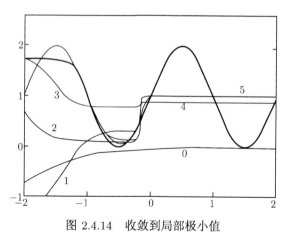

图 2.4.14   收敛到局部极小值

注意 LMS 算法不会产生这样的结果.ADALINE 网络中均方误差性能指标是只有一个极小值点的二次函数 (在大多数条件下), 因而只要学习速率足够小, LMS 算法保证收敛到全局极小值. 通常, 多层网络的均方误差非常复杂且有许多局部极小值.

当 BP 算法收敛时, 并不能确定是否求到了最优解. 最好的办法是多试几个不同的初始条件, 以保证得到最优的解.

2.4.5 BP 网络的局限性

在人工神经网络的应用中, 绝大部分的神经网络模型采用了 BP 网络及其变化形式, 但这并不说明 BP 网络是尽善尽美的, 其各种算法依然存在一定的局限性.BP 网络的局限性主要有以下几个方面:

(1) 学习率与稳定性的矛盾. 梯度算法进行稳定学习要求的学习率较小, 所以通常学习过程的收敛速度很慢. 附加动量法通常比简单的梯度算法快, 因为在保证稳定学习的同时, 它可以采用很高的学习率, 但对于许多实际应用仍然太慢. 以上两种方法往往只适用于希望增加训练次数的情况. 如果有足够的存储空间, 则对于中、小规模的神经网络, 通常可采用 Levenberg-Marquardt 算法; 如果存储空间有问题, 则可采用其他多种快速算法.

(2) 学习率的选择缺乏有效的方法. 对于非线性网络, 选择学习率也是一个比较困难的事情. 对于线性网络, 学习率选择得太大, 容易导致学习不稳定; 反之, 学习率选择得太小, 则可能导致无法忍受过长的学习时间.

(3) 训练过程可能陷于局部最小. 从理论上说, 多层 BP 网络可以实现任意可实现的线性和非线性函数的映射, 克服了感知器和线性神经网络的局限性. 但在实际应用中, BP 网络往往在训练过程中也可能找不到某个具体问题的解, 比如, 在训练过程中陷入局部最小的情况. 当 BP 网络在训练过程中陷入误差性能函数的局部最小时, 可通过改变其初始值, 并经多次训练, 以获得全局最小.

(4) 没有确定隐层神经元数的有效方法. 如何确定多层神经网络隐层的神经元数也是一个很重要的问题, 太少的隐层神经元会导致网络 "欠适配", 太多的隐层神经元又会导致 "过适配".

2.4.6 BP 网络的 MATLAB 仿真程序设计

BP 网络的设计主要包括输入层、隐层、输出层及各层之间的传输函数等方面. 下面介绍 BP 网络的设计方法:

1. 网络层数

大多数通用的神经网络都预先确定了网络的层数, 而 BP 网络可以包含不同的隐层. 但理论上已经证明, 在不限制隐层节点数的情况下, 两层 (只有一个隐层) 的

BP 网络可以实现任意非线性映射. 在模式样本相对较少的情况下, 较少的隐层节点可以实现模式样本空间的超平面划分, 此时, 选择两层 BP 网络就可以了; 当模式样本数很多时, 减小网络规模, 增加一个隐层是必要的, 但 BP 网络隐层数一般不超过两层.

2. 输入层的节点数

输入层起缓冲存储器的作用, 它接收外部的输入数据, 因此其节点数取决于输入矢量的维数. 比如, 当把 32×32 大小的图像的像素作为输入数据时, 输入节点数将为 1024 个.

3. 输出层的节点数

输出层的节点数取决于两个方面, 输出数据类型和表示该类型所需的数据大小. 当 BP 网络用于模式分类时, 以二进制形式来表示不同模式的输出结果, 则输出层的节点数可根据待分类模式数来确定. 若设待分类模式的总数为 m, 则有两种方法确定输出层的节点数:

(1) 节点数即为待分类模式总数 m, 此时对应第 j 个待分类模式的输出为

$$O_j = \frac{[00\cdots010\cdots00]}{j}$$

即第 j 个节点输出为 1, 其余输出均为 0, 而以输出全为 0 表示拒识, 即所输入的模式不属于待分类模式中的任何一种模式.

(2) 节点数为 $\log_2^m$ 个. 这种方式的输出是 m 种输出模式的二进制编码.

4. 隐层的节点数

一个具有无限隐层节点的两层 BP 网络可以实现任意从输入到输出的非线性映射. 但对于有限个输入模式到输出模式的映射, 并不需要无限个隐层节点, 这就涉及如何选择隐层节点数的问题, 而这一问题的复杂性使得至今为止, 尚未找到一个很好的解析式, 隐层节点数往往根据前人设计所得的经验和自己进行试验来确定. 一般认为, 隐层节点数与求解问题的要求、输入/输出单元数多少都有直接的关系. 另外, 隐层节点数太多会导致学习时间过长; 而隐层节点数太少, 容错性差, 识别未经学习的样本能力低, 所以必须综合多方面的因素进行设计.

对于用于模式识别 / 分类的 BP 网络, 根据前人经验, 可以参照以下公式进行设计:

$$n = \sqrt{n_i - n_0} + a, \tag{2.4.17}$$

式中, n 为隐层节点数; n_i 为输入节点数; n_0 为输出节点数; a 为 1~10 的常数.

5. 传输函数

BP 网络中的传输函数通常采用 S(sigmoid) 型函数:

$$f(x) = \frac{1}{1 + e^{-x}}. \tag{2.4.18}$$

在某些特定情况下, 还可能采用纯线性 (pureline) 函数. 如果 BP 网络的最后一层是 sigmoid 函数, 那么整个网络的输出就限制在一个较小的范围内 (0~1 的连续量); 如果 BP 网络的最后一层是 pureline 函数, 那么整个网络的输出可以取任意值.

6. 训练方法及其参数选择

针对不同的应用, BP 网络提供了多种训练、学习方法, 如何选择训练函数和学习函数及其参数可参阅 2.3.2 节和 2.3.3 节以及函数详解见附录.

2.4.7 BP 网络应用实例

下面以应用实例说明 BP 神经网络的 MATLAB 仿真程序设计.

1. 用于模式识别与分类的 BP 网络

例 2.4.1 以 BP 神经网络实现对图 2.4.15 所示两类模式的分类.
解 (1) 问题分析.

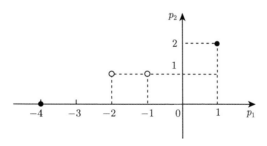

图 2.4.15 待分类模式

据图 2.4.15 所示两类模式可看出, 分类为简单的非线性分类. 有 1 个输入向量, 包含 2 个输入元素; 两类模式, 1 个输出元素即可表示; 可以用图 2.4.16 所示两层 BP 网络来实现分类.

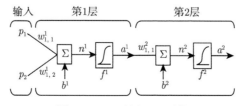

图 2.4.16 两层 BP 网络

(2) 构造训练样本集.

根据图 2.4.16 所示两类模式确定的训练样本集为

$$p = \begin{bmatrix} 1 & -1 & -2 & -4 \\ 2 & 1 & 1 & 0 \end{bmatrix}, \quad t = \begin{bmatrix} 0.2 & 0.8 & 0.8 & 0.2 \end{bmatrix}.$$

因为 BP 网络的输出为 fogsig 函数, 所以目标向量的取值为 0.2 和 0.8, 分别对应两类模式.

(3) 训练函数的选择.

由于处理的问题简单, 所以采用最速下降 BP 算法 (traingd 训练函数) 训练该网络.

例 2.4.2   设计基于 BP 神经网络的印刷体字符 0-9 的识别系统.

解   字符识别, 特别是手写体字符识别, 在实际生活中具有很重要的意义. 这里只说明神经网络的设计, 不探讨字符识别的其他内容. 假设识别的对象是印刷体数字, 经过前期处理, 获得 16×16 的二值图像, 如图 2.4.17 所示, 其二值图像数据作为神经网络的输入.

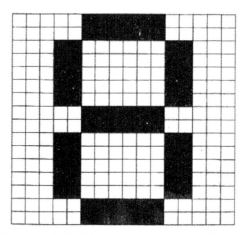

图 2.4.17   数学字符 16×16 的二值化图像示意图

(1) BP 神经网络结构分析.

按照 BP 神经网络设计方法选用两层 BP 网络, 其输入节点数为 16×16=256, 隐层传输函数为 sigmoid 函数. 假设用一个输出节点表示 10 个数字, 则输出层传输函数为 pureline, 隐层节点数为 $\sqrt{256+1} + a\,(a = 1 \sim 10)$, 取为 25.

(2) 神经网络仿真程序设计.

①构造训练样本集, 并构成训练所需的输入矢量 p 和目标矢量 t. 通过画图工具, 获得数字 0-9 的原始图像, 为便于编程, 将其存于文件 (0-9).bmp 中; 按照

同样的方法, 可以改变字体 / 字号, 获得数字 0-9 更多的训练样本, 将其存于文件 (10-19).bmp, (20-29).bmp , · · · 中. 本例选用了 3 种字体、3 种字号, 共 90 个由数字 0-9 的样本构成的训练样本集. 图 2.4.18 示出了数字 0 的不同训练样本图像.

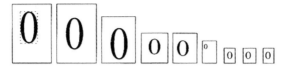

图 2.4.18 数字 0 的不同训练样本图像

从图中可以看出, 形成图像的字体、字号不同, 在图片中的位置也不相同, 所以必须对它进行预处理, 使各个图像在成为神经网络输入向量时具有统一的形式.

预处理的基本方法是: 截取数字图像像素值为 0 (黑) 的最大矩形区域 (如图 2.4.18 中第一个数字 0 的虚线框), 将此区域的图像经过集合变换, 使之变成 16×16 的二值图像; 然后将该二值图像进行反色处理, 以得到图像各像素的数值 0, 1 构成神经网络的输入向量. 所有训练样本和测试样本图像都必须经过这样的处理.

2. 用于曲线拟合的 BP 网络

在实际应用中, 往往希望产生一些非线性的输入/输出曲线, 且没有明确的函数关系, 借助神经网络实现曲线拟合, 可以很方便地解决这一问题.

例 2.4.3 已知某系统输出 y 与输入 x 部分的对应关系如表 2.4.3 所示. 设计一 BP 神经网络, 完成 $y = f(x)$ 的曲线拟合.

表 2.4.3 函数 $y = f(x)$ 的部分对应关系

x	-1	-0.9	-0.8	-0.7	-0.6	-0.5	-0.4	-0.3	-0.2	-0.1
y	-0.832	-0.423	-0.024	0.344	1.282	3.456	4.02	3.232	2.102	1.504
x	0	0.1	0.2	0.3	0.4	0.5	0.6	0.7	0.8	0.9
y	0.248	1.242	2.344	3.262	2.052	1.684	1.022	2.224	3.022	1.984

以隐层节点数为 15 的单输入和单输出两层 BP 网络来实现曲线拟合.

例 2.4.4 创建和训练 BP 网络的 MATLAB 程序.

```
%Example53Tr
clear all;
p=[-1:0.1:0.9];
t=[-0.832;-0.423;-0.024;0.344;1.282;3.456;4.02;3.232;2.102;1.504;
0.248;1.242;2.344;3.262;2.052;1.684;1.022;2.224;3.022;1.984]';
```

```
net=newff([-1 1], [15 1], { 'tansig','purelin'], 'traingdx', 'learngdm');%
trainbr %最速下降 BP 算法为: traingd 训练函数
net.trainParam.epochs=25000;
net.trainParam.goal=0.001;
net.trainParam.show=10;
net.trainParam.lr=0.05;
net=train(net, p, t)
save E53net net;
```

训练结果如下:

```
TRAINGDX, Epoch 0/2500, MSE 3.23205/0.001, Grendient 7.41078/1e-006
```

$$\ldots\ldots\ldots\ldots\ldots\ldots\ldots\ldots\ldots\ldots\ldots\ldots\ldots\ldots\ldots\ldots\ldots$$

```
TRAINGDX, Epoch 215/2500, MSE 0.000891933/0.001, Grendient 0.0168434/
1e-006
TRAINGDX, Performance goal met.
```

训练的误差性能曲线如图 2.4.19 所示

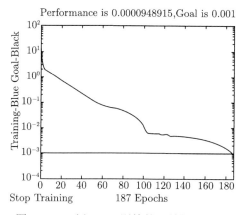

图 2.4.19　例 2.4.4 训练的误差性能曲线

例 2.4.5　BP 网络仿真的 MATLAB 程序.

```
%Example53Sim
clear all
p=-1:0.1:0.9;
t=[-0.832; -0.423; -0.024;0.344;1.282;3.456;4.02;3.232;2.102;1.504;
0.248;1.242;2.344;3.262;2.052;1.684;1.022;2.224;3.022;1.984]';
hold on
plot(p, t, '*');
```

```
load E53net net;
p=-1:0.01:0.9;
r=sim(net, p);
plot(p, r);
hold off
```

曲线拟合结果如图 2.4.20 所示. 实线为得到的拟合曲线; "*" 为训练样本. 从结果上看, 可以对个训练样本进行很好的拟合, 但拟合曲线欠光滑, 出现了 "过适配" 现象. 如果改用 trainbr 训练函数进行训练, 则曲线拟合结果如图 2.4.21 所示, 读者不妨自己试一试.

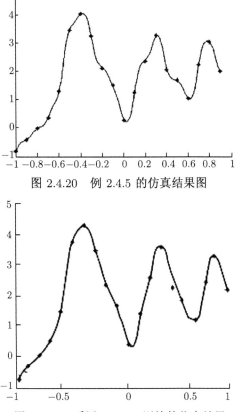

图 2.4.20   例 2.4.5 的仿真结果图

图 2.4.21   采用 trainbr 训练的仿真结果

本节讨论了 BP 网络模型以及反向传播学习规则.BP 网络是多层网络, 从理论上讲, 只要对隐层中神经元的数目不加限制, 两层 BP 网络就可以实现从输入到输出的任意函数映射, 所以与单层感知器网络比较, BP 网络的功能更强, 应用更广泛.

BP 网络的学习规则与 LMS 学习规则一样, 都是采用使均方误差最小的最速下降法, 不同的是梯度的计算方法不同. 最速下降 BP 算法存在收敛速度慢, 易陷入局部最小, 易产生振荡等不足, 本节就提高基本 BP 算法的改进算法, 如 LM 算法、RPROP 算法、SCG 算法、BFGS 算法等也进行了较详细的论述. 本节还以 BP 网络的应用实例说明了 BP 网络的 MATLAB 仿真程序设计方法.

BP 网络是目前应用最广泛、最成功的神经网络模型, 但也存在一些局限性, 如收敛速度慢、需要构造训练样本集等, 所以另外一些网络模型和学习算法也是值得学习的.

2.5　径向基函数神经网络模型简介

BP 网络在训练过程中需要对网络的所有权值和阈值进行修正, 将其称为全局逼近神经网络. 全局逼近神经网络学习速度很慢, 所以在一些实时性较强的场合 (如实时控制), 其应用受到限制. 径向基网络是一种局部逼近网络, 对于每个训练样本, 它只需要对少量的权值和阈值进行修正, 因此训练速度快.

2.5.1　径向基网络模型

径向基函数 (radial basis function , RBF) 方法是在高维空间进行插值的一种技术. Bromhead 和 Love 在 1998 年率先使用该技术, 提出了神经网络学习的一种新手段.

1. 径向基神经元模型

径向基神经元模型如图 2.5.1 所示.

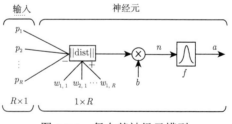

图 2.5.1　径向基神经元模型

其输出表达式为

$$a = f\left(\|W - p\| \cdot b\right) = \mathrm{radbas}\left(\|W - p\| \cdot b\right), \tag{2.5.1}$$

式中, radbas 为径向基函数, 一般为高斯函数:

$$a(n) = \mathrm{radbas}\left(n\right) = \mathrm{e}^{-n^2}, \tag{2.5.2}$$

其光滑性好, 径向对称, 形式简单, 有

$$\|W - p\| = \sqrt{\sum_{i=1}^{R} (w_{l,i} - p_i)^2} = \left[\left(W - p^{\mathrm{T}} \right) \left(W - p^{\mathrm{T}} \right)^{\mathrm{T}} \right]^{1/2},$$ (2.5.3)

称之为欧几里得距离.

径向基函数的图形和符号如图 2.5.2 所示.

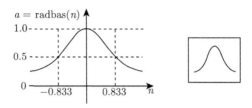

图 2.5.2 径向基传输函数的传输特性和符号

2. 径向基函数神经网络模型

径向基函数神经网络同样是一种前馈反向传播网络, 它有两个网络层: 隐层为径向基层; 输出为线性层, 如图 2.5.3 所示.

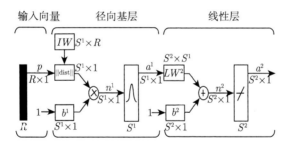

图 2.5.3 径向基函数神经网络模型

网络的输出为

$$a^2 = \mathrm{purelin}(LW^2 a^1 + b^2),$$ (2.5.4)

$$a^1 = \mathrm{radbas}(n^1),$$ (2.5.5)

$$n^1 = \|IW - p\| \cdot^* b^1$$

$$= (\mathrm{diag}((IW - \mathrm{ones}(S^1, 1)^* P')(IW - \mathrm{ones}(S^1, 1)^* P')')).^{\wedge}0.5.^* b^1. \quad (2.5.6)$$

式中, $\mathrm{diag}(x)$ 表示取矩阵向量主对角线上的元素组成的列向量; ".∧" 和 ".*" 分别表示数量乘方或数量乘积 (即矩阵中各对应元素的乘方或乘积).

下面介绍径向基网络的工作特性. 从图 2.5.2 所示的径向基传输函数可以看出, 只有在距离为 0 时, 其输出为 1; 而在距离为 0.833 时, 输出仅为 0.5. 假如给定一个输入向量, 径向基神经元将根据各输入向量与每个神经元权值的距离输出一个值, 那些与神经元权值相差很远 (距离大) 的输入向量产生的输出值趋于 0, 这些很小的输出值对线性神经元输出的影响可以忽略; 相反, 那些与神经元权值相差较小 (距离小) 的输入向量产生的输出值趋于 1, 从而激活第二层球性神经元的输出权值.

换句话说: 径向基网络只对那些靠近 (距离接近于 0 的中央位置) 输入权值向量的输入产生响应. 由于隐层对输入信号的响应, 只在函数的中央位置产生较大的输出, 即局部响应, 所以该网络具有很好的局部逼近能力.

可以从两方面理解径向基网络的工作原理:

(1) 从函数逼近的观点看: 若把网络看成是对未知函数的逼近, 则任何函数都可以表示成一组基函数的加权和. 在径向基网络中, 相当于选择各隐层神经元的传输函数, 使之构成一组基函数逼近未知函数.

(2) 从模式识别的观点看: 总可以将低维空间非线性可分的问题映射到高维空间, 使其在高维空间线性可分. 在径向基网络中, 隐层的神经元数目一般比标准的 BP 网络的要多, 构成高维的隐单元空间. 同时, 隐层神经元的传输函数为非线性函数, 从而完成从输入空间到隐单元空间的非线性变换. 只要隐层神经元的数目足够多, 就可以使输入模式在隐层的高维输出空间线性可分.

在径向基网络中, 输出层为线性层, 完成对隐层空间模式的线性分类, 即提供从隐单元空间到输出空间的一种线性变换.

2.5.2   径向基网络的创建与学习过程

从图 2.5.3 所示径向基网络的结构上看, 当隐层和输出层神经元的权值与阈值确定后, 网络的输出也就确定了, 所以径向基网络的学习仍然是各网络层权值和阈值的修正过程.

因为径向基网络设计函数 newrbe 和 newrb 在创建径向基网络的过程中, 就以不同的方式完成了权值和阈值的选取和修正, 所以径向基网络没有专门的训练和学习函数, 下面分别予以说明.

1. newrbe 创建径向基网络的过程

以 newrbe 创建径向基网络的步骤:

(1) 在隐含层, 径向基神经元数目等于输入样本数, 其权值等于输入向量的转置:

$$IW = P^{\mathrm{T}}. \tag{2.5.7}$$

所有径向基神经元的阈值为

$$b = [-\log(0.5)]^{1/2}/\text{spread}. \tag{2.5.8}$$

式中, spread 为径向基函数的扩展系数, 默认值为 1.0. 合理选择 spread 是很重要的, spread 的值越大, 其输出结果越光滑; 但太大的 spread 值会导致数值计算上的困难. 若在设计网络时出现 Rank deficient 警告, 应考虑减小 spread 的值, 重新进行设计.

(2) 在输出层, 以径向基神经元的输出作为线性网络层神经元的输入, 确定线性层神经元的权值和阈值, 使之满足

$$[W\{2,1\}b\{2\}] \times [A\{1\}; \text{ones}] = T.$$

可以看出, 上述过程只要进行一次就可以得到一个零误差的径向基网络. 所以以 newrbe 创建径向基网络的速度是非常快的. 但由于其径向基神经元数等于输入样本数, 当输入向量数目很大时, 将导致网络的规模也很大, 所以更有效的方法是采用 newrb 创建径向基网络.

2. newrb 创建径向基网络的过程

当以 newrb 创建径向基网络时, 开始是没有径向基神经元的, 可通过以下步骤逐渐增加径向神经元的数目:

(1) 以所有的输入样本对网络进行仿真.

(2) 找到误差最大的一个输入样本.

(3) 增加一个径向基神经元, 其权值等于该样本输入向量的转置; 阈值 $b = [-\log(0.5)]^{1/2}/\text{spread}$, spread 的选择与 newrbe 一样.

(4) 以径向基神经元输出的点积作为线性网络层神经元的输入, 重新设计线性网络层, 使其误差最小.

(5) 当均方误差未达到规定的误差性能指标, 且神经元的数目未达到规定的上限值时, 重复以上步骤, 直至网络的均方误差达到规定的误差性能指标, 或神经元的数目达到规定的上限值时为止.

可以看出, 创建径向基网络时, newrb 是逐渐增加径向基神经元数的, 所以可以获得比 newrbe 更小规模的径向基网络.

关于径向基网络设计函数 newrbe 和 newrb 的详解可参见附录.

2.5.3 其他径向基神经网络

1. 泛化回归神经网络

泛化回归神经网络 GRNN(generalized regression NN) 常用于函数逼近, 其网络结构如图 2.5.4 所示, 它具有一个径向基网络层和一个特殊的线性网络层.

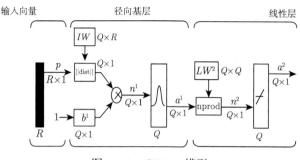

图 2.5.4   GRNN 模型

图中, 标有 nprod 的方框实现 LW^2 与 a^1 的归一化点乘运算 (以权值函数 normprod 完成), 其结果 n^2 为 LW^2 与 a^1 的点乘, 并以 a^1 所有元素的和进行归一化, 最后 n^2 作为线性神经元的加权输入.

GRNN的第一层与newrbe创建的RBF一样, 其径向基神经元数目等于输入样本数, 其权值等于输入向量的转置; 阈值 $b = [-\log(0.5)]^{1/2}/\mathrm{spread}$.GRNN 的第二层的神经元数也等于输入样本数, 其目标向量为 T, 无阈值向量. 同样, 不需要训练.

函数 newgrnn 的详解可参见附录.

2. 概率神经网络

概率神经网络 PNN (probabilistic neural networks) 常用于模式分类, 其网络结构如图 2.5.5 所示, 它具有一个径向基网络层和一个竞争型网络层.

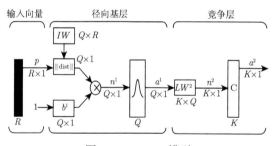

图 2.5.5   PNN 模型

PNN 的第一层与 newrbe 创建的 RBF 一样, 其径向基神经元数目等于输入样本数, 其权值等于输入向量的转置, 阈值 $b = [-\log(0.5)]^{1/2}/\mathrm{spread}$. 第一层将各种模式以与权值向量的距离加权表示与训练样本的相似程度.

PNN 的第二层神经元数等于分类模式数, 其权值为目标向量 T, 无阈值向量. 第二层神经元的传输函数为竞争型传输函数, 它选择那些距离加权值最大 (最可能的训练样本模式) 的作为网络的输出, 即对输入向量最可能的模式分类结果.

函数 newpnn 的详解可参见附录.

2.5.4 径向基网络的 MATLAB 仿真程序设计

上面介绍了径向基网络及其相关的工具箱函数: newrbe, newrb, newgrnn 和 newpnn, 下面以应用实例说明 RBF 神经网络的 MATLAB 仿真程序设计.

用于曲线拟合的 RBF 网络

径向基网络在完成函数逼近任务时花费的时间最短, 所用的神经元个数也较少.

例 2.5.1 为了比较径向基网络与 BP 网络的结果, 仍以例 2.4.3 进行曲线拟合为例, 重新列出系统输出 y 与输入 x 的部分对应关系, 如表 2.5.1 所示. 设计一 RBF 神经网络, 完成 $y = f(x)$ 的曲线拟合.

为了比较径向基网络和 BP 网络设计所花费的时间, 在创建和训练 BP 网络的 MATLAB 程序中加入两条语句, 进行计时, 重写程序如下:

表 2.5.1 函数 $y = f(x)$ 的部分对应关系

x	-1	-0.9	-0.8	-0.7	-0.6	-0.5	-0.4	-0.3	-0.2	-0.1
y	-0.832	-0.423	-0.024	0.344	1.282	3.456	4.02	3.232	2.102	1.504
x	0	0.1	0.2	0.3	0.4	0.5	0.6	0.7	0.8	0.9
y	0.248	1.242	2.344	3.262	2.052	1.684	1.022	2.224	3.022	1.984

例 2.5.2 RBF 神经网络的 MATLAB 仿真程序.

```
%Example61sim
clear all ;
%绘制训练样本图形
p =-1:  0.1 :  0.9 ;
t=[-0.832 -0.423 -0.024 0.344 1.282 3.456 4.02 3.232
2.102 1.504 0.248 1.242 2.344 3.262 2.052 1.684 1.022 2.224 3.022 1.984];
hold on
plot (p, t, '*');
%网络仿真
load net61 net ;
i=-1:0.05:0.9;
r=sim(net, i)
%绘制函数拟合曲线
plot(i, r) ;
hold off
```

运行结果如图 2.5.6 所示, 实线为得到的拟合曲线;'*' 为训练样本.

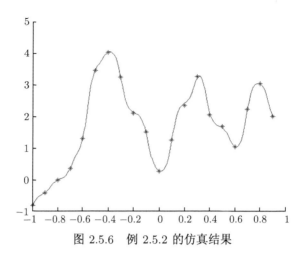

图 2.5.6   例 2.5.2 的仿真结果

还可以以不同的径向基扩展常数 Spread 设计该网络, 将会得到不同的结果.

本节介绍了径向基函数网络模型及其工作原理, 对径向基函数网络的设计方法进行了较详细的阐述, 并以实例说明了该网络模型的 MATLAB 仿真程序设计方法. 径向基函数网络的优势在于其创建和训练网络的速度快, 特别适于诸如实时控制等对时间要求高的场合.

第 3 章　常用神经网络模型及动力学问题

前面第 2 章介绍了神经网络的基本模型及其算法, 本章主要介绍 20 世纪 80 年代之后比较热门的常见神经网络模型, 主要有 Hopfield 神经网络模型、细胞神经网络模型, 并且简单分析了这些模型的动力学问题.

3.1　Hopfield 神经网络模型及动力学问题

3.1.1　无时滞的 Hopfield 神经网络模型及动力学问题

1982 年, 美国加州工程学院物理学家 Hopfield 在美国科学院院刊上发表论文, 提出了一个用于联想记忆及优化计算的新途径 —— Hopfield 模型, 同时 Hopfield 提出循环网络:

(1) 用 Lyapunov 函数作为网络性能判定的能量函数, 建立 ANN 稳定性的判别依据;

(2) 阐明了 ANN 与动力学的关系;

(3) 用非线性动力学的方法来研究 ANN 的特性;

(4) 指出信息被存放在网络中神经元的连接上.

1984 年对 Hopfield 模型进行修改, 提出利用模拟电路的基础元件构成人工神经网络的硬件原理模型, 为实现硬件奠定了基础. 1985 年 Hopfield 和 Tank 提出用神经网络解决 TSP 组合优化问题.

Hopfield 利用电路实现建立的 Hopfield 模型, 如图 3.1.1 所示, 每个运算放大器及其相关电阻/电容网络代表一个神经元. 神经元有两组输入, 第一组是恒定的外部输入, 用电流 $I_1, I_2, \cdots, I_s$ 表示; 第二组来自其他运算放大器的反馈连接. Hopfield 神经网络模型的状态方程为

Hopfield

Tank

$$\begin{cases} C_j \dfrac{\mathrm{d}v_j}{\mathrm{d}t} = -\dfrac{v_j}{R_j} + \sum_{i=1}^{n} w_{ji}x_i + I_j, \\ v_i = \varphi_i^{-1}(x_i), \end{cases} \tag{3.1.1}$$

其中, 激活函数 $\varphi_i(v_i)$ 是 S 型函数, 具有两条渐近线; $C_j > 0$ 是细胞膜的输入电

容；$R_j > 0$ 是细胞膜传输电阻；I_j 是外加电流；v_i 是第 i 个神经元的输入电压；x_i 是放大器的输出电压；w_{ji} 是第 i 个神经元与第 j 个神经元之间的连接权值.

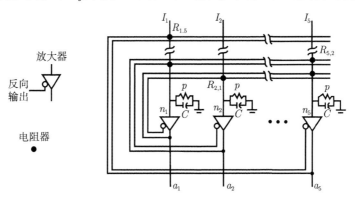

图 3.1.1　Hopfield 神经网络的电路模型

将式 (3.1.1) 中的 $x_i = \varphi_i(v_i)$ 代入第一个等式得

$$C_j \frac{\mathrm{d}v_j(t)}{\mathrm{d}t} = -\frac{v_j(t)}{R_j} + \sum_{i=1}^{n} w_{ji}\varphi_i(v_i(t)) + I_j, \quad j = 1, \cdots, N. \tag{3.1.2}$$

Hopfield 利用如下能量函数

$$E = \sum_{j=1}^{n} \left[-\frac{1}{2} \sum_{i=1}^{n} w_{ji}x_j x_i + \int_0^{x_j} \varphi_j^{-1}(z)\mathrm{d}z \Big/ R_j - I_j x_j \right].$$

来研究系统 (3.1.1) 的稳定性问题, 此时要求 $w_{ij} = w_{ji}$. 对能量函数求偏导, 可得到

$$C_j \frac{\mathrm{d}v_j}{\mathrm{d}t} = -\partial E(x)/\partial x_j, \quad j = 1, 2, \cdots, n.$$

从而, 确定 (3.1.1) 的稳定性解演化到了求 $E(x)$ 的局部极小点, 因而系统 (3.1.1) 是全局稳定的.

　　Hopfield 利用能量函数法证明网络的稳定性, 首创性地提出了利用电子电路可以实现的微分方程的流去求解非线性代数方程或超越方程的解, 且求解过程不用计算, 自动完成. Hopfield 的思想虽然新颖, 但其数学理论却欠严谨. 另外, 只要有一对 (i, j) 使 $w_{ij} \neq w_{ji}$, 不管 $|w_{ij} - w_{ji}|$ 多小, 利用能量函数就不能判定神经网络的平衡点的稳定性. 因此, Hopfield 神经网络的权参数即使有任意微小的摄动, 只要权阵不再对称, 则无法知道整个网络系统是否仍然保持稳定或指数稳定; 另一方面, 从 Hopfield 神经网络的硬件实现来看, 要保证两个物理参数 (如单阻值) 完全相等且不允许有任何微小的差异几乎是不现实的. 同时, 还有很多问题需要弄清楚, 例如:

(1) 取消 Hopfield 网络中 w 的对称性, 情况又会怎样;

(2) 当系统 (3.1.1) 具有 "几乎对称" 的连接矩阵时, 网络是否会出现极限环 (系统不稳定);

(3) 系统 (3.1.1) 平衡点存在的唯一性;

(4) 对于具体给定的平衡点, 它是否稳定;

(5) 系统 (3.1.1) 的周期解的存在性及稳定性等.

Hopfield 连续型神经网络的两个主要应用是联想记忆和最优化计算. 根据其不同的应用, 需要作不同类型的稳定性分析. 联想记忆神经网络应具有多个分别对应于要存储的记忆模式的平衡点, 因此主要研究在何种条件下, 这些平衡点是局部稳定的. 但是对于并行计算及最优化计算神经网络, 对任意的初值, 网络需要有明确定义的可计算的解, 从数学的角度来讲, 即理想的情形是要求有且只有一个全局稳定的平衡点, 此时, 主要分析在何种条件下网络具有全局稳定性. 因此, 神经网络的稳定性分析所关心的问题类型依赖于其具体应用.

系统 (3.1.1) 是现今国内外众多理论工作者研究的连续型 Hopfield 神经网络的基本原型, 改变方程中的各个参数条件, 可以得到这个模型的各种改进模型, 在这些改进模型中, 许多研究者针对上述提出的诸多问题, 基于 Lyapunov 稳定性做了大量的研究工作.

Hopfield 神经网络及其众多变形之所以受到许多学者, 如数学家、物理学家和计算机科学家的关注, 是因为它们在模式识别、联想记忆、并行计算和解决困难的最优化问题上都具有极其优越的潜能.

本节主要研究 Hopfield 神经网络系统的两个动力学问题: ①系统平衡点的存在性和唯一性; ②系统平衡点的稳定性分析.

1. 无时滞的 Hopfield 神经网络平衡点的存在性和唯一性

Morita, Yoshizawa 和 Amari 指出, 在联想记忆网络中, 如果用非光滑的激励函数代替原有的 sigmoid 函数, 将极大地提高网络的性能, 而且在电子电路放大器中, 经常被采用的函数既不是单调递增的也不是连续可微的. 例如, Jang, Lee 和 Shin 在设计最优化网络时使用了三次激励函数, 所以实际应用中的函数往往是非光滑的. 因而, 这些实际情况要求我们将上述 "输入输出函数 $\varphi_i(v)$ 连续可微且 $\varphi_i'(v) > 0$" 的条件减弱为 "$\varphi_i(v)$ 在 $\mathbf{R}$ 有界且满足 Lipschitz 条件"(显然, 在 $\mathbf{R}$ 上满足 Lipschitz 条件的函数必定是连续函数, 而且可微的有界连续函数必然满足 Lipschitz 条件, 反之则不然).

下面给出 Hopfield 神经网络 (3.1.2) 平衡点的存在性与唯一性定理, 继而得出其稳定性判定准则.

定理 3.1.1 对于系统 (3.1.2), 假设函数 $\varphi_j(v_j)(j = 1, 2, \cdots, n)$ 满足条件:

(1) $|\varphi_j(v)| \leqslant M_j$, $v \in \mathbf{R}(j = 1, 2, \cdots, n)$;

(2) $|\varphi_j(u) - \varphi_j(v)| \leqslant K_j |u - v|$, $u, v \in \mathbf{R}(i = 1, 2, \cdots, n)$.

其中 M_j, $K_j(j = 1, 2, \cdots, n)$ 是非负常数, 则系统 (3.1.2) 至少有一个平衡点.

证明　若 $v^* = (v_1^*, v_2^*, \cdots, v_n^*)^{\mathrm{T}}$ 是系统的一个平衡点, 则

$$v_j^* = R_j \left[\sum_{i=1}^{n} w_{ji} \varphi_i(v_i^*) + I_j \right]. \tag{3.1.3}$$

记 $A = (R_j w_{ji})_{n \times n}$, $I = (R_1 I_1, R_2 I_2, \cdots, R_n I_n)^{\mathrm{T}}$,

$$\varphi(v^*) = (\varphi_1(v_1^*), \varphi_2(v_2^*), \cdots, \varphi_n(v_n^*))^{\mathrm{T}},$$

将式 (3.1.3) 写成向量的形式为

$$v^* = A\varphi(v^*) + I. \tag{3.1.4}$$

作映射

$$F(v) = A\varphi(v) + I,$$

由定理条件, $\varphi(v)$ 是 $\mathbf{R}^n \to \mathbf{R}^n$ 的连续映射, 故 $F(v)$ 也是 $\mathbf{R}^n \to \mathbf{R}^n$ 的连续映射.

定义 $\|\cdot\|$ 为 $\mathbf{R}^n$ 上的 Euclid 范数, 即 $\|x\| = \sqrt{\sum_{i=1}^{n} x_i^2}$, $x = (x_1, x_2, \cdots, x_n)^{\mathrm{T}} \in \mathbf{R}^n$, 取 $M = \max(M_i)$, 则

$$\begin{aligned}
\|F(v)\|^2 &= \sum_{j=1}^{n} \left\{ R_j \left[\sum_{i=1}^{n} w_{ji} \varphi_i(v_i) + I_j \right] \right\}^2 \\
&\leqslant \sum_{j=1}^{n} R_j^2 \left(\sum_{i=1}^{n} |w_{ji}| \cdot M_j + |I_j| \right)^2 \\
&\leqslant \sum_{j=1}^{n} R_j^2 \left(\sum_{i=1}^{n} |w_{ji}| M + |I_j| \right)^2.
\end{aligned}$$

记

$$\rho^2 = \sum_{j=1}^{n} R_j^2 \left(\sum_{i=1}^{n} |w_{ji}| M + |I_j| \right)^2,$$

则 $\Omega = \{x | \|x\| \leqslant \rho\}$ 是一个有界凸集, 且 $F : \Omega \to \Omega$ 是连续映射, 由 Brouwer 不动点定理可知, $\exists v^* \in \Omega$, 使得 $F(v^*) = v^*$, 即式 (3.1.4) 成立, 亦即式 (3.1.3) 成立, 故 v^* 是系统 (3.1.2) 的一个平衡点.

设 $\omega_{ji} = R_j K_i |w_{ji}|$, 有如下平衡点唯一的定理:

定理 3.1.2 若 $\displaystyle\sum_{j=1}^{n} \omega_{ji} \leqslant 1$, 且至少有一个 i 使得不等式严格成立, 则系统 (3.1.2) 存在唯一的平衡点.

证明 由定理 3.1.1 可知, 系统 (3.1.2) 存在平衡点. 下面证明平衡点是唯一的. 用反证法, 设 u^* 和 v^* 是两个不相等的平衡点, 即 $u^* \neq v^*$, 则

$$
\begin{aligned}
\sum_{j=1}^{n} |u_j^* - v_j^*| &= \sum_{j=1}^{n} R_j \left| \sum_{i=1}^{n} w_{ji} [\varphi_i(u_i^*) - \varphi_i(v_i^*)] \right| \\
&\leqslant \sum_{j=1}^{n} R_j \left[\sum_{i=1}^{n} K_i |w_{ji}| \cdot |u_i^* - v_i^*| \right] \\
&= \sum_{i=1}^{n} \sum_{j=1}^{n} \omega_{ji} |u_i^* - v_i^*| \\
&< \sum_{i=1}^{n} |u_i^* - v_i^*|.
\end{aligned}
$$

根据定理的条件, 最后一个不等号成立, 从而推出矛盾, 所以系统 (3.1.2) 的平衡点存在唯一.

2. 无时滞的 Hopfield 神经网络平衡点的渐近稳定性

由于 Hopfield 神经网络系统的平衡点存在, 不妨假设 $v^* = (v_1^*, v_2^*, \cdots, v_n^*)^{\mathrm{T}}$ 是系统 (3.1.2) 的平衡点, 令

$$
x = v - v^* = (x_1, x_2, \cdots, x_n)^{\mathrm{T}},
$$

则系统 (3.1.2) 可写为等价形式

$$
C_j \frac{\mathrm{d}x_j}{\mathrm{d}t} = -\frac{x_j}{R_j} + \sum_{i=1}^{n} w_{ji} f_i(x_i), \quad j = 1, 2, \cdots, n, \tag{3.1.5}
$$

其中 $f_j(x_j) = \varphi_j(x_j + v_j^*) - \varphi_j(v_j^*) (j = 1, 2, \cdots, n)$.

系统 (3.1.5) 的零解的稳定性对应于系统 (3.1.2) 的平衡点的稳定性. 记

$$
\omega_{ji} = R_j K_i |w_{ji}|,
$$

利用 Lyapunov 函数并结合不等式分析技巧, 可得如下定理.

定理 3.1.3 如果对于每个 j, 有 $\displaystyle\sum_{j=1}^{n} \omega_{ji} \leqslant 1$, $\displaystyle\frac{1}{2} \sum_{j=1}^{n} (\omega_{ji} + \omega_{ij}) \leqslant 1$, 且至少有

一个 i 使得两个不等式严格成立, 则系统 (3.1.2) 存在唯一的平衡点且平衡点是渐近稳定的.

　　证明　当定理 3.1.3 的条件成立时, 定理 3.1.2 的条件也成立, 所以系统 (3.1.2) 存在唯一的平衡点. 现在仅证明系统 (3.1.2) 的平衡点是渐近稳定的, 只要证明系统 (3.1.5) 零解是渐近稳定的就可以了. 构造 Lyapunov 函数为

$$V = \frac{1}{2}\sum_{j=1}^{n} C_j R_j x_j^2,$$

显然 V 正定. 注意到激活函数满足定理 3.1.1 的条件 (2), 对 $\forall z \in \mathbf{R}$, 有 $|f_j(z)| \leqslant K_j|z|$. 函数 V 沿系统 (3.1.5) 的导数为

$$
\begin{aligned}
\left.\frac{\mathrm{d}V(t)}{\mathrm{d}t}\right|_{(3.1.5)} &= \sum_{j=1}^{n}\left\{x_j\left[-x_j + R_j\sum_{i=1}^{n} w_{ji}f_i(x_i)\right]\right\}\\
&\leqslant \sum_{j=1}^{n}\left[-x_j^2 + R_j\sum_{i=1}^{n}|w_{ji}|\,K_i\,|x_j x_i|\right]\\
&\leqslant \sum_{j=1}^{n}\left[-x_j^2 + \frac{1}{2}\sum_{i=1}^{n}R_j K_i\,|w_{ji}|\left(x_i^2 + x_j^2\right)\right]\\
&= \sum_{j=1}^{n}\left[-x_j^2 + \frac{1}{2}\sum_{i=1}^{n}\left(\omega_{ij} + \omega_{ji}\right)x_j^2\right]\\
&= \sum_{j=1}^{n}\left[-1 + \frac{1}{2}\sum_{i=1}^{n}\left(\omega_{ij} + \omega_{ji}\right)\right]x_j^2\\
&\leqslant 0.
\end{aligned}
$$

所以系统 (3.1.5) 的零解是渐近稳定的, 从而系统 (3.1.2) 的平衡点是渐近稳定的.

　　显然, 对于常见的激励函数 $\varphi_i(v) = \dfrac{|v+1| - |v-1|}{2}$ 是有界并满足 Lipschitz 条件的, 其 Lipschitz 常数为 1, 并且 $|\varphi(v)| \leqslant 1$, 因而有如下推论:

　　推论 3.1.1　假设系统 (3.1.2) 的每个激励函数满足 $\varphi_i(v) = \dfrac{|v+1| - |v-1|}{2}$, 如果 $\forall i(i = 1, 2, \cdots, n)$, 有

$$\sum_{j=1}^{n} R_j|w_{ji}| < 1$$

且

$$\sum_{j=1}^{n}\left[R_j|w_{ji}| + R_i|w_{ij}|\right] < 2,$$

则系统 (3.1.2) 存在唯一的平衡点且平衡点是渐近稳定的.

3.1.2 有时滞的 Hopfield 神经网络模型及动力学问题

3.1.1 节讨论的 Hopfield 神经网络系统是不含时滞的非线性常微分方程组, 是一种理想的模型. 由于神经网络中普遍存在时滞现象, 时滞的出现不仅会降低网络的传输速度, 而且可能会导致本来稳定的网络变成不稳定的网络, 因此对具有时滞的 Hopfield 神经网络系统的研究有重要的理论和应用意义. 本节针对一类具有时滞的 Hopfield 神经网络进行了分析, 放弃了传输函数可微的条件, 仅要求激励函数满足 Lipschitz 条件, 分析了具有时滞的 Hopfield 神经网络系统的稳定性.

考虑如下具有时滞的 Hopfield 神经网络模型:

$$\begin{cases} C_i \dfrac{\mathrm{d}x_i(t)}{\mathrm{d}t} = -\dfrac{1}{R_i}x_i(t) + \sum_{j=1}^{n}[T_{ij}^{(1)}v_j(t) + T_{ij}^{(2)}v_j(t-\tau) + I_i], \\ v_j(\cdot) = g_j[x_j(\cdot)]. \end{cases} \tag{3.1.6}$$

其中 $\tau > 0$ 为常数 (常时滞).

将式 (3.1.6) 中的第二个等式代入第一个等式, 可得

$$\frac{\mathrm{d}x_i(t)}{\mathrm{d}t} = -b_i x_i(t) + \sum_{j=1}^{n}[a_{ij}g_j(x_j(t)) + b_{ij}g_j(x_j(t-\tau))] + J_i, \tag{3.1.7}$$

其中 $b_i = \dfrac{1}{R_i C_i}$, $a_{ij} = \dfrac{T_{ij}^{(1)}}{C_i}$, $b_{ij} = \dfrac{T_{ij}^{(2)}}{C_i}$, $J_i = \dfrac{I_i}{C_i}$, $i, j = 1, 2, \cdots, n$.

考虑系统 (3.1.7) 的一种矩阵变形:

$$\begin{cases} \dfrac{\mathrm{d}x(t)}{\mathrm{d}t} = -Ax(t) + T_1 g(x(t)) + T_2 g(x(t-\tau)) + u, \quad t \geqslant t_0, \\ x(t) = \varphi(t), \quad t_0 - \tau \leqslant t \leqslant t_0. \end{cases} \tag{3.1.8}$$

其中 $x(t) = [x_1(t), x_2(t), \cdots, x_n(t)]^{\mathrm{T}} \in \mathbf{R}^n$ 是状态变量; $\boldsymbol{A} = \mathrm{diag}(b_1, b_2, \cdots, b_n)$ 是一个 $n \times n$ 的对角矩阵, 且 $a_i > 0$; $T_1 = (a_{ij})$ 和 $T_2 = (b_{ij})$ 均是 $n \times n$ 的实常数矩阵; $u \in \mathbf{R}^n$ 是输入向量, 其元素均为常数; $g(x) = [g_1(x_1) \quad g_2(x_2) \quad \cdots \quad g_n(x_n)]^{\mathrm{T}}$ 是一个从 $\mathbf{R}^n$ 映射到 $\mathbf{R}^n$ 的连续激励函数向量. 每个函数 g_i 都满足以下条件:

(H) 存在两个标量 $\underline{e}_i$ 和 $\overline{f}_i$, 满足 $0 \leqslant \underline{e}_i < \overline{f}_i < \infty$, 使得对于 $\mathbf{R}$ 中任意的 η 和 ν, 有

$$\underline{e}_i(\eta - \nu)^2 \leqslant [g_i(\eta) - g_i(\nu)] \cdot (\eta - \nu) \leqslant \overline{f}_i(\eta - \nu)^2. \tag{3.1.9}$$

式 (3.1.9) 说明每一个 g_i 都单调不减且导数有界, 即对于 $\forall \eta$, 存在一个标量 d_i, 满足 $\underline{e}_i \leqslant d_i \leqslant \overline{f}_i$, 使得 $g_i(\eta) = d_i \eta$.

设 $x^* = [x_1^*\quad x_2^*\quad \cdots \quad x_n^*]^{\mathrm{T}}$ 是系统 (3.1.8) 的平衡点, 即

$$-Ax^* + T_1 g_1(x^*) + T_2 g_2(x^*) + u = 0. \tag{3.1.10}$$

令

$$D(x) = \begin{pmatrix} \dfrac{g_1(x_1)}{x_1} & & & 0 \\ & \dfrac{g_2(x_2)}{x_2} & & \\ & & \ddots & \\ 0 & & & \dfrac{g_n(x_n)}{x_n} \end{pmatrix}, \tag{3.1.11}$$

定义

$$E = \mathrm{diag}(\underline{e}_1, \underline{e}_2, \cdots, \underline{e}_n) \quad \text{和} \quad F = \mathrm{diag}(\bar{f}_1, \bar{f}_2, \cdots, \bar{f}_n),$$

故对于满足 $E \leqslant D \leqslant F$ 的对角矩阵 $D(x^*)$, 由式 (3.1.11) 可得

$$0 = -Ax^* + (T_1 + T_2) D(x^*)x^* + u = [-A + (T_1 + T_2) D(x^*)]\ x^* + u, \tag{3.1.12}$$

$$E \leqslant D = \mathrm{diag}(d_1, d_2, \cdots, d_n) \leqslant F.$$

这意味着对所有的 i, 有

$$\underline{e}_i \leqslant d_i \leqslant \bar{f}_i \quad .$$

利用矩阵分析理论和 Brouwer 不动点定理, 可以得到平衡点存在唯一的充要条件, 定理描述如下:

定理 3.1.4　对任意的 u 和任意的非线性函数 g, 神经网络 (3.1.8) 存在唯一的平衡点的充要条件是: 对于满足 $E \leqslant D \leqslant F$ 的所有 D, 矩阵 $-A + (T_1 + T_2)D$ 均是非奇异的.

证明　"必要性". 反证法. 假设对于某一满足 $E \leqslant D_0 \leqslant F$ 的 D_0, 有 $-A + (T_1 + T_2)D_0$ 是奇异的, 可构造激励函数 $g(x)$ 为

$$g_i(x_i) = d_{i0} x_i, \quad i = 1, 2, \cdots, n.$$

其中 d_{i0} 是 D_0 的第 (i, i) 个元素. 于是系统 (3.1.8) 变为

$$\dot{x}(t) = Ax(t) + T_1 D_0 x(t) + T_2 D_0 x(t - \tau) + u. \tag{3.1.13}$$

由于系统 (2.1.13) 存在平衡点, 故有

$$[-A + (T_1 + T_2)D_0]\ x_i^* + u = 0$$

有解. 另一方面, 因为 $-A + (T_1 + T_2)D_0$ 是奇异的, 于是可知系统 (3.1.13) 可能有无数多解, 也可能没有解. 事实上, 如果 u 在 $-A + (T_1 + T_2)D_0$ 的值域空间中, 则系统有无数多解; 而如果 u 不在 $-A + (T_1 + T_2)D_0$ 的值域空间中, 则系统没有解. 因而与系统有唯一的平衡点矛盾, 故假设不成立, 即 $A + (T_1 + T_2)D$ 非奇异. 必要性得证.

"充分性". 若对 $E \leqslant D \leqslant F$ 的所有 D, 均有 $-A + (T_1 + T_2)D$ 非奇异; 另一方面, 对 $\forall x \in \mathbf{R}^n$, 均有 $E \leqslant D(x) \leqslant F$, 则 $-A + (T_1 + T_2)D(x)$ 可逆, 若平衡点存在, 则 (3.1.12) 式成立. 因此, 下面证明式 (3.1.12) 有解. 由方程 (3.1.12) 得

$$x = -\left[-A + (T_1 + T_2)D(x)\right]^{-1} u,$$

作映射

$$T(x) = -\left[-A + (T_1 + T_2)D(x)\right]^{-1} u,$$

则

$$\|T(x)\| \leqslant \left\| \left[-A + (T_1 + T_2)D(x)\right]^{-1} \right\| \cdot \|u\|.$$

由于对每一个满足 $E \leqslant D \leqslant F$ 的 D, 均有 $\left\| \left[-A + (T_1 + T_2)D\right]^{-1} \right\|$ 有界, 取

$$\Omega = \{ \, x \mid \|x\| \leqslant M \, \}, \quad M = \max_{E \leqslant D \leqslant F} \left\| \left[-A + (T_1 + T_2)D\right]^{-1} \right\| \|u\|,$$

则 Ω 是有界凸闭集, 且 $T : \Omega \to \Omega$, 由 Brouwer 不动点定理可知, $\exists x^* \in \Omega$, 使得

$$T(x^*) = x^* = -\left[-A + (T_1 + T_2)D(x^*)\right]^{-1} u,$$

故平衡点存在.

再证 "唯一性". 用反证法: 假设有两个不同的平衡点 x^* 和 y^*, 即 $x^* \neq y^*$, 满足

$$-Ax^* + (T_1 + T_2)g(x^*) + u = 0,$$

$$-Ay^* + (T_1 + T_2)g(y^*) + u = 0.$$

两式相减, 有

$$-A(x^* - y^*) + (T_1 + T_2)[g(x^*) - g(y^*)] = 0,$$

于是有

$$\left[-A + (T_1 + T_2)D(x^* - y^*)\right](x^* - y^*) = 0.$$

其中

$$D(x^* - y^*) = \begin{pmatrix} \dfrac{g(x_1^*) - g(y_1^*)}{x_1^* - y_1^*} & & & 0 \\ & \dfrac{g(x_2^*) - g(y_2^*)}{x_2^* - y_2^*} & & \\ & & \ddots & \\ 0 & & & \dfrac{g(x_n^*) - g(y_n^*)}{x_n^* - y_n^*} \end{pmatrix}.$$

由激励函数满足的条件 (H) 可知

$$E \leqslant D(x^* - y^*) \leqslant F,$$

由条件可知 $-A + (T_1 + T_2)D(x^* - y^*)$ 非奇异, 故有

$$x^* - y^* = 0.$$

即 $x^* = y^*$, 与假设矛盾, 故平衡点唯一. 唯一性得证, 从而充分性得证.

　　注　对于这个充分条件, 需要说明的是, 这一条件看似简单, 但实现起来困难比较大, 因为对所有满足条件的 D, 都要验证 $\det(-A + (T_1 + T_2)D) \neq 0$, 这是相当费事的. 因此, 根据无时滞系统的解决方法, 尝试将其推广到时滞系统. 例如, 通过建立顶点集 $D^* = \{d | d_i = \underline{e}_i \text{ 或 } \overline{f}_i\}$ 来简化计算. 这需要证明以上充要条件与 "$\det(-A + (T_1 + T_2)D_k)$ 有相同的符号, 其中 $D_k = \operatorname{diag}(d_{1k}, d_{2k}, \cdots, d_{nk}) \, d_{ik} \in D^*$" 是等价的. 这样, 就只需要进行 2^n 个行列式的计算. 但是再深入考虑一下, 即便如此, 当系统的维数 n 增大时, 它的计算复杂度也将呈指数增长. 因此, 还要继续考虑相应的解决办法.

　　下面考虑系统 (3.1.8) 的稳定性问题. 为了讨论系统 (3.1.8) 的平衡点 $x = x^*$ 的稳定性问题, 作平移变换. 令

$$y(t) = [y_1(t) \quad y_2(t) \quad \cdots \quad y_n(t)]^{\mathrm{T}} = x(t) - x^*,$$

于是系统 (3.1.8) 可化为

$$\dot{y}(t) = -Ay(t) + T_1\psi(y(t)) + T_2\psi(y(t - \tau)). \tag{3.1.14}$$

其中

$$\psi(y) = g(y + x^*) - g(x^*).$$

根据激励函数 g 所满足的性质可知 $\psi(0) = 0$, 且

$$\psi_i(y_i) = g_i(y_i + x_i^*) - g_i(x_i^*), \quad i = 1, 2, \cdots, n,$$

满足

$$\underline{e}_i y_i^2 \leqslant y_i \psi_i(y_i) \leqslant \bar{f}_i y_i^2, \quad i = 1, 2, \cdots, n. \tag{3.1.15}$$

显然, 系统 (3.1.14) 的零解的稳定性等价于系统 (3.1.8) 的平衡点 $x = x^*$ 的稳定性. 因此, 仅讨论系统 (3.1.14) 的零解的稳定性即可.

根据系统 (3.1.8) 的初始条件, 我们得到系统 (3.1.14) 的初始条件为

$$y(t) = \varphi(t) - x^*.$$

其中 $\varphi(t)$ 是在 $[t_0 - \tau, t_0]$ 上有定义的有界连续函数, 且记

$$\|\varphi - x^*\| = \sup_{-\tau \leqslant \theta \leqslant 0} \|\varphi(t_0 + \theta) - x^*\|.$$

设 $\Phi(t, s)$ 满足

$$\begin{cases} \dfrac{\partial \Phi(t, s)}{\partial t} = (-A + T_1 D) \Phi(t, s), \quad t \geqslant s \geqslant t_0. \\ \Phi(s, s) = I. \end{cases}$$

于是有:

定理 3.1.5 对于系统 (3.1.14), 如果满足

(1) $\|\Phi(t, s)\| \leqslant M e^{-\alpha(t-s)}$, 其中 $M > 0$, $\alpha > 0$ 均为常数;

(2) $M \|T_2\| \cdot \|\bar{f}\| < \alpha$, 其中 $\bar{f} = (\bar{f}_1, \bar{f}_2, \cdots, \bar{f}_n)^{\mathrm{T}}$;

则系统 (3.1.14) 的零解是指数稳定的, 即系统 (3.1.8) 的平凡解 $x = x^*$ 是指数稳定的.

证明 由式 (3.1.14) 和式 (3.1.11), 得

$$\dot{y}(t) = [-A + T_1 D(y)] y(t) + T_2 g(y(t - \tau)).$$

由常数变易法, 其解为

$$\begin{aligned} y(t) &= \Phi(t, t_0) y(t_0) + \int_{t_0}^{t} \Phi(t, s) T_2 g(y(s - \tau)) \mathrm{d}s \\ &= \Phi(t, t_0) y(t_0) + \int_{t_0 - \tau}^{t - \tau} \Phi(t, s + \tau) T_2 g(y(s)) \mathrm{d}s. \end{aligned} \tag{3.1.16}$$

对式 (3.1.16) 两边取范数, 注意到定理 3.1.5 的条件 (1), 有

$$\|y(t)\| \leqslant M e^{-\alpha(t-t_0)} \|y(t_0)\| + \int_{t_0 - \tau}^{t - \tau} M e^{-\alpha(t-s-\tau)} \|T_2\| \cdot \|\bar{f}\| \cdot \|y(s)\| \mathrm{d}s$$

$$\leqslant M e^{-\alpha(t-t_0)} \|\varphi - x^*\| + \int_{t_0 - \tau}^{t - \tau} M e^{-\alpha(t-s-\tau)} \|T_2\| \cdot \|\bar{f}\| \cdot \|y(s)\| \mathrm{d}s.$$

令

$$P(t) = \begin{cases} M\mathrm{e}^{-\alpha(t-t_0)} \|\varphi - x^*\| + \displaystyle\int_{t_0-\tau}^{t-\tau} M\mathrm{e}^{-\alpha(t-s-\tau)} \|T_2\| \cdot \|\overline{f}\| \cdot \|y(s)\| \,\mathrm{d}s, & t \geqslant t_0, \\[2mm] M\|\varphi - x^*\|, & t_0 - \tau < t < t_0, \end{cases}$$

则有

$$\|y(t)\| \leqslant P(t), \quad \forall t \geqslant t_0 - \tau. \tag{3.1.17}$$

当 $t \geqslant t_0$ 时, 对 $P(t)$ 求导, 有

$$\dot{P}(t) = -\alpha P(t) + M\|T_2\| \cdot \|\overline{f}\| \cdot \|y(t-\tau)\|$$

$$\leqslant -\alpha P(t) + M\|T_2\| \cdot \|\overline{f}\| P_t, \tag{3.1.18}$$

其中 $P_t = \sup\limits_{-\tau \leqslant \theta \leqslant 0} P(t+\theta)$.

考虑函数

$$\psi(\varepsilon) = \alpha - M\|T_2\| \cdot \|\overline{f}\| \mathrm{e}^{\varepsilon\tau} - \varepsilon.$$

由定理 3.1.5 的条件 (2), 有

$$\psi(0) = \alpha - M\|T_2\| \cdot \|\overline{f}\| > 0,$$

且由于 $\psi(\varepsilon)$ 是 ε 的连续函数, 则 $\exists \varepsilon > 0$ 充分小, 使得 $\psi(\varepsilon) > 0$, 即

$$\alpha - M\|T_2\| \cdot \|\overline{f}\| \mathrm{e}^{\varepsilon\tau} - \varepsilon > 0. \tag{3.1.19}$$

令

$$s(t) = \mathrm{e}^{\varepsilon t} P(t), \quad \forall t \geqslant t_0 - \tau. \tag{3.1.20}$$

则由式 (3.1.18) 有

$$\dot{s}(t) = \varepsilon s(t) + \mathrm{e}^{\varepsilon t} \dot{P}(t)$$

$$\leqslant -\alpha s(t) + \varepsilon s(t) + M\|T_2\| \cdot \|\overline{f}\| \cdot P_t \mathrm{e}^{\varepsilon t}.$$

由于

$$P_t = \sup_{-\tau \leqslant \theta \leqslant 0} P(t+\theta) = \sup_{-\tau \leqslant \theta \leqslant 0} \mathrm{e}^{-\varepsilon(t+\theta)} s(t+\theta)$$

$$\leqslant \mathrm{e}^{\varepsilon\tau} \sup_{-\tau \leqslant \theta \leqslant 0} [s(t+\theta)] = \mathrm{e}^{\varepsilon\tau} s_t,$$

其中 $s_t = \sup\limits_{-\tau \leqslant \theta \leqslant 0} s(t+\theta)$. 从而有

$$\dot{s}(t) \leqslant -(\alpha - \varepsilon)s(t) + M\|T_2\| \cdot \|\overline{f}\| \mathrm{e}^{\varepsilon\tau} s_t. \tag{3.1.21}$$

我们断言

$$s(t) \leqslant s_{t_0} = \mathrm{e}^{\varepsilon t_0} P_{t_0} = M \left\| \varphi - x^* \right\| \mathrm{e}^{\varepsilon t_0}.$$

先证, 对 $d > 1$, 有

$$s(t) < ds_{t_0}, \tag{3.1.22}$$

由于 $s(t_0) = s_{t_0} < ds_{t_0}$, 若式 (3.1.17) 不成立, 则存在 $t_1 > t_0$, 使得

$$\begin{cases} s(t) < ds_{t_0}, & t \in [t_0 - \tau, t_1), \\ s(t_1) = ds_{t_0}. \end{cases}$$

于是有 $\dot{s}(t_1) \geqslant 0$. 而另一方面, 由式 (3.1.21), 式 (3.1.22) 和式 (3.1.19) 有

$$\begin{aligned} \dot{s}(t_1) &\leqslant -(\alpha - \varepsilon)s(t_1) + M \left\| T_2 \right\| \cdot \left\| \overline{f} \right\| \mathrm{e}^{\varepsilon \tau} s_{t_1} \\ &\leqslant -(\alpha - \varepsilon) ds_{t_0} + M \left\| T_2 \right\| \cdot \left\| \overline{f} \right\| \mathrm{e}^{\varepsilon \tau} ds_{t_0} \\ &\leqslant -(\alpha - \varepsilon - M \left\| T_2 \right\| \cdot \left\| \overline{f} \right\| \mathrm{e}^{\varepsilon \tau}) ds_{t_0} \\ &< 0 \end{aligned}$$

矛盾, 故对 $\forall t \geqslant t_0$, 均有式 (3.1.17) 成立. 当 $d \to 1$ 时, 有

$$s(t) \leqslant s_{t_0} = M \left\| \varphi - x^* \right\| \mathrm{e}^{\varepsilon t_0} \tag{3.1.23}$$

成立. 于是由式 (3.1.17), 式 (3.1.20) 和式 (3.1.23) 可知

$$\left\| x(t) \right\| \leqslant P(t) = s(t)\mathrm{e}^{-\varepsilon t} \leqslant M \left\| \varphi - x^* \right\| \mathrm{e}^{\varepsilon t_0} \mathrm{e}^{-\varepsilon t} = M \left\| \varphi - x^* \right\| \mathrm{e}^{-\varepsilon(t - t_0)}.$$

即系统 (3.1.14) 的零解是指数稳定的, 故系统 (3.1.8) 的平衡点 $x = x^*$ 是指数稳定的.

3.1.3 Hopfield 神经网络的 k-稳定性分析

考虑神经网络系统为

$$\begin{cases} C_i \dfrac{\mathrm{d}u_i}{\mathrm{d}t} = -\dfrac{1}{R_i} u_i + \displaystyle\sum_{j=1}^{n} T_{ij} v_j + I_i \\ T_{ij} v_j = M_{ij} g_j(u_j) + N_{ij} g_j(u_j(t - h)) \end{cases}, \quad i = 1, 2, \cdots, n. \tag{3.1.24}$$

式中 g_i 为神经元的非线性函数.

系统 (3.1.24) 改写为

$$\frac{\mathrm{d}u_i}{\mathrm{d}t} = -\frac{1}{R_i C_i} u_i + \sum_{j=1}^{n} \frac{M_{ij}}{C_i} g_j(u_j) + \sum_{j=1}^{n} \frac{N_{ij}}{C_i} g_j(u_j(t - h)) + \frac{1}{C_i} I_i, \quad i = 1, 2, \cdots, n.$$

令 $r_i = \dfrac{1}{R_i C_i} > 0$, $a_{ij} = \dfrac{M_{ij}}{C_i}$, $b_{ij} = \dfrac{N_{ij}}{C_i}$, $I_i^*(t) = \dfrac{1}{C_i} I_i(t)$, 则上式变为

$$\frac{\mathrm{d}u_i}{\mathrm{d}t} = -r_i u_i + \sum_{j=1}^{n} a_{ij} g_j(u_j) + \sum_{j=1}^{n} b_{ij} g_j(u_j(t-h)) + I_i^*(t), \quad i = 1, 2, \cdots, n. \quad (3.1.25)$$

如果存在 n 维常数向量 $u_0 = (l_1, l_2, \cdots, l_n)^{\mathrm{T}}$, 使得

$$-r_i l_i + \sum_{j=1}^{n} a_{ij} g_j(l_j) + \sum_{j=1}^{n} b_{ij} g_j(l_j) + I_i^* \equiv 0, \quad i = 1, 2, \cdots, n,$$

则称 $u = u_0$ 是 Hopfield 神经网络系统 (3.1.25) 的平衡点.

设 $u = u_0$ 是系统 (3.1.25) 的平衡点, 令

$$x_i = u_i - l_i, \quad i = 1, 2, \cdots, n,$$

则系统 (3.1.25) 变为

$$\frac{\mathrm{d}x_i}{\mathrm{d}t} = -r_i x_i + \sum_{j=1}^{n} a_{ij} \left[g_j(x_j + l_j) - g_j(l_j) \right]$$

$$+ \sum_{j=1}^{n} b_{ij} \left[g_j(x_j(t-h) + l_j) - g_j(l_j) \right], \quad i = 1, 2, \cdots, n. \quad (3.1.26)$$

系统 (3.1.26) 的零解 $x = 0$ 的稳定性对应了 (3.1.24) 的平衡点 $u = u_0$ 的稳定性.

设系统 (3.1.26) 满足初始条件

$$x_i(t) = \varphi_i(t), \quad t \in [t_0 - h, t_0], \quad i = 1, 2, \cdots, n,$$

并设 $R = \sup\limits_{-h \leqslant \theta \leqslant 0} \left(\max\limits_{1 \leqslant i \leqslant n} \{ |\varphi_i(t_0 + \theta)| \} \right)$.

下面给出 k-全局指数稳定的定义.

定义 3.1.1　系统 (3.1.26) 的零解称为 k-全局指数稳定的, 若存在 $\varepsilon > 0$, $M \geqslant 1$, 当 $R < k$ 时, 有

$$|x_i(t)| \leqslant RM \mathrm{e}^{-\varepsilon(t-t_0)}, \quad t \geqslant t_0, \quad i = 1, 2, \cdots, n.$$

定理 3.1.6　如果系统 (3.1.26) 满足

(1) $|g_i(x_i + l_i) - g_i(l_i)| \leqslant |x_i| h_i(|x_i|)$, $i = 1, 2, \cdots, n$, 式中 $h_i(\cdot)$ 是非负不减连续函数；

(2) 存在常数 $k > 0$, 使得

$$\sum_{j=1}^{n} (|a_{ij}| + |b_{ij}|) h_j(k) < r_i, \quad i = 1, 2, \cdots, n,$$

则系统 (3.1.26) 的零解是 k-全局指数稳定的, 从而可知系统 (3.1.24) 的平衡点 $u = u_0$ 是 k-全局指数稳定的.

证明 对系统 (3.1.26) 采用常数变易法可得出

$$x_i(t) = x_i(t_0) e^{-r_i(t-t_0)}$$

$$+ \sum_{j=1}^{n} a_{ij} \int_{t_0}^{t} e^{-r_i(t-s)} [g_j(x_j(s) + l_j) - g_j(l_j)] \mathrm{d}s$$

$$+ \sum_{j=1}^{n} b_{ij} \int_{t_0}^{t} e^{-r_i(t-s)} [g_j(x_j(s-h) + l_j) - g_j(l_j)] \mathrm{d}s,$$

两边取绝对值可得

$$|x_i(t)| \leqslant |x_i(t_0)| e^{-r_i(t-t_0)} + \sum_{j=1}^{n} |a_{ij}| \int_{t_0}^{t} e^{-r_i(t-s)} |g_j[x_j(s) + l_j] - g_j(l_j)| \mathrm{d}s$$

$$+ \sum_{j=1}^{n} |b_{ij}| \int_{t_0}^{t} e^{-r_i(t-s)} |g_j[x_j(s-h) + l_j] - g_j(l_j)| \mathrm{d}s.$$

由条件 (1) 和初始条件可得

$$|x_i(t)| \leqslant R e^{-r_i(t-t_0)} + \sum_{j=1}^{n} |a_{ij}| \int_{t_0}^{t} e^{-r_i(t-s)} |x_j(s)| h_j(|x_j(s)|) \mathrm{d}s$$

$$+ \sum_{j=1}^{n} |b_{ij}| \int_{t_0}^{t} e^{-r_i(t-s)} |x_j(s-h)| h_j(|x_j(s-h)|) \mathrm{d}s.$$

令

$$P_i(t) = \begin{cases} R e^{-r_i(t-t_0)} + \sum\limits_{j=1}^{n} |a_{ij}| \int_{t_0}^{t} e^{-r_i(t-s)} |x_j(s)| h_j(|x_j(s)|) \mathrm{d}s \\ \\ + \sum\limits_{j=1}^{n} |b_{ij}| \int_{t_0}^{t} e^{-r_i(t-s)} |x_j(s-h)| h_j(|x_j(s-h)|) \mathrm{d}s, \quad t \geqslant t_0, \\ \\ R, \hspace{8cm} -h \leqslant t \leqslant t_0. \end{cases}$$

显然, 对一切 $t \geqslant t_0 - h$, 均有

$$|x_i(t)| \leqslant P_i(t), \quad i = 1, 2, \cdots, n.$$

当 $t \geqslant t_0$ 时, 对 $P_i(t)$ 求导, 可得

$$\frac{\mathrm{d}P_i(t)}{\mathrm{d}t} = -r_i P_i(t) + \sum_{j=1}^{n} |a_{ij}| |x_j(t)| h_j(|x_j(t)|)$$

$$+ \sum_{j=1}^{n} |b_{ij}| |x_j(t-h)| h_j(|x_j(t-h)|)$$

$$\leqslant -r_i P_i(t) + \sum_{j=1}^{n} |a_{ij}| P_j(t) h_j(P_j(t))$$

$$+ \sum_{j=1}^{n} |b_{ij}| P_j(t-h) h_j(P_j(t-h)).$$

令

$$S_i(t) = P_i(t) \mathrm{e}^{\varepsilon t},$$

对上式两边求导数, 可得

$$\frac{\mathrm{d}S_i(t)}{\mathrm{d}t} = \varepsilon P_i(t) \mathrm{e}^{\varepsilon t} + \mathrm{e}^{\varepsilon t} \frac{\mathrm{d}P_i(t)}{\mathrm{d}t}$$

$$\leqslant \varepsilon S_i(t) - r_i \mathrm{e}^{\varepsilon t} P_i(t) + \sum_{j=1}^{n} |a_{ij}| \mathrm{e}^{\varepsilon t} P_j(t) h_j(P_j(t))$$

$$+ \sum_{j=1}^{n} |b_{ij}| \mathrm{e}^{\varepsilon t} P_j(t-h) h_j(P_j(t-h))$$

$$= -(r_i - \varepsilon) S_i(t) + \sum_{j=1}^{n} |a_{ij}| S_j(t) h_j\left(S_j(t) \mathrm{e}^{-\varepsilon t}\right)$$

$$+ \sum_{j=1}^{n} |b_{ij}| \mathrm{e}^{\varepsilon h} S_j(t-h) h_j\left(S_j(t-h) \mathrm{e}^{-\varepsilon(t-h)}\right)$$

$$= -(r_i - \varepsilon) S_i(t) + \sum_{j=1}^{n} |a_{ij}| S_j(t) h_j(S_j(t))$$

$$+ \sum_{j=1}^{n} |b_{ij}| \mathrm{e}^{\varepsilon h} S_j(t-h) h_j\left(S_j(t-h) \mathrm{e}^{\varepsilon h}\right). \tag{3.1.27}$$

要证

$$S_i(t) \leqslant S_i(t_0) = \mathrm{e}^{\varepsilon t_0} \triangleq N, \quad t \geqslant t_0, \quad i = 1, 2, \cdots, n. \tag{3.1.28}$$

我们先证, 对 $\forall d \in \left(1, \dfrac{k}{R}\right)$ 有

$$S_i(t) < dN. \tag{3.1.29}$$

若式 (3.1.29) 不成立, 由于当 $t = t_0$ 时, 结论成立, 所以必存在 i 及 $t_1 > t_0$, 使得

$$S_i(t_1) = dN, \quad S_i(t) < dN, \ t \in [t_0, t_1),$$

$$S_j(t) \leqslant dN, \quad j \neq i, j = 1, 2, \cdots, n, \ t \in [t_0, t_1].$$

从而可得

$$\frac{\mathrm{d}S_i(t_1)}{\mathrm{d}t} \geqslant 0.$$

另一方面, 由条件 (2) 知

$$-r_i + \sum_{j=1}^{n} (|a_{ij}| + |b_{ij}|)h_j(k) < 0,$$

则 $\exists \varepsilon > 0$ 充分小, 使得

$$-r_i + \varepsilon + \sum_{j=1}^{n} |a_{ij}|h_j(k) + \sum_{j=1}^{n} |b_{ij}|\mathrm{e}^{\varepsilon h} h_j(k\mathrm{e}^{\varepsilon h}) < 0$$

由式 (3.1.27) 及 d 的取法可知, 有

$$\frac{\mathrm{d}S_i(t_1)}{\mathrm{d}t} \leqslant -(r_i - \varepsilon) S_i(t_1) + \sum_{j=1}^{n} |a_{ij}| S_j(t_1) h_j(S_j(t_1))$$

$$+ \sum_{j=1}^{n} |b_{ij}|\mathrm{e}^{\varepsilon h} S_j(t_1 - h) h_j(S_j(t_1 - h) \mathrm{e}^{\varepsilon h})$$

$$\leqslant -(r_i - \varepsilon) dN + \sum_{j=1}^{n} |a_{ij}| dN h_j(dN) + \sum_{j=1}^{n} |b_{ij}| \mathrm{e}^{\tau h} dN h_j(dN\mathrm{e}^{\tau h})$$

$$\leqslant -\left[r_i - \varepsilon - \sum_{j=1}^{n} |a_{ij}| h_j(k) - \sum_{j=1}^{n} |b_{ij}| \mathrm{e}^{\varepsilon h} h_j(k\mathrm{e}^{\varepsilon h}) \right] dN < 0$$

与 $\dfrac{\mathrm{d}S_i(t_1)}{\mathrm{d}t} \geqslant 0$ 矛盾, 从而可知当 $t \geqslant t_0$ 时, $S_i(t) < dN$, 当 $d \to 1$ 时, 可得

$$S_i(t) \leqslant N = \mathrm{e}^{\varepsilon t_0} R, \quad \forall t \geqslant t_0.$$

于是有

$$|x_i(t)| \leqslant P_i(t) = S_i(t) \mathrm{e}^{-\varepsilon t} \leqslant R\mathrm{e}^{\varepsilon t_0} \mathrm{e}^{-\varepsilon t} \leqslant R\mathrm{e}^{-\varepsilon(t-t_0)}, \quad \forall t \geqslant t_0, \quad i = 1, 2, \cdots, n.$$

由定义 3.1.1 可知, 系统 (3.1.26) 的零解是 k-全局指数稳定的.

定理 3.1.7 若系统 (3.1.26) 满足

(1) $|g_i(x_i + l_i) - g_i(l_i)| \leqslant f_i(|x_i|)$, $i = 1, 2, \cdots, n$, 其中 $f_i(\cdot)$ 是非负不减连续函数, 且对任意 $\alpha \in [0, 1]$ 及 $l > 0$ 为常数, 均有

$$f_i(\alpha l) \leqslant \alpha f_i(l), \quad i = 1, 2, \cdots, n.$$

(2) 存在常数 $k > 0$, 使得

$$\sum_{j=1}^{n} k^{-1}(|a_{ij}| + |b_{ij}|) f_j(k) < r_i, \quad i = 1, 2, \cdots, n,$$

则系统 (3.1.26) 的零解是 k-全局指数稳定的, 从而系统 (3.1.24) 的平衡点 $u = u_0$ 是 k-全局指数稳定的.

证明　类似于定理 3.1.6 的证明有

$$
\begin{aligned}
|x_i(t)| &\leqslant Re^{-r_i(t-t_0)} + \sum_{j=1}^{n}|a_{ij}|\int_{t_0}^{t} e^{-r_i(t-s)}|g_j(x_j(s)+l_j)-g_j(l_j)|\mathrm{d}s \\
&\quad + \sum_{j=1}^{n}|b_{ij}|\int_{t_0}^{t} e^{-r_i(t-s)}|g_j(x_j(s-h)+l_j)-g_j(l_j)|\mathrm{d}s \\
&\leqslant Re^{-r_i(t-t_0)} + \sum_{j=1}^{n}|a_{ij}|\int_{t_0}^{t} e^{-r_i(t-s)}f_j(|x_j(s)|)\mathrm{d}s \\
&\quad + \sum_{j=1}^{n}|b_{ij}|\int_{t_0}^{t} e^{-r_i(t-s)}f_j(|x_j(s-h)|)\mathrm{d}s
\end{aligned}
$$

令

$$
P_i(t) = \begin{cases}
Re^{-r_i(t-t_0)} + \displaystyle\sum_{j=1}^{n}|a_{ij}|\int_{t_0}^{t} e^{-r_i(t-s)}f_j(|x_j(s)|)\mathrm{d}s \\
+ \displaystyle\sum_{j=1}^{n}|b_{ij}|\int_{t_0}^{t} e^{-r_i(t-s)}f_j(|x_j(s-h)|)\mathrm{d}s, \quad t \geqslant t_0, \\
R, \qquad\qquad\qquad\qquad\qquad\qquad\qquad\quad t_0 - h \leqslant t \leqslant t_0.
\end{cases}
$$

易知对一切 $t \geqslant t_0 - h$, 均有

$$|x_i(t)| \leqslant P_i(t), \quad i = 1, 2, \cdots, n.$$

对 $P_i(t)$ 求导, 有

$$\frac{\mathrm{d}P_i(t)}{\mathrm{d}t} \leqslant -r_i P_i(t) + \sum_{j=1}^{n}|a_{ij}|f_j(|P_j(t)|) + \sum_{j=1}^{n}|b_{ij}|f_j(|P_j(t-h)|), \quad i = 1, 2, \cdots, n.$$

令

$$S_i(t) = P_i(t) e^{\varepsilon t},$$

对上式两边求导数, 可得

$$\frac{\mathrm{d}S_i(t)}{\mathrm{d}t} = \varepsilon P_i(t) e^{\varepsilon t} + e^{\varepsilon t} \frac{\mathrm{d}P(t)}{\mathrm{d}t}$$

$$\leqslant \varepsilon S_i(t) - r_i e^{\varepsilon t} P_i(t) + \sum_{j=1}^{n} |a_{ij}| e^{\varepsilon t} f_j(P_j(t))$$

$$+ \sum_{j=1}^{n} |b_{ij}| e^{\varepsilon t} f_j(P_j(t-h))$$

$$= -(r_i - \varepsilon) S_i(t) + \sum_{j=1}^{n} |a_{ij}| e^{\varepsilon t} f_j\left(S_j(t) e^{-\varepsilon t}\right)$$

$$+ \sum_{j=1}^{n} |b_{ij}| e^{\varepsilon t} f_j\left(S_j(t-h) e^{-\varepsilon(t-h)}\right).$$

注意到

$$0 \leqslant e^{-\varepsilon t} \leqslant 1, \quad 0 \leqslant e^{-\varepsilon(t-h)} \leqslant 1,$$

由条件 (1) 有

$$f_j\left(s_j(t) e^{-\varepsilon t}\right) \leqslant e^{-\varepsilon t} f_j(s_j(t)), \quad f_j\left(s_j(t-h) e^{-\varepsilon(t-h)}\right) \leqslant e^{-\varepsilon(t-h)} f_j(s_j(t-h)),$$

从而有

$$\frac{\mathrm{d}S_i(t)}{\mathrm{d}t} \leqslant -(r_i - \varepsilon) S_i(t) + \sum_{j=1}^{n} |a_{ij}| f_j(S_j(t)) + \sum_{j=1}^{n} |b_{ij}| e^{\varepsilon h} f_j(S_j(t-h)). \quad (3.1.30)$$

要证

$$S_i(t) \leqslant S_i(t_0) = e^{\varepsilon t_0} R \overset{\triangle}{=} N, \quad t \geqslant t_0, \quad (3.1.31)$$

我们先证, 对 $\forall d \in \left(1, \dfrac{k}{R}\right)$ 有

$$S_i(t) < dN. \quad (3.1.32)$$

若 (3.1.32) 式不成立, 由于当 $t = t_0$ 时, 结论成立, 所以必存在 i 及 $t_1 > t_0$, 使得

$$\begin{cases} S_i(t_1) = dN, \quad S_i(t) < dN, \quad t \in [t_0, t_1) \\ S_j(t) \leqslant dN, \quad j \neq i, j = 1, 2, \cdots, n, \ t \in [t_0, t_1]. \end{cases} \quad (3.1.33)$$

从而可得

$$\frac{\mathrm{d}S_i(t_1)}{\mathrm{d}t} \geqslant 0.$$

由条件 (2) 知

$$-r_i + \sum_{j=1}^{n} k^{-1} \left(|a_{ij}| + |b_{ij}|\right) f_j(k) < 0,$$

则 $\exists \varepsilon > 0$ 充分小, 使得

$$-r_i + \varepsilon + \sum_{j=1}^{n} k^{-1} |a_{ij}| f_j(k) + \sum_{j=1}^{n} |b_{ij}| k^{-1} \mathrm{e}^{\varepsilon h} f_j\left(k\mathrm{e}^{\varepsilon h}\right) < 0.$$

另一方面, 由式 (3.1.30)、式 (3.1.33) 及 d 的选取有

$$\frac{\mathrm{d}S_i(t_1)}{\mathrm{d}t} \leqslant -(r_i - \varepsilon) S_i(t_1) + \sum_{j=1}^{n} |a_{ij}| f_j(S_j(t_1))$$

$$+ \sum_{j=1}^{n} |b_{ij}| \mathrm{e}^{\varepsilon h} f_j(S_j(t_1 - h))$$

$$\leqslant -(r_i - \varepsilon) dN + \sum_{j=1}^{n} |a_{ij}| f_j(dN) + \sum_{j=1}^{n} |b_{ij}| \mathrm{e}^{\varepsilon h} f_j(dN)$$

$$= \left[-(r_i - \varepsilon) + \sum_{j=1}^{n} |a_{ij}| \frac{1}{dN} f_j(dN) + \sum_{j=1}^{n} |b_{ij}| \mathrm{e}^{\varepsilon h} \frac{1}{dN} f_j(dN) \right] dN$$

$$\leqslant \left[-(r_i - \varepsilon) + \sum_{j=1}^{n} |a_{ij}| \frac{1}{dN} \frac{dN}{k} f_j(k) + \sum_{j=1}^{n} |b_{ij}| \mathrm{e}^{\varepsilon h} \frac{1}{dN} \frac{dN}{k} f_j(k) \right] dN$$

$$= \left[-r_i + \varepsilon + \sum_{j=1}^{n} |a_{ij}| k^{-1} f_j(k) + \sum_{j=1}^{n} |b_{ij}| k^{-1} f_j\left(k\mathrm{e}^{\varepsilon h}\right) \right] dN$$

$$< 0,$$

与 $\dfrac{\mathrm{d}S_i(t_1)}{\mathrm{d}t} \geqslant 0$ 矛盾, 从而可知, 当 $t \geqslant t_0$ 时, $S_i(t) < dN$, 当 $d \to 1$ 时, 可得

$$S_i(t) \leqslant N = \mathrm{e}^{\varepsilon t_0} R, \quad \forall t \geqslant t_0.$$

于是有

$$|x_i(t)| \leqslant P_i(t) = S_i(t) \mathrm{e}^{-\varepsilon t} \leqslant R\mathrm{e}^{\varepsilon t_0} \mathrm{e}^{-\varepsilon t} \leqslant R\mathrm{e}^{-\varepsilon(t-t_0)}, \quad \forall t \geqslant t_0, \quad i = 1, 2, \cdots, n.$$

由定义 3.1.1 可知, 系统 (3.1.26) 的零解是 k-全局指数稳定的.

本节首先介绍了 Hopfield 神经网络的产生背景, Hopfield 网络是以电路方式提出的反馈网络; 可用于联想记忆和优化计算; 用能量函数评价网络的稳定性; 可用于求解组合优化问题 (TSP 问题). 针对 Hopfield 本人最早使用的能量函数方法来

证明网络稳定性的欠合理性, 提出了一系列的亟待解决的问题, 然后讨论了后来一些研究工作者为解决这一系列问题所做的工作及其研究成果. 他们基于 Lyapunov 稳定性的定义, 将系统 (3.1.1) 的稳定性条件不断减弱并力求更加便于应用, 同时将系统 (3.1.1) 推广到具有时滞的一阶 Hopfield 神经网络, 放弃了激励函数必须是可微的要求, 只需其满足 Lipschitz 连续条件即可. 利用矩阵分析理论和 Brouwer 不动点定理, 得到了系统平衡点存在唯一的充分条件; 另外, 将系统的渐近稳定性向指数稳定性和 k-全局指数稳定性拓展. 事实上, 还有研究者将系统 (3.1.1) 推广到变时滞和混合时滞, 甚至推广到二阶神经网络和脉冲神经网络等, 这种比较复杂的系统及动力学问题将在第 4 章进行简单的分析.

3.2 细胞神经网络模型及动力学问题

细胞神经网络 (cellular neural network, CNN) 是基于 Hopfield 神经网络和细胞自动机提出的一种面向 VLSI 实现的反馈型神经网络. 1988 年美国电子学家 L.O.Chua 和 Yang L 提出了一种大规模的非线性模拟电路.

3.2.1 无时滞的细胞神经网络的平衡点及稳定性

CNN 是由很多称为 "细胞" 的基本单元组成的, 一个 "细胞" 是一个非线性电路单元, 通常包含线性电容、线性电阻、线性和非线性压控电流源. 它的结构与细胞自动机相似, 即每个 "细胞" 只与它的邻近 "细胞" 有连接, 也称为局部连接性, 这是 CNN 最基本的特性. 正是由于这一特点, 其硬件实现比一般的神经网络容易得多. 无时滞的 CNN 可用于信号处理, 特别擅长处理静态图像, 关于 CNN 的连接方式及电路图如图 3.2.1 和图 3.2.2 所示: 其中, C 为线性电容; R_x, R_u 和 R_v 均为

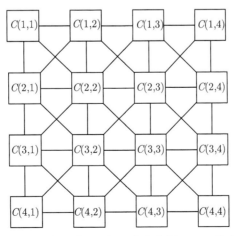

图 3.2.1   二维 CNN 连接示意图, 每一个小方框 $c(i,j)$ 代表一个细胞单元

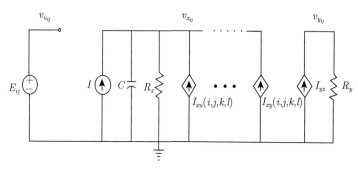

图 3.2.2   CNN 电路模型

线性电阻; I 是独立的外部输入电流; $I_{xu}(i,j,k,l)$ 和 $I_{xy}(i,j,k,l)$ 均是电压控制的线性电流源, E_{ij} 是独立的电压源, f 为分段线性函数. 且有

$$I_{xu}(i,j,k,l) = A(i,j,k,l)v_{y_{kl}}; \quad I_{xy}(i,j,k,l) = B(i,j,k,l)v_{u_{kl}};$$

$$I_{yx} = (1/R_y) f\left(v_{x_{ij}}\right); \quad f(x) = \frac{1}{2}\left(|x+1| - |x-1|\right).$$

因而 CNN 的状态方程对应的数学模型为

$$C\frac{\mathrm{d}v_{x_{ij}}(t)}{\mathrm{d}t} = -\frac{1}{R_x}v_{x_{ij}}(t) + \sum_{(k,l)\in N(i,j)} A(i,j,k,l)v_{y_{kl}}(t) + \sum_{(k,l)\in N(i,j)} B(i,j,k,l)v_{u_{kl}}(t) + I,$$

$$1 \leqslant i \leqslant M, 1 \leqslant j \leqslant N. \tag{3.2.1}$$

输出方程

$$v_{y_{ij}} \doteq \frac{1}{2}\left(\left|v_{x_{ij}}+1\right| - \left|v_{x_{ij}}-1\right|\right), \quad 1 \leqslant i \leqslant M, 1 \leqslant j \leqslant N;$$

输入方程

$$v_{u_{ij}} = E_{ij}, \quad |E_{ij}| \leqslant 1, 1 \leqslant i \leqslant M, 1 \leqslant j \leqslant N;$$

约束条件

$$\left|v_{x_{ij}}(0)\right| \leqslant 1, \left|v_{u_{ij}}\right| \leqslant 1, \quad 1 \leqslant i \leqslant M, 1 \leqslant j \leqslant N.$$

且假定

$$A(i,j,k,l) = A(k,l,i,j), \quad C > 0, \quad R_x > 0.$$

在介绍稳定性之前, 首先简单介绍一下细胞神经网络的耗散性.

定义 3.2.1   若在 $\mathbf{R}^{MN}$ 中存在一紧集 Ω, 使得 CNN(3.2.1) 的任意解都最终进入且恒停留在 Ω 中, 则称 CNN(3.2.1) 为耗散系统.

令

$$\theta(k,l) = \begin{cases} 0, & k=i, l=j, A(i,j,i,j) \leqslant 0, \\ 1, & k=i, l=j, A(i,j,i,j) > 0, \text{ 或} k \neq i, l \neq j. \end{cases}$$

定理 3.2.1　如果从任何始值 $v_{x_{ij}}(0)$ 出发的解, 都最终进入紧集 Ω 中, 则称 CNN(3.2.1) 是耗散系统, 这里 $\Omega = \left(R^{MN}/Q_1\right) \cap \left(R^{MN}/Q_2\right)$,

$$Q_1 = \left\{ v_x \left| \left[\sum_{ij} \left|v_{x_{ij}}\right| - \frac{R_x}{2} \left(\sum_{k,l} |A(i,j,k,l)|\theta(k,l) + \sum_{k,l} |B(i,j,k,l)| + |I| \right) \right]^2 \right. \right.$$
$$> \sum_{ij} \left[\frac{R_x}{2} \left(\sum_{k,l} |A(i,j,k,l)|\theta(k,l) + \sum_{k,l} |B(i,j,k,l)| + |I| \right) \right]^2 \right\},$$

$$Q_2 = \left\{ v_x \left| \left[\left|v_{x_{ij}}\right| > M_{ij} = R_x \left(\sum_{k,l} |A(i,j,k,l)|\theta(k,l) + \sum_{k,l} |B(i,j,k,l)| + |I| \right) \right] \right. \right.,$$

$$1 \leqslant i \leqslant M, 1 \leqslant j \leqslant N.$$

证明　(1) 先取径向无界的正定 Lyapunov 函数

$$w_1(v_x) = \frac{C}{2} \sum_{i=1}^{M} \sum_{j=1}^{N} v_{x_{ij}}^2. \tag{3.2.2}$$

注意到输出方程、输入方程和约束条件, 函数 w_1 沿 CNN(3.2.1) 的解求导得

$$\left. \frac{\mathrm{d}w_1}{\mathrm{d}t} \right|_{(3.2.1)} = \sum_{i,j} \left[-\frac{1}{R_x} \left|v_{x_{ij}}\right|^2 + \sum_{k,l} A(i,j,k,l) v_{y_{kl}} v_{x_{ij}} \right.$$
$$\left. + \sum_{k,l} B(i,j,k,l) v_{u_{kl}} v_{x_{ij}} + I v_{x_{ij}} \right]$$
$$\leqslant -\sum_{i,j} \frac{1}{R_x} \left[\left|v_{x_{ij}}\right|^2 - R_x \left(\sum_{k,l} |A(i,j,k,l)| \, \theta(k,l) \left|v_{x_{ij}}\right| \right. \right.$$
$$\left. \left. + \sum_{k,l} |B(i,j,k,l)| \left|v_{x_{ij}}\right| + |I| \left|v_{x_{ij}}\right| \right) \right]^2$$
$$\leqslant -\sum_{i,j} \frac{1}{R_x} \left\{ \left[\left|v_{x_{ij}}\right| - \frac{R_x}{2} \left(\sum_{k,l} |A(i,j,k,l)| \, \theta(k,l) \right. \right. \right.$$

$$+ \sum_{k,l} |B(i,j,k,l)| + |I| \Bigg)\Bigg]^2$$

$$- \frac{R_x}{4} \Bigg(\sum_{k,l} |A(i,j,k,l)| \, \theta(k,l) \, |v_{x_{ij}}|$$

$$+ \sum_{k,l} |B(i,j,k,l)| \, |v_{x_{ij}}| + |I| \, |v_{x_{ij}}| \Bigg)^2 \Bigg\}$$

$$< 0. \tag{3.2.3}$$

(2) 我们再构造 MN 个关于部分变元 $v_{x_{ij}}$ 正定且径向无界的 Lyapunov 函数

$$w_{ij}(v_x) = C v_{x_{ij}} \mathrm{sign} v_{x_{ij}}, \quad 1 \leqslant i \leqslant M, 1 \leqslant j \leqslant N. \tag{3.2.4}$$

对 $\forall v_x \in Q_2$, 沿 (3.2.1) 之解, 计算 $w_{ij}(v_x)$ 的 Dini 右上导数

$$D^+ w_{ij}(v_x)|_{(3\text{-}1\text{-}1)} \leqslant -\frac{1}{R_x} \Bigg[|v_{x_{ij}}| - \frac{R_x}{2} \Bigg(\sum_{k,l} (|A(i,j,k,l)\theta(k,l)| + |B(i,j,k,l)|) + |I| \Bigg) \Bigg]$$

$$< 0. \tag{3.2.5}$$

这里 $v_x = \mathrm{col}(v_{x_{11}}, \cdots, v_{x_{MN}})$. 故解最终进入 R^{MN}/Q_2 内, 从而 (3.2.1) 的任意解最终要进入 Ω, 且恒停留在 Ω 中, 则 $v_x \in \Omega$, 从而 Ω 是一个正向不变集, 在 R^{MN}/Q 内不存在 CNN(3.2.1) 稳定的平衡位置.

为了简化和方便, 令

$$\begin{pmatrix} x_1 & \cdots & x_N \\ x_{N+1} & \cdots & x_{2N} \\ \vdots & & \vdots \\ x_{(M-1)N} & \cdots & x_{MN} \end{pmatrix} \doteq \begin{pmatrix} v_{x_{11}} & \cdots & v_{x_{1N}} \\ v_{x_{21}} & \cdots & v_{x_{2N}} \\ \vdots & & \vdots \\ v_{x_{M1}} & \cdots & v_{x_{MN}} \end{pmatrix},$$

$$\begin{pmatrix} a_{11} & \cdots & a_{1MN} \\ a_{21} & \cdots & a_{2MN} \\ \vdots & & \vdots \\ a_{MN1} & \cdots & a_{MN\,MN} \end{pmatrix} \doteq A(i,j,k,l)_{MN \times MN},$$

$$\begin{pmatrix} b_{11} & \cdots & b_{1MN} \\ b_{21} & \cdots & b_{2MN} \\ \vdots & & \vdots \\ b_{MN1} & \cdots & b_{MN\,MN} \end{pmatrix} \doteq B(i,j,k,l)_{MN \times MN},$$

$$\begin{pmatrix} u_1 & \cdots & u_N \\ u_{N+1} & \cdots & u_{2N} \\ \vdots & & \vdots \\ u_{(M-1)N} & \cdots & u_{MN} \end{pmatrix} \doteq \begin{pmatrix} v_{u_{11}} & \cdots & v_{u_{1N}} \\ v_{u_{21}} & \cdots & v_{u_{2N}} \\ \vdots & & \vdots \\ v_{u_{M1}} & \cdots & v_{u_{MN}} \end{pmatrix},$$

$$\begin{pmatrix} f_1(x_1) & \cdots & f_N(x_N) \\ f_{N+1}(x_{N+1}) & \cdots & f_{2N}(x_{2N}) \\ \vdots & & \vdots \\ f_{(M-1)N}(x_{(M-1)N}) & \cdots & f_{MN}(x_{MN}) \end{pmatrix} \doteq \begin{pmatrix} v_{y_{11}} & \cdots & v_{y_{1N}} \\ v_{y_{21}} & \cdots & v_{y_{2N}} \\ \vdots & & \vdots \\ v_{y_{M1}} & \cdots & v_{y_{MN}} \end{pmatrix}.$$

引进两组阶梯函数

$$\sigma_j(x_j) = \begin{cases} 0, & |x_j| \geqslant 1, \\ 1, & |x_j| < 1, \end{cases} \quad j = 1, 2, \cdots, MN,$$

$$\omega_j(x_j) = \begin{cases} -1, & |x_j| < -1, \\ 0, & -1 < x_j < 1, \quad j = 1, 2, \cdots, MN. \\ 1, & |x_j| \geqslant 1, \end{cases}$$

可将 CNN(3.2.1) 改写如下:

$$C\frac{\mathrm{d}x_i}{\mathrm{d}t} = -\frac{1}{R_x}x_i + \sum_{j=1}^{MN} a_{ij}\sigma_j(x_j)f_j(x_j) + \sum_{j=1}^{MN} b_{ij}u_j + I + \sum_{j=1}^{MN} a_{ij}\omega_j(x_j). \tag{3.2.6}$$

$$\widetilde{A} \doteq \mathrm{diag}\left(-\frac{1}{R_x}, \cdots, -\frac{1}{R_x}\right)_{MN \times MN} x_i + a_{ij}\sigma_j(x_j)_{MN \times MN}.$$

$$\widetilde{b} \doteq (b_{ij})_{MN \times MN} u, \quad u = (u_1, \cdots, u_{MN})^{\mathrm{T}}.$$

$$\widetilde{I} \doteq (I, \cdots, I)_{MN \times MN}^{\mathrm{T}}, \quad \widetilde{c} = (a_{ij})_{MN \times MN}\omega(x),$$

$$\omega(x) \doteq (\omega_1(x_1), \cdots, \omega_{MN}(x_{MN}))^{\mathrm{T}}.$$

定理 3.2.2 (1) CNN(3.2.6) 的平衡点集非空 (即至少有一平衡点);

(2) 当每个 $\widetilde{A}$ 非奇异时, CNN(3.2.6) 的平衡点至多有 3^{MN} 个;

(3) 每个平衡点可表为

$$\begin{cases} x = -\widetilde{A}^{-1}(\widetilde{b} + \widetilde{I} + \widetilde{c}) \doteq x^*, \\ \sigma(x_j) \equiv \sigma(x_j^*), \end{cases} \tag{3.2.7}$$

这里, $\sigma(x_j) \equiv \sigma(x_j^*)$ 表示预先指定的 x_j 的求解区间与求出的 x_j^* 属于 $(-\infty, -1]$, $(-1, 1)$, $[1, +\infty)$ 中的同一区间.

证明 令 CNN(3.2.1) 中的右边等于 0, 且改写为下列形式:

$$v_{x_{ij}} = R_x \sum_{(k,l) \in N(i,j)} A(i,j,k,l) v_{y_{kl}} + R_x \sum_{(k,l) \in N(i,j)} B(i,j,k,l) v_{u_{kl}} + R_x I,$$

$$1 \leqslant i \leqslant M, 1 \leqslant j \leqslant N. \tag{3.2.8}$$

考虑向量算子

$$\varphi_{ij}(v_x) = R_x \sum_{(k,l) \in N(i,j)} A(i,j,k,l) v_{y_{kl}} + R_x \sum_{(k,l) \in N(i,j)} B(i,j,k,l) v_{u_{kl}} + R_x I,$$

$$1 \leqslant i \leqslant M, 1 \leqslant j \leqslant N. \tag{3.2.9}$$

令

$$\overline{M} = \max_{i,j} R_x \left(\sum_{(k,l) \in N(i,j)} A(i,j,k,l) v_{y_{kl}} + \sum_{(k,l) \in N(i,j)} B(i,j,k,l) v_{u_{kl}} + I \right),$$

则向量算子 φ 映射下列集合

$$Q \doteq \left\{ v_x \big| |v_{x_{ij}}| \leqslant \overline{M} \right\}, \quad 1 \leqslant i \leqslant M, 1 \leqslant j \leqslant N \tag{3.2.10}$$

到它自身, 易证 Q 为一凸紧集. 根据著名的 Brower 不动点定理, 可知 $\varphi : Q \to Q$ 至少有一不动点 $v_x = v_x^*$, 即 v_x^* 为 CNN(3.2.1) 的平衡点, 从而 CNN(3.2.1) 的平衡点非空.

现在, 我们将 $x_i(i = 1, 2, \cdots, MN)$ 的取值范围 $(-\infty, +\infty)$ 划分为 $(-\infty, -1]$, $(-1, 1)$, $[1, +\infty)$, 阶梯函数 $\sigma_i(x_i), \omega_i(x_i)$ 在 3 个不同区间取不同值, 每个 $x_i(i = 1, 2, \cdots, MN)$ 有且仅有 3 种不同的取值方式, 故 $\widetilde{A}, \widetilde{c}$ 有且仅有 3^{MN} 种可能的取值方式. 于是我们将 R^{MN} 空间划分为 3^{MN} 个独立的不重叠的区域 $\&_i(i = 1, 2, \cdots, 3^{MN})$. 当每个 $\widetilde{A}$ 非奇异时, 考虑在上述区域的任意一个 $\&_{i_0}$ 中求解 $(1 \leqslant i_0 \leqslant 3^{MN})$ 使 CNN 式 (3.2.6) 右边为 0 的代数方程组, 得

$$x = -\widetilde{A}^{-1}(\widetilde{b} + \widetilde{I} + \widetilde{c}) \doteq x^*,$$

可能有 $x^* \notin \&_{i_0}$, 此时, x^* 便不是 CNN 式 (3.2.6) 的平衡位置, 我们姑且称 x^* 是 CNN 式 (3.2.6) 的伪平衡位置, 仅当 $x^* \in \&_{i_0}$, 即 $\sigma(x_j) \equiv \sigma(x_j^*)$, $x_j \in \&_{i_0}, j = 1, 2, \cdots, MN$ 时, x^* 才是 CNN(3.2.6) 的平衡位置, 真正的平衡点加上伪平衡点的个数为 3^{MN}, 故 CNN(3.2.6) 的平衡点至多有 3^{MN} 个, 且当 $\det \widetilde{A} \neq 0$ 时, 每个平衡位置能表为 (3.2.7), 定理 3.2.2 证毕.

下面分析 CNN(3.2.1) 的稳定性. 令

$$|A| = |a_{ij}|_{MN \times MN}.$$

定理 3.2.3 若矩阵 $R_x |A|$ 的谱半径 $\rho(R_x |A|) < 1$, 则 CNN(3.2.6) 存在唯一的平衡点, 且平衡点是全局稳定的.

证明 由定理 3.2.2 可知, CNN 式 (3.2.6) 的平衡点是存在的, 只须证明平衡点不多于两个, 令式 (3.2.6) 的右端为 0, 且改写为下列形式:

$$x_i = R_x \left(\sum_{j=1}^{MN} a_{ij} f_j(x_j) + \sum_{j=1}^{MN} b_{ij} u_j + I \right), \quad i = 1, 2, \cdots, MN. \tag{3.2.11}$$

设 $x_i^{(1)}, x_i^{(2)} (i = 1, 2, \cdots, MN)$ 分别为式 (3.2.11) 的解, 故有

$$\left| x_i^{(1)} - x_i^{(2)} \right| \leqslant R_x \sum_{j=1}^{MN} |a_{ij}| |f_j(x_j^{(1)}) - f_j(x_j^{(2)})|$$

$$\leqslant R_x \sum_{j=1}^{MN} |a_{ij}| |x_j^{(1)} - x_j^{(2)}|. \tag{3.2.12}$$

将式 (3.2.12) 改写为向量形式, 便有

$$\mathrm{Col} \left(\left| x_1^{(1)} - x_1^{(2)} \right|, \cdots, \left| x_{MN}^{(1)} - x_{MN}^{(2)} \right| \right)$$

$$\leqslant R_x |A| \mathrm{Col} \left(\left| x_1^{(1)} - x_1^{(2)} \right|, \cdots, \left| x_{MN}^{(1)} - x_{MN}^{(2)} \right| \right)$$

$$\leqslant \cdots \leqslant (R_x |A|)^m \mathrm{Col} \left(\left| x_1^{(1)} - x_1^{(2)} \right|, \cdots, \left| x_{MN}^{(1)} - x_{MN}^{(2)} \right| \right). \tag{3.2.13}$$

因为 $\rho(R_x |A|) < 1$, 故 $\lim\limits_{m \to \infty} (R_x |A|)^m = 0$, 就证明了 $x_i^{(1)} = x_i^{(2)}, i = 1, 2, \cdots, MN$. 唯一性获证.

设此平衡位置为 $x = x^*$, 将式 (3.2.6) 改写为

$$C \frac{\mathrm{d}(x_i - x_i^*)}{\mathrm{d}t} = \frac{1}{R_x}(x_i - x_i^*) + \sum_{j=1}^{MN} |a_{ij}| [f_j(x_j) - f_j(x_j^*)]. \tag{3.2.14}$$

因为 $R_x |A|$ 的谱半径 $\rho(R_x |A|) < 1$, 等价于 $(E - R_x |A|)$ 为 M 矩阵, 这里 E 为单位矩阵. 故存在一组正数 $p_i > 0, i = 1, 2, \cdots, MN$, 使得

$$-\frac{p_j}{R_x} + \sum_{i=1}^{MN} p_i |a_{ij}| < 0, \quad j = 1, 2, \cdots, MN.$$

对于系统 (3.2.14), 取 Lyapunov 函数为

$$w(x) = C \sum_{i=1}^{MN} p_i |x_i - x_i^*|, \tag{3.2.15}$$

显然 $w(x)$ 正定, 且满足

$$w(x) \to +\infty, \quad |x - x^*| \to +\infty.$$

沿式 (3.2.14) 之解, 求 $w(x)$ 的 Dini 右上导数, 当 $x \neq x^*$ 时, 有

$$D^+ w(x) \big|_{(3.2.14)} \leqslant \sum_{j=1}^{MN} \left[-\frac{p_j}{R_x} + \sum_{i=1}^{MN} p_i |a_{ij}| \right] |x_j - x_j^*| < 0,$$

故结论成立, 定理 3.2.3 证毕.

　　定理 3.2.4　若 $a_{ii} < 0, i = 1, 2, \cdots, MN$, 且矩阵

$$H \doteq \begin{pmatrix} -\dfrac{1}{R_x} & 0 & \cdots & 0 & 0 & \dfrac{a_{12}}{2} & \cdots & \dfrac{a_{1,MN}}{2} \\ 0 & -\dfrac{1}{R_x} & \cdots & 0 & \dfrac{a_{21}}{2} & 0 & \cdots & \dfrac{a_{2,MN}}{2} \\ \vdots & & & \vdots & \vdots & & & \vdots \\ 0 & \cdots & & -\dfrac{1}{R_x} & \dfrac{a_{MN,1}}{2} & & \cdots & 0 \\ 0 & \dfrac{a_{12}}{2} & \cdots & -\dfrac{a_{MN,1}}{2} & a_{11} & 0 & \cdots & 0 \\ & & & & 0 & a_{22} & \cdots & 0 \\ \vdots & & & & \vdots & \vdots & & \vdots \\ \dfrac{a_{1,MN}}{2} & 0 & \cdots & 0 & 0 & 0 & \cdots & a_{MN,MN} \end{pmatrix}_{2MN \times 2MN}$$

负定, 则式 (3.2.6) 有一个全局确定的平衡位置.

　　证明　对式 (3.2.6) 作正定的径向无界 Lyapunov 函数

$$w(x) = C \sum_{i=1}^{MN} p_i (x_i - x_i^*)^2, \tag{3.2.16}$$

沿着式 (3.2.14) 的解对 $w(x)$ 求导数, 且利用

$$(x_i - x_i^*)(f_i(x_i) - f_i(x_i^*)) \leqslant [f_i(x_i) - f_i(x_i^*)]^2,$$

则有

$$
\begin{aligned}
\frac{\mathrm{d}w}{\mathrm{d}t}\bigg|_{(3.2.14)} &= \sum_{i=1}^{MN} -\frac{1}{R_x}(x_i - x_i^*)^2 + \sum_{i=1}^{MN} a_{ii}(x_i - x_i^*)[f_i(x_i) - f_i(x_i^*)] \\
&\quad + \sum_{\substack{j=1 \\ j\neq i}}^{MN} a_{ij}(x_i - x_i^*)[f_j(x_j) - f_j(x_j^*)] \\
&\leqslant \sum_{i=1}^{MN} -\frac{1}{R_x}(x_i - x_i^*)^2 + [f_i(x_i) - f_i(x_i^*)]^2 \\
&\quad + \sum_{\substack{j=1 \\ j\neq i}}^{MN} a_{ij}(x_i - x_i^*)[f_j(x_j) - f_j(x_j^*)] \\
&= \begin{pmatrix} x_1 - x_1^* \\ \vdots \\ x_{MN} - x_{MN}^* \\ f_1(x_1) - f_1(x_1^*) \\ \vdots \\ f_{MN}(x_{MN}) - f_{MN}(x_{MN}^*) \end{pmatrix} H \begin{pmatrix} x_1 - x_1^* \\ \vdots \\ x_{MN} - x_{MN}^* \\ f_1(x_1) - f_1(x_1^*) \\ \vdots \\ f_{MN}(x_{MN}) - f_{MN}(x_{MN}^*) \end{pmatrix} \\
&< 0, \quad \text{当} x \neq x^*, \tag{3.2.17}
\end{aligned}
$$

故式 (3.2.6) 的平衡态 $x = x^*$ 是全局稳定的.

推论 3.2.1 若

$$
\frac{1}{R_x} > \sum_{\substack{j=1 \\ j\neq i}}^{MN} \frac{1}{2}|a_{ij}|, \quad i = 1, 2, \cdots, MN
$$

且

$$
-a_{ii} > \sum_{\substack{i=1 \\ j\neq i}}^{MN} \frac{1}{2}|a_{ji}|, \quad i = 1, 2, \cdots, MN,
$$

则式 (2.3.6) 的平衡态 $x = x^*$ 是全局稳定的.

定理 3.2.5 若 $a_{ii} < 0, i = 1, 2, \cdots, MN$, 且存在 $\varepsilon > 0$ 使得矩阵

$$
H + \begin{pmatrix} E_{MN}\varepsilon & 0 \\ 0 & 0 \end{pmatrix}_{2MN \times 2MN}
$$

半负定, 则系统 (3.2.6) 的平衡态 $x = x^*$ 是全局稳定的.

证明   由式 (3.2.16) 便有

$$
\left.\frac{\mathrm{d}w}{\mathrm{d}t}\right|_{(3.2.14)} \leqslant \sum_{i=1}^{MN}\left(-\frac{1}{R_x}+\varepsilon\right)(x_i-x_i^*)^2 + \sum_{i=1}^{MN} a_{ii}(f_i(x_i)-f_i(x_i^*))^2
$$

$$
+\sum_{\substack{j=1\\j\neq i}}^{MN} a_{ij}(x_i-x_i^*)(f_j(x_j)-f_j(x_j^*)) - \varepsilon\sum_{j=1}^{MN}(x_i-x_i^*)^2
$$

$$
\leqslant -\varepsilon\sum_{j=1}^{MN}(x_i-x_i^*)^2 < 0, \quad x\neq x^*, \tag{3.2.18}
$$

所以系统 (3.2.6) 的平衡态 $x=x^*$ 是全局稳定的.

推论 3.2.2   若

$$
\frac{1}{R_x} > \sum_{\substack{j=1\\j\neq i}}^{MN}\frac{1}{2}|a_{ij}|, \quad i=1,2,\cdots,MN
$$

且

$$
-a_{ii} \geqslant \sum_{\substack{j=1\\j\neq i}}^{MN}\frac{1}{2}|a_{ji}|, \quad i=1,2,\cdots,MN,
$$

则式 (3.2.6) 的平衡态 $x=x^*$ 是全局稳定的.

由条件可知存在 $\varepsilon>0$, 使得

$$
\frac{1}{R_x}-\varepsilon \geqslant \sum_{\substack{j=1\\j\neq i}}^{MN}\frac{1}{2}|a_{ij}|, \quad i=1,2,\cdots,MN,
$$

$$
-a_{ii} \geqslant \sum_{\substack{i=1\\j\neq i}}^{MN}\frac{1}{2}|a_{ji}|, \quad i=1,2,\cdots,MN,
$$

而后一个条件蕴含着

$$
H+\begin{pmatrix} E_{MN}\varepsilon & 0 \\ 0 & 0 \end{pmatrix}_{2MN\times 2MN}
$$

半负定, 故结论成立.

考虑细胞神经网络的数学模型为

$$
\frac{\mathrm{d}x_i(t)}{\mathrm{d}t} = -x_i(t) + \sum_{j=1}^{n} a_{ij}f_j(x_j(t)) + I_i, \tag{3.2.19}
$$

其中, $x_i\in\mathbf{R}$ 是状态变量; $a_{ij}\in\mathbf{R}$ 是权连接系数; I_i 为输入常数; $f_i:\mathbf{R}\to\mathbf{R}$ 为系统的活化函数.

假设细胞的输出 $f_i(i = 1, 2, \cdots, n)$ 与其状态满足如下关系:

(1) $f_i(i = 1, 2, \cdots, n)$ 在 R 上有界;

(2) 存在常数 $\mu_i > 0$ 使得 $|f_i(u) - f_i(v)| \leqslant \mu_i |u - v|, \forall u, v \in \mathbf{R}$.

从 (2) 很容易知道 $f_i(i = 1, 2, \cdots, n)$ 是 R 上的连续函数, 特别地, 如果细胞的输出与其状态的关系由分段函数 $f_i(x) = \dfrac{1}{2}(|x + 1| - |x - 1|)$ 来刻画, 那么 $f_i(i = 1, 2, \cdots, n)$ 显然具有性质 (1) 和 (2), 且 $\mu_i = 1(i = 1, 2, \cdots, n)$.

由定理 3.2.2 可知, 系统 (3.2.19) 的平衡点存在.

定理 3.2.6 对系统 (3.2.19), 若细胞输出 $f_i(i = 1, 2, \cdots, n)$ 满足关系式 (1) 和 (2), 则 (3.2.19) 的所有解在 $[0, +\infty)$ 上有界.

证明 很明显, 系统 (3.2.19) 的任一解都满足微分不等式

$$-x_i(t) - \alpha_i \leqslant \frac{\mathrm{d}x_i(t)}{\mathrm{d}t} \leqslant -x_i(t) + \alpha_i,$$

其中

$$\alpha_i = \sum_{j=1}^{n} |a_{ij}| \sup_{s \in R} |f_j(S)| + |I_i|,$$

所以系统 (3.2.19) 的解在 $[0, +\infty)$ 上有界.

定理 3.2.7 对系统 (3.2.19), 若细胞的输出 $f_i(i = 1, 2, \cdots, n)$ 满足关系式 (1) 和 (2), 如果存在正常数 $a_i > 0, b_i > 0 (i = 1, 2, \cdots, n)$ 使得系统满足

$$d_i - \sum_{j=1}^{n} c_j \mu_i |a_{ji}| > 0, \quad i = 1, 2, \cdots, n.$$

其中

$$d_i = \min(a_i, b_i), \quad c_i = \max(a_i, b_i),$$

则系统 (3.2.19) 的平凡解 $x = x^*$ 是全局一致渐近稳定的.

证明 设 $x^* = (x_1^*, x_2^*, \cdots, x_n^*)^{\mathrm{T}}$ 是系统 (3.2.19) 的平衡点, 对系统 (3.2.19) 作变换

$$y_i(t) = x_i(t) - x_i^*(t), \quad i = 1, 2, \cdots, n,$$

则式 (3.2.19) 可化为

$$\frac{\mathrm{d}y_i(t)}{\mathrm{d}t} = -y_i(t) + \sum_{j=1}^{n} a_{ij}[f_j(x_j^* + y_j(t)) - f_j(x_j^*)]. \tag{3.2.20}$$

$(0, 0, \cdots, 0)^{\mathrm{T}}$ 显然是系统 (3.2.20) 的平衡点, 所以要证 x^* 是系统 (3.2.19) 的全局渐近稳定解, 只需要证明 (3.2.20) 的零解是系统 (3.2.20) 的全局渐近稳定解. 令

$$\varphi_i(y_i) = \begin{cases} a_i, & y_i \geqslant 0, \\ -b_i, & y_i < 0. \end{cases}$$

取 Lyapunov 函数为

$$V(t) = \sum_{i=1}^{n} \int_0^{y_i} \varphi_i(t)\mathrm{d}t.$$

易知, $V(t)$ 是全局定正, 并且具有无穷大下界和无穷小上界的函数. 求 $V(t)$ 沿系统 (3.2.20) 右上导数得

$$\begin{aligned}
D^+V(t) &= \sum_{i=1}^{n} \varphi_i(y_i)\frac{\mathrm{d}y_i}{\mathrm{d}t} \\
&= \sum_{i=1}^{n} \varphi_i(y_i)\left\{ -y_i + \sum_{j=1}^{n} a_{ij}\left[f_j(x_j^* + y_j) - f_j(x_j^*) \right] \right\} \\
&= \sum_{i=1}^{n} \left\{ -\varphi_i(y_i)y_i + \sum_{j=1}^{n} \varphi_i(y_i)a_{ij}\left[f_j(x_j^* + y_j) - f_j(x_j^*) \right] \right\} \\
&\leqslant \sum_{i=1}^{n} \left[-d_i\left| y_i \right| + \sum_{j=1}^{n} \left| \varphi_i(y_i) \right| \left| a_{ij} \right| \mu_j \left| y_j \right| \right] \\
&\leqslant \sum_{i=1}^{n} \left[-d_i\left| y_i \right| + \sum_{j=1}^{n} c_i \left| a_{ij} \right| \mu_j \left| y_j \right| \right] \\
&= \sum_{i=1}^{n} \left[-d_i + \sum_{j=1}^{n} c_j \left| a_{ji} \right| \mu_i \right] \left| y_i \right|.
\end{aligned}$$

由定理的条件可知, $D^+V(t)$ 是负定的, 因此系统 (3.2.20) 的零解是全局一致渐近稳定的, 从而可知系统 (3.2.19) 的平凡解 $x = x^*$ 是全局一致渐近稳定的.

定理 3.2.8　对系统 (3.2.19), 若细胞输出 $f_i(i = 1, 2, \cdots, n)$ 满足关系式 (1) 和 (2). 如果存在 $a > 0$ 使得

(1) $\mu_j \left| a_{ij} \right| < 1 (j = 1, 2, \cdots, n)$;

(2) $\dfrac{\mu_j \left| a_{ij} \right|}{1 - \mu_j \left| a_{ij} \right|} < \dfrac{a^{j-1}}{n} (i \neq j, j = 1, 2, \cdots, n)$.

则系统 (3.2.19) 的平凡解 $x = x^*$ 是全局一致渐近稳定的.

证明　取 Lyapunov 函数为

$$V(t) = \sum_{i=1}^{n} \int_0^{y_i} \varphi_i(t)\mathrm{d}t,$$

其中 $\varphi_i(t) = \begin{cases} a^i, & t \geqslant 0 \\ -a^i, & t \leqslant 0 \end{cases}$, 显然 V 是全局定正函数, 且具有无穷大下界和无穷

小上界. 再求 $V(t)$ 沿系统 (3.2.20) 的右上导数为

$$D^+V(t) = \sum_{i=1}^{n} \varphi_i(y_i) \frac{\mathrm{d}y_i}{\mathrm{d}t}$$

$$= \sum_{i=1}^{n} \varphi_i(y_i) \left\{ -y_i + \sum_{j=1}^{n} a_{ij} \left[f_j(x_j^* + y_j) - f_j(x_j^*) \right] \right\}$$

$$= \sum_{i=1}^{n} \left\{ -\varphi_i(y_i)y_i + \sum_{j=1}^{n} \varphi_i(y_i)a_{ij} \left[f_j(x_j^* + y_j) - f_j(x_j^*) \right] \right\}$$

$$\leqslant \sum_{i=1}^{n} \left[-\varphi_i(y_i)y_i + \sum_{j=1}^{n} |\varphi_i(y_i)| \, |a_{ij}| \, \mu_j \, |y_j| \right]$$

$$\leqslant \sum_{j=1}^{n} \varphi_j(y_j)y_j \left[-1 + \mu_j |a_{jj}| + \sum_{\substack{i=1 \\ i \neq j}}^{n} \frac{|\varphi_i(y_i)| \, |a_{ij}| \, \mu_j \, |y_j|}{\varphi_j(y_j)y_j} \right]$$

$$\leqslant \sum_{j=1}^{n} \varphi_j(y_j)y_j \left[-1 + \mu_j |a_{jj}| + \sum_{\substack{i=1 \\ i \neq j}}^{n} \alpha^{i-j} \mu_j \, |a_{ij}| \right]$$

$$\leqslant \sum_{j=1}^{n} \varphi_j(y_j)y_j \left(1 - \mu_j |a_{jj}|\right) \left[-1 + \sum_{\substack{i=1 \\ i \neq j}}^{n} \frac{\alpha^{i-j} \, |a_{ij}| \, \mu_j}{1 - \mu_j \, |a_{jj}|} \right]$$

$$\leqslant \sum_{j=1}^{n} \varphi_j(y_j)y_j(1 - |a_{jj}| \, \mu_j) \left(-1 + \sum_{\substack{i=1 \\ i \neq j}}^{n} \frac{1}{n} \right)$$

$$= \sum_{j=1}^{n} \varphi_j(y_j)y_j(1 - |a_{jj}| \, \mu_j) \left(-\frac{1}{n} \right)$$

所以 $D^+V(t)$ 负定, 因此系统 (3.2.19) 的平凡解 $x = x^*$ 是全局一致渐近稳定的.

3.2.2 有时滞的细胞神经网络的平衡点及稳定性

因为处理动态图像需要引入时滞, 所以下面阐述的是具有时滞的细胞神经网络 (DCNN) 的稳定性.

考虑如下具有时滞的细胞神经网络模型:

$$\frac{\mathrm{d}x}{\mathrm{d}t} = -Dx(t) + Af(x(t)) + Bf(x(t-\tau)) + I, \tag{3.2.21}$$

其中 $x(\cdot) = [x_1(\cdot), x_2(\cdot), \cdots, x_n(\cdot)]^{\mathrm{T}}$ 是输出的状态变量; $I = [I_1, I_2, \cdots, I_n]^{\mathrm{T}}$ 是常向量, $D = \mathrm{diag}(d_1, d_2, \cdots, d_n)$ 是 $n \times n$ 阶对角矩阵且 $d_i > 0$, $i = 1, 2, \cdots, n$; $A =$

$(a_{ij})_{n \times n}$ 是反馈矩阵; $B = (b_{ij})_{n \times n}$ 是具有时滞的反馈矩阵; τ 是时滞量.

$$f(x(\cdot)) = [f_1(x_1(\cdot)), f_2(x_2(\cdot)), \cdots, f_n(x_n(\cdot))]^{\mathrm{T}} \text{且} |D^+ f_i| \leqslant l_i,$$

其中 $D^+ f_i$ 是 f_i 的右导数.

为了讨论非线性系统 (3.2.21) 的稳定性, 我们先给出 M 矩阵的定义.

定义 3.2.2　当 $M \in \mathfrak{M}$, 假如 $m_{ij} \leqslant 0, i \neq j$, 且 M 的所有顺序主子式均正定, 则这个实矩阵 $M = (m_{ij})_{n \times n}$ 被称为一个 M-矩阵.

引理 3.2.1　实矩阵 $M = (m_{ij})_{n \times n}$ 的对角线以外的元素小于等于零的充分必要条件是当 $M \in \mathfrak{M}$ 存在一个对角矩阵

$$P = \mathrm{diag}\{p_1, p_2, \cdots, p_n\}, \quad p_i > 0, i = 1, 2, \cdots, n$$

使得矩阵 $PM + M^{\mathrm{T}} P$ 是正定的.

对系统 (3.2.21), 令

$$\frac{\mathrm{d} x_i}{\mathrm{d} t} = -d_i x_i + \sum_{j=1}^{n} (a_{ij} f_j(x_j(t)) + b_{ij} f_j(x_j(t - \tau))) + I_i, \tag{3.2.22}$$

则系统 (3.2.21) 的等价模型为

$$\frac{\mathrm{d} y_i}{\mathrm{d} t} = -d_i y_i + \sum_{j=1}^{n} \left[a_{ij} D^+ f_j(x_j(t)) y_j + b_{ij} D^+ f_j(x_j(t - \tau)) y_j(t - \tau) \right]. \tag{3.2.23}$$

下面利用 Lyapunov 函数、M-矩阵和 ω 极限集给出系统 (3.2.21) 的解是渐近稳定的充分条件.

定理 3.2.9　若 $B = 0, M = (m_{ij})_{n \times n}$, 且

$$m_{ij} = \begin{cases} d_i - |a_{ii}| l_i, & i = j, \\ -|a_{ij}| l_j, & i \neq j. \end{cases}$$

假如 $M = (m_{ij})_{n \times n} \in \mathfrak{M}$, 则系统 (3.2.1) 的解是渐近稳定的.

证明　$M = (m_{ij})_{n \times n} \in \mathfrak{M}$, 存在对角矩阵

$$P = \mathrm{diag}\{p_1, p_2, \cdots, p_n\}, \quad p_i > 0, \quad i = 1, 2, \cdots, n,$$

使矩阵 $PM + M^{\mathrm{T}} P$ 是正定的.

对系统 (3.2.23) 取 Lyapunov 函数

$$V(t) = \sum_{i=1}^{n} p_i y_i^2, \tag{3.2.24}$$

沿着系统 (3.2.19) 的轨线, $V(t)$ 对时间求导有

$$
\begin{aligned}
\frac{\mathrm{d}V}{\mathrm{d}t} &= \sum_{i=1}^{n} 2p_i y_i \left[-d_i y_i + \sum_{j=1}^{n} a_{ij} D^+ f_j(x_j(t)) y_j \right] \\
&\leqslant \sum_{i=1}^{n} \left[-2p_i d_i y_i^2 + \sum_{j=1}^{n} 2p_i \, |a_{ij}| \, l_j \, |y_i| \, |y_j| \right] \\
&= - \sum_{i=1}^{n} \sum_{j=1}^{n} 2p_i m_{ij} |y_i| \, |y_j| \\
&= - |y|^{\mathrm{T}} \left(PM + M^{\mathrm{T}} P \right) |y|.
\end{aligned}
\tag{3.2.25}
$$

其中 $|y| = (|y_1|, |y_2|, \cdots, |y_n|)^{\mathrm{T}}$. 由定理的条件可知, (3.2.25) 负定, 所以系统 (3.2.23) 的解是渐近稳定的, 于是

$$
\lim_{t \to \infty} y_i(t) = 0.
$$

又由系统 (3.2.22) 得

$$
\lim_{t \to \infty} \frac{\mathrm{d}x_i(t)}{\mathrm{d}t} = 0.
\tag{3.2.26}
$$

极限集 $\omega(x)$ 是非空集合, $p \in \omega(x)$, 则存在 $\{t_n\}$, 使 $\lim\limits_{n \to \infty} x(t_n) = p$, 于是有

$$
\frac{\mathrm{d}x(t_n)}{\mathrm{d}t} = -Dx(t_n) + Af(x(t_n)) + I.
$$

让 $n \to \infty$, 则有

$$
-Dp + Af(p) + I = 0.
\tag{3.2.27}
$$

这说明 p 是一个平衡点. 定理结论得证.

定理 3.2.10 假如存在对角矩阵 $P = \mathrm{diag}\{p_1, p_2, \cdots, p_n\}$, 使 $Q + Q^{\mathrm{T}}$ 是正定的, 其中 $Q = (q_{ij})$,

$$
q_{ij} = \begin{cases} p_i d_i - p_i |a_{ii}| l_i - \dfrac{1}{2} \displaystyle\sum_{k=1}^{n} (p_i |b_{ik}| l_k + p_k |b_{ki}| l_i), & i = j, \\[2mm] -p_i |a_{ij}| l_j, & i \neq j. \end{cases}
$$

则系统 (3.2.21) 的解是渐近稳定的.

证明 对系统 (3.2.23) 取 Lyapunov 函数

$$
V(t) = \sum_{i=1}^{n} p_i y_i^2 + \sum_{i=1}^{n} \sum_{j=1}^{n} \int_{t-\tau}^{t} p_i |b_{ij}| l_j y_j^2(s) \mathrm{d}s.
\tag{3.2.28}
$$

沿着系统 (3.2.23) 的轨线, $V(t)$ 对时间求导有

$$
\begin{aligned}
\frac{\mathrm{d}V}{\mathrm{d}t} &= \sum_{i=1}^{n} 2p_i y_i \left\{ -d_i y_i + \sum_{j=1}^{n} \left[a_{ij} D^+ f_j(x_j(t)) y_j + b_{ij} D^+ f_j(x_j(t-\tau)) \right] y_j(t-\tau) \right\} \\
&\quad + \sum_{i=1}^{n} \sum_{j=1}^{n} p_i |b_{ij}| l_j \left[y_j^2(t) - y_j^2(t-\tau) \right] \\
&\leqslant \sum_{i=1}^{n} \left\{ -2p_i d_i y_i^2 + \sum_{j=1}^{n} 2p_i l_j \left[|a_{ij}| \, |y_i| \, |y_j| + |b_{ij}| \, |y_i(t)| \, |y_j(t-\tau)| \right] \right\} \\
&\quad + \sum_{i=1}^{n} \sum_{j=1}^{n} p_i |b_{ij}| l_j \left[y_j^2(t) - y_j^2(t-\tau) \right] \\
&\leqslant \sum_{i=1}^{n} \left\{ -2p_i d_i y_i^2 + \sum_{j=1}^{n} \left[2p_i l_j |a_{ij}| \, |y_i| \, |y_j| + p_i l_j |b_{ij}| (y_i^2 + y_j^2) \right] \right\} \\
&= -|y|^{\mathrm{T}} (Q + Q^{\mathrm{T}}) |y| .
\end{aligned}
\tag{3.2.29}
$$

其中 $|y| = (|y_1|, |y_2|, \cdots, |y_n|)^{\mathrm{T}}$, 由定理的条件可知, (3.2.29) 负定, 所以系统 (3.2.21) 的解是渐近稳定的.

考虑具有时滞的细胞神经网络为

$$
\frac{\mathrm{d}x_i(t)}{\mathrm{d}t} = -b_i x_i(t) + \sum_{j=1}^{n} T_{ij} f_j(a_j x_j(t)) + \sum_{j=1}^{n} W_{ij} f_j(a_j x_j(t-\tau_j)) + I_i, \quad i = 1, 2, \cdots, n,
\tag{3.2.30}
$$

式中, n 是网络中神经元的个数; $x_j(t)$ 表示第 j 个神经元在 t 时刻的状态变量; T_{ij} 表示第 j 个神经元在 t 时刻的输出对第 i 个神经元的影响强度; W_{ij} 表示第 j 个神经元在 $t - \tau_j$ 时刻的输出对第 i 个神经元的影响强度; $b_i > 0$ 表示在与神经网络不连通并且无外部附加电压差的情况下第 i 个神经元恢复独立静息状态的速率; I_i 是对第 i 个神经元的偏置; τ_j 是第 j 个神经轴突的传递时滞, 是非负常数; $f_j(a_j x_j(t))$ 表示第 j 个神经元在 t 时刻的输出, 并且 $f_j(j = 1, 2, \cdots, n)$ 满足下列两个条件:

(1) f_j 在 $\mathbf{R}$ 上有界;

(2) 对于 f_j 及任意 $x, y \in \mathbf{R}$, 必存在 $\mu_j > 0$, 使得 $|f_j(x) - f_j(y)| \leqslant \mu_j |x - y|$.

对于方程 (3.2.13) 通常取初值为

$$
x_i(t) = \varphi_i(t), \quad t \in [t_0 - \tau, t_0], \tau = \max_{1 \leqslant i \leqslant n} \tau_i, \quad i = 1, 2, \cdots, n,
$$

式中, $\varphi_i(t)$ 在 $[t_0 - \tau, t_0]$ 上是有界连续函数.

若神经元输出 $f_j(j = 1, 2, \cdots, n)$ 满足条件 (1) 和 (2), 类似由定理 3.2.2 可知, 系统 (3.2.20) 的平衡点存在. 我们将证明 DCNN 式 (3.2.30) 中系统参数: $\mu_j, a_j, T_{ij}, W_{ij}$

满足一定条件时, 网络系统是全局渐近稳定的. 如果网络平衡点全局渐近稳定, 且平衡点唯一, 则网络系统也全局渐近稳定. 因此, 我们将对网络系统全局渐近稳定性的研究转化为对网络系统平衡点全局渐近稳定性的研究. 这种转化过程使问题简单化.

定理 3.2.11 若 DCNN 式 (3.2.30) 满足:

$$\sum_{j=1}^{n} \frac{|T_{ij} + W_{ij}|}{b_i} \mu_j |a_j| < 1, \quad i, j = 1, 2, \cdots, n,$$

则 DCNN 式 (3.2.30) 的平衡点唯一.

证明 设 $x^* = (x_1^*, x_2^*, \cdots, x_n^*)^{\mathrm{T}}$ 和 $y^* = (y_1^*, y_2^*, \cdots, y_n^*)^{\mathrm{T}}$ 都是系统 (3.2.30) 的平衡点, 则

$$x_i^* = \frac{1}{b_i} \left[\sum_{j=1}^{n} T_{ij} f_j(a_j x_j^*) + \sum_{j=1}^{n} W_{ij} f_j(a_j x_j^*) + I_i \right],$$

$$y_i^* = \frac{1}{b_i} \left[\sum_{j=1}^{n} T_{ij} f_j(a_j y_j^*) + \sum_{j=1}^{n} W_{ij} f_j(a_j y_j^*) + I_i \right],$$

$$x_i^* - y_i^* = \frac{1}{b_i} \sum_{j=1}^{n} (T_{ij} + W_{ij})(f_j(a_j x_j^*) - f_j(a_j y_j^*)),$$

$$|x_i^* - y_i^*| \leqslant \sum_{j=1}^{n} \frac{|T_{ij} + W_{ij}|}{b_i} \mu_j |a_j| |x_i^* - y_i^*|.$$

令 $\max\limits_{1 \leqslant i \leqslant n} |x_i^* - y_i^*| = l$, 又因为 $\sum\limits_{j=1}^{n} \dfrac{|T_{ij} + W_{ij}|}{b_i} \mu_j |a_j| < 1$, 于是可推得 $l = 0$, 于是有

$$x_i^* = y_i^*, \quad i = 1, 2, \cdots, n,$$

所以平衡点唯一.

为了叙述方便, 记

$$r_{ij} = \mu_i^{2d_i^{(1)}} |a_i|^{2k_i^{(1)}} |T_{ji}|^{2e_{ji}^{(1)}} + \mu_j^{2d_j^{(2)}} |a_j|^{2k_j^{(2)}} |T_{ij}|^{2e_{ij}^{(2)}} + \mu_i^{2h_i^{(1)}} |a_i|^{2g_i^{(1)}} |W_{ji}|^{2f_{ji}^{(1)}}$$

$$+ \mu_j^{2h_j^{(2)}} |a_j|^{2g_j^{(2)}} |W_{ij}|^{2f_{ij}^{(2)}}$$

且

$$d_i^{(1)} + d_j^{(2)} = 1, \quad k_i^{(1)} + k_j^{(2)} = 1, \quad e_{ji}^{(1)} + e_{ij}^{(2)} = 1,$$
$$h_i^{(1)} + h_j^{(2)} = 1, \quad g_i^{(1)} + g_j^{(2)} = 1, \quad f_{ji}^{(1)} + f_{ij}^{(2)} = 1.$$

定理 3.2.12　若 DCNN(3.2.30) 满足

$$\frac{1}{b_i}\sum_{j=1}^{n} r_{ij} < 2, \quad i = 1, 2, \cdots, n,$$

则 DCNN 式 (3.2.21) 是全局渐近稳定的.

　　证明　由系统 (3.2.13) 存在平衡点, 设平衡点为 $x^* = (x_1^*, x_2^*, \cdots, x_n^*)^{\mathrm{T}}$, 作变量代换

$$y_i(t) = x_i(t) - x_i^*, \quad i = 1, 2, \cdots, n.$$

则系统 (3.2.30) 变为

$$\frac{\mathrm{d}y_i(t)}{\mathrm{d}t} = -b_i y_i(t) + \sum_{j=1}^{n} T_{ij}[f_j(a_j(x_j^* + y_j(t))) - f_j(a_j x_j^*)]$$

$$+ \sum_{j=1}^{n} W_{ij}[f_j(a_j(x_j^* + y_j(t - \tau_j))) - f_j(a_j x_j^*)]. \tag{3.2.31}$$

显然 $(0, 0, \cdots, 0)^{\mathrm{T}}$ 是系统 (3.2.31) 的平衡点, 欲证 x^* 是 DCNN 的全局渐近稳定解, 只需证系统 (3.2.31) 的零解是系统 (3.2.31) 的全局渐近稳定平衡解即可.

　　设 Lyapunov 函数为

$$V(t) = V(y(t)) = \sum_{i=1}^{n}\left[y_i^2(t) + \sum_{j=1}^{n} \mu_j^{2h_j^{(1)}} |a_j|^{2g_j^{(1)}} |W_{ij}|^{2f_{ij}^{(1)}} \int_{t-\tau_j}^{t} y_i^2(s)\mathrm{d}s \right]. \tag{3.2.32}$$

$V(t)$ 沿系统 (3.2.31) 求导数, 并利用 $|f_j(x) - f_j(y)| \leqslant \mu_j |x - y|$, 可得

$$\frac{\mathrm{d}V}{\mathrm{d}t} = \sum_{i=1}^{n}\left[2y_i(t)\frac{\mathrm{d}y_i(t)}{\mathrm{d}t} + \sum_{j=1}^{n} \mu_j^{2h_j^{(1)}} |a_j|^{2g_j^{(1)}} |W_{ij}|^{2f_{ij}^{(1)}} (y_j^2(t) - y_j^2(t - \tau_j)) \right]$$

$$= \sum_{i=1}^{n}\left\{ 2y_i(t)\left\{ -b_i y_i(t) + \sum_{j=1}^{n} T_{ij}[f_j(a_j(x_j^* + y_j(t)) - f_j(a_j x_j^*)] \right.\right.$$

$$\left. + \sum_{j=1}^{n} W_{ij}[f_j(a_j(x_j^* + y_j(t - \tau_j))) - f_j(a_j x_j^*)] \right\}$$

$$\left. + \sum_{j=1}^{n} \mu_j^{2h_j^{(1)}} |a_j|^{2g_j^{(1)}} |W_{ij}|^{2f_{ij}^{(1)}} (y_j^2(t) - y_j^2(t - \tau_j)) \right\}$$

$$\leqslant \sum_{i=1}^{n}\left[-2b_i y_i^2(t) + 2\sum_{j=1}^{n} |T_{ij}| |a_j|\mu_j |y_j(t)| |y_i(t)| \right.$$

$$\left. + 2\sum_{j=1}^{n} |W_{ij}| |a_j|\mu_j |y_j(t - \tau_j)| |y_i(t)| \right.$$

$$+ \sum_{j=1}^{n} \mu_j^{2h_j^{(1)}} |a_j|^{2g_j^{(1)}} |W_{ij}|^{2f_{ij}^{(1)}} (y_j^2(t) - y_j^2(t - \tau_j)) \Big]$$

$$= \sum_{i=1}^{n} \Big[-2b_i y_i^2(t) + 2 \sum_{j=1}^{n} \Big(\mu_j^{d_j^{(1)}} |a_j|^{k_j^{(1)}} |T_{ij}|^{e_{ij}^{(1)}} |y_j(t)| \Big) \Big(\mu_j^{d_j^{(2)}} |a_j|^{k_j^{(2)}} |T_{ij}|^{e_{ij}^{(2)}} |y_i(t)| \Big)$$

$$+ 2 \sum_{j=1}^{n} \Big(\mu_j^{h_j^{(1)}} |a_j|^{g_j^{(1)}} |W_{ij}|^{f_{ij}^{(1)}} |y_j(t - \tau_j)| \Big) \Big(\mu_j^{h_j^{(2)}} |a_j|^{g_j^{(2)}} |W_{ij}|^{f_{ij}^{(2)}} |y_i(t)| \Big)$$

$$+ \sum_{j=1}^{n} \mu_j^{2h_j^{(1)}} |a_j|^{2g_j^{(1)}} |W_{ij}|^{2f_{ij}^{(1)}} (y_j^2(t) - y_j^2(t - \tau_j)) \Big].$$

利用不等式 $2ab \leqslant a^2 + b^2$, 可得

$$\frac{dV}{dt} \leqslant \sum_{i=1}^{n} \Big\{ -2b_i y_i^2(t) + \sum_{j=1}^{n} \Big[\Big(\mu_j^{d_j^{(1)}} |a_j|^{k_j^{(1)}} |T_{ij}|^{e_{ij}^{(1)}} |y_j(t)| \Big)^2$$

$$+ \Big(\mu_j^{d_j^{(2)}} |a_j|^{k_j^{(2)}} |T_{ij}|^{e_{ij}^{(2)}} |y_i(t)| \Big)^2 \Big]$$

$$+ \sum_{j=1}^{n} \Big[\Big(\mu_j^{h_j^{(1)}} |a_j|^{g_j^{(1)}} |W_{ij}|^{f_{ij}^{(1)}} |y_j(t - \tau_j)| \Big)^2$$

$$+ \Big(\mu_j^{h_j^{(2)}} |a_j|^{g_j^{(2)}} |W_{ij}|^{f_{ij}^{(2)}} |y_i(t)| \Big)^2 \Big]$$

$$+ \sum_{j=1}^{n} \mu_j^{2h_j^{(1)}} |a_j|^{2g_j^{(1)}} |W_{ij}|^{2f_{ij}^{(1)}} (y_j^2(t) - y_j^2(t - \tau_j)) \Big\}$$

$$= \sum_{i=1}^{n} [-2b_i y_i^2(t)] + \sum_{i=1}^{n} \sum_{j=1}^{n} \Big[\mu_j^{2d_j^{(1)}} |a_j|^{2k_j^{(1)}} |T_{ij}|^{2e_{ij}^{(1)}} y_j^2(t) \Big]$$

$$+ \sum_{i=1}^{n} \sum_{j=1}^{n} \Big[\mu_j^{2d_j^{(2)}} |a_j|^{2k_j^{(2)}} |T_{ij}|^{2e_{ij}^{(2)}} y_i^2(t) \Big]$$

$$+ \sum_{i=1}^{n} \sum_{j=1}^{n} \Big[\mu_j^{2h_j^{(1)}} |a_j|^{2g_j^{(1)}} |W_{ij}|^{2f_{ij}^{(1)}} y_j^2(t) \Big]$$

$$+ \sum_{i=1}^{n} \sum_{j=1}^{n} \Big[\mu_j^{2d_j^{(2)}} |a_j|^{2k_j^{(2)}} |W_{ij}|^{2e_{ij}^{(2)}} y_i^2(t) \Big]$$

$$= \sum_{i=1}^{n} [-2b_i y_i^2(t)] + \sum_{j=1}^{n} \sum_{i=1}^{n} \Big[\mu_i^{2d_i^{(1)}} |a_i|^{2k_i^{(1)}} |T_{ji}|^{2e_{ji}^{(1)}} y_i^2(t) \Big]$$

$$+ \sum_{i=1}^{n} \sum_{j=1}^{n} \Big[\mu_j^{2d_j^{(2)}} |a_j|^{2k_j^{(2)}} |T_{ij}|^{2e_{ij}^{(2)}} y_i^2(t) \Big]$$

$$+ \sum_{j=1}^{n} \sum_{i=1}^{n} \left[\mu_i^{2h_i^{(1)}} |a_i|^{2g_i^{(1)}} |W_{ji}|^{2f_{ji}^{(1)}} y_i^2(t) \right]$$

$$+ \sum_{i=1}^{n} \sum_{j=1}^{n} \left[\mu_j^{2d_j^{(2)}} |a_j|^{2k_j^{(2)}} |W_{ij}|^{2e_{ij}^{(2)}} y_i^2(t) \right]$$

$$= \sum_{i=1}^{n} \left\{ -2b_i + \sum_{j=1}^{n} \left[\mu_i^{2d_i^{(1)}} |a_i|^{2k_i^{(1)}} |T_{ji}|^{2e_{ji}^{(1)}} + \mu_j^{2d_j^{(2)}} |a_j|^{2k_j^{(2)}} |T_{ij}|^{2e_{ij}^{(2)}} \right] \right.$$

$$\left. + \sum_{j=1}^{n} \left[\mu_i^{2h_i^{(1)}} |a_i|^{2g_i^{(1)}} |W_{ji}|^{2f_{ji}^{(1)}} + \mu_j^{2d_j^{(2)}} |a_j|^{2k_j^{(2)}} |W_{ij}|^{2e_{ij}^{(2)}} \right] \right\} y_i^2(t)$$

$$= \sum_{i=1}^{n} \left[-2b_i + \sum_{j=1}^{n} r_{ij} \right] y_i^2(t) = - \sum_{i=1}^{n} \left[2b_i - \sum_{j=1}^{n} r_{ij} \right] y_i^2(t). \tag{3.2.33}$$

由

$$\frac{1}{b_i} \sum_{j=1}^{n} r_{ij} < 2,$$

有

$$\min_{1 \leqslant i \leqslant n} \left[2b_i - \sum_{j=1}^{n} r_{ij} \right] = r > 0,$$

$$\frac{\mathrm{d}V}{\mathrm{d}t} + r \sum_{i=1}^{n} y_i^2(t) \leqslant \frac{\mathrm{d}V}{\mathrm{d}t} + \sum_{i=1}^{n} \left[2b_i - \sum_{j=1}^{n} r_{ij} \right] y_i^2(t) \leqslant 0.$$

两边积分得

$$V(y(t)) + r \int_0^t \sum_{i=1}^{n} y_i^2(s)\mathrm{d}s \leqslant V(y(0)),$$

对任意 $t \geqslant 0$ 均有

$$\int_0^t \sum_{i=1}^{n} y_i^2(t)\mathrm{d}t < \infty,$$

于是有

$$\int_0^{+\infty} \sum_{i=1}^{n} y_i^2(t)\mathrm{d}t < \infty.$$

又由系统 (3.2.30) 可知, 它的任意解都满足微分不等式

$$-b_i x_i(t) - \beta_i \leqslant \frac{\mathrm{d}x_i(t)}{\mathrm{d}t} \leqslant -b_i x_i(t) + \beta_i,$$

式中 $\beta_i = \sum_{j=1}^{n} (|T_{ij} + W_{ij}|) \sup_{s \in R} |f_i(s)| + I_i$. 由上述不等式知, $x_i(t)$ 在 $(0, \infty)$ 上有

界, 因此 $y_i(t), y_i'(t)$ 在 $(0, \infty)$ 上也有界, 故 $y_i(t), y_i^2(t)$ 在 $(0, \infty)$ 上一致连续, 从而 $\sum\limits_{i=1}^{n} y_i^2(t)$ 在 $(0, \infty)$ 上一致连续, 利用 Barbalat 定理可以得到

$$\lim_{t \to \infty} \sum_{i=1}^{n} y_i^2(t) = 0.$$

由此得出, 系统 (3.2.31) 的零解是全局渐近稳定的, 因此, 系统 (3.2.30) 的平衡点是全局渐近稳定的, 所以 DCNN(3.2.30) 是全局渐近稳定的.

3.2.3 无时滞细胞神经网络的周期解及稳定性

下面简单介绍细胞神经网络周期解的存在性. 在分析系统周期解的存在性之前, 先讨论一下系统区域的稳定性. 设 $\&_r (r = 1, 2, \cdots, 3^{MN})$ 为按 3.2.1 介绍的方法将 R^{MN} 划分为 3^{MN} 个不同的区域, 它们的维数都仍为 MN, 设 x^* 为式 (3.2.6) 的平衡位置, $x^* \in \&_{r_0}$ 且为 $\&_{r_0}$ 的内点, 因此存在包含 x^* 的一个邻域, 使它含在 $\&_{r_0}$ 内部, 令 $G \doteq \left\{ x : \sum\limits_{i=1}^{MN} (x_i - x_i^*)^2 < \delta^2 \right\} \subset \&_{r_0}$ 内的最大超球, 现在 x^* 的充分小的邻域内改写式 (3.2.6) 为

$$C \frac{\mathrm{d}(x_i - x_i^*)}{\mathrm{d}t} = -\frac{1}{R_x}(x_i - x_i^*) + \sum_{j=1}^{MN} a_{ij} \sigma_j(x_j^*)(f_j(x_j) - f_j(x_j^*))$$

$$+ \sum_{j=1}^{MN} a_{ij}(\omega_j(x_j) - \omega_j(x_j^*))$$

$$= -\frac{1}{R_x}(x_i - x_i^*) + \sum_{j=1}^{MN} a_{ij} \sigma_j(x_j^*)(x_j - x_j^*). \tag{3.2.34}$$

定理 3.2.13 设 $x = x^* \in \&_{r_0}$ 且为 $\&_{r_0}$ 的内点和系统 (3.2.6) 的平衡位置, 则

(1) 当且仅当 $L \doteq \left[\mathrm{diag}\left(-\frac{1}{R_x}, \cdots, -\frac{1}{R_x} \right) + (a_{ij}\sigma_j(x_j^*)) \right]_{MN \times MN}$ 为 Hurwitz 矩阵, $x = x^*$ 是渐近稳定的, G 是一个吸收区域;

(2) 当且仅当 L 无正实部特征值 (若有零实部特征值, 则它只对应于 L 的简单初等因子), $x = x^*$ 是稳定的且非渐近稳定的;

(3) 当且仅当 (1), (2) 不满足, $x = x^*$ 是不稳定的.

证明 因式 (3.2.6) 的平衡位置 $x = x^*$ 的局部稳定性等价于式 (3.2.34) 的零解的局部稳定性, 而系统 (3.2.42) 在 $\&_{r_0}$ 内是定常线性方程组, 故可知结论 (1), (2), (3) 皆真, 我们仅需补证结论 (1) 中关于吸收区域的估计. 因为 L 为 Hurwitz 阵, 故

Lyapunov 矩阵方程

$$KL + L^{\mathrm{T}}K = -E, \quad E \text{ 为} MN \times MN \text{单位矩阵}, \tag{3.2.35}$$

有对称正定矩阵解 K, 对于系统 (3.2.42), 构造 Lyapunov 函数

$$w(x) = C(x - x^*)^{\mathrm{T}}K(x - x^*). \tag{3.2.36}$$

设 λ 为矩阵 K 的最小特征值, 则对 $x \neq x^*$, 有

$$w(x) = C(x - x^*)^{\mathrm{T}}K(x - x^*) \geqslant \lambda C \sum_{i=1}^{MN} (x_i - x_i^*)^2 > 0, \tag{3.2.37}$$

$w(x)$ 沿系统 (3.2.34) 的解求导, 有

$$\left.\frac{\mathrm{d}w(x)}{\mathrm{d}t}\right|_{(3.2.34)} = (x - x^*)^{\mathrm{T}} \left(KL + L^{\mathrm{T}}K\right)(x - x^*)$$

$$= -(x - x^*)^{\mathrm{T}} E (x - x^*) = -\sum_{i=1}^{MN} (x_i - x_i^*)^2, \tag{3.2.38}$$

即 $w(x)$ 在 G 内正定, $\left.\dfrac{\mathrm{d}w}{\mathrm{d}t}\right|_{(3.2.37)}$ 在 G 内负定, 而 $G \subset \&_{r_0}$, 故 G 为一吸引区域, 证毕.

推论 3.2.3 设 $x = x^* \in \&_{r_0}$ 为 CNN(3.2.6) 的平衡点, 且为 $\&_{r_0}$ 的内点, 若存在正定矩阵 $P = \mathrm{diag}\,(p_1, \cdots, p_{MN})$ 使得 $PL + L^{\mathrm{T}}P$ 负定, 则 $x = x^*$ 渐近稳定, 吸引域为 G; 若 $PL + L^{\mathrm{T}}P$ 半负定, 则 $x = x^*$ 稳定.

证明 对式 (3.2.34), 构造 Lyapunov 函数

$$w(x) = C(x - x^*)^{\mathrm{T}}P(x - x^*). \tag{3.2.39}$$

我们有

$$\left.\frac{\mathrm{d}w(x)}{\mathrm{d}t}\right|_{(3.2.34)} = (x - x^*)^{\mathrm{T}} \left(PL + L^{\mathrm{T}}P\right)(x - x^*). \tag{3.2.40}$$

故 $w(x)$ 在 G 内正定, 当 $PL + L^{\mathrm{T}}P$ 负定 (半负定) 时, $\left.\dfrac{\mathrm{d}w}{\mathrm{d}t}\right|_{(3.2.34)}$ 在 G 内负定 (半负定), 从而推论 3.2.3 成立.

推论 3.2.4 设 CNN(3.2.6) 的平衡 $x = x^* \in \&_{r_0}$, 且为 $\&_{r_0}$ 的内点,

$$|L| = \left[\mathrm{diag}\left(-\frac{1}{R_x} + a_{11}\sigma_1(x_1^*), \cdots, -\frac{1}{R_x} + a_{MN\ MN}(x_{MN}^*)\right)\right]_{MN \times MN}$$

$$- [(1 - \delta_{ij})\,|a_{ij}\sigma_i(x_j*)|]_{MN \times MN}$$

为 M 矩阵, 则

(1) $-\dfrac{1}{R_x} + a_{ij}\sigma_i(x*_i) < 0,\ i = 1, 2, \cdots, MN$ 蕴含 CNN(3.2.6) 的平衡位置 $x = x^*$ 渐近稳定, G 为一个吸引区域;

(2) 至少有某 i_0 使

$$-\frac{1}{R_x} + a_{i_0}i_0\sigma_{i_0}(x_{i_0}^*) > 0,$$

则 CNN(3.2.6) 的平衡 $x = x^*$ 不稳定.

证明 由 M 矩阵的性质可知 (1), (2) 分别蕴含着矩阵 L 稳定和 L 至少有一正实部特征值, 对于 $\&_r\ (r = 1, 2, \cdots, 3^{MN})$ 中的某些特殊区域中的 CNN(3.2.6) 的平衡位置, 能根据系数直接判断其稳定性, 分 $\&_r\ (r = 1, 2, \cdots, 3^{MN})$ 为四类区域:

第 1 类: 每个 $|x_i| \geqslant 1\ (i = 1, 2, \cdots, MN)$, 这类区域共有 2^{MN} 个, 记为甲类: $\&_1^{(1)}, \cdots, \&_{2^{MN}}^{(1)}$;

第 2 类: 有且仅有一个 $|x_i| < 1$, 其他的 $|x_j| \geqslant 1$, 这类区域共有 $MN \cdot 2^{MN-1}$ 个, 记为乙类: $\&_1^{(2)}, \cdots, \&_{MN \cdot 2^{MN}}^{(2)}$;

第 3 类: 有且仅有两个 $|x_i| < 1$, $|x_j| < 1$, 其他的 $|x_k| \geqslant 1$, $k \neq i$, $k \neq j$, $k = 1, 2, \cdots, MN$, 这类区域共有 $C_{MN}^2 \cdot 2^{MN-2}$, 记为丙类 $\&_1^{(3)}, \cdots, \&_{C_{MN}^2 \cdot 2^{MN-2}}^{(3)}$;

第 4 类: 除甲、乙、丙三类以外的区域, 记为丁类: $\&_r^{(4)}(1 \leqslant r \leqslant 3^{MN} - 2^{MN} - MN \cdot 2^{MN-1} - C_{MN}^2 \cdot 2^{MN-2})$.

定理 3.2.14 (1) CNN(3.2.6) 在甲类区域中的所有平衡点 $x = x^*$, 不论是 $\&_r^{(1)}$ 中的内点或边界点 $(r = 1, 2, \cdots, 2^{MN})$ 都是渐近稳定的, 且 $\&_r^{(1)}$ 本身就是吸引区域;

(2) 在甲类区域 $\&_r^{(1)}$ 中不存在周期解;

(3) 若甲类区域内 $\&_r^{(1)}$ 不存在 CNN(3.2.6) 的平衡点, 则过此区域的初始值的解总要越过此区域的有限边界而进入其他区域.

证明 (1) 设 $x = x^* \in \&_{r_0}^{(1)}$ 是 CNN(3.2.6) 之平衡, 故

$$a_{ij}\sigma_{ij}(x_j^*) = 0, \quad 1 \leqslant i \leqslant MN, 1 \leqslant j \leqslant MN.$$

从而式 (3.2.34) 变为

$$C\frac{\mathrm{d}(x_i - x_i^*)}{\mathrm{d}t} = -\frac{1}{R_x}(x_i - x_i^*), \quad i = 1, 2, \cdots, MN. \tag{3.2.41}$$

构造 Lyapunov 函数

$$w(x) = \frac{R_x C}{2} \sum_{i=1}^{MN} (x_i - x_i^*)^2, \tag{3.2.42}$$

便有

$$\frac{\mathrm{d}w(x)}{\mathrm{d}t}\bigg|_{(3.2.41)} = -\sum_{i=1}^{MN}(x_i - x_i^*)^2. \tag{3.2.43}$$

在 $\&_{r_0}^{(1)}$ 内, $w(x)$ 正定, $\dfrac{\mathrm{d}w(x)}{\mathrm{d}t}$ 负定, 故 $x = x^*$ 渐近稳定且 $\&_{r_0}$ 为吸引区域.

(2) 由于 (1) 成立, 故 (2) 是显然的.

(3) 由定理 3.2.14, 过 $\&_{r_0}^{(1)}$ 内初始值的解不可能趋于无穷, 又在 $\&_{r_0}^{(1)}$ 不存在平衡点, 故解不可能在 $\&_{r_0}^{(1)}$ 内休止, 而 (2) 式是线性组, 根据微分方程解的无限延拓性, 解必然要越过 $\&_{r_0}$ 的有界边界而进入其他区域.

定理 3.2.15　设 CNN(3.2.6) 的平衡点 $x = x^* \in \&_{r_0}^{(2)}$, 且为内点, 不失一般性

$$\&_{r_0}^{(2)} = \{ x \mid |x_1| < 1, x_j \geqslant 1, j = 2, 3, \cdots, MN \},$$

则:

(1) $x = x^*$ 渐近稳定的充要条件是 $\dfrac{1}{R_x} > q_{11}$, 当条件满足时,

$$G \doteq \left\{ x : \sum_{i=1}^{MN}(x_i - x_i^*)^2 < \sigma^2 \right\} \subset \&_{r_0}^{(2)}$$

为一个吸引区域;

(2) $x = x^*$ 稳定而非渐近稳定的充要条件是 $\dfrac{1}{R_x} = a_{11}$;

(3) $x = x^*$ 不稳定的充要条件是 $\dfrac{1}{R_x} < a_{11}$.

证明　根据 $\&_{r_0}^{(2)}$ 的定义, 我们有

$$\begin{aligned}
L &\doteq \left[\mathrm{diag}\left(-\frac{1}{R_x}, \cdots, -\frac{1}{R_x} \right) + (a_{ij}\sigma_j(x_j^*)) \right]_{MN \times MN} \\
&= \begin{pmatrix}
-\dfrac{1}{R_x} + a_{11} & 0 & \cdots & 0 \\
a_{21} & -\dfrac{1}{R_x} & & \vdots \\
\vdots & & & \\
a_{MN,1} & 0 & \cdots & -\dfrac{1}{R_x}
\end{pmatrix}_{MN \times MN}.
\end{aligned} \tag{3.2.44}$$

Hurwitz 矩阵的充要条件为: L 没有正实部特征值的充要条件 $\dfrac{1}{R_x} \geqslant a_{11}$ 是当且仅当 $\dfrac{1}{R_x} = a_{11}$, L 有零特征值, 但对应于 L 的简单初等因子; L 有正实部特征值的充要条件是 $\dfrac{1}{R_x} < a_{11}$, 故根据定理 3.2.14, 结论成立.

定理 3.2.16　若矩阵

$$
L^* = \frac{1}{C}\begin{pmatrix}
-\dfrac{1}{R_x}+a_{11} & a_{12} & \cdots & a_{1l} \\[2mm]
a_{21} & -\dfrac{1}{R_x}+a_{22} & \cdots & a_{2l} \\[2mm]
\vdots & \vdots & & \vdots \\[2mm]
a_{l1} & a_{l2} & \cdots & -\dfrac{1}{R_x}+a_{ll}
\end{pmatrix}_{l\times l}. \tag{3.2.45}
$$

仅有单纯虚特征值, 特征值 $\lambda_1,\cdots,\lambda_l$ 均不同, 则 CNN(1) 在 $\&^*$ 的内点 x^* 附近, 存在 l 维周期解流形, 过点 x^* 的 MN 维邻域内的任意始值 x_0 的解, 必趋于 l 维流形中的一个周期解.

证明　在 $\&^*$ 内, 式 (3.2.34) 能改写为下列形式:

$$
\frac{\mathrm{d}}{\mathrm{d}t}\begin{pmatrix}x_1-x_1^*\\x_2-x_2^*\\\vdots\\x_l-x_l^*\end{pmatrix}=\frac{1}{C}\begin{pmatrix}
-\dfrac{1}{R_x}+a_{11} & a_{12} & \cdots & a_{1l} \\[2mm]
a_{21} & -\dfrac{1}{R_x}+a_{22} & \cdots & a_{2l} \\[2mm]
\vdots & \vdots & & \vdots \\[2mm]
a_{l1} & a_{l2} & \cdots & -\dfrac{1}{R_x}+a_{ll}
\end{pmatrix}_{l\times l}\begin{pmatrix}x_1-x_1^*\\x_2-x_2^*\\\vdots\\x_l-x_l^*\end{pmatrix},
\tag{3.2.46}
$$

$$
\frac{\mathrm{d}}{\mathrm{d}t}\begin{pmatrix}x_{l+1}-x_{l+1}^*\\\vdots\\x_{MN}-x_{MN}^*\end{pmatrix}=\frac{1}{C}\begin{pmatrix}
a_{l+1,1} & \cdots & a_{l+1,l} \\
\vdots & & \vdots \\
a_{MN,1} & \cdots & a_{MN,l}
\end{pmatrix}\begin{pmatrix}x_1-x_1^*\\\vdots\\x_l-x_l^*\end{pmatrix}
$$

$$
+\frac{1}{C}\begin{pmatrix}
-\dfrac{1}{R_x} & 0 & \cdots & 0 \\[2mm]
0 & -\dfrac{1}{R_x} & \cdots & 0 \\[2mm]
\vdots & \vdots & & \vdots \\[2mm]
0 & 0 & \cdots & -\dfrac{1}{R_x}
\end{pmatrix}\begin{pmatrix}x_{l+1}-x_{l+1}^*\\\vdots\\x_{MN}-x_{MN}^*\end{pmatrix}. \tag{3.2.47}
$$

设 L^* 有 l 个互不相同的纯特征值 $\lambda_1,\cdots,\lambda_l$, 则矩阵函数

$$
\Phi(t)=\{\mathrm{e}^{\lambda_1 t}(r_1-x^*),\mathrm{e}^{\lambda_2 t}(r_2-x^*),\cdots,\mathrm{e}^{\lambda_3 t}(r_3-x^*)\} \tag{3.2.48}
$$

是式 (3.2.46) 的基解矩阵, 其中 r_i-x^* 是 L^* 的与 λ_i 相应的特征向量, 故式 (3.2.46) 的通解为

$$\begin{pmatrix} x_1 - x_1^* \\ \vdots \\ x_l - x_l^* \end{pmatrix} = \sum_{i=1}^{l} p_i e^{\lambda_i t}(r_i - x^*), \quad p_i 为任意常数. \tag{3.2.49}$$

显然, 它是 L 维周期流形, 这里 $x^* = (x_1^*, \cdots, x_l^*)^{\mathrm{T}}$, 式 (3.2.44) 的通解可表示为

$$\begin{pmatrix} x_{l+1} - x_{l+1}^* \\ \vdots \\ x_{MN} - x_{MN}^* \end{pmatrix} = \exp \begin{pmatrix} -\dfrac{1}{R_x} & 0 & \cdots & 0 \\ 0 & & & 0 \\ \vdots & & \ddots & \vdots \\ 0 & 0 & \cdots & -\dfrac{1}{R_x} \end{pmatrix} t \cdot \begin{pmatrix} x_{l+1}^{(0)} - x_{l+1}^* \\ \vdots \\ x_{l+1}^{(0)} - x_{l+1}^* \end{pmatrix}$$

$$+ \int_0^t \exp \begin{pmatrix} -\dfrac{1}{R_x} & 0 & \cdots & 0 \\ 0 & & & 0 \\ \vdots & & \ddots & \vdots \\ 0 & 0 & \cdots & -\dfrac{1}{R_x} \end{pmatrix} (t-\tau) \cdot \sum_{i=1}^{l} p_i e^{\lambda_i \tau}(r_i - r_i^*) \mathrm{d}\tau. \tag{3.2.50}$$

式 (3.2.41) 的一特解为

$$\begin{pmatrix} x_{l+1} - x_{l+1}^* \\ \vdots \\ x_{MN} - x_{MN}^* \end{pmatrix} = \int_0^t \exp \begin{pmatrix} -\dfrac{1}{R_x} & 0 & \cdots & 0 \\ 0 & & & 0 \\ \vdots & & \ddots & \vdots \\ 0 & 0 & \cdots & -\dfrac{1}{R_x} \end{pmatrix} (t-\tau) \cdot \sum_{i=1}^{l} p_i e^{\lambda_i \tau}(r_i - r_i^*) \mathrm{d}\tau. \tag{3.2.51}$$

易证此特解为周期解, 且当始值式 (3.2.50) 以式 (3.3.51) 为其极限时, 就完成了定理的证明.

下面来看一个例题:

例 3.2.1　考虑 CNN 系统

$$\begin{pmatrix} \dfrac{\mathrm{d}x_1}{\mathrm{d}t} \\ \dfrac{\mathrm{d}x_2}{\mathrm{d}t} \\ \dfrac{\mathrm{d}x_3}{\mathrm{d}t} \end{pmatrix} = \begin{pmatrix} -\dfrac{1}{4} & 0 & 0 \\ 0 & -\dfrac{1}{4} & 0 \\ 0 & 0 & -\dfrac{1}{4} \end{pmatrix} \begin{pmatrix} x_1 \\ x_2 \\ x_3 \end{pmatrix}$$

$$
+ \begin{pmatrix} \dfrac{1}{4} & \dfrac{1}{4} & \dfrac{1}{5} \\ -\dfrac{1}{4} & \dfrac{1}{4} & \dfrac{1}{5} \\ \dfrac{1}{5} & \dfrac{1}{3} & 0 \end{pmatrix} \begin{pmatrix} |x_1+1| - |x_1-1| \\ |x_2+1| - |x_2-1| \\ |x_3+1| - |x_3-1| \end{pmatrix}
$$

$$
- \dfrac{1}{8} \begin{pmatrix} \dfrac{2}{10} & \dfrac{3}{10} & \dfrac{5}{10} \\ \dfrac{4}{10} & \dfrac{4}{10} & \dfrac{2}{10} \\ \dfrac{8}{10} & \dfrac{8}{6} & \dfrac{-24}{5} \end{pmatrix} \begin{pmatrix} 1 \\ 1 \\ 1 \end{pmatrix} - \begin{pmatrix} \dfrac{1}{5} \\ \dfrac{1}{5} \\ \dfrac{1}{5} \end{pmatrix}.
$$

对于由 $x_i < 1, x_i < -1, x_i > 1, x_i > -1, x_i \leqslant 1, x_i \leqslant -1, x_i \geqslant 1, x_i \geqslant -1$, 以及 $|x_i| < 1$, 或 $|x_i| \leqslant 1$, 或 $|x_i| > 1$, 或 $|x_i| \geqslant 1, i = 1, 2, 3$ 所构成的 27 个区域, 可在 27 个区域 $\&_i (i = 1, \cdots, 27)$ 内分别求出平衡位置 (或伪平衡位置), 并可以求出 $\&_i$ 与

$$
L \doteq \begin{pmatrix} -\dfrac{1}{R_x} & 0 & 0 \\ 0 & -\dfrac{1}{R_x} & 0 \\ 0 & 0 & -\dfrac{1}{R_x} \end{pmatrix} + (a_{ij}\sigma_{ij}(x_j^*))_{3\times 3} \text{ 的对应关系以及根据 } L \text{ 来判定其}
$$

平衡点的稳定性.

例如, 在 $\&_{r_0} \doteq \{x \mid |x_1| < 1, |x_2| < 1, x_3 \geqslant 1\}$ 内, 解方程组

$$
\begin{pmatrix} 0 & \dfrac{1}{4} & 0 \\ -\dfrac{1}{4} & 0 & 0 \\ \dfrac{1}{5} & \dfrac{1}{3} & -\dfrac{1}{4} \end{pmatrix} \begin{pmatrix} x_1 \\ x_2 \\ x_3 \end{pmatrix} = \begin{pmatrix} \dfrac{1}{8} \\ \dfrac{1}{8} \\ -\dfrac{2}{5} \end{pmatrix}.
$$

求得 $\begin{cases} x_1 = -\dfrac{1}{2} \\ x_2 = \dfrac{1}{2} \\ x_3 = \dfrac{4}{3} \end{cases}$ 为平衡点. $\&_{r_0}$ 对应的 $L_2 = \begin{pmatrix} 0 & \dfrac{1}{4} & 0 \\ -\dfrac{1}{4} & 0 & 0 \\ \dfrac{1}{5} & \dfrac{1}{3} & -\dfrac{1}{4} \end{pmatrix}$ 有三个特征值

$\lambda_1 = \dfrac{1}{4}i, \lambda_2 = -\dfrac{1}{4}i, \lambda_3 = -\dfrac{1}{4}$, 故在 $\&_{r_0}$ 内部点 $\left(-\dfrac{1}{2}, \dfrac{1}{2}, \dfrac{3}{4}\right)$ 的邻域与平面 $x_3 = \dfrac{4}{3}$

的交集内存在一个二维周期轨道流形簇. 每一个解以一个周期轨道为极限轨道 (ω 极限集), 如图 3.2.3 所示.

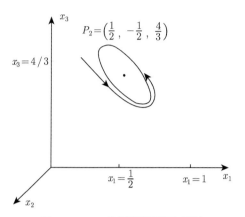

图 3.2.3　二维周期流形示意图

$$\rho_2 \subset D_2 = \{x|\,|x_1| < 1, |x_2| < 1, x_3 \geqslant 1\}$$

3.2.4　有时滞细胞神经网络的周期解及稳定性

下面简单介绍具有时滞的细胞神经网络周期解存在性和平凡解的稳定性问题. 利用 Lyapunov 函数法并结合不等式分析技巧, 证明时滞细胞神经网络的解是有界的, 然后建立时滞细胞神经网络的周期解的存在准则, 最后在时滞细胞神经网络有平衡点时给出了神经网络系统的平衡点指数稳定的充分条件.

考虑如下具有时滞的细胞神经网:

$$C\frac{\mathrm{d}x_i(t)}{\mathrm{d}t} = -\frac{1}{R}x_i(t) + \sum_{j=1}^{N}[a_{ij}(t)f(x_j(t)) + b_{ij}(t)f(x_j(t - \tau_{ij}(t))) + E_{ij}(t)] + I_i(t),$$

$$t \geqslant 0, i = 1, 2, \cdots, N. \tag{3.2.52}$$

其中, N 为神经元的个数; $C > 0$, $R > 0$ 为电容和电阻, 它们都是常数; $x_i(t)$ 表示第 i 个神经元在 t 时刻的状态变量; $f(x_j(t))$ 表示第 j 个神经元在 t 时刻的输出, 由式 (3.2.34) 的分段线性函数来刻画, $a_{ij}(t)$, $b_{ij}(t)$, $E_{ij}(t)$ 和 $I_i(t)$ 均为连续且以 $\omega(\omega > 0)$ 为周期的周期函数, 因而有

$$|a_{ij}(t)| \leqslant a_{ij}, \quad |b_{ij}(t)| \leqslant b_{ij}, \quad |E_{ij}(t)| \leqslant E_{ij}, \quad |I_i(t)| \leqslant I_i,$$

$$t \geqslant 0, i = 1, 2, \cdots, N.$$

其中, $a_{ij}(t)$, $b_{ij}(t)$, $E_{ij}(t)$ 和 $I_i(t)(i, j = 1, 2, \cdots, N)$ 均为非负常数; $\tau_{ij} : \mathbf{R}^+ \to \mathbf{R}^+$ 是连续函数, 并且有 $0 < \tau_{ij}(t) < \tau(i, j = 1, 2, \cdots, N)$, 其中 τ 为常数. 对任意 $t_0 \geqslant 0$, 我们假设 CNN(3.2.52) 满足的初始条件为

$$x_i(t) = \varphi_i(t), \quad t_0 - \tau \leqslant t \leqslant t_0, i = 1, 2, \cdots, N.$$

其中 $\varphi_i(t)(i = 1, 2, \cdots, N)$ 在 $[t_0 - \tau, t_0]$ 上连续, 并且满足

$$\|\varphi\|_{t_0} = \max_{1 \leqslant i \leqslant N} \sup_{-\tau \leqslant \theta \leqslant 0} |\varphi_i(t_0 + \theta)|.$$

考虑如下泛函微分方程

$$\frac{\mathrm{d}x(t)}{\mathrm{d}t} = f(t, x_t), \tag{3.2.53}$$

其中 $f : \mathbf{R} \times C \to \mathbf{R}^n$ 是连续的映射, $C = C([-\tau, 0], \mathbf{R}^n)$. 对 $\forall (t_0, \varphi) \in \mathbf{R} \times C$, 我们使用 $x(t, t_0, \varphi)$ 来表示系统 (3.3.24) 过 (t_0, φ) 的解.

定义 3.2.3 如果对 $\forall B_1 > 0, \exists B_2 > 0, \forall t_0 \geqslant 0$, 使得对所有的 φ 满足 $\|\varphi\| < B_1$, 当 $\forall t \geqslant t_0$ 时, 有

$$\|x(t, t_0, \varphi)\| < B_2,$$

则称系统 (3.2.53) 的解是一致有界的 (UB).

定义 3.2.4 如果 $\exists B > 0$, 对 $B_3 > 0$, $\exists T > 0$, 使得对所有的 φ 满足 $\|\varphi\| < B_3$, 当 $\forall t \geqslant t_0 + T$ 时, 有

$$\|x(t, t_0, \varphi)\| < B,$$

则称系统 (3.3.53) 的解是一致最终有界的 (UUB).

引理 3.2.2 假设 f 在 $\mathbf{R} \times C$ 上是连续的, 并且 $f(t + \omega, \varphi) = f(t, \varphi)$, 其中 $\omega > 0$ 是常数. 如果系统 (3.3.53) 的解是 (UB) 和 (UUB) 的, 则系统 (3.3.53) 存在以 ω 为周期的周期解.

定理 3.2.17 CNN(3.2.52) 的解是一致有界的.

证明 对 CNN(3.2.52), 当 $t_0 \geqslant 0$ 时, 利用常数变易法, 我们有

$$x_i(t) = x_i(t_0)\mathrm{e}^{-\frac{t-t_0}{RC}}$$
$$+ \frac{1}{c} \int_{t_0}^t \mathrm{e}^{-\frac{t-t_0}{RC}} \left\{ \sum_{j=1}^n [a_{ij}(s)f(x_j(s)) + b_{ij}(s)f(x_j(s - \tau_{ij}(s))) + E_{ij}(s)] + I_i(s) \right\} \mathrm{d}s$$

两边取绝对值, 注意到 $f(x)$ 是由 (3.2.34) 的分段连续函数来定义的, 所以有

$$|x_i(t)| \leqslant \|\varphi\|_{t_0} + \frac{1}{c} \int_{t_0}^t \mathrm{e}^{-\frac{t-t_0}{RC}} \left\{ \sum_{j=1}^N [|a_{ij}(s)| + |b_{ij}(s)| + |E_{ij}(s)|] + |I_i(s)| \right\} \mathrm{d}s$$

$$\leqslant \|\varphi\|_{t_0} + \frac{1}{c} \left\{ \sum_{j=1}^N [(a_{ij} + b_{ij} + E_{ij}) + I_i] \right\} \int_{t_0}^t \mathrm{e}^{-\frac{t-t_0}{RC}} \mathrm{d}s$$

$$\leqslant \|\varphi\|_{t_0} + R \left\{ \sum_{j=1}^N [(a_{ij} + b_{ij} + E_{ij}) + I_i] \right\}, \quad i = 1, 2, \cdots, N.$$

故 CNN(3.2.52) 的解是一致有界的.

定理 3.2.18　如果 CNN(3.2.52) 满足

$$\sum_{j=1}^{n}(a_{ij}+b_{ij}) < \frac{1}{R},$$

则 CNN(3.2.52) 存在以 ω 为周期的周期解.

证明　由 CNN(3.2.52), 我们对每一个子系统取 V 函数为 $|x_i(t)|$ $(i = 1, 2, \cdots, N)$, 对 $x_i(t)$ 求 Dini 导数, 有

$$
\begin{aligned}
CD^+ |x_i(t)| \leqslant &-\frac{1}{R}|x_i(t)| + \sum_{j=1}^{N}[|a_{ij}(t)||x_j(t)| \\
&+ |b_{ij}(t)||x_j(t-\tau_{ij}(t))| + |E_{ij}(t)| + |I_i(t)|] \\
\leqslant &-\frac{1}{R}|x_i(t)| + \sum_{j=1}^{N}[(a_{ij}|x_i(t)| + b_{ij}|x_j(t-\tau_{ij}(t))| + E_{ij})] + I_i, \\
& t \geqslant 0, i = 1, 2, \cdots, N.
\end{aligned}
\tag{3.2.54}
$$

令

$$
E = \max_{1 \leqslant i \leqslant N}\left(\sum_{j=1}^{N} F_{ij} + I_i\right),
$$

于是, 式 (3.2.54) 变为

$$
\begin{aligned}
CD^+ |x_i(t)| \leqslant &-\frac{1}{R}|x_i(t)| + \sum_{j=1}^{n}[(a_{ij}|x_i(t)| + b_{ij}|x_j(t-\tau_{ij}(t))|] + E, \\
& t \geqslant 0, i = 1, 2, \cdots, N.
\end{aligned}
\tag{3.2.55}
$$

我们将证明, 对 $\forall B_1 > 0$, $\exists B_2 = \max\left\{B_1, \dfrac{E+1}{h}\right\} > 0$, 其中

$$
h = \min_{1 \leqslant i \leqslant N}\left|\frac{1}{R} - \sum_{j=1}^{n}(a_{ij}+b_{ij})\right|, \quad \forall t_0 \geqslant 0, \text{ 当 } \|\varphi\|_{t_0} < B_1, \quad |x_i(t)| < B_2,
$$

$$
i = 1, 2, \cdots, N \text{时, 有}
$$

$$
|x_i(t)| < B_2, \quad i = 1, 2, \cdots, N
\tag{3.2.56}
$$

对 $t_0 \geqslant 0$ 成立. 否则, 因为对 $\forall t \in [t_0 - \tau, t_0]$, 均有

$$
|x_i(t)| < |\varphi|_{t_0} < B_1 \leqslant B_2
$$

成立, 所以存在 $t_1 \geqslant t_0$ 及某个 i, 使得

$$\|x_i(t_1)\| < B_2, \quad \|x_j(t)\| \begin{cases} < B_2, & t_0 - \tau \leqslant t < t_1, j = i, \\ \leqslant B_2, & t_0 - \tau \leqslant t < t_1, j \neq i, \end{cases}$$

从而有 $D^+ |x_i(t_1)| \geqslant 0$, 另一方面, 由式 (3.2.55) 及定理的条件有

$$CD^+ |x_i(t_1)| \leqslant -\frac{1}{R} |x_i(t_1)| + \sum_{j=1}^{N} [|a_{ij}(t_1)| |x_j(t_1)| + |b_{ij}(t)| |x_j(t_1 - \tau_{ij}(t_1))|] + E$$

$$\leqslant -\frac{1}{R} B_2 + \sum_{j=1}^{N} (a_{ij} B_2 + b_{ij} B_2) + E \leqslant -\left| \frac{1}{R} - \sum_{j=1}^{N} (a_{ij} + b_{ij}) \right| B_2 + E$$

$$\leqslant -hB_2 + E \leqslant -h \frac{E+1}{h} + E = -1 < 0$$

矛盾. 故式 (3.2.56) 成立.

下面再证明 CNN(3.2.52) 的解是 UUB 的.

取 $B = \dfrac{E+2}{h}$, $\forall B_3 > 0$, 今证存在 T 与 t_0 无关, 使得对 $t \geqslant t_0 + T$ 时, 有

$$|x_i(t)| < B, \quad i = 1, 2, \cdots, N. \tag{3.2.57}$$

由 CNN(3.2.52) 的解是 UB 的证明可知, 对 $t \geqslant t_0$ 有

$$|x_i(t)| < \max \left| B_3, \frac{E+1}{h} \right| \leqslant B^* = \max\{B_3, B\}, \quad i = 1, 2, \cdots, N. \tag{3.2.58}$$

选择

$$\eta = \frac{1}{1 + \max\limits_{1 \leqslant i \leqslant N} \sum\limits_{j=1}^{N} (a_{ij} + b_{ij})},$$

设 M 是满足 $B + M\eta \geqslant B^*$ 的最小正整数, 取

$$t_k = t_0 + kT^*, \quad k = 0, 1, \cdots, M,$$

其中 $T^* = \tau + 2CB^*$.

下面将证明

$$|x_i(t)| < B + (M-k)\eta, \quad i = 1, 2, \cdots, N \tag{3.2.59}$$

对 $\forall t \geqslant t_k (k = 1, 2, \cdots, M)$ 成立.

利用归纳法, 当 $k = 0$ 时, 由式 (3.2.58) 可知, 式 (3.2.59) 成立.

假设 $k(0 \leqslant k < M)$ 时, 有

$$|x_i(t)| < B + (M-k)\eta, \quad i = 1, 2, \cdots, N \tag{3.2.60}$$

对 $\forall t \geqslant t_k(k = 1, 2, \cdots, M)$ 成立.

今证 $k+1$ 时, 有

$$|x_i(t)| < B + (M - k - 1)\eta, \quad i = 1, 2, \cdots, N. \tag{3.2.61}$$

$\forall t \geqslant t_{k+1}(k = 1, 2, \cdots, M)$, 我们先证 $\bar{t} \in [t_k + \tau, t_{k+1}]$ 及存在某个 i, 使得

$$|x_i(\bar{t})| < B + (M - k - 1)\eta, \quad i = 1, 2, \cdots, N. \tag{3.2.62}$$

否则, 对 $\forall t \in [t_k + \tau, t_{k+1}]$ 存在某个 i, 使得

$$|x_i(t)| \geqslant B + (M - k - 1)\eta, \quad i = 1, 2, \cdots, N. \tag{3.2.63}$$

由式 (3.2.60) 和式 (3.2.63), 我们有

$$\sup_{t-\tau \leqslant s \leqslant t} |x_j(s)| < B + (M - k)\eta \leqslant |x_i(t)| + \eta, \quad i, j = 1, 2, \cdots, N. \tag{3.2.64}$$

对 $\forall t \in [t_k + \tau, t_{k+1}]$ 成立. 因此, 由式 (3.2.55) 和式 (3.2.59), 有

$$CD^+ |x_i(t)| \leqslant -\frac{1}{R} |x_i(t)| + \sum_{j=1}^{N} [a_{ij} |x_j(t)| + b_{ij} |x_j(t - \tau_{ij}(t))|] + E$$

$$\leqslant -\frac{1}{R} |x_i(t)| + \sum_{j=1}^{N} (a_{ij} + b_{ij}) |x_i(t)| + \sum_{j=1}^{n} (a_{ij} + b_{ij})\eta + E$$

$$\leqslant -\left[\frac{1}{R} - \sum_{j=1}^{n} (a_{ij} + b_{ij})\right] B + \sum_{j=1}^{n} (a_{ij} + b_{ij}) \frac{1}{1 + \max\limits_{1 \leqslant i \leqslant N} \sum\limits_{j=1}^{N} (a_{ij} + b_{ij})} + E$$

$$\leqslant -h \cdot \frac{E + 2}{h} + E + 1 = -1.$$

上式两边从 $t_k + \tau$ 到 t_{k+1} 求积分, 注意到式 (3.2.58), 有

$$C |x_i(t_{k+1})| \leqslant C |x_i(t_k + \tau)| - (t_{k+1} - t_k - \tau)$$

$$\leqslant CB^* - (T^* - \tau) = CB^* - 2CB^* = -CB^* < 0$$

矛盾, 因此式 (3.2.62) 成立.

再证, $t \geqslant \bar{t}$, 均有

$$|x_i(t)| < B + (M - k - 1)\eta, \quad i = 1, 2, \cdots, N$$

成立. 否则, 存在 $t^* > \bar{t}$ 及存在某个 i,

$$|x_i(t^*)| = B + (M - k - 1)\eta, \quad |x_i(t)| < B + (M - k - 1)\eta, \quad \bar{t} \leqslant t < t^*, \tag{3.2.65}$$

从而有 $D^+ |x_i(t^*)| \geqslant 0$. 由式 (3.2.60) 和式 (3.2.65) 有

$$|x_j(s)| < B + (M-k)\eta = |x_i(t^*)| + \eta, \quad j = 1, 2, \cdots, N \tag{3.2.66}$$

对 $\forall s \geqslant t_k$ 成立. 因此, 由式 (3.2.65) 和式 (3.2.66) 有

$$
\begin{aligned}
CD^+ |x_i(t^*)| &\leqslant -\frac{1}{R} |x_i(t^*)| + \sum_{j=1}^{N} \left[a_{ij} |x_j(t^*)| + b_{ij} |x_j(t^* - \tau_{ij}(t^*))|\right] + E \\
&\leqslant -\frac{1}{R} |x_i(t^*)| + \sum_{j=1}^{N} (a_{ij}+b_{ij})(|x_i(t^*)| + \eta) + E \\
&= -\left[\frac{1}{R} - \sum_{j=1}^{N} (a_{ij}+b_{ij})\right] |x_i(t^*)| + \sum_{j=1}^{N} (a_{ij}+b_{ij})\eta + E \\
&\leqslant -h \cdot \frac{E+2}{h} + E + 1 = -1 < 0
\end{aligned}
$$

矛盾, 故式 (3.2.65) 成立. 特别对 $\forall t \geqslant t_{k+1}$ 时, 式 (3.2.61) 成立, 由归纳法可知式 (3.2.59) 成立.

在式 (3.2.59) 中, 取 $k = M$, 当 $\|\varphi\|_{t_0} < B_3$ 时, 有

$$\|x_i(t)\| < B, \quad i = 1, 2, \cdots, N$$

对 $\forall t \geqslant t_M = t_0 + T$ 成立, 其中 $T = MT^*$ 与 t_0 无关, 故 CNN(3.2.52) 的解是 UUB 的, 由引理 3.2.2 可知定理 3.2.18 成立.

一般说来, CNN(3.2.62) 没有平衡点, 如果 CNN(3.2.62) 存在平衡点时, 必有 N 维常数向量 $x^* = (x_1^*, x_2^*, \cdots, x_N^*)^{\mathrm{T}}$, 使得

$$-\frac{1}{R} x_i^* + \sum_{j=1}^{N} \left[a_{ij}(t) |f(x_j^*)| + b_{ij}(t) |f(x_j^*)| + E_{ij}(t)\right] + I_i(t) \equiv 0, \quad i = 1, 2, \cdots, N.$$

此时, 可将 CNN(3.2.62) 重写为

$$
\begin{aligned}
C\frac{\mathrm{d}[x_i(t) - x_i^*]}{\mathrm{d}t} &= -\frac{1}{R}[x_i(t) - x_i^*] + \sum_{j=1}^{N} \{a_{ij}(t)[f(x_j(t)) - f(x_j^*)] \\
&\quad + b_{ij}(t)[f(x_j(t - \tau_{ij}(t))) - f(x_j^*)]\}, \quad i = 1, 2, \cdots, N. \tag{3.2.67}
\end{aligned}
$$

考虑具有时滞的细胞神经网络为

$$\frac{\mathrm{d}x(t)}{\mathrm{d}t} = -x(t) + Af[x(t)] + Bf[x(t-\tau)] + u(t), \tag{3.2.68}$$

其中 $u(t)$ 是以 ω 为周期的周期函数.

3.2.5 广义细胞神经网络简介

对于细胞神经网络, 如果将 (3.2.52) 中右边第一项中 $x_i(t)$ 用一个具有变斜率的分段线性函数 $g(x_i)$ 所代替, 并适当简化模型, 得到如下具有时滞的广义细胞神经网络模型:

$$C_i \frac{\mathrm{d}x_i(t)}{\mathrm{d}t} = -\frac{1}{R_i} g(x_i) + \sum_{j=1}^{n} [a_{ij} f(x_j(t)) + b_{ij} f(x_j(t-\tau))] + I_i, \quad t \geqslant 0, i = 1, 2, \cdots, n.$$

(3.2.69)

其中

$$g(x_i) = \begin{cases} l(x_i - 1) + 1, & x_i \geqslant 1, \\ x_i, & |x_i| < 1, \\ m(x_i + 1) - 1, & x_i \leqslant -1. \end{cases}$$

这里 $l > 0$, $m > 0$ 均为常数.

容易证明系统 (3.2.69) 存在平衡点, 设 $x^* = (x_1^*, x_2^*, \cdots, x_n^*)^{\mathrm{T}}$ 是系统 (3.2.69) 的平衡点. 作平移变换, 令

$$y_i = x_i - x_i^*, \quad i = 1, 2, \cdots, n.$$

系统 (3.2.69) 变为

$$C_i \frac{\mathrm{d}y_i(t)}{\mathrm{d}t} = -\frac{1}{R_i} G(y_i) + \sum_{j=1}^{n} [a_{ij} F(y_j(t)) + b_{ij} F(y_j(t-\tau))],$$

(3.2.70)

其中

$$G(y_i) = g(y_i + x_i^*) - g(x_i^*),$$

$$F(y_i) = f(y_i + x_i^*) - f(x_i^*), \quad i, j = 1, 2, \cdots, n.$$

易知

$$G(y_i) = \begin{cases} l(y_i + k_{1i}), & y_i \geqslant 1 - x_i^* \\ y_i + k_{2i}, & |y_i - x_i^*| < 1, \quad i = 1, 2, \cdots, n, \\ m(y_i + k_{3i}), & y_i \leqslant -1 - x_i^* \end{cases}$$

其中 k_{1i}, k_{2i}, k_{3i} 均为常数, 且仅有一个为 0. 设函数 $u_i(t, s)$ 满足

$$\begin{cases} \dfrac{\partial u_i(t, s)}{\partial t} = -\dfrac{1}{R_i C_i} G[u_i(t, s)] \\ u_i(s, s) = 1, \end{cases}, \quad i = 1, 2, \cdots, n.$$

(3.2.71)

容易证明

$$|u_i(t, s)| \leqslant \mathrm{e}^{-r_i(t-s)}, \quad \forall t, s \geqslant 0; \ i = 1, 2, \cdots, n,$$

(3.2.72)

其中

$$r_i = \frac{1}{R_i C_i} \min\{l, 1, m\}, \quad i = 1, 2, \cdots, n.$$

设系统的初始条件为

$$x_i(t) = \varphi_i(t), \quad t \in [-\tau, 0]; \; i = 1, 2, \cdots, n.$$

其中 $\varphi_i(t)$ 连续, 且定义

$$\|\varphi - x^*\| = \max_{1 \leqslant i \leqslant n} \sup_{-\tau \leqslant t \leqslant 0} \left\{ |\varphi_i(t) - x_i^*| \right\}. \tag{3.2.73}$$

定理 3.2.19 如果系统 (3.2.70) 满足

$$\sum_{j=1}^{n} \left(|a_{ij}| + |b_{ij}| \right) < r_i C_i, \quad i = 1, 2, \cdots, n.$$

其中

$$r_i = \frac{1}{R_i C_i} \min\{l, 1, m\}, \quad i = 1, 2, \cdots, n,$$

则系统 (3.2.70) 的零解是指数稳定的, 从而系统 (3.2.69) 的平衡点是指数稳定的.

证明 由定理的条件可知, 存在 $\varepsilon > 0$ 充分小, 使得

$$- (r_i - \varepsilon) C_i + \sum_{i=1}^{n} \left(|a_{ij}| + |b_{ij}| e^{\varepsilon \tau} \right) < 0, \quad i = 1, 2, \cdots, n. \tag{3.2.74}$$

对系统 (3.2.70) 利用常数变易法, 注意到式 (3.2.71), 有

$$y_i(t) = u_i(t, 0) y_i(0) + \sum_{j=1}^{n} \frac{a_{ij}}{C_i} \int_0^t u_i(t, s) F[y_j(s)] \mathrm{d}s + \sum_{j=1}^{n} \frac{b_{ij}}{C_i} \int_0^t u_i(t, s) F[y_j(s - \tau)] \mathrm{d}s$$

两边取绝对值, 有

$$|y_i(t)| \leqslant |u_i(t, 0)| |y_i(0)| + \sum_{j=1}^{n} \frac{|a_{ij}|}{C_i} \int_0^t |u_i(t, s)| |F[y_j(s)]| \, \mathrm{d}s$$

$$+ \sum_{j=1}^{n} \frac{|b_{ij}|}{C_i} \int_0^t |u_i(t, s)| |F[y_j(s - \tau)]| \, \mathrm{d}s. \tag{3.2.75}$$

根据 $F(y_i)$ 的定义, 容易推得

$$|F(y_j)| \leqslant |y_j|, \quad j = 1, 2, \cdots, n. \tag{3.2.76}$$

将式 (3.2.72) $\sim$ 式 (3.2.74) 代入式 (3.2.75), 有

$$|y_i(t)| \leqslant \|\varphi - x^*\| e^{-r_i t} + \sum_{j=1}^{n} \frac{|a_{ij}|}{C_i} \int_0^t e^{-r_i(t-s)} |y_j(s)| \, ds$$

$$+ \sum_{j=1}^{n} \frac{|b_{ij}|}{C_i} \int_0^t e^{-r_i(t-s)} |y_j(s-\tau)| \, ds.$$

令

$$p_i(t) = \begin{cases} \|\varphi - x^*\| e^{-r_i t} + \sum_{j=1}^{n} \dfrac{|a_{ij}|}{C_i} \displaystyle\int_0^t e^{-r_i(t-s)} |y_j(s)| \, ds \\[3mm] + \sum_{j=1}^{n} \dfrac{|b_{ij}|}{C_i} \displaystyle\int_0^t e^{-r_i(t-s)} |y_j(s-\tau)| \, ds, \quad t > 0, \\[3mm] \|\varphi - x^*\|, \qquad\qquad\qquad\qquad\qquad\qquad -\tau \leqslant t \leqslant 0. \end{cases}$$

易知

$$|y_i(t)| \leqslant p_i(t), \quad i = 1, 2, \cdots, n.$$

当 $t \geqslant 0$ 时, 对 $p_i(t)$ 求导数, 有

$$\frac{\mathrm{d}p_i(t)}{\mathrm{d}t} = -r_i p_i(t) + \sum_{j=1}^{n} \frac{|a_{ij}|}{C_i} |y_j(t)| + \sum_{j=1}^{n} \frac{|b_{ij}|}{C_i} |y_j(t-\tau)|$$

$$\leqslant -r_i p_i(t) + \sum_{j=1}^{n} \frac{|a_{ij}|}{C_i} p_j(t) + \sum_{j=1}^{n} \frac{|b_{ij}|}{C_i} p_j(t-\tau).$$

再令

$$s_i(t) = e^{\varepsilon t} p_i(t), \quad i = 1, 2, \cdots, n.$$

当 $t \geqslant 0$ 时, 对 $s_i(t)$ 求导数, 有

$$\frac{\mathrm{d}s_i(t)}{\mathrm{d}t} \leqslant \varepsilon e^{\varepsilon t} p_i(t) + e^{\varepsilon t} \left[-r_i p_i(t) + \sum_{j=1}^{n} \frac{|a_{ij}|}{C_i} p_j(t) + \sum_{j=1}^{n} \frac{|b_{ij}|}{C_i} p_j(t-\tau) \right]$$

$$= \varepsilon s_i(t) - r_i s_i(t) + \sum_{j=1}^{n} \frac{|a_{ij}|}{C_i} s_j(t) + \sum_{j=1}^{n} \frac{|b_{ij}|}{C_i} e^{\varepsilon \tau} s_j(t-\tau). \tag{3.2.77}$$

今证对 $\forall t \geqslant 0$, 均有

$$s_i(t) \leqslant \|\varphi - x^*\|, \quad i = 1, 2, \cdots, n. \tag{3.2.78}$$

先证对 $d > 1$, 有

$$s_i(t) < d \|\varphi - x^*\|, \quad i = 1, 2, \cdots, n. \tag{3.2.79}$$

若式 (3.2.79) 不成立, 由于当 $t = 0$ 时, 有

$$s_i(0) = p_i(0) = \|\varphi - x^*\| < d \|\varphi - x^*\|, \quad i = 1, 2, \cdots, n.$$

故式 (3.2.79) 成立. 因此有某个 i 及 $t_1 > 0$, 使得 $s_i(t_1) = d \|\varphi - x^*\|$, 并且有

$$s_j(t) \begin{cases} < d \|\varphi - x^*\|, & 0 \leqslant t < t_1, \quad \text{当 } j = i \text{ 时}, \\ \leqslant d \|\varphi - x^*\|, & 0 \leqslant t \leqslant t_1, \quad \text{当 } j \neq i \text{ 时}, \end{cases} \quad j = 1, 2, \cdots, n,$$

从而 $\dot{s}_i(t_1) \geqslant 0$. 而另一方面, 由式 (3.2.77) 有

$$s_i'(t_1) \leqslant \varepsilon s_i(t_1) - r_i s_i(t_1) + \sum_{j=1}^{n} \frac{|a_{ij}|}{C_i} s_j(t_1) + \sum_{j=1}^{n} \frac{|b_{ij}|}{C_i} \mathrm{e}^{\varepsilon\tau} s_j(t_1 - \tau)$$

$$\leqslant \varepsilon d \|\varphi - x^*\| - r_i d \|\varphi - x^*\| + \sum_{j=1}^{n} \frac{|a_{ij}|}{C_i} d \|\varphi - x^*\| + \sum_{j=1}^{n} \frac{|b_{ij}|}{C_i} \mathrm{e}^{\varepsilon\tau} d \|\varphi - x^*\|$$

$$\leqslant \left[-(r_i - \varepsilon) C_i + \sum_{j=1}^{n} (|a_{ij}| + |b_{ij}| \mathrm{e}^{\varepsilon\tau}) \right] d C_i \|\varphi - x^*\|$$

$$< 0$$

矛盾, 所以式 (3.2.77) 成立. 让 $d \to 1$, 可知式 (3.2.78) 成立. 于是有

$$|y_i(t)| \leqslant p_i(t) = s_i(t) \mathrm{e}^{-\varepsilon t} \leqslant \|\varphi - x^*\| \mathrm{e}^{-\varepsilon t}, \quad t \geqslant 0; \, i = 1, 2, \cdots, n.$$

从而可知, 系统 (3.2.70) 的零解是指数稳定的, 从而系统 (3.2.69) 的平衡点状态 $x = x^*$ 是指数渐近稳定的.

将上述定理的结论与一般的细胞神经网络的稳定性理论相比较, 可以发现它们具有相同的形式, 只是在不等式的右端多了一个在广义细胞神经网络中特有的参数 r_i. 而当 $r_i = 1$ 时, 换句话说, 也就是对于系统 (3.2.69) 中的分段函数 $g(x_i)$, 当它在 $|x_i| \geqslant 1$ 段上的斜率均大于 1 时, 系统 (3.2.69) 的稳定性与非广义细胞神经网络的稳定性是一致的.

本节介绍了 CNN 产生的背景和模型, 进一步阐述了 CNN 平衡点和周期解的存在性, 利用 Lyapunov 稳定性理论和不等式技巧给出了系统局部稳定、渐近稳定和指数稳定等动力学问题判据的充分条件. 基于上述模型和研究方法, 读者可适当根据实际情况进行改进, 比如离散系统改为连续系统, 常时滞改为变时滞或者混合时滞等, 除了改进模型, 也可以通过改进 V 函数得出新的判据的充分条件. 还可以在模型中考虑随机等, 在第 4 章将给出随机细胞神经网络模型和动力学问题.

3.3　BAM 神经网络模型及动力学问题

双向联想记忆 (bi-directional associative memory, BAM) 神经网络是由 Kosko 在 1987 年首先提出的, 这类网络由两层 (X-层和 Y-层) 非线性反馈网络组成, 在 X-层中的神经元和 Y-层中的神经元完全互连, 在同一层中的神经元之间不存在任何连接. 由于双向联想记忆神经网络能实现两种方式的联想记忆并能储存双极向量对, 推广了单层自联想学习规则到双层模式匹配异联想电路, 这类神经网络在图像信号处理、模式识别、自动控制、人工智能、联想记忆、解最优化问题等方面有广泛的应用, 因此, 成为目前最活跃的研究领域并受到极大关注. 本节主要介绍具有 BAM 神经网络模型及稳定性问题, 首先利用 Lyapunov 稳定性理论, 分别给出了 BAM 神经网络相应系统平衡点的唯一性和全局一致渐近稳定性的判别条件; 然后利用反证法和常数变易法, 推导出连续时滞的 BAM 神经网络模型的平衡点的唯一性和指数稳定性的充分条件; 最后利用 Lyapunov 方法和不等式技巧给出了具有连续和离散时滞的混杂 BAM 神经网络的平衡点的唯一性和全局渐近稳定性的判据条件, 并对结果进行了模拟仿真, 验证了其真实性.

3.3.1　无时滞 BAM 神经网络模型及稳定性

考虑无时滞 BAM 神经网络模型如下:

$$\begin{cases} u_i'(t) = -a_i u_i(t) + \sum_{j=1}^{m} \omega_{ij} g_j(z_j(t)) + I_i, \\[2mm] z_j'(t) = -b_j z_j(t) + \sum_{i=1}^{m} v_{ji} f_i(u_i(t)) + J_j, \\[2mm] \quad i = 1, 2, \cdots, n; j = 1, 2, \cdots, m. \end{cases} \tag{3.3.1}$$

其中, a_i 和 b_j 表示神经元负载时间常数和被动衰变率; f_i 和 g_j 分别表示神经元的激活函数和传播信号函数; ω_{ij} 和 v_{ji} 表示轴突联络强度; I_i 和 J_j 是外部输入.

假设激活函数满足以下条件:

(A1) 存在正常数 $\alpha_i, i = 1, 2, \cdots, n$ 和 $\beta_j, j = 1, 2, \cdots, m$, 使得

$$|f_i(\xi_1) - f_i(\xi_2)| \leqslant \alpha_i |\xi_1 - \xi_2|, \quad \xi_1, \xi_2 \in \mathbf{R},$$

$$|g_j(\zeta_1) - g_j(\zeta_2)| \leqslant \beta_j |\zeta_1 - \zeta_2|, \quad \zeta_1, \zeta_2 \in \mathbf{R}.$$

(A2) $\forall u, z \in R$, 存在正常数 $M_i(i = 1, 2, \cdots, n)$ 和 $L_j(j = 1, 2, \cdots, m)$ 使得

$$|f_i(u)| \leqslant M_i, \quad |g_j(z)| \leqslant L_j.$$

引理 3.3.1 假设 $\forall z,\ y \in \mathbf{R}^{n \times m}$, $\varepsilon > 0$ 且是一个常数, 任意正定矩阵 $X \in \mathbf{R}^{n \times n}$, 则

$$2z^{\mathrm{T}}y \leqslant \varepsilon z^{\mathrm{T}}X^{-1}z + \frac{1}{\varepsilon}y^{\mathrm{T}}Xy$$

成立.

下面先看平衡点的唯一存在性及全局一致渐近稳定性.

在假设 (A2) 下, 神经网络 (3.3.1) 总有一个平衡点, 因此, 只需要证明平衡点的唯一性. 设

$$u^* = (u_1^*, u_2^*, \cdots, u_n^*), \quad z^* = (z_1^*, z_2^*, \cdots, z_n^*)$$

是系统 (3.3.1) 的平衡点, 作如下变换:

$$\begin{cases} x_i(\cdot) = u_i(\cdot) - u_i^*, & i = 1, 2, \cdots, n, \\ y_j(\cdot) = z_j(\cdot) - z_j^*, & j = 1, 2, \cdots, m. \end{cases}$$

则系统 (3.3.1) 变成

$$\begin{cases} x_i'(t) = -a_i x_i(t) + \sum_{j=1}^m \omega_{ij} G_j(y_j(t)), \\ y_j'(t) = -b_j y_j(t) + \sum_{i=1}^m v_{ji} F_i(x_i(t)), \end{cases} \quad i = 1, 2, \cdots, n; j = 1, 2, \cdots, m. \quad (3.3.2)$$

其中

$$\begin{cases} F_i(x_i(\cdot)) = f_i(x_i(\cdot) + u_i^*) - f_i(u_i^*), & i = 1, 2, \cdots, n, \\ G_j(y_j(\cdot)) = g_j(y_j(\cdot) + z_j^*) - g_j(z_j^*), & j = 1, 2, \cdots, m. \end{cases}$$

由假设 (A1) 容易验证不等式成立

$$\begin{cases} |F_i(x_i)| \leqslant a_i |x_i|, & F_i(0) = 0, & i = 1, 2, \cdots, n, \\ |G_j(y_j)| \leqslant \beta_j |y_j|, & G_j(0) = 0, & j = 1, 2, \cdots, m. \end{cases}$$

若系统 (3.3.2) 的零点是唯一的且全局一致渐近稳定的, 那么系统 (3.3.1) 的平衡点也是唯一且全局一致渐近稳定的.

定理 3.3.1 如果系统 (3.3.2) 的参数满足

$$\begin{cases} \delta_i = 2ma_i^2 - 1 - n^2 a_i^2 \lambda_M(V^{\mathrm{T}}B^2V) > 0, \\ \Omega_j = 2nb_j^2 - 1 - m^2 \beta_j^2 \mu_M(W^{\mathrm{T}}A^2W) > 0, \end{cases}$$

那么系统 (3.3.2) 的零点是唯一的平衡点并且它是全局一致渐近稳定的, 其中 $\lambda_M(V^{\mathrm{T}}B^2V)$ 和 $\mu(W^{\mathrm{T}}A^2W)$ 分别是 $V^{\mathrm{T}}B^2V$ 和 $W^{\mathrm{T}}A^2W$ 的最大特征值.

$$A = \mathrm{diag}(a_1, a_2, \cdots, a_n), \quad B = \mathrm{diag}(b_1, b_2, \cdots, b_m), \quad W = (\omega_{ij})_{m \times n}, \quad V = (v_{ji})_{m \times n}.$$

证明　设 $x^* = (x_1^*, x_2^*, \cdots, x_n^*)^{\mathrm{T}}$ 和 $y^* = (y_1^*, y_2^*, \cdots, y_n^*)^{\mathrm{T}}$ 是系统 (3.3.2) 的平衡点, 则

$$
\begin{cases}
-a_i x_i^* + \displaystyle\sum_{j=1}^{m} \omega_{ij} G_j(y_j^*) = 0, & i = 1, 2, \cdots, n, \\[3mm]
-b_j y_j^* + \displaystyle\sum_{i=1}^{n} v_{ji} F_i(x_i^*) = 0, & j = 1, 2, \cdots, m.
\end{cases}
\tag{3.3.3}
$$

方程组 (3.3.3) 的第一个方程两边同时乘以 $2ma_i x_i^*$, 第二个方程两边同时乘以 $2nb_j y_j^*$, 可得

$$
\begin{cases}
-2ma_i^2 x_i^{*2} + \displaystyle\sum_{j=1}^{m} 2ma_i \omega_{ij} x_i^* G_j(y_j^*) = 0, \\[3mm]
-2nb_j^2 y_j^{*2} + \displaystyle\sum_{i=1}^{n} 2nb_j v_{ji} y_j^* F_i(x_i^*) = 0, \\[3mm]
\quad i = 1, 2, \cdots, n; j = 1, 2, \cdots, m.
\end{cases}
\tag{3.3.4}
$$

由引理 3.3.1 可得

$$
\sum_{i=1}^{n} \sum_{j=1}^{m} 2ma_i \omega_{ij} x_i^* G_j(y_j^*) = 2m x^{*\mathrm{T}} A W G(y^*)
$$
$$
\leqslant x^{*\mathrm{T}} x^* + m^2 G^{\mathrm{T}}(y^*) W^{\mathrm{T}} A^2 W G(y^*),
$$
$$
\sum_{j=1}^{m} \sum_{i=1}^{n} 2nb_j v_{ji} y_j^* F_i(x_i^*) = 2n y^{*\mathrm{T}} B V F(x^*)
$$
$$
\leqslant y^{*\mathrm{T}} y^* + n^2 F^{\mathrm{T}}(x^*) V^{\mathrm{T}} B^2 V F(x^*).
$$

把方程组 (3.3.4) 的第一个方程的 i 从 1 到 n 相加, 把方程组 (3.3.4) 的第二个方程的 j 从 1 到 m 相加, 然后再将两式相加, 得

$$
\begin{aligned}
0 = {}& -\sum_{i=1}^{n} 2ma_i^2 x_i^{*\mathrm{T}} + \sum_{i=1}^{n} \sum_{j=1}^{m} 2ma_i \omega_{ij} x_i^* G_j(y_j^*) \\
& -\sum_{j=1}^{m} 2nb_j^2 y_j^{*2} + \sum_{j=1}^{m} \sum_{i=1}^{n} 2nb_j v_{ji} y_j^* F_i(x_j^*) \\
\leqslant {}& -\sum_{i=1}^{n} 2ma_i^2 x_i^{*2} + x^{*\mathrm{T}} x^* + m^2 G^{\mathrm{T}}(y^*) W^{\mathrm{T}} A^2 W G(y^*) \\
& -\sum_{j=1}^{m} 2nb_j^2 y_j^{*2} + y^{*\mathrm{T}} y^* + n^2 F^{\mathrm{T}}(x^*) V^{\mathrm{T}} B^2 V F(x^*)
\end{aligned}
\tag{3.3.5}
$$

因为

$$
G_j^2(y_j) \leqslant \beta_j^2 y_j^2, j = 1, 2, \cdots, m; \quad F_i^2(x_i) \leqslant a_i^2 x_i^2, i = 1, 2, \cdots, n,
$$

则式 (3.3.5) 右边分别合并含有 x_i^{*2} 和 y_j^{*2} 的项, 则得到

$$\sum_{i=1}^{n}\{-2ma_i^2 + 1 + n^2 a_i^2 \lambda_M(V^{\mathrm{T}}B^2 V)\}x_i^{*2}$$

$$+ \sum_{j=1}^{m}\{-2nb_j^2 + 1 + m^2 \beta_j^2 \mu_M(W^{\mathrm{T}}A^2 W)\}y_j^{*2} \geqslant 0$$

由定理 3.3.1 的条件, 可以等价地写成如下形式:

$$-\sum_{i=1}^{n}\delta_i x_i^{*2} - \sum_{j=1}^{m}\Omega_j y_j^{*2} \geqslant 0. \tag{3.3.6}$$

另一方面, 由于当 $i = 1, 2, \cdots, n$ 时, $\delta_i > 0$, 当 $j = 1, 2, \cdots, m$ 时, $\Omega_j > 0$, 而对于 $x^* = (x_1^*, x_2^*, \cdots, x_n^*)^{\mathrm{T}} \neq 0$ 或者 $y^* = (y_1^*, y_2^*, \cdots, y_n^*)^{\mathrm{T}} \neq 0$, 可以得到

$$-\sum_{i=1}^{n}\delta_i x_i^{*2} - \sum_{j=1}^{m}\Omega_j y_j^{*2} < 0. \tag{3.3.7}$$

式 (3.3.6) 和式 (3.3.7) 是矛盾的, 说明了在定理 3.3.1 的条件下, 系统 (3.3.2) 不可能有 $x^* \neq 0$ 或者 $y^* \neq 0$ 的平衡点, 即 $x^* = y^* = 0$ 是唯一的平衡点. 因此证明了平衡点的唯一性.

接下来, 证明 (3.3.2) 全局一致渐近稳定性. 首先, 构造 Lyapunov 函数:

$$\frac{\mathrm{d}V(x(t), y(t))}{\mathrm{d}t} = \sum_{i=1}^{n} 2ma_i x_i^2(t) + \sum_{j=1}^{m} 2nb_j y_j^2(t).$$

由引理 3.3.1, 可知

$$\sum_{i=1}^{n}\sum_{j=1}^{m} 2ma_i \omega_{ij} x_i(t) G_j(y_j(t)) = 2m x^{\mathrm{T}}(t) A W G(y(t))$$

$$\leqslant x^{\mathrm{T}}(t)x(t) + m^2 G^{\mathrm{T}}(y(t)) W^{\mathrm{T}} A^2 W G(y(t)),$$

$$\sum_{j=1}^{m}\sum_{i=1}^{n} 2nb_j v_{ji} y_j(t) F_i(x_i(t)) = 2n y^{\mathrm{T}}(t) B V F(x(t))$$

$$\leqslant y^{\mathrm{T}}(t)y(t) + n^2 F^{\mathrm{T}}(x(t)) V^{\mathrm{T}} B^2 V F(x(t)).$$

因此

$$V'(x(t), y(t)) \leqslant -\sum_{i=1}^{n} 2ma_i^2 x_i^2(t) + x^{\mathrm{T}}(t)x(t) + m^2 G^{\mathrm{T}}(y(t)) W^{\mathrm{T}} A^2 W G(y(t))$$

$$-\sum_{j=1}^{m} 2nb_j^2 y_j^2(t) + y^{\mathrm{T}}(t)y(t) + n^2 F^{\mathrm{T}}(x(t)) V^{\mathrm{T}} B^2 V F(x(t)).$$

由于

$$G_j^2(y_j) \leqslant \beta_j^2 y_j^2, j = 1, 2, \cdots, m, \quad F_i^2(x_i) \leqslant \alpha_i^2 x_i^2, i = 1, 2, \cdots, n,$$

可得

$$V'(x(t), y(t)) \leqslant -\sum_{i=1}^{n} 2ma_i^2 x_i^2(t) + \sum_{i=1}^{n} x_i^2(t) + m^2\mu_M(W^{\mathrm{T}}A^2 W) \sum_{j=1}^{m} \beta_j^2 y_j^2(t)$$
$$-\sum_{j=1}^{m} 2nb_j^2 y_j^2(t) + \sum_{j=1}^{m} y_j^2(t) + n^2\lambda_M(V^{\mathrm{T}}B^2 V) \sum_{i=1}^{n} \alpha_i^2 x_i^2(t).$$

因此

$$V'(x(t), y(t)) \leqslant -\sum_{i=1}^{n} \delta_i x_i^2(t) - \sum_{j=1}^{m} \Omega_j y_j^2(t).$$

因为

$$\delta_i > 0, i = 1, 2, \cdots, n, \quad \Omega_j > 0, j = 1, 2, \cdots, m,$$

则

$$V'(x(t), y(t)) \leqslant 0.$$

所以, 系统 (3.3.2) 的零点是全局一致渐近稳定的, 即系统 (3.3.1) 的平衡点是全局一致渐近稳定的.

数据仿真如下：

给出如下网络参数:

$$W = V = \begin{bmatrix} e & e & e & e \\ e & -e & e & -e \\ -e & -e & e & e \\ -e & e & e & -e \end{bmatrix},$$

$$A = B = \alpha = \beta = \begin{bmatrix} 1 & 0 & 0 & 0 \\ 0 & 1 & 0 & 0 \\ 0 & 0 & 1 & 0 \\ 0 & 0 & 0 & 1 \end{bmatrix}.$$

其中 e 是一个实数. 矩阵 $W^{\mathrm{T}}A^2 W$ 和 $V^{\mathrm{T}}B^2 V$ 有如下对角形式:

$$W^{\mathrm{T}}A^2 W = V^{\mathrm{T}}B^2 V = \begin{bmatrix} 4e^2 & 0 & 0 & 0 \\ 0 & 4e^2 & 0 & 0 \\ 0 & 0 & 4e^2 & 0 \\ 0 & 0 & 0 & 4e^2 \end{bmatrix},$$

可得

$$\lambda_M(W^{\mathrm{T}} A^2 W) = \mu_M(V^{\mathrm{T}} B^2 V) = 4e^2.$$

因此, 由定理 3.3.1, 得到

$$\delta_1 = \delta_2 = \delta_3 = \delta_4 = \Omega_1 = \Omega_2 = \Omega_3 = \Omega_4 = 7 - 64e^2.$$

所以, 本例子平衡点的唯一性和稳定性的有效条件是 $e^2 < \dfrac{7}{64}$.

本小节介绍了无时滞 BAM 神经网络的全局渐近稳定性问题, 通过利用 Lyapunov 函数和不等式分析技巧, 证明了系统平衡点的唯一性, 并且给出了连续的 BAM 神经网络的平衡点稳定性的有效条件.

3.3.2 具有连续时滞的 BAM 神经网络模型及稳定性

众所周知, 稳定性问题是神经网络研究中的一个重要理论问题, 时滞的引入可能导致神经网络出现振荡或者不稳定, 甚至出现混沌现象. 下面介绍具有连续时滞的 BAM 神经网络的指数稳定性.

考虑具有连续时滞的 BAM 神经网络模型如下:

$$\begin{cases} u_i'(t) = -a_i u_i(t) + \displaystyle\sum_{j=1}^{m} \omega_{ji} G_j \left(\int_0^\infty C_{ji}(s) z_j(t-s)\mathrm{d}s \right) + I_i, & t > 0 \\ z_j'(t) = -b_j z_j(t) + \displaystyle\sum_{i=1}^{n} v_{ij} F_i \left(\int_0^\infty D_{ij}(s) u_i(t-s)\mathrm{d}s \right) + J_j, & t > 0 \\ \qquad\qquad\qquad i = 1, 2, \cdots, n; j = 1, 2, \cdots, m. \end{cases} \tag{3.3.8}$$

系统 (3.3.8) 满足初始条件:

$$u_i(t) = \phi_i(t), \quad t \in (-\infty, 0], i = 1, 2, \cdots, n; \quad z_j(t) = \varphi_j(t), t \in (-\infty, 0], \quad j = 1, 2, \cdots, m.$$

其中, a_i 和 b_j 表示神经元负载时间常数和被动衰变率; F_i 和 G_j 分别表示神经元的激活函数和传播信号函数; ω_{ij} 和 v_{ji} 表示轴突联络强度; I_i 和 J_j 是外部输入.

假设激活函数满足以下条件:

(B1) 存在正常数 $\alpha_i, i = 1, 2, \cdots, n$ 和 $\beta_j, j = 1, 2, \cdots, m$, 使得

$$|F_i(\xi_1) - F_i(\xi_2)| \leqslant \alpha_i |\xi_1 - \xi_2|, \quad \xi_1, \xi_2 \in \mathbf{R},$$
$$|G_j(\zeta_1) - G_j(\zeta_2)| \leqslant \beta_j |\zeta_1 - \zeta_1|, \quad \zeta_1, \zeta_1 \in \mathbf{R}.$$

(B2) $\forall u, z \in R$, 存在正常数 $M_i, i = 1, 2, \cdots, n$ 和 $L_j, j = 1, 2, \cdots, m$, 使得

$$|f_i(u)| \leqslant M_i \text{以及} |g_j(z)| \leqslant L_j.$$

(B3) 当 $i = 1, 2, \cdots, n$, $j = 1, 2, \cdots, m$ 时, $C_{ji}, D_{ij}, i = 1, 2, \cdots, n$; $j = 1, 2, \cdots, m$ 是定义在 $[0, \infty]$ 上的非负连续函数并且满足:

$$\int_0^\infty \mathrm{e}^{\varepsilon s} C_{ji}(s) \mathrm{d}s = m_{ji} < \infty,$$

$$\int_0^\infty \mathrm{e}^{\varepsilon s} D_{ij}(s) \mathrm{d}s = n_{ij} < \infty, \quad 0 < \varepsilon \in \mathbf{R}.$$

引理 3.3.2　假设当 $t \geqslant t_0$ 时, $H_i(t)$ 是非负连续函数, 并且满足

$$H_i'(t) \leqslant -r_i H_i(t) + \sum_{j=1}^m l_{ji} H_{jt}. \tag{3.3.9}$$

其中

$$H_{ji} \overset{\triangle}{=} \sup_{-\infty < \theta \leqslant 0} H_j(t + \theta),$$

$$r_i, l_{ji}(i, j = 1, 2, \cdots, m)$$

是非负常数. 如果不等式

$$-r_i + \sum_{j=1}^m l_{ji} < 0 \tag{3.3.10}$$

成立, 则当 $t \geqslant t_0$ 时, 存在 $\varpi > 0$ 使得

$$H_i(t) \leqslant \Phi_{t_0} \mathrm{e}^{-\varpi(t-t_0)}, \quad i = 1, 2, \cdots, m. \tag{3.3.11}$$

其中

$$\Phi_{t_0} = \max_{1 \leqslant j \leqslant m} H_{jt_0}.$$

证明　给定常数 $d > 1$, 定义

$$G_i(t) = H_i(t) - d\Phi_{t_0} \mathrm{e}^{-\varpi(t-t_0)}, \quad i = 1, 2, \cdots, m \tag{3.3.12}$$

对于任意的 $t \in (-\infty, t_0]$ 均成立, 可知

$$G_i(t) = H_i(t) - d\Phi_{t_0} \mathrm{e}^{-\varpi(t-t_0)} \leqslant \Phi_{t_0} - d\Phi_{t_0} < 0, \quad i = 1, 2, \cdots, m.$$

在下面的分析中只讨论 $\Phi_{t_0} > 0$, 如果对于任意的 $t \geqslant t_0$, 总是存在 $G_i(t) < 0$, 可以得到

$$\lim_{d \to 1+0} G_i(t) = H_i(t) - \Phi_{t_0} \mathrm{e}^{-\varpi(t-t_0)} \leqslant 0, \quad i = 1, 2, \cdots, m,$$

那么可以证明引理 3.3.2 是正确的. 否则, 一定存在 i 和 $t_1 > t_0$, 使得

$$\begin{cases} G_i(t_1) = H_i(t_1) - d\varPhi_{t_0}\mathrm{e}^{-\varpi(t_1-t_0)} = 0, \\ G_i(t) = H_i(t) - d\varPhi_{t_0}\mathrm{e}^{-\varpi(t-t_0)} < 0, \qquad t \in [t_0, t_1), \ j \neq i, \ j = 1, 2, \cdots, m, \\ G_j(t) = H_j(t) - d\varPhi_{t_0}\mathrm{e}^{-\varpi(t-t_0)} \leqslant 0, \end{cases}$$

也就是

$$\frac{\mathrm{d}G_i(t_1)}{\mathrm{d}t} \geqslant 0. \tag{3.3.13}$$

另一方面, 由条件 (3.3.10), 可得

$$-r_i + \sum_{j=1}^{m} l_{ji} < 0,$$

因此, 存在一个相当小的正常数 ϖ 使得

$$-r_i + \sum_{j=1}^{m} l_{ji} + \varpi < 0.$$

由式 (3.3.12), 可以得到

$$\begin{aligned} \frac{\mathrm{d}G_i(t_1)}{\mathrm{d}t} &= \frac{\mathrm{d}H_i(t_1)}{\mathrm{d}t} + \varpi d\varPhi_{t_0}\mathrm{e}^{-\varpi(t_1-t_0)} \\ &\leqslant -r_i H_i(t_1) + \sum_{j=1}^{m} l_{ji}H_{jt_1} + \varpi d\varPhi_{t_0}\mathrm{e}^{-\varpi(t_1-t_0)} \\ &\leqslant \left(-r_i + \varpi + \sum_{j=1}^{m} l_{ji} \right) d\varPhi_{t_0}\mathrm{e}^{-\varpi(t_1-t_0)} \\ &< 0. \end{aligned} \tag{3.3.14}$$

显然式 (3.3.13) 和式 (3.3.14) 是矛盾的. 因此, 对于任意的 $t \geqslant t_0$, 下面的不等式是正确的:

$$G_i(t) = H_i(t) - d\varPhi_{t_0}\mathrm{e}^{-\varpi(t-t_0)} \leqslant 0, \tag{3.3.15}$$

即引理 3.3.2 成立.

令 $u^* = (u_1^*, u_2^*, \cdots, u_n^*)$, $z^* = (z_1^*, z_2^*, \cdots, z_n^*)$ 是系统 (3.3.8) 平衡点, 作变换:

$$x_i(t) = \mathrm{e}^{\varepsilon t}(u_i(t) - u_i^*), y_j(t) = \mathrm{e}^{\varepsilon t}(z_j(t) - z_j^*), \quad 0 < \varepsilon \in \mathbf{R}.$$

沿着系统 (3.3.8) 的轨迹计算式 (3.3.15) 的导数, 得到

$$\begin{cases} x_i'(t) = -(a_i - \varepsilon)x_i(t) + \mathrm{e}^{\varepsilon t} \sum_{j=1}^{m} \omega_{ji}g_j \left(\int_0^{\infty} C_{ji}(s)\mathrm{e}^{-\varepsilon(t-s)}y_j(t-s)\mathrm{d}s \right), \\ y_j'(t) = -(b_i - \varepsilon)y_i(t) + \mathrm{e}^{\varepsilon t} \sum_{i=1}^{n} v_{ij}f_i \left(\int_0^{\infty} D_{ij}(s)\mathrm{e}^{-\varepsilon(t-s)}x_j(t-s)\mathrm{d}s \right). \end{cases} \tag{3.3.16}$$

其中

$$
\begin{cases}
f_i\left(\int_0^\infty D_{ij}(s)\mathrm{e}^{-\varepsilon(t-s)}x_i(t-s)\mathrm{d}s\right) \\
= F_i\left(\int_0^\infty D_{ij}(s)\left[\mathrm{e}^{-\varepsilon(t-s)}x_i(t-s)+u_i^*\right]\mathrm{d}s\right) - F_i\left(\int_0^\infty D_{ij}(s)u_i^*\mathrm{d}s\right), \quad i=1,2,\cdots,n, \\
g_j\left(\int_0^\infty C_{ji}(s)\mathrm{e}^{-\varepsilon(t-s)}y_j(t-s)\mathrm{d}s\right) \\
= G_j\left(\int_0^\infty C_{ji}(s)\left[\mathrm{e}^{-\varepsilon(t-s)}y_j(t-s)+z_j^*\right]\mathrm{d}s\right) - G_j\left(\int_0^\infty C_{ji}(s)z_j^*\mathrm{d}s\right), \quad j=1,2,\cdots,m.
\end{cases}
$$

易知函数 f_i 和 g_j 满足假设 (1), 则函数 f_i 和 g_j 有如下性质:

$$
\begin{cases}
|f_i(x_i)| \leqslant \alpha_i |x_i| \quad \text{且} \quad f_i(0)=0, \quad i=1,2,\cdots,n, \\
|g_j(y_j)| \leqslant \beta_j |y_j| \quad \text{且} \quad g_j(0)=0, \quad j=1,2,\cdots,m.
\end{cases}
$$

如果系统 (3.3.16) 的零点是唯一的和指数稳定的, 那么系统 (3.3.8) 的平衡点是唯一的和指数稳定的, 下面给出一个定理:

定理 3.3.2　如果系统 (3.3.16) 的网络参数满足如下条件

$$
\begin{cases}
-a_i + \sum_{j=1}^{m} |\omega_{ji}|\,\beta_j m_{ji} < 0, \\
-b_j + \sum_{i=1}^{n} |v_{ij}|\,\alpha_i n_{ij} < 0,
\end{cases}
\tag{3.3.17}
$$

则系统 (3.3.16) 的零点是指数稳定的.

证明　应用常数变易法, 可得系统 (3.3.16) 的解如下:

$$
\begin{cases}
x_i(t)=\mathrm{e}^{-(a_i-\varepsilon)t}x_i(0)+\sum_{j=1}^{m}\int_0^t \mathrm{e}^{-(a_i-\varepsilon)(t-\tau)}\mathrm{e}^{\varepsilon\tau}\omega_{ji}g_j\left(\int_0^\infty C_{ji}(s)\mathrm{e}^{-\varepsilon(\tau-s)}y_j(\tau-s)\mathrm{d}s\right)\mathrm{d}\tau, \\
y_j(t)=\mathrm{e}^{-(b_j-\varepsilon)t}y_j(0)+\sum_{i=1}^{n}\int_0^t \mathrm{e}^{-(b_j-\varepsilon)(t-\tau)}\mathrm{e}^{\varepsilon\tau}v_{ij}f_i\left(\int_0^\infty D_{ij}(s)\mathrm{e}^{-\varepsilon(\tau-s)}x_i(\tau-s)\mathrm{d}s\right)\mathrm{d}\tau.
\end{cases}
\tag{3.3.18}
$$

计算式 (3.3.18) 两边的绝对值, 可以得

$$
\begin{cases}
|x_i(t)| = \mathrm{e}^{-(a_i-\varepsilon)t}|x_i(0)| + \sum_{j=1}^{m}\int_0^t \mathrm{e}^{-(a_i-\varepsilon)(t-\tau)} \\
\qquad \mathrm{e}^{\varepsilon\tau}|\omega_{ji}|\left|g_j\left(\int_0^\infty C_{ji}(s)\mathrm{e}^{-\varepsilon(\tau-s)}y_j(\tau-s)\mathrm{d}s\right)\right|\mathrm{d}\tau \\
|y_j(t)| = \mathrm{e}^{-(b_j-\varepsilon)t}|y_j(0)| + \sum_{i=1}^{n}\int_0^t \mathrm{e}^{-(b_j-\varepsilon)(t-\tau)} \\
\qquad \mathrm{e}^{\varepsilon\tau}|v_{ij}|\left|f_i\left(\int_0^\infty D_{ij}(s)\mathrm{e}^{-\varepsilon(\tau-s)}x_i(\tau-s)\mathrm{d}s\right)\right|\mathrm{d}\tau
\end{cases}
$$

由于

$$|f_i(x_i)| \leqslant \alpha_i |x_i|, i = 1, 2, \cdots, n \text{ 和 } |g_j(y_j)| \leqslant \beta_j |y_j|, j = 1, 2, \cdots, m,$$

得出

$$
\begin{cases}
|x_i(t)| \leqslant \mathrm{e}^{-(a_i-\varepsilon)t}|x_i(0)| + \displaystyle\sum_{j=1}^{m} \int_0^t \mathrm{e}^{-(a_i-\varepsilon)(t-\tau)} \\
\qquad \mathrm{e}^{\varepsilon\tau}|\omega_{ji}|\beta_j \displaystyle\int_0^{\infty} C_{ji}(s)\mathrm{e}^{-\varepsilon(\tau-s)}|y_j(\tau-s)|\mathrm{d}s\mathrm{d}\tau. \\
|y_j(t)| \leqslant \mathrm{e}^{-(b_j-\varepsilon)t}|y_j(0)| + \displaystyle\sum_{i=1}^{n} \int_0^t \mathrm{e}^{-(b_j-\varepsilon)(t-\tau)} \\
\qquad \mathrm{e}^{\varepsilon\tau}|v_{ij}|\alpha_i \displaystyle\int_0^{\infty} D_{ij}(s)\mathrm{e}^{-\varepsilon(\tau-s)}|x_i(\tau-s)|\mathrm{d}s\mathrm{d}\tau.
\end{cases}
$$

令

$$
P_i(t) \triangleq
\begin{cases}
\mathrm{e}^{-(a_i-\varepsilon)t}|x_i(0)| + \displaystyle\sum_{j=1}^{m} \int_0^t \mathrm{e}^{-(a_i-\varepsilon)(t-\tau)}\mathrm{e}^{\varepsilon\tau}|\omega_{ji}|\beta_j \int_0^{\infty} C_{ji}(s) \\
\mathrm{e}^{-\varepsilon(\tau-s)}|y_j(\tau-s)|\mathrm{d}s\mathrm{d}\tau, & t \geqslant 0, \\
\sup\limits_{-\infty<\theta\leqslant 0} |\phi_i(t) - u_i^*|, & t < 0,
\end{cases}
$$

$$
Q_j(t) \triangleq
\begin{cases}
\mathrm{e}^{-(b_i-\varepsilon)t}|y_j(0)| + \displaystyle\sum_{i=1}^{m} \int_0^t \mathrm{e}^{-(b_i-\varepsilon)(t-\tau)}\mathrm{e}^{\varepsilon\tau}|v_{ij}|\alpha_i \int_0^{\infty} D_{ij}(s) \\
\mathrm{e}^{-\varepsilon(\tau-s)}|x_i(\tau-s)|\mathrm{d}s\mathrm{d}\tau, & t \geqslant 0, \\
\sup\limits_{-\infty<\theta\leqslant 0} |\varphi_j(t) - z_j^*|, & t < 0,
\end{cases}
$$

$$
\begin{aligned}
P_i'(t) = {} & -(a_i - \varepsilon)\mathrm{e}^{-(a_i-\varepsilon)t}|x_i(0)| \\
& - (a_i - \varepsilon)\sum_{j=1}^{m} \int_0^t \mathrm{e}^{-(a_i-\varepsilon)(t-\tau)}\mathrm{e}^{\varepsilon\tau}|\omega_{ji}|\beta_j \int_0^{\infty} C_{ji}(s)\mathrm{e}^{-\varepsilon(\tau-s)}|y_j(\tau-s)|\mathrm{d}s\mathrm{d}\tau \\
& + \sum_{j=1}^{m} \mathrm{e}^{\varepsilon t}|\omega_{ji}|\beta_j \int_0^{\infty} C_{ji}(s)\mathrm{e}^{-\varepsilon(t-s)}|y_j(t-s)|\mathrm{d}s \\
= {} & -(a_i-\varepsilon)P_i(t) + \sum_{j=1}^{m} \mathrm{e}^{\varepsilon t}|\omega_{ji}|\beta_j \int_0^{\infty} C_{ji}(s)\mathrm{e}^{-\varepsilon(t-s)}|y_i(t-s)|\mathrm{d}s.
\end{aligned}
$$

令

$$P_{it} = \sup_{-\infty<0\leqslant 0} P_i(t+\theta), \quad Q_{jt} = \sup_{-\infty<0\leqslant 0} Q_j(t+\theta). \tag{3.3.19}$$

根据假设 (B3) 和式 (3.3.19), 可得

$$P_i'(t) \leqslant -(a_i - \varepsilon)P_i(t) + \sum_{j=1}^{m} |\omega_{ji}|\beta_j m_{ji} Q_{jt},$$

同理可得

$$Q'_j(t) \leqslant -(b_j - \varepsilon)Q_j(t) + \sum_{i=1}^{n} |v_{ij}| \alpha_i n_{ij} P_{it}.$$

利用条件 (3.3.17), 可得

$$\begin{cases} -(a_i - \varepsilon) + \sum_{j=1}^{m} |\omega_{ji}| \beta_j m_{ji} < 0, \\ -(b_j - \varepsilon) + \sum_{i=1}^{n} |v_{ij}| \alpha_i n_{ij} < 0, \end{cases} \tag{3.3.20}$$

其中 $\varepsilon > 0$ 是足够小的数.

根据引理 3.3.2 和条件 (3.3.20), 对于所有的 $t \geqslant 0$, 存在 $\sigma > 0$ 使得

$$\begin{cases} P_i(t) \leqslant \Psi_0 e^{-\sigma t}, \\ Q_j(t) \leqslant \Phi_0 e^{-\sigma t}, \end{cases}$$

$$\Psi_0 \overset{\Delta}{=} \max_{1 \leqslant j \leqslant m} Q_{jt}, \quad \Phi_0 \overset{\Delta}{=} \max_{1 \leqslant i \leqslant n} P_{it}.$$

所以, 可得

$$|x_i(t)| + |y_j(t)| \leqslant P_i(t) + Q_j(t) \leqslant \Psi_0 e^{-\sigma t} + \Phi_0 e^{-\sigma t} = (\Psi_0 + \Phi_0) e^{-\sigma t},$$

则系统 (3.3.16) 是指数稳定的.

数据仿真如下:

考虑下面的系统

$$\begin{cases} u'_i(t) = -a_i u_i(t) + \sum_{j=1}^{2} \omega_{ji} G_j \left(\int_0^{\infty} C_{ji}(s) z_j(t-s) \mathrm{d}s \right) + I_i, \\ z'_j(t) = -b_j z_j(t) + \sum_{i=1}^{2} v_{ij} F_i \left(\int_0^{\infty} D_{ij}(s) u_i(t-s) \mathrm{d}s \right) + J_j, \end{cases}$$

其中 $C_{ji}(s) = D_{ij}(s) = e^{-s}$, 令 $m_{ji} = n_{ij} = 2, \alpha_i = \beta_j = 1, \varepsilon = \dfrac{1}{2}$,

$$(a_1 \quad a_2)^{\mathrm{T}} = (2 \quad 2)^{\mathrm{T}}, \quad (b_1 \quad b_2)^{\mathrm{T}} = (2 \quad 2)^{\mathrm{T}},$$

$$\begin{pmatrix} \omega_{11} & \omega_{12} \\ \omega_{21} & \omega_{22} \end{pmatrix} = \begin{pmatrix} \dfrac{1}{2} & 0 \\ 0 & \dfrac{1}{2} \end{pmatrix}, \quad \begin{pmatrix} v_{11} & v_{12} \\ v_{21} & v_{22} \end{pmatrix} = \begin{pmatrix} 0 & \dfrac{1}{2} \\ \dfrac{1}{2} & 0 \end{pmatrix}.$$

可知,

$$-(a_i - \varepsilon) + \sum_{j=1}^{2} |\omega_{ji}| \beta_j m_{ji} = -\frac{1}{2} < 0,$$

$$-(b_j - \varepsilon) + \sum_{i=1}^{2} |v_{ij}| \alpha_i n_{ij} = -\frac{1}{2} < 0.$$

本小节介绍了具有连续时滞的 BAM 神经网络的指数稳定性. 通过讨论独立延迟参数的神经网络模型之间的关系分析了平衡点稳定性, 并给出了一个 BAM 神经网络稳定性的有效条件.

3.3.3 具有连续和离散时滞的混杂 BAM 神经网络模型及动力学问题

本章主要针对下面的神经网络模型进行分析:

$$\begin{cases} u_i'(t) = -a_i u_i(t) + \sum_{j=1}^{m} \omega_{ij} g_j(z_j(t)) \\ \qquad + \sum_{j=1}^{m} \omega_{ij}^{\tau} g_j(z_j(t - \tau_{ij})) + \sum_{j=1}^{m} \phi_{ij} \int_{t-h_{ij}}^{t} g_j(z_j(s)) \mathrm{d}s + I_i, \\ z_j'(t) = -b_j z_j(t) + \sum_{i=1}^{n} v_{ji} f_i(u_u(t)) \\ \qquad + \sum_{i=1}^{n} v_{ji}^{\tau} f_i(u_i(t - \sigma_{ji})) + \sum_{i=1}^{n} \varphi_{ji} \int_{t-l_{ji}}^{t} f_i(u_i(s)) \mathrm{d}s + J_j, \\ \qquad i = 1, 2, \cdots, n; j = 1, 2, \cdots, m. \end{cases} \quad (3.3.21)$$

系统 (3.3.21) 满足初始条件:

$$u_i(t) = \phi_i(t), \quad t = (-\infty, 0], \quad i = 1, 2, \cdots, n;$$

$$z_j(t) = \varphi_j(t), \quad t \in (-\infty, 0], \quad j = 1, 2, \cdots, m.$$

其中, a_i 和 b_j 表示神经元负载时间常数和被动衰变率; f_i 和 g_i 分别表示神经元的激活函数和传播信号函数; ω_{ij} 和 v_{ji} 表示轴突联络强度; I_i 和 J_j 是外部输入; $h_{ij}, l_{ji}, \tau_{ij}$ 和 σ_{ji} 是正常数.

假设激活函数满足以下条件:

(C1) 存在正常数 α_i, $i = 1, 2, \cdots, n$ 和 β_j, $j = 1, 2, \cdots, m$, 使得

$$|f_i(\xi_1) - f_i(\xi_2)| \leqslant \alpha_i |\xi_1 - \xi_2|, \quad \xi_1, \xi_2 \in \mathbf{R}.$$

$$|g_j(\zeta_1) - g_j(\zeta_2)| \leqslant \beta_j |\zeta_1 - \zeta_2|, \quad \zeta_1, \zeta_1 \in \mathbf{R}.$$

(C2) $\forall u, z \in \mathbf{R}$, 存在正常数 $M_i(i = 1, 2, \cdots, n)$ 和 $L_j(j = 1, 2, \cdots, m)$ 使得

$$|f_i(u)| \leqslant M_i \quad \text{以及} \quad |g_j(z)| \leqslant L_j.$$

引理 3.3.3   对任意一个正定对称的常矩阵 M, 一个正标量 σ, 则存在一个向量函数 $W: [0, \sigma] \to \mathbf{R}^n$, 使得下列积分不等式成立:

$$\sigma \int_0^\sigma W^\mathrm{T}(s) M W(s) \mathrm{d}s \geqslant \left(\int_0^\sigma W(s) \mathrm{d}s \right)^\mathrm{T} M \int_0^\sigma W(s) \mathrm{d}s$$

为了得出系统 (3.3.21) 平衡点的存在性、唯一性和全局渐近稳定性的结论, 在假设 (C2) 下, 系统 (3.3.21) 总是有一个平衡点, 因此, 只需要证明平衡点的唯一性和全局渐近稳定性即可, 令

$$u^* = (u_1^*, u_2^*, \cdots, u_n^*), \quad z^* = (z_1^*, z_2^*, \cdots, z_n^*)$$

是系统 (3.3.21) 的平衡点, 做变换

$$\begin{cases} x_i(\cdot) = u_i(\cdot) - u_i^*, & i = 1, 2, \cdots, n, \\ y_j(\cdot) = z_j(\cdot) - z_j^*, & j = 1, 2, \cdots, m. \end{cases}$$

则系统 (3.3.21) 变成

$$\begin{cases} x_i'(t) = -a_i x_i(t) + \displaystyle\sum_{j=1}^m \omega_{ij} G_j(y_j(t)) \\ \qquad + \displaystyle\sum_{j=1}^m \omega_{ij}^\tau G_j(y_j(t - \tau_{ij})) + \sum_{j=1}^m \phi_{ij} \int_{t - h_{ij}}^t G_j(y_j(s)) \mathrm{d}s \\ y_j'(t) = -b_j y_j(t) + \displaystyle\sum_{i=1}^n v_{ji} F_i(u_u(t)) \\ \qquad + \displaystyle\sum_{i=1}^n v_{ji}^\tau F_i(x_i(t - \sigma_{ji})) + \sum_{i=1}^n \varphi_{ji} \int_{t - l_{ji}}^t F_i(x_i(s)) \mathrm{d}s \\ \qquad\qquad\qquad i = 1, 2, \cdots, n; j = 1, 2, \cdots, m. \end{cases} \tag{3.3.22}$$

其中

$$\begin{cases} F_i(x_i(\cdot)) = f_i(x_i(\cdot) + u_i^*) - f_i(u_i^*), & i = 1, 2, \cdots, n, \\ G_j(y_j(\cdot)) = g_j(y_j(\cdot) + z_j^*) - g_j(z_j^*), & j = 1, 2, \cdots, m. \end{cases}$$

很容易证明函数 F_i 和 G_j 满足假设 (C1) 条件, 也就是 F_i 和 G_j 具有下面的性质:

$$\begin{cases} |F_i(x_i)| \leqslant \alpha_i |x_i| \text{ 且 } F_i(0) = 0, & i = 1, 2, \cdots, n, \\ |G_j(y_j)| \leqslant \beta_j |y_j| \text{ 且 } G_j(0) = 0, & j = 1, 2, \cdots, m. \end{cases}$$

如果系统 (3.3.22) 的零点是唯一且全局一致渐近稳定的, 那么系统 (3.3.21) 的平衡点是唯一且是全局一致渐近稳定的, 现在给出如下定理:

定理 3.3.3 如果系统 (3.3.22) 的网络参数满足:

$$
\begin{cases}
\delta_i = ma_i^2 - 1 - n^2\alpha_i^2\lambda_M(V^{\mathrm{T}}B^2V) - \displaystyle\sum_{j=1}^{m} n^2\alpha_i^2(v_{ji}^{\tau})^2 - \sum_{j=1}^{m}\alpha_i^2 l_{ji} - \sum_{j=1}^{m} m^2 a_i^2(\phi_{ij})^2 h_{ij} > 0, \\
\Omega_j = nb_j^2 - 1 - m^2\beta_j^2\mu_M(W^{\mathrm{T}}A^2W) - \displaystyle\sum_{i=1}^{n} m^2\beta_j^2(\omega_{ij}^{\tau})^2 - \sum_{i=1}^{n}\beta_j^2 h_{ij} - \sum_{i=1}^{n} n^2 b_j^2(\varphi_{ji})^2 l_{ji} > 0,
\end{cases}
$$

那么系统 (3.3.22) 的零点是唯一的平衡点, 并且它是全局一致渐近稳定的. 其中

$$
A = \mathrm{diag}(a_1, a_2, \cdots, a_n), \quad B = \mathrm{diag}(b_1, b_2, \cdots, b_m),
$$
$$
\alpha = \mathrm{diag}(\alpha_1, \alpha_2, \cdots, \alpha_n), \quad \beta = \mathrm{diag}(\beta_1, \beta_2, \cdots, \beta_m),
$$
$$
W = (\omega_{ij})_{n \times m}, \quad V = (v_{ji})_{m \times n}.
$$

$\lambda_M(V^{\mathrm{T}}B^2V)$ 和 $\mu_M(W^{\mathrm{T}}A^2W)$ 分别是 $V^{\mathrm{T}}B^2V$ 和 $W^{\mathrm{T}}A^2W$ 的最大特征值.

证明 设 $x^* = (x_1^*, x_2^*, \cdots, x_n^*)^{\mathrm{T}}$ 和 $y^* = (y_1^*, y_2^*, \cdots, y_n^*)^{\mathrm{T}}$ 是系统 (3.3.22) 的平衡点, 那么得到关于平衡点的方程:

$$
\begin{cases}
-a_i x_i^* + \displaystyle\sum_{j=1}^{m}\omega_{ij} G_j(y_j^*) + \sum_{j=1}^{m}\omega_{ij}^{\tau} G_j(y_j^*) + \sum_{j=1}^{m}\phi_{ij} G_j(y_j^*) h_{ij} = 0, \quad i = 1, 2, \cdots, n, \\
-b_j y_j^* + \displaystyle\sum_{i=1}^{n} v_{ji} F_i(x_i^*) + \sum_{i=1}^{n} v_{ji}^{\tau} F_j(x_j^*) + \sum_{i=1}^{n}\varphi_{ji} F_i(x_i^*) l_{ji} = 0, \quad j = 1, 2, \cdots, m.
\end{cases}
\tag{3.3.23}
$$

把方程组 (3.3.23) 的第一个方程两边同时乘以 $2ma_i x_i^*$, 第二个方程两边同时乘以 $2nb_j y_j^*$, 则得到

$$
\begin{cases}
-2ma_i^2 x_i^{*2} + \displaystyle\sum_{j=1}^{m} 2ma_i\omega_{ij} x_i^* G_j(y_j^*) + \sum_{j=1}^{m} 2ma_i\omega_{ij}^{\tau} x_i^* G_j(y_j^*) + \sum_{j=1}^{m} 2ma_i\phi_{ij} x_i^* G_j(y_j^*) h_{ij} = 0, \\
-2nb_j^2 y_j^{*2} + \displaystyle\sum_{i=1}^{n} 2nb_j v_{ji} y_j^* F_i(x_i^*) + \sum_{i=1}^{n} 2nb_j v_{ji}^{\tau} y_j^* F_j(x_j^*) + \sum_{i=1}^{n} 2nb_j\varphi_{ji} y_j^* F_i(x_i^*) l_{ji} = 0, \\
\qquad\qquad\qquad\qquad i = 1, 2, \cdots, n; j = 1, 2, \cdots, m.
\end{cases}
\tag{3.3.24}
$$

把方程组 (3.3.24) 的第一个方程的 i 从 1 到 n 相加, 第二个方程的 j 从 1 到 m 相加, 然后两式相加, 有

$$
0 = -\sum_{i=1}^{n} 2ma_i^2 x_i^{*2} + \sum_{i=1}^{n}\sum_{j=1}^{m} 2ma_i\omega_{ij} x_i^* G_j(y_j^*) + \sum_{i=1}^{n}\sum_{j=1}^{m} 2ma_i\omega_{ij}^{\tau} x_i^* G_j(y_j^*)
$$
$$
+ \sum_{i=1}^{n}\sum_{j=1}^{m} 2ma_i\phi_{ij} x_i^* G_j(y_j^*) h_{ij} - \sum_{j=1}^{m} 2nb_j^2 y_j^{*2} + \sum_{j=1}^{m}\sum_{i=1}^{n} 2nb_j v_{ji} y_j^* F_i(x_i^*)
$$

$$+ \sum_{j=1}^{m} \sum_{i=1}^{n} 2nb_j v_{ji}^{\tau} y_j^* F_i(x_i^*) + \sum_{j=1}^{m} \sum_{i=1}^{n} 2nb_j \varphi_{ji} y_j^* F_i(x_i^*) l_{ji}$$

$$= - \sum_{i=1}^{n} ma_i^2 x_i^{*2} + \sum_{i=1}^{n} \sum_{j=1}^{m} 2ma_i \omega_{ij} x_i^* G_j(y_j^*) + \sum_{i=1}^{n} \sum_{j=1}^{m} \left\{ -a_i^2 x_i^{*2} + 2ma_i \omega_{ij}^{\tau} x_i^* G_j(y_j^*) \right\}$$

$$- \sum_{j=1}^{m} nb_j^2 y_j^{*2} + \sum_{j=1}^{m} \sum_{i=1}^{n} 2nb_j v_{ji} y_j^* F_i(x_i^*) + \sum_{j=1}^{m} \sum_{i=1}^{n} \left\{ -b_j^2 y_j^{*2} + 2nb_j v_{ji}^{\tau} y_j^* F_i(x_i^*) \right\}$$

$$+ \sum_{i=1}^{n} \sum_{j=1}^{m} 2ma_i \phi_{ij} x_i^* G_j(y_j^*) h_{ij} + \sum_{j=1}^{m} \sum_{i=1}^{n} 2nb_j \varphi_{ji} y_j^* F_i(x_i^*) l_{ji}$$

$$= - \sum_{i=1}^{n} ma_i^2 x_i^{*2} + \sum_{i=1}^{n} \sum_{j=1}^{m} 2ma_i \omega_{ij} x_i^* G_j(y_j^*) - \sum_{i=1}^{n} \sum_{j=1}^{m} \left\{ a_i x_i^* - m\omega_{ij}^{\tau} G_j(y_i^*) \right\}^2$$

$$- \sum_{j=1}^{m} nb_j^2 y_j^{*2} + \sum_{j=1}^{m} \sum_{i=1}^{n} 2nb_j v_{ji} y_j^* F_i(x_i^*) - \sum_{j=1}^{m} \sum_{i=1}^{n} \left\{ b_j y_j^* - nv_{ji}^{\tau} F_i(x_i^*) \right\}^2$$

$$+ \sum_{i=1}^{n} \sum_{j=1}^{m} m^2 (\omega_{ij}^{\tau})^2 G_j^2(y_j^*) + \sum_{j=1}^{m} \sum_{i=1}^{n} n^2 (v_{ji}^{\tau})^2 F_i^2(x_i^*)$$

$$+ \sum_{i=1}^{n} \sum_{j=1}^{m} 2ma_i \phi_{ij} x_i^* G_j(y_j^*) h_{ij} + \sum_{j=1}^{m} \sum_{i=1}^{n} 2nb_j \varphi_{ji} y_j^* F_i(x_i^*) l_{ji}$$

$$\leqslant - \sum_{i=1}^{n} ma_i^2 x_i^{*2} + \sum_{i=1}^{n} \sum_{j=1}^{m} 2ma_i \omega_{ij} x_i^* G_j(y_j^*) - \sum_{j=1}^{m} nb_j^2 y_j^{*2} + \sum_{j=1}^{m} \sum_{i=1}^{n} 2nb_j v_{ji} y_j^* F_i(x_i^*)$$

$$+ \sum_{i=1}^{n} \sum_{j=1}^{m} m^2 (\omega_{ij}^{\tau})^2 G_j^2(y_j^*) + \sum_{j=1}^{m} \sum_{i=1}^{n} n^2 (v_{ji}^{\tau})^2 F_i^2(x_i^*) + \sum_{i=1}^{n} \sum_{j=1}^{m} 2ma_i \phi_{ij} x_i^* G_j(y_j^*) h_{ij}$$

$$+ \sum_{j=1}^{m} \sum_{i=1}^{n} 2nb_j \varphi_{ji} y_j^* F_i(x_i^*) l_{ji}. \tag{3.3.25}$$

由引理 3.3.1 可得

$$\sum_{i=1}^{n} \sum_{j=1}^{m} 2ma_i \omega_{ij} x_i^* G_j(y_j^*) = 2mx^{*\mathrm{T}} AWG(y^*)$$

$$\leqslant x^{*\mathrm{T}} x^* + m^2 G^{\mathrm{T}}(y^*) W^{\mathrm{T}} A^2 WG(y^*),$$

$$\sum_{j=1}^{m} \sum_{i=1}^{n} 2nb_j v_{ji} y_j^* F_i(x_i^*) = 2ny^{*\mathrm{T}} BVF(x^*)$$

$$\leqslant y^{*\mathrm{T}} y^* + n^2 F^{\mathrm{T}}(x^*) V^{\mathrm{T}} B^2 VF(x^*).$$

又由于

$$G_j^2(y_j) \leqslant \beta_j^2 y_j^2, j = 1, 2, \cdots, m, \quad F_i^2(x_i) \leqslant \alpha_i^2 x_i^2, i = 1, 2, \cdots, n,$$

可得

$$\sum_{i=1}^{n}\sum_{j=1}^{m} 2ma_i\phi_{ij}x_i^*G_j(y_j^*)h_{ij} \leqslant \sum_{i=1}^{n}\sum_{j=1}^{m}\left[(ma_i\phi_{ij}x_i^*)^2 + G_j(y_j^*)\right]h_{ij}$$

$$\leqslant \sum_{i=1}^{n}\sum_{j=1}^{m} m^2a_i^2(\phi_{ij})^2x_i^{*2}h_{ij} + \sum_{i=1}^{n}\sum_{j=1}^{m}\beta_j^2y_j^{*2}h_{ij},$$

$$\sum_{j=1}^{m}\sum_{i=1}^{n} 2nb_j\varphi_{ji}y_j^*F_i(x_i^*)l_{ji} \leqslant \sum_{j=1}^{m}\sum_{i=1}^{n}\left[(nb_j\varphi_{ji}y_j^*)^2 + F_i(x_i^*)\right]l_{ji}$$

$$\leqslant \sum_{j=1}^{m}\sum_{i=1}^{n} n^2b_j^2(\varphi_{ji})^2y_j^{*2}l_{ji} + \sum_{j=1}^{m}\sum_{i=1}^{n}\alpha_i^2x_i^{*2}l_{ji}.$$

因此, 可以把式 (3.3.25) 写成

$$-\sum_{i=1}^{n} ma_i^2x_i^{*2} + x^{*\mathrm{T}}x^* + m^2G^{\mathrm{T}}(y^*)W^{\mathrm{T}}A^2WG(y^*)$$

$$-\sum_{j=1}^{m} nb_j^2y_j^{*2} + y^{*\mathrm{T}}y^* + n^2F^{\mathrm{T}}(x^*)V^{\mathrm{T}}B^2VF(x^*) + \sum_{i=1}^{n}\sum_{j=1}^{m} m^2(\omega_{ij}^{\tau})^2\beta_j^2y_j^{*2}$$

$$+\sum_{j=1}^{m}\sum_{i=1}^{n} n^2(v_{ji}^{\tau})^2\alpha_i^2x_i^{*2} + \sum_{i=1}^{n}\sum_{j=1}^{m} m^2a_i^2(\phi_{ij})^2x_i^{*2}h_{ij} + \sum_{i=1}^{n}\sum_{j=1}^{m}\beta_j^2y_j^{*2}h_{ij}$$

$$+\sum_{j=1}^{m}\sum_{i=1}^{n} n^2b_j^2(\varphi_{ji})^2y_j^{*2}l_{ji} + \sum_{j=1}^{m}\sum_{i=1}^{n}\alpha_i^2x_i^{*2}l_{ji} \geqslant 0$$

分别合并具有 x_i^{*2} 和 y_j^{*2} 的项, 则得到

$$\sum_{i=1}^{n}\left\{-ma_i^2 + 1 + n^2\alpha_i^2\lambda_M(V^{\mathrm{T}}B^2V)\right.$$

$$\left. +\sum_{j=1}^{m} n^2\alpha_i^2(v_{ji}^{\tau})^2 + \sum_{j=1}^{m} m^2a_i^2(\phi_{ij})^2h_{ij} + \sum_{j=1}^{m}\alpha_i^2l_{ji}\right\}x_i^{*2}$$

$$+\sum_{j=1}^{m}\left\{-nb_j^2 + 1 + m^2\beta_j^2\mu_M(W^{\mathrm{T}}A^2W)\right.$$

$$\left. +\sum_{i=1}^{n} m^2\beta_j^2(\omega_{ij}^{\tau})^2 + \sum_{i=1}^{n} n^2b_j^2(\varphi_{ji})^2l_{ji} + \sum_{i=1}^{n}\beta_j^2h_{ij}\right\}y_j^{*2} \geqslant 0$$

或者由定理 3.3.3 条件, 也可以写成

$$-\sum_{i=1}^{n} \delta_i x_i^{*2} - \sum_{j=1}^{m} \Omega_j y_j^{*2} \geqslant 0. \tag{3.3.26}$$

另一方面, 由于当 $i = 1, 2, \cdots, n$ 时, $\delta_i > 0$, 当 $j = 1, 2, \cdots, m$ 时, $\Omega_j > 0$, 而对于 $x^* = (x_1^*, x_2^*, \cdots, x_n^*)^{\mathrm{T}} \neq 0$ 或者 $y^* = (y_1^*, y_2^*, \cdots, y_n^*)^{\mathrm{T}} \neq 0$, 可以得到

$$-\sum_{i=1}^{n} \delta_i x_i^{*2} - \sum_{j=1}^{m} \Omega_j y_j^{*2} < 0. \tag{3.3.27}$$

式 (3.3.26) 和式 (3.3.27) 是矛盾的, 说明在定理 3.3.3 的条件下, 系统 (3.3.22) 不可能有 $x^* \neq 0$ 或者 $y^* \neq 0$ 的平衡点, 换句话说, $x^* = y^* = 0$ 是唯一的平衡点. 因此证明了系统 (3.3.22) 平衡点的唯一性.

接下来, 证明系统 (3.3.22) 零点的全局一致渐近稳定性. 首先, 给出如下正定的 Lyapunov 函数:

$$\begin{aligned}
V(x(t), y(t)) &= \sum_{i=1}^{n} m a_i x_i^2(t) + \sum_{j=1}^{m} n b_j y_j^2(t) \\
&\quad + \sum_{i=1}^{n} \sum_{j=1}^{m} m^2 (\omega_{ij}^{\tau})^2 \int_{t-\tau_{ij}}^{t} G_j^2(y_j(\eta)) \mathrm{d}\eta \\
&\quad + \sum_{j=1}^{m} \sum_{i=1}^{n} n^2 (v_{ji}^{\tau})^2 \int_{t-\sigma_{ji}}^{t} F_i^2(x_i(\xi)) \mathrm{d}\xi \\
&\quad + \sum_{i=1}^{n} \sum_{j=1}^{m} \int_{t-h_{ij}}^{t} (s - t + h_{ij}) G_j^2(y_j(s)) \mathrm{d}s \\
&\quad + \sum_{j=1}^{m} \sum_{i=1}^{n} \int_{t-l_{ji}}^{t} (s - t + l_{ji}) F_i^2(x_i(s)) \mathrm{d}s.
\end{aligned}$$

沿着系统 (3.3.22) 的轨迹, 可求 $V(x(t), y(t))$ 的导数

$$\begin{aligned}
\left. \frac{\mathrm{d}V(x(t), y(t))}{\mathrm{d}t} \right|_{(3.3.22)} &= \sum_{i=1}^{n} 2 m a_i x_i(t) x_i'(t) + \sum_{j=1}^{m} 2 n b_j y_j(t) y_j'(t) \\
&\quad + \sum_{i=1}^{n} \sum_{j=1}^{m} m^2 (\omega_{ij}^{\tau})^2 (G_j^2(y_j(t)) - G_j^2(y_j(t - \tau_{ij}))) \\
&\quad + \sum_{j=1}^{m} \sum_{i=1}^{n} n^2 (v_{ji}^{\tau})^2 (F_i^2(x_i(t)) - F_i^2(x_i(t - \sigma_{ji}))) \\
&\quad + \sum_{i=1}^{n} \sum_{j=1}^{m} h_{ij} G_j^2(y_i(t)) - \sum_{i=1}^{n} \sum_{j=1}^{m} \int_{t-h_{ij}}^{t} G_j^2(y_j(s)) \mathrm{d}s
\end{aligned}$$

$$+ \sum_{j=1}^{m} \sum_{i=1}^{n} l_{ji} F_i^2(x_i(t)) + \sum_{j=1}^{m} \sum_{i=1}^{n} \int_{t-l_{ji}}^{t} F_i^2(x_i(s)) \mathrm{d}s$$

$$= -\sum_{i=1}^{n} 2ma_i^2 x_i^2(t) + \sum_{i=1}^{n} \sum_{j=1}^{m} 2ma_i x_i(t) \omega_{ij} G_j(y_j(t))$$

$$+ \sum_{i=1}^{n} \sum_{j=1}^{m} 2ma_i x_i(t) \omega_{ij}^{\tau} G_j(y_j(t - \tau_{ij}))$$

$$+ \sum_{i=1}^{n} \sum_{j=1}^{m} 2ma_i x_i(t) \phi_{ij} \int_{t-h_{ij}}^{t} G_j(y_j(s)) \mathrm{d}s - \sum_{j=1}^{m} 2nb_j^2 y_j^2(t)$$

$$= -\sum_{i=1}^{n} ma_i^2 x_i^2(t) + \sum_{i=1}^{n} \sum_{j=1}^{m} 2ma_i x_i(t) \omega_{ij} G_j(y_j(t))$$

$$+ \sum_{i=1}^{n} \sum_{j=1}^{m} \left\{ -a_i^2 x_i^2(t) + 2ma_i x_i(t) \omega_{ij}^{\tau} G_j(y_j(t - \tau_{ij})) \right\}$$

$$+ \sum_{i=1}^{n} \sum_{j=1}^{m} 2ma_i x_i(t) \phi_{ij} \int_{t-h_{ij}}^{t} G_j(y_i(s)) \mathrm{d}s - \sum_{j=1}^{m} nb_j^2 y_j^2(t)$$

$$+ \sum_{j=1}^{m} \sum_{i=1}^{n} 2nb_j y_j(t) v_{ji} F(x_i(t))$$

$$+ \sum_{j=1}^{m} \sum_{i=1}^{n} \left\{ -b_j^2 y_j^2(t) + 2nb_j y_j(t) v_{ji}^{\tau} F_i(x_i(t - \sigma_{ji})) \right\}$$

$$+ \sum_{j=1}^{m} \sum_{i=1}^{n} 2nb_j y_j(t) \varphi_{ji} \int_{t-l_{ji}}^{t} F_i(x_i(s)) \mathrm{d}s$$

$$+ \sum_{i=1}^{n} \sum_{j=1}^{m} m^2 (\omega_{ij}^{\tau})^2 \left[G_j^2(y_j(t)) - G_j^2(y_j(t - \tau_{ij})) \right]$$

$$+ \sum_{j=1}^{m} \sum_{i=1}^{n} n^2 (v_{ji}^{\tau})^2 \left[F_i^2(x_i(t)) - F_i^2(x_i(t - \sigma_{ji})) \right]$$

$$+ \sum_{i=1}^{n} \sum_{j=1}^{m} h_{ij} G_j^2(y_j(t)) - \sum_{i=1}^{n} \sum_{j=1}^{m} \int_{t-h_{ij}}^{t} G_j^2(y_j(s)) \mathrm{d}s$$

$$+ \sum_{j=1}^{m} \sum_{i=1}^{n} l_{ji} F_i^2(x_i(t)) - \sum_{j=1}^{m} \sum_{i=1}^{n} \int_{t-l_{ji}}^{t} F_i^2(x_i(s)) \mathrm{d}s.$$

可以写出如下形式:

$$- a_i^2 x_i^2(t) + 2ma_i x_i(t) \omega_{ij}^{\tau} G_j(y_j(t - \tau_{ij}))$$

$$= -(-a_i x_i(t) + m\omega_{ij}^{\tau} G_j(y_j(t - \tau_{ij})))^2$$

$$+ m^2(\omega_{ij}^\tau)^2 G_j^2(y_j(t - \tau_{ij}))$$

$$\leqslant m^2(\omega_{ij}^\tau)^2 G_j^2(y_j(t - \tau_{ij}))$$

$$- b_j^2 y_j^2(t) + 2n b_j y_j(t) v_{ji}^\tau F_i(x_i(t - \sigma_{ji}))$$

$$= -(-b_j y_j(t) + n v_{ji}^\tau F_i(x_i(t - \sigma_{ji})))^2$$

$$+ n^2(v_{ji}^\tau)^2 F_i^2(x_i(t - \sigma_{ji}))$$

$$\leqslant n^2(v_{ji}^\tau)^2 F_i^2(x_i(t - \sigma_{ji})).$$

由引理 3.3.1 和引理 3.3.3 得

$$\sum_{i=1}^n \sum_{j=1}^m 2m a_i \phi_{ij} x_i(t) \int_{t-h_{ij}}^t G_j(y_j(s)) \mathrm{d}s$$

$$\leqslant \sum_{i=1}^n \sum_{j=1}^m \left[h_{ij}(m a_i \phi_{ij})^2 x_i^2(t) + \int_{t-h_{ij}}^t G_j^2(y_j(s)) \mathrm{d}s \right],$$

$$\sum_{j=1}^m \sum_{i=1}^n 2n b_j \varphi_{ji} y_j(t) \int_{t-l_{ji}}^t F_i(x_i(s)) \mathrm{d}s$$

$$\leqslant \sum_{j=1}^m \sum_{i=1}^n \left[l_{ji}(n b_j \varphi_{ji})^2 y_j^2(t) + \int_{t-l_{ji}}^t F_i^2(x_i(s)) \mathrm{d}s \right].$$

所以 $V'(x(t), y(t))$ 可以写成

$$V'(x(t), y(t)) \leqslant - \sum_{i=1}^n m a_i^2 x_i^2(t) + \sum_{i=1}^n \sum_{j=1}^m 2m a_i x_i(t) \omega_{ij} G_j(y_j(t))$$

$$+ \sum_{i=1}^n \sum_{j=1}^m m^2(\omega_{ij}^\tau)^2 G_j^2(y_j(t - \tau_{ij})) + \sum_{i=1}^n \sum_{j=1}^m \left[h_{ij}(m a_i \phi_{ij})^2 x_i^2(t) \right.$$

$$+ \int_{t-h_{ij}}^t G_j^2(y_j(s)) \mathrm{d}s \Big] - \sum_{j=1}^m n b_j^2 y_j^2(t) + \sum_{j=1}^m \sum_{i=1}^n 2n b_j y_j(t) v_{ji} F_i(x_i(t))$$

$$+ \sum_{j=1}^m \sum_{i=1}^n n^2(v_{ji}^\tau)^2 F_i^2(x_i(t - \sigma_{ji}))$$

$$+ \sum_{j=1}^m \sum_{i=1}^n \left[l_{ji}(n b_j \varphi_{ji})^2 y_j^2(t) + \int_{t-l_{ji}}^t F_i^2(x_i(s)) \mathrm{d}s \right]$$

$$+ \sum_{i=1}^n \sum_{j=1}^m m^2(\omega_{ij}^\tau)^2 \left[G_j^2(y_j(t)) - G_j^2(y_j(t - \tau_{ij})) \right]$$

$$+ \sum_{j=1}^m \sum_{i=1}^n n^2(v_{ji}^\tau)^2 \left[F_i^2(x_i(t)) - F_i^2(x_i(t - \sigma_{ji})) \right]$$

$$+ \sum_{i=1}^{n} \sum_{j=1}^{m} h_{ij} G_j^2(y_j(t)) - \sum_{i=1}^{n} \sum_{j=1}^{m} \int_{t-h_{ij}}^{t} G_j^2(y_j(s)) \mathrm{d}s$$

$$+ \sum_{j=1}^{m} \sum_{i=1}^{n} l_{ji} F_i^2(x_i(t)) - \sum_{j=1}^{m} \sum_{i=1}^{n} \int_{t-l_{ji}}^{t} F_i^2(x_i(s)) \mathrm{d}s$$

$$= - \sum_{i=1}^{n} m a_i^2 x_i^2(t) + \sum_{i=1}^{n} \sum_{j=1}^{m} 2 m a_i x_i(t) \omega_{ij} G_j(y_j(t))$$

$$+ \sum_{i=1}^{n} \sum_{j=1}^{m} h_{ij}(m a_i \phi_{ij})^2 x_i^2(t) - \sum_{j=1}^{m} n b_j^2 y_j^2(t) + \sum_{j=1}^{m} \sum_{i=1}^{n} 2 n b_j y_j(t) v_{ji} F_i(x_i(t))$$

$$+ \sum_{j=1}^{m} \sum_{i=1}^{n} l_{ji}(n b_j \varphi_{ji})^2 y_j^2(t) + \sum_{i=1}^{n} \sum_{j=1}^{m} m^2 (\omega_{ij}^{\tau})^2 G_j^2(y_j(t))$$

$$+ \sum_{j=1}^{m} \sum_{i=1}^{n} n^2 (v_{ji}^{\tau})^2 F_i^2(x_i(t)) + \sum_{i=1}^{n} \sum_{j=1}^{m} h_{ij} G_j^2(y_j(t)) + \sum_{j=1}^{m} \sum_{i=1}^{n} l_{ji} F_i^2(x_i(t)).$$

由引理 3.3.1, 得

$$\sum_{i=1}^{n} \sum_{j=1}^{m} 2 m a_i \omega_{ij} x_i(t) G_j(y_j(t)) = 2 m x^{\mathrm{T}}(t) A W G(y(t))$$

$$\leqslant x^{\mathrm{T}}(t) x(t) + m^2 G^{\mathrm{T}}(y(t)) W^{\mathrm{T}} A^2 W G(y(t)),$$

$$\sum_{j=1}^{m} \sum_{i=1}^{n} 2 n b_j v_{ji} y_j(t) F_i(x_i(t)) = 2 n y^{\mathrm{T}}(t) B V F(x(t))$$

$$\leqslant y^{\mathrm{T}}(t) y(t) + n^2 F^{\mathrm{T}}(x(t)) V^{\mathrm{T}} B^2 V F(x(t)).$$

因此,

$$V'(x(t), y(t)) \leqslant - \sum_{i=1}^{n} m a_i^2 x_i^2(t) + x^{\mathrm{T}}(t) x(t) + m^2 G^{\mathrm{T}}(y(t)) W^{\mathrm{T}} A^2 W G(y(t))$$

$$- \sum_{j=1}^{m} n b_j^2 y_j^2(t) + y^{\mathrm{T}}(t) y(t) + n^2 F^{\mathrm{T}}(x(t)) V^{\mathrm{T}} B^2 V F(x(t))$$

$$+ \sum_{i=1}^{n} \sum_{j=1}^{m} m^2 (\omega_{ij}^{\tau})^2 G_j^2(y_j(t)) + \sum_{j=1}^{m} \sum_{i=1}^{n} n^2 (v_{ji}^{\tau})^2 F_i^2(x_i(t))$$

$$+ \sum_{i=1}^{n} \sum_{j=1}^{m} h_{ij}(m a_i \phi_{ij})^2 x_i^2(t) + \sum_{j=1}^{m} \sum_{i=1}^{n} l_{ji}(n b_j \varphi_{ji})^2 y_j^2(t)$$

$$+ \sum_{i=1}^{n} \sum_{j=1}^{m} h_{ij} G_j^2(y_j(t)) + \sum_{j=1}^{m} \sum_{i=1}^{n} l_{ji} F_i^2(x_i(t))$$

$$\leqslant -\sum_{i=1}^{n} ma_i^2 x_i^2(t) + \sum_{i=1}^{n} x_i^2(t) + m^2 \mu_M(W^{\mathrm{T}} A^2 W) \sum_{j=1}^{m} G_j^2(y_j(t))$$

$$-\sum_{j=1}^{m} nb_j^2 y_j^2(t) + \sum_{j=1}^{m} y_j^2(t) + n^2 \lambda_M(V^{\mathrm{T}} B^2 V) \sum_{i=1}^{n} F_i^2(x_i(t))$$

$$+\sum_{i=1}^{n} \sum_{j=1}^{m} m^2 (\omega_{ij}^{\tau})^2 G_j^2(y_j(t)) + \sum_{j=1}^{m} \sum_{i=1}^{n} n^2 (v_{ji}^{\tau})^2 F_i^2(x_i(t))$$

$$+\sum_{i=1}^{n} \sum_{j=1}^{m} h_{ij}(ma_i\phi_{ij})^2 x_i^2(t) + \sum_{j=1}^{m} \sum_{i=1}^{n} l_{ji}(nb_j\varphi_{ji})^2 y_j^2(t)$$

$$+\sum_{i=1}^{n} \sum_{j=1}^{m} h_{ij} G_j^2(y_j(t)) + \sum_{j=1}^{m} \sum_{i=1}^{n} l_{ji} F_i^2(x_i(t)).$$

由于 $G_j^2(y_j) \leqslant \beta_j^2 y_j^2$, $j = 1, 2, \cdots, m$, $F_i^2(x_i) \leqslant \alpha_i^2 x_i^2, i = 1, 2, \cdots, n$, 则得到

$$V'(x(t), y(t)) \leqslant -\sum_{i=1}^{n} ma_i^2 x_i^2(t) + \sum_{i=1}^{n} x_i^2(t) + m^2 \mu_M(W^{\mathrm{T}} A^2 W) \sum_{j=1}^{m} \beta_j^2 y_j(t)$$

$$-\sum_{j=1}^{m} nb_j^2 y_j^2(t) + \sum_{j=1}^{m} y_j^2(t) + n^2 \lambda_M(V^{\mathrm{T}} B^2 V) \sum_{i=1}^{n} \alpha_i^2 x_i^2(t)$$

$$+\sum_{i=1}^{n} \sum_{j=1}^{m} m^2 (\omega_{ij}^{\tau})^2 \beta_j^2 y_j(t) + \sum_{j=1}^{m} \sum_{i=1}^{n} n^2 (v_{ji}^{\tau})^2 \alpha_i^2 x_i^2(t)$$

$$+\sum_{i=1}^{n} \sum_{j=1}^{m} h_{ij}(ma_i\phi_{ij})^2 x_i^2(t) + \sum_{j=1}^{m} \sum_{i=1}^{n} l_{ji}(nb_j\varphi_{ji})^2 y_j^2(t)$$

$$+\sum_{i=1}^{n} \sum_{j=1}^{m} h_{ij} \beta_j^2 y_j(t) + \sum_{j=1}^{m} \sum_{i=1}^{n} l_{ji} \alpha_i^2 x_i^2(t).$$

因此 $V'(x(t), y(t)) \leqslant -\sum_{i=1}^{n} \delta_i x_i^2(t) - \sum_{j=1}^{m} \Omega_j y_j^2(t).$

因为 $\delta_i > 0, i = 1, 2, \cdots, n$, $\Omega_j > 0$, $j = 1, 2, \cdots, m$, 则

$$V'(x(t), y(t)) \leqslant 0.$$

所以系统 (3.3.22) 的零点是全局一致渐近稳定的, 即系统 (3.3.21) 的平衡点是全局一致渐近稳定的.

数据仿真如下:

给出如下网络参数:

$$h_{ij} = l_{ji} = \frac{1}{2}, \quad \phi_{ij} = \varphi_{ji} = e, \quad \omega_{ij}^{\tau} = v_{ji}^{\tau} = e,$$

$$W = V = \begin{bmatrix} e & e & e & e \\ e & -e & e & -e \\ -e & -e & e & e \\ -e & e & e & -e \end{bmatrix}, \quad A = B = \alpha = \beta = \begin{bmatrix} 1 & 0 & 0 & 0 \\ 0 & 1 & 0 & 0 \\ 0 & 0 & 1 & 0 \\ 0 & 0 & 0 & 1 \end{bmatrix}.$$

其中 e 是一个实数. 矩阵 $W^{\mathrm{T}}A^2W$ 和 $V^{\mathrm{T}}B^2V$ 具有如下对角形式:

$$W^{\mathrm{T}}A^2W = V^{\mathrm{T}}B^2V = \begin{bmatrix} 4e^2 & 0 & 0 & 0 \\ 0 & 4e^2 & 0 & 0 \\ 0 & 0 & 4e^2 & 0 \\ 0 & 0 & 0 & 4e^2 \end{bmatrix},$$

可得

$$\lambda_M(W^{\mathrm{T}}A^2W) = \mu_M(V^{\mathrm{T}}B^2V) = 4e^2.$$

因此, 在定理 3.3.3 的条件下得到

$$\delta_1 = \delta_2 = \delta_3 = \delta_4 = \Omega_1 = \Omega_2 = \Omega_3 = \Omega_4 = 1 - 160e^2,$$

所以平衡点的唯一性和稳定性的有效条件是 $e^2 < \dfrac{1}{160}$.

本小节介绍了具有连续和离散时滞的混杂 BAM 神经网络的全局一致渐近稳定性问题, 通过利用 Lyapunov 函数和不等式分析技巧, 证明了系统平衡点的唯一性, 并且给出了具有连续和离散时滞的混杂 BAM 神经网络系统的平衡点的全局一致渐近稳定性的有效条件. BAM 神经网络还可以推广到更复杂的模型, 比如可以在模型中加脉冲, 这将在第 4 章进行简单介绍.

第 4 章　复杂神经网络模型及动力学问题

4.1　二阶 Hopfield 神经网络模型及动力学问题

4.1.1　二阶神经网络模型

神经网络通常可以分成以下五种形式:

1. 单纯前馈网络

如图 4.1.1 所示, 最上层为输入层, 还有中间层, 中间层也叫隐层. 隐层的层数也可以是一层或多层.

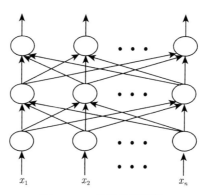

图 4.1.1　单纯前馈网络

2. 有反馈的前馈网络

如图 4.1.2 所示, 在输入层上存在一个反馈回路到输出层, 而网络本身还是前馈型的.

3. 内层互连的前馈网络

如图 4.1.3 所示, 在同一层内互相连接, 它们可以互相制约, 而从外部看还是一个前馈网络. 很多自组织网络, 大都存在着内层互连的结构.

4. 反馈型全互连网络

如图 4.1.4 所示是一个单层全互连网络, 每个神经元的输出都是与其他神经元相连的, 如 Hopfield 网络和 Boltzmann 机都属于这一类网络.

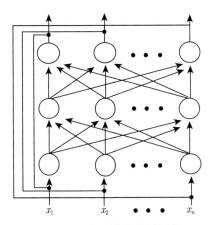

图 4.1.2   有反馈的前馈网络

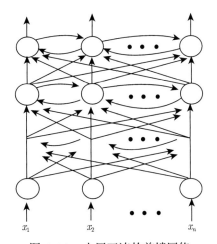

图 4.1.3   内层互连的前馈网络

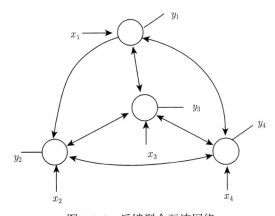

图 4.1.4   反馈型全互连网络

5. 反馈型局部连接网络

如图 4.1.5 所示是一个单层网络, 每个神经元的输出只与周围的神经元相连, 形成反馈的网络. 这类网络也可发展为多层的金字塔形的结构. 反馈型网络存在着一个稳定性问题, 因此必须讨论其收敛性和稳定性的条件.

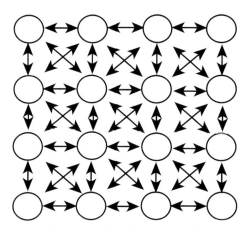

图 4.1.5　反馈型局部连接网络

通常人们只对具有单个隐层的高阶神经网络进行研究, 二阶三层前馈网络大致结构如图 4.1.6 所示.

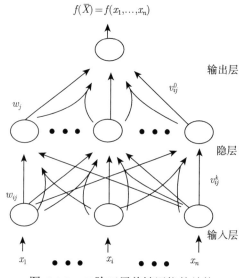

图 4.1.6　二阶三层前馈网络的结构

图中 w_i 表示从隐层的第 i 个单元到输出单元的连接权; $v_{ij}^0(i \neq j)$ 表示从隐层的第 i, j 个单元到输出单元的二阶连接权; w_{ij} 表示从输入层的第 j 个单元到隐层的第 i 个单元的连接权; $v_{ij}^k(i \neq j)$ 表示从输入层的第 i, j 个单元到隐层的第 k 个单元的二阶连接权; $\sigma(x)$ 表示隐层单元的激励函数, 输入、输出层的激励函数都是线性的; θ_i 表示隐层的阀值. 于是有

$$
f(\bar{X}) = \sum_{k=1}^{m} w_k \sigma \left(\sum_{j=1}^{n} x_j w_{kj} + \sum_{i \neq j} \sum x_i x_j v_{ij}^k + \theta_k \right)
$$

$$
+ \sum_{r \neq s} \sum \left[v_{rs}^o \sigma \left(\sum_{j=1}^{n} x_j w_{rj} + \sum_{i \neq j} \sum x_i x_j v_{ij}^r + \theta_r \right) \sigma \left(\sum_{j=1}^{n} x_j w_{sj} \right. \right.
$$

$$
\left. \left. + \sum_{i \neq j} \sum x_i x_j v_{ij}^s + \theta_s \right) \right]. \tag{4.1.1}
$$

当隐层到输出单元的连接权只是一阶权值时, 式 (4.1.1) 变为

$$
f(\bar{X}) = \sum_{k=1}^{m} w_k \sigma \left(\sum_{j=1}^{n} x_j w_{kj} + \sum_{i \neq j} \sum x_i x_j v_{ij}^k + \theta_k \right). \tag{4.1.2}
$$

4.1.2 无时滞的二阶 Hopfield 神经网络的局部稳定性分析

随着神经网络的广泛应用和研究的不断深入, 高阶神经网络的研究也越来越受到人们的重视. 在神经网络的许多应用中, 提高网络速度以减少网络的计算时间是一个重要的问题. 由于指数收敛速度可用于决定网络的计算速度, 因此研究网络的指数稳定性和对其指数收敛速度进行估计是有意义的. 一般神经网络有多个平衡点, 稳定的平衡点也不止一个, 所以平衡点的吸引域的估计显得特别重要. 下面对二阶连续 Hopfield 型神经网络平衡点的局部稳定性进行分析.

考虑下列二阶 Hopfield 神经网络模型:

$$
C_i \frac{\mathrm{d}u_i}{\mathrm{d}t} = -\frac{u_i}{R_i} + \sum_{j=1}^{n} T_{ij} g_j(u_j) + \sum_{j=1}^{n} \sum_{k=1}^{n} T_{ijk} g_j(u_j) g_k(u_k) + I_i,
$$

$$
i = 1, 2, \cdots, n. \tag{4.1.3}
$$

其中, $C_i > 0, R_i > 0$ 和 I_i 分别为第 i 个神经元的电容常数、电阻常数和网络的外部输入; T_{ij} 和 T_{ijk} 分别为网络的一阶和二阶连接权.

假设 $g_i(u_i)$ 满足条件:

$$
|g_i(u_i)| \leqslant M_i, 0 < g_i'(u_i) \leqslant K_i, \quad i = 1, 2, \cdots, n, \tag{4.1.4}
$$

其中, M_i、K_i 为常数.

设 $u = u^*$, 即 $u_i = u_i^*$, $i = 1, 2, \cdots, n$ 为式 (4.1.4) 的平衡点. 令

$$x = u - u^* = (x_1, x_2, \cdots, x_n)^{\mathrm{T}}, \quad f_i(x_i) = g_i(x_i + u_i^*) - g_i(u_i^*). \tag{4.1.5}$$

易知, $|f_i(z)| \leqslant K_i |z|$ 且 $z f_i(z)$, $\displaystyle\int_0^z f_i(s)\mathrm{d}s \geqslant 0$, $z \in \mathbf{R}$.

由此, 式 (4.1.3) 可写成等价形式

$$C_i \frac{\mathrm{d}x_i}{\mathrm{d}t} = -\frac{x_i}{R_i} + \sum_{j=1}^n T_{ij} f_j(x_j) + \sum_{j=1}^n \sum_{k=1}^n T_{ijk}(f_j(x_j)f_k(x_k) + f_k(x_k)g_j(u_j^*) + f_j(x_j)g_k(u_k^*)),$$

$$\tag{4.1.6}$$

$$i = 1, 2, \cdots, n.$$

利用 Taylor 公式, 将式 (4.1.6) 写为

$$C_i \frac{\mathrm{d}x_i}{\mathrm{d}t} = -\frac{x_i}{R_i} + \sum_{j=1}^n T_{ij} f_j(x_j) + \sum_{j=1}^n \sum_{k=1}^n (T_{ijk} + T_{ikj}) \zeta_k f_j(x_j),$$

$$i = 1, 2, \cdots, n. \tag{4.1.7}$$

其中, ζ_k 介于 $g_k(u_k)$ 与 $g_k(u_k^*)$ 之间.

令

$$C = \mathrm{diag}(C_1, C_2, \cdots, C_n), \quad R = \mathrm{diag}(R_1, R_2, \cdots, R_n), \quad T = (T_{ij})_{n \times n}.$$
$$T_i = (T_{ijk})_{n \times n}, \quad i = 1, 2, \cdots, n.$$
$$\Pi = (T_1 + T_1^{\mathrm{T}}, T_2 + T_2^{\mathrm{T}}, \cdots, T_n + T_n^{\mathrm{T}})^{\mathrm{T}}.$$
$$f(x) = (f_1(x_1), f_2(x_2), \cdots, f_n(x_n))^{\mathrm{T}}.$$
$$F(x) = \mathrm{diag}(f(x), f(x), \cdots, f(x)),$$
$$\zeta = (\zeta_1, \zeta_2, \cdots, \zeta_n)^{\mathrm{T}}, \Gamma = \mathrm{diag}(\zeta, \zeta, \cdots, \zeta),$$
$$M = (M_1, M_2, \cdots, M_n)^{\mathrm{T}}, \quad K = (K_1, K_2, \cdots, K_n)^{\mathrm{T}}.$$

由此, 又将式 (4.1.6) 写成等价形式

$$C \frac{\mathrm{d}x}{\mathrm{d}t} = -R^{-1}x + Tf(x) + f^{\mathrm{T}}(x)\Pi\zeta. \tag{4.1.8}$$

这里规定, 对任意方阵 A, $\|A\| = \sqrt{\lambda_{\max}(A^{\mathrm{T}}A)}$. 对任意向量 $y \in \mathbf{R}^n$, $\|y\| = \sqrt{y^{\mathrm{T}}y}$,

$$\delta_{ij} = \begin{cases} 1, & i = j \\ 0, & i \neq j \end{cases}.$$

定理 4.1.1　设 u^* 为系统 (4.1.3) 的一个平衡点. 若 $A = (a_{ij})_{n \times n}$ 是 M 矩阵, 其中

$$
a_{ij} = \begin{cases} \dfrac{1}{R_j} - \left(T_{jj}g_j'(u_j^*) + \displaystyle\sum_{k=1}^{n} |T_{jjk} + T_{jkj}| \left| g_k(u_k^*)g_j'(u_j^*) \right| \right), & i = j, \\[4mm] - \left(|T_{ij}g_j'(u_j^*)| + \displaystyle\sum_{k=1}^{n} |T_{ijk} + T_{ikj}| \left| g_k(u_k^*)g_j'(u_j^*) \right| \right), & i \neq j. \end{cases}
$$

则 u^* 是系统 (4.1.3) 的一个局部指数稳定的平衡点. u^* 的吸引域

$$
G_\delta(u^*) = \left\{ u \in \mathbf{R}^n \,\middle|\, \sum_{i=1}^{n} p_i C_i \left| u_i - u_i^* \right| < \delta \right\}.
$$

从 $G_\delta(u^*)$ 中任意一点 u_0 出发的运动轨迹 $u(t; 0, u_0)$ 总在 $G_\delta(u^*)$ 中, 且 $u(t; 0, u_0)$ 满足

$$
\|u(t; 0, u_0) - u^*\| \leqslant a \|u_0 - u^*\| \, \mathrm{e}^{-\eta t}, \quad \forall t \geqslant 0, \forall u_0 \in G_\delta(u^*),
$$

其中

$$
a = \frac{\max\limits_{1 \leqslant i \leqslant n} \{p_i C_i\}}{\min\limits_{1 \leqslant i \leqslant n} \{p_i C_i\}} \sqrt{n}, \quad \eta = \frac{\varepsilon \lambda}{\min\limits_{1 \leqslant i \leqslant n} \{p_i C_i\}},
$$

$$
\lambda = \max_{1 \leqslant j \leqslant n} \left\{ \sum_{i=1}^{n} p_i \left(|T_{ij}| + \sum_{k=1}^{n} |T_{ijk} + T_{ikj}| \right) \right\},
$$

$0 < \varepsilon < \dfrac{\min\limits_{1 \leqslant j \leqslant n} \{b_j\}}{\lambda} \cdot p_i > 0$, $i = 1, 2, \cdots, n$ 为一组使得 $b_j = \displaystyle\sum_{i=1}^{n} p_i a_{ij} > 0$, $j = 1, 2, \cdots, n$ 的常数. δ 为使得

$$
\left| g_j(x_j + u_j^*) - g_j(u_j^*) - g'(u_j^*)x_j \right| \leqslant \left(\frac{\min\limits_{1 \leqslant j \leqslant n} \{b_j\}}{\lambda} - \varepsilon \right) |x_j|, \quad j = 1, 2, \cdots, n,
$$

$$
\left| g_j(x_j + u_j^*)g_k(x_k + u_k^*) - g_j(u_j^*)g_k(u_k^*) - g_j'(u_j^*)g_k(u_k^*)x_j - g_j(u_j^*)g_k'(u_k^*)x_j \right|
$$

$$
< \left(\frac{\min\limits_{1 \leqslant j \leqslant n} \{b_j\}}{\lambda} - \varepsilon \right) (|x_j| + |x_k|), \quad j, k = 1, 2, \cdots, n, x \in \left\{ x \in \mathbf{R}^n \,\middle|\, \sum_{i=1}^{n} p_i C_i |x_i| < \delta \right\}
$$

成立的最大可能值.

证明　因为 $A = (a_{ij})_{n \times n}$ 为 M 矩阵, 所以存在一组常数 $p_i > 0$, $i = 1, 2, \cdots, n$, 使得 $b_j = \displaystyle\sum_{i=1}^{n} p_i a_{ij} > 0$, $j = 1, 2, \cdots, n$.

取 Lyapunov 函数 $V(x) = \sum_{i=1}^{n} p_i C_i |x_i|$, 沿式 (4.1.6) 的解对 V 求 Dini 导数, 得到

$$D^+V\big|_{(4.1.6)} = \sum_{i=1}^{n} p_i \left(-\frac{x_i}{R_i} + \sum_{j=1}^{n} T_{ij} f_j(x_j) \right) \mathrm{sgn}(x_i)$$

$$+ \sum_{i=1}^{n}\sum_{j=1}^{n}\sum_{k=1}^{n} p_i T_{ijk}[f_j(x_j)f_k(x_k) + f_k(x_k)g_j(u_j^*) + f_j(x_j)g_k(u_k^*)]\mathrm{sgn}(x_i)$$

$$\leqslant -\sum_{j=1}^{n} \frac{p_j}{R_j} |x_j| + \sum_{i=1}^{n}\sum_{j=1}^{n} p_i T_{ij} f_j'(0) x_j \mathrm{sgn}(x_i)$$

$$+ \sum_{i=1}^{n}\sum_{j=1}^{n}\sum_{k=1}^{n} p_i(T_{ikj} + T_{ijk})g_j'(u_j^*)g_k(u_k^*)x_j \mathrm{sgn}(x_i)$$

$$+ \sum_{i=1}^{n}\sum_{j=1}^{n}\sum_{k=1}^{n} p_i |T_{ij}||H_j(x_j)| + \frac{1}{2}\sum_{i=1}^{n}\sum_{j=1}^{n}\sum_{k=1}^{n} p_i |T_{ikj} + T_{ijk}||F(x_j, x_k)|$$

$$\leqslant -\sum_{j=1}^{n} b_j |x_j| + \sum_{i=1}^{n}\sum_{j=1}^{n} p_i \left(|T_{ij}||H_j(x_j)| + \frac{1}{2}\sum_{k=1}^{n} p_i |T_{ikj} + T_{ijk}||F(x_j, x_k)| \right).$$

式中

$$H_j(x_j) = f_j(x_j) - f_j'(0)x_j = g_j(x_j + u_j^*) - g_j(u_j^*) - g_j'(u_j^*)x_j,$$

$$F(x_j, x_k) = f_j(x_j)f_k(x_k) + f_k(x_k)g_j(u_j^*) + f_j(x_j)g_k(u_k^*)$$

$$-g_j'(u_j^*)g_k(u_k^*)x_j - g_j(u_j^*)g_k'(u_k^*)x_k.$$

由 $g_i(u_i)$ 在 $\mathbf{R}$ 上的连续性知, $\forall \varepsilon,\ 0 < \varepsilon < \dfrac{\min\limits_{1\leqslant j\leqslant n}\{b_j\}}{\lambda}$, $\exists \delta > 0$, 当 $V(x) < \delta$ 时, 有

$$|H_j(x_j)| \leqslant \left(\frac{\min\limits_{1\leqslant j\leqslant n}\{b_j\}}{\lambda} - \varepsilon \right)|x_j|, \quad |F_j(x_j, x_k)| \leqslant \left(\frac{\min\limits_{1\leqslant j\leqslant n}\{b_j\}}{\lambda} - \varepsilon \right)(|x_j| + |x_k|),$$

$$j, k = 1, 2, \cdots, n.$$

因此. 当 x 满足 $V(x) < \delta$ 时, 有

$$D^+V\big|_{(4.1.6)} \leqslant \varepsilon\lambda \sum_{j=1}^{n} |x_j| \leqslant -\eta V,$$

由 Gronwall 不等式可得

$$V(x(t, x_0)) \leqslant V(x_0) \mathrm{e}^{-\eta t}, \quad \forall t \geqslant 0, \quad \forall u_0 \in G_\delta = \{ x \in \mathbf{R}^n \,|\, V(x) < \delta \}.$$

易知

$$\min_{1 \leqslant i \leqslant n} \{ p_i C_i \} \|x\| \leqslant V \leqslant \max_{1 \leqslant i \leqslant n} \{ p_i C_i \} \sqrt{n} \|x\|,$$

故有

$$\|x(t; 0, u_0)\| \leqslant a \|x_0\| \mathrm{e}^{-\eta t}, \forall t \geqslant 0, \quad \forall x_0 \in G_\delta,$$

即 $\|u(t; 0, u_0) - u^*\| \leqslant a \|u_0 - u^*\| \mathrm{e}^{-\eta t}, \forall t \geqslant 0, \forall u_0 \in G_\delta(u^*)$. 证明完成.

注 1 对于系统 (4.1.3), 当二阶连接权 $T_{ijk} \equiv 0$ 时可得其特殊情形, 即一阶 Hopfield 神经网络

$$C_i \frac{\mathrm{d}u_i}{\mathrm{d}t} = -\frac{u_i}{R_i} + \sum_{j=1}^n T_{ij} g_j(u_j) + I_i, \quad i = 1, 2, \cdots, n. \tag{4.1.9}$$

由定理 4.1.1 得到 Hopfield 神经网络式 (4.1.9) 的平衡点 u^* 稳定的充分条件为 $A = (a_{ij})_{n \times n}$ 是 M 矩阵, 其中

$$a_{ij} = \begin{cases} \dfrac{1}{R_j} - T_{jj} g_j'(u_j^*), & i = j. \\[2mm] -\left| T_{jj} g_j'(u_j^*) \right|, & i \neq j. \end{cases}$$

定理 4.1.2 设 $u^* \in D = \left\{ (u_1, u_2, \cdots, u_n)^{\mathrm{T}} \in \mathbf{R}^n \,\middle|\, |u_i - u_i^*| \leqslant \alpha,\ i = 1, 2, \cdots, n \right\}$ 为系统 (4.1.3) 的一个平衡点. 若存在常数 $p_i > 0$, $i = 1, 2, \cdots, n$ 及 r, $0 < r < \min\limits_{1 \leqslant i \leqslant n} \left\{ \dfrac{p_i}{R_i C_i} \right\}$ 使得矩阵 $T(r) = (t_{ij}(r))_{n \times n} \leqslant 0$. 其中

$$t_{ij}(r) = -\frac{p_i - R_i C_i r}{R_i K_i} \delta_{ij} + \frac{1}{2} |p_i T_{ij} + p_j T_{ji}| + \frac{1}{2} \sum_{k=1}^n |p_i (T_{ijk} + T_{ikj}) + p_j (T_{jik} + T_{jki})| M_k.$$

则 u^* 是系统 (4.1.3) 的一个局部指数稳定的平衡点. u^* 的吸引域

$$G(u^*) = \left\{ (u_1, u_2, \cdots u_n)^{\mathrm{T}} \in \mathbf{R}^n \,\middle|\, |u_i - u_i^*| \leqslant \frac{\alpha}{\beta}, i = 1, 2, \cdots, n \right\} \subset D.$$

从 $G(u^*)$ 中任意一点 u_0 出发的运动轨迹 $u(t; 0, u_0)$ 总在 D 中, 且 $u(t; 0, u_0)$ 满足

$$\|u(t; 0, u_0) - u^*\| \leqslant \sqrt{\sum_{i=1}^n (1 + \mu_i \alpha_i)^2} \|u_0 - u^*\| \mathrm{e}^{-\theta t}, \quad \forall t \geqslant 0, \forall u_0 \in G(u^*).$$

其中

$$\alpha_i = \sqrt{\max_{1 \leqslant l \leqslant n} \{p_l C_l K_l\} \sum_{j=1}^{n} \left(|T_{ij}| + \sum_{i=1}^{n} |T_{ijk} + T_{ikj}| L_k \right) \sqrt{\frac{2k_j}{p_j C_j}}},$$

$$\mu_i = \frac{2R_i \max\limits_{1 \leqslant j \leqslant n} \{p_j\}}{2 \max\limits_{1 \leqslant j \leqslant n} \{p_j\} - R_i C_i r} \cdot \theta = \frac{r}{2 \max\limits_{1 \leqslant i \leqslant n} \{p_i\}},$$

$$\beta = \max_{1 \leqslant i \leqslant n} \left\{ 1 + \mu_i \sum_{j=1}^{n} \left(|T_{ij}| + \sum_{k=1}^{n} |T_{ijk} + T_{ikj}| M_k \right) \sqrt{\frac{2K_j}{p_j C_j} \sum_{l=1}^{p} p_l C_l K_l} \right\}.$$

证明　先证从 $G(u^*)$ 中任意一点 u_0 出发的运动轨迹 $u(t; 0, u_0)$ 总在 D 中. 若不然, 则必存在某时刻 $t_1 > 0$ 及某 $i(1 \leqslant i \leqslant n)$ 使得 $|u_i(t_1; 0, u_0) - u_i^*| = \alpha$, 且 $|u_j(t; 0, u_0) - u_j^*| \leqslant \alpha$, $t \in [0, t_1]$, $j = 1, 2, \cdots, n$.

由式 (4.1.4)、式 (4.1.5) 得到 $x_i f_i(x_i) \geqslant \dfrac{f_i^2(x_i)}{K_i}$, $i = 1, 2, \cdots, n$.

取 Lyapunov 函数

$$V = \sum_{i=1}^{n} p_i C_i \int_0^{x_i} f_i(z) \mathrm{d}z, \quad t \in [0, t_1].$$

沿式 (4.1.6) 的解对 V 求导数, 并由式 (4.1.4) 和式 (4.1.7) 得到

$$\begin{aligned}
\frac{\mathrm{d}V}{\mathrm{d}t}\bigg|_{(4.1.6)} = {}& -r \sum_{i=1}^{n} C_i x_i f_i(x_i) - \sum_{i=1}^{n} \left(\frac{p_i}{R_i} - rC_i \right) x_i f_i(x_i) \\
& + \sum_{i=1}^{n} \sum_{j=1}^{n} \frac{1}{2}(p_i T_{ij} + p_j T_{ji}) f_i(x_i) f_j(x_j) \\
& + \sum_{i=1}^{n} \sum_{j=1}^{n} \sum_{k=1}^{n} p_i(T_{ijk} + T_{ikj})\zeta f_i(x_i) f_j(x_j) \\
= {}& -r \sum_{i=1}^{n} C_i x_i f_i(x_i) - \sum_{i=1}^{n} \left(\frac{p_i}{R_i} - rC_i \right) \frac{f_i^2(x_i)}{K_i} \\
& + \sum_{i=1}^{n} \sum_{j=1}^{n} \left(\frac{1}{2} |p_i T_{ij} + p_j T_{ji}| + \frac{1}{2} \sum_{k=1}^{n} |p_i(T_{ijk} + T_{ikj}) \right. \\
& \left. + p_j(T_{jik} + T_{jki})|M_k \right) |f_i(x_i)| |f_j(x_j)| \\
= {}& -r \sum_{i=1}^{n} C_i x_i f_i(x_i) + |f(x)|^{\mathrm{T}} T(r) |f(x)|.
\end{aligned}$$

式中 $|f(x)| = (|f_1(x_1)|, |f_2(x_2)|, \cdots, |f_n(x_n)|)^{\mathrm{T}}$.

由 $T(r) \leqslant 0$ 知 $\left.\dfrac{\mathrm{d}V}{\mathrm{d}t}\right|_{(4.4.4)} \leqslant -r \sum\limits_{i=1}^{n} C_i x_i f_i(x_i) \leqslant -2\theta V$, 从而由 Gronwall 不等式可得 $V(x(t,x_0)) \leqslant V(x_0)\mathrm{e}^{-2\theta t}$, $\forall t \in [0,t_1]$.

由式 (4.1.5) 得 $V(x_0) \leqslant \sum\limits_{i=1}^{n} p_i C_i f_i(x_i(0)) x_i(0) \leqslant \max\limits_{1\leqslant i\leqslant n}\left\{|x_i(0)|^2\right\} \sum\limits_{i=1}^{n} p_i C_i K_i$.

由式 (4.1.4) 可证明

$$\int_0^{x_i} f_i(z)\mathrm{d}z \geqslant \frac{f_i^2(x_i)}{2K_i}, \tag{4.1.10}$$

$$\forall x \in G = \left\{ x \in \mathbf{R}^n \,\middle|\, |x_i| \leqslant \frac{\alpha}{\beta}, i = 1,2,\cdots,n \right\}, i = 1,2,\cdots,n.$$

故有 $V(x) \geqslant p_i C_i \displaystyle\int_0^{x_i} f_i(z)\mathrm{d}z \geqslant \dfrac{p_i C_i}{2K_i} f_i(x_i)$, $\forall t \in [0,t_1]$, $i = 1,2,\cdots,n$.

由式 (4.1.4)、式 (4.1.6) 和式 (4.1.7) 得到

$$C_i D^+ |x_i| \leqslant -\frac{1}{R_i}|x_i| + \sum_{j=1}^{n} |T_{ij}|\,|f_j(x_j)| + \sum_{j=1}^{n}\sum_{k=1}^{n} |T_{ijk} + T_{ikj}| M_k \,|f_i(x_j)|$$

$$\leqslant -\frac{1}{R_i}|x_i| + \mathrm{e}^{-\theta t} \max_{1\leqslant i\leqslant n}\left\{|x_i(0)|\beta_i\right\}, \quad \forall t \in [0,t_1].$$

式中 $\beta_i = \displaystyle\sum_{j=1}^{n}\left(|T_{ij}| + \sum_{k=1}^{n}|T_{ijk} + T_{ikj}|M_k\right)\sqrt{\dfrac{2k_j}{p_j C_j}\sum_{l=1}^{n} p_l C_l K_l}$.

故由 Gronwall 不等式可得

$$|x_i(t;0,x_0)| \leqslant |x_i(0)|\,\mathrm{e}^{-\frac{t}{R_i C_i}} + \frac{\beta_i}{C_i}\int_0^t \mathrm{e}^{-\theta s}\mathrm{e}^{-\frac{t-s}{R_i C_i}}\mathrm{d}s \max_{1\leqslant i\leqslant n}\left\{x_i(0)\right\}$$

$$\leqslant (1+\mu_i\beta_i)\max_{1\leqslant i\leqslant n}\left\{x_i(0)\right\}\mathrm{e}^{-\theta t}, \quad \forall t \in [0,t_1].$$

即 $|u_i(t_1;0,x_0) - u_i^*| \leqslant (1+\mu_i\beta_i)\max\limits_{1\leqslant i\leqslant n}\left\{x_i(0)\right\}\mathrm{e}^{-\theta t} < \alpha$, 这就构成矛盾, 所以 $u(t;0,x_0) \in D$, $\forall t \geqslant 0$.

取 Lyapunov 函数 $V = \sum\limits_{i=1}^{n} p_i C_i \displaystyle\int_0^{x_i} f_i(z)\mathrm{d}z$, 类似于上面的证明可得

$$\left.\frac{\mathrm{d}V}{\mathrm{d}t}\right|_{(4.1.6)} \leqslant -2\theta V.$$

因此 $V(x(t,x_0)) \leqslant V(x_0)\mathrm{e}^{-2\theta t}$, $\forall t > 0$, $\forall x_0 \in G$. 由式 (4.1.5) 得

$$V(x_0) \leqslant \sum_{i=1}^{n} p_i C_i f_i(x_i(0)) x_i(0) \leqslant \max_{1\leqslant i\leqslant n}\left\{|x_i(0)|^2\right\}\sum_{i=1}^{n} p_i C_i K_i.$$

由式 (4.1.9) 可证明

$$|f_i(x_i)| \leqslant \|x_0\| \sqrt{\frac{2k_j}{p_jC_j} \sum_{l=1}^{n} p_lC_lK_le^{-\theta t}}, \quad \forall t > 0, \forall x_0 \in G, i = 1, 2, \cdots, n.$$

由式 (4.1.4)、式 (4.1.6) 和式 (4.1.7) 得到

$$C_iD^+|x_i| \leqslant -\frac{1}{R_i}|x_i| + \alpha_i\|x_0\|e^{-\theta t}, \quad \forall t > 0, \forall x_0 \in G, i = 1, 2, \cdots, n,$$

因此

$$|x_i(t; 0, x_0)| \leqslant \|x_0\|(1 + \mu_i\alpha_i)e^{-\theta t}, \quad \forall t > 0, \forall x_0 \in G, i = 1, 2, \cdots, n,$$

故

$$\|x(t; 0, x_0)\| \leqslant \sqrt{\sum_{i=1}^{n}(1 + \mu_i\alpha_i)^2}\|x_0\|e^{-\theta t}, \quad \forall t \geqslant 0, \forall x_0 \in G,$$

即

$$\|u(t; 0, u_0) - u^*\| \leqslant \sqrt{\sum_{i=1}^{n}(1 + \mu_i\alpha_i)^2}\|u_0 - u^*\|e^{-\theta t}, \quad \forall t \geqslant 0, \forall u_0 \in G(u^*).$$

证明完成.

定理 4.1.3　设 $g_i'(s)$, $i = 1, 2, \cdots, n$ 在 $\mathbf{R}$ 上连续, u^* 为系统 (4.1.3) 的一个平衡点. 若存在常数 $p_i > 0$, $i = 1, 2, \cdots, n$ 及 $\tilde{T}(\mu) = (d_{ij}(\mu))_{n \times n} < 0$, 其中

$$d_{ij}(\mu) = -\frac{p_i\delta_{ij}}{R_i(g_i'(u_i^*) + \mu)}\delta_{ij} + \frac{1}{2}|p_iT_{ij} + p_jT_{ji}|$$

$$+ \frac{1}{2}\sum_{k=1}^{n}|p_i(T_{ijk} + T_{ikj}) + p_j(T_{jik} + T_{jki})|M_k,$$

则 u^* 是系统 (4.1.3) 的一个局部指数稳定的平衡点.

证明　设 $k_i = g_i'(u_i^*) + \mu$, $i = 1, 2, \cdots, n$, 则 $0 < g_i'(u_i^*) < k_i$, $i = 1, 2, \cdots, n$. 由 $g_i'(s)$, $i = 1, 2, \cdots, n$ 在 $\mathbf{R}$ 的连续性, 必存在常数 $\alpha > 0$ 使得对任意 $u \in D$, 有 $0 < g_i'(u_i) < k_i$, $i = 1, 2, \cdots, n$.

因为 $\tilde{T}(\mu) < 0$, 所以存在常数 r, $0 < r < \min\limits_{1 \leqslant i \leqslant n}\left\{\dfrac{p_i}{R_iC_i}\right\}$ 使得 $T(r) = (t_{ij}(r))_{n \times n} \leqslant 0$, 其中

$$t_{ij}(r) = -\frac{p_i - R_iC_ir}{R_iK_i}\delta_{ij} + \frac{1}{2}|p_iT_{ij} + p_jT_{ji}| + \frac{1}{2}\sum_{k=1}^{n}|p_i(T_{ijk} + T_{ikj}) + p_j(T_{jik} + T_{jki})|M_k.$$

故由定理 4.1.2 可知结论成立. 证明完成.

推论 4.1.1 设 $g'_i(s)$, $i = 1, 2, \cdots, n$ 在 **R** 连续, u^* 为系统 (4.1.3) 的一个平衡点. 若存在常数 $p_i > 0$, $i = 1, 2, \cdots, n$ 及 $H = (h_{ij})_{n \times n} < 0$, 其中

$$h_{ij} = -\frac{p_i \delta_{ij}}{R_i g'_i(u_i^*)} \delta_{ij} + \frac{1}{2} |p_i T_{ij} + p_j T_{ji}| + \frac{1}{2} \sum_{k=1}^n |p_i(T_{ijk} + T_{ikj}) + p_j(T_{jik} + T_{jki})| M_k,$$

则 u^* 是系统 (4.1.3) 的一个局部指数稳定的平衡点.

推论 4.1.2 设 $g'_i(s)$, $i = 1, 2, \cdots, n$ 在 **R** 连续, u^* 为系统 (4.1.3) 的一个平衡点. 若存在常数 $p_i > 0$, $i = 1, 2, \cdots, n$ 及 $\tilde{H} = (\tilde{h}_{ij})_{n \times n} < 0$, 其中

$$\tilde{h}_{ij} = -\frac{\delta_{ij}}{R_i g'_i(u_i^*)} \delta_{ij} + \frac{1}{2} |p_i T_{ij} + p_j T_{ji}| + \frac{1}{2} \sum_{k=1}^n |T_{ijk} + T_{ikj} + T_{jik} + T_{jki}| M_k,$$

则 u^* 是系统 (4.1.3) 的一个局部指数稳定的平衡点.

4.1.3 无时滞的二阶 Hopfield 神经网络的全局稳定性分析

由于高阶神经网络的收敛速度等各方面比一阶神经网络具有更强的功能, 因此高阶 Hopfield 型神经网络的研究越来越受到人们的重视. 对于最优化计算神经网络, 理想的情形是只有一个全局渐近稳定的平衡点, 且从任意一点出发的网络轨道以指数收敛速度趋于网络的平衡点. 下面介绍二阶连续 Hopfield 型神经网络平衡点的全局稳定性.

定理 4.1.4 若存在对称正定矩阵 P, 对角阵 $H = \text{diag}(h_1, h_2, \cdots, h_n)$, $Q = \text{diag}(q_1, q_2, \cdots, q_n)$, $h_i \geqslant 0$, $q_i \geqslant 0$, $i = 1, 2, \cdots, n$ 以及常数 $\varepsilon > 0$, $\varepsilon' > 0$ 使得

$$\Phi = \begin{pmatrix} -R^{-1}C^{-1}P - PC^{-1}R^{-1} & PC^{-1}T - R^{-1}C^{-1}H + K^T Q & \|M\| P & 0 \\ T^T C^{-1}P - HC^{-1}R^{-1} + QK & HC^{-1}T + T^T C^{-1}H + (\varepsilon + \varepsilon')\Pi^T \Pi - 2Q & 0 & \|M\| H \\ \|M\| P & 0 & -\varepsilon C^2 & 0 \\ 0 & \|M\| H & 0 & -\varepsilon'C^2 \end{pmatrix}$$

是负定的, 则系统 (4.1.3) 的平衡点 u^* 全局渐近稳定.

证明 取 Lyapunov 函数

$$V = x^T P x + 2 \sum_{i=1}^n h_i \int_0^{x_i} f_i(z) \mathrm{d}z - 2t \sum_{i=1}^n q_i f_i(x_i)(f(x_i) - K_i x_i),$$

沿式 (4.1.8) 的解对 V 求导数, 得到

$$\left. \frac{\mathrm{d}V}{\mathrm{d}t} \right|_{(4.1.8)} = \dot{x}^T P x + x^T P \dot{x} + 2 \sum_{i=1}^n h_i f_i(x_i) \dot{x}_i - 2 \sum_{i=1}^n q_i f_i(x_i)(f(x_i) - K_i x_i)$$

$$= -2x^T R^{-1} C^{-1} P x + 2x^T (PC^{-1}T - R^{-1}C^{-1}H + K^T Q) f(x)$$

$$+ 2x^{\mathrm{T}} P C^{-1} F^{\mathrm{T}}(x) \varPi \zeta$$

$$+ 2f^{\mathrm{T}}(x)(HC^{-1}T - Q)f(x) + 2f^{\mathrm{T}}(x)HC^{-1}F^{\mathrm{T}}(x)\varPi\zeta$$

$$= -2x^{\mathrm{T}} R^{-1} C^{-1} P x + 2x^{\mathrm{T}}(PC^{-1}T - R^{-1}C^{-1}H + K^{\mathrm{T}}Q)f(x)$$

$$+ 2x^{\mathrm{T}} P C^{-1} \varGamma^{\mathrm{T}} \varPi f(x)$$

$$+ 2f^{\mathrm{T}}(x)(HC^{-1}T - Q)f(x) + 2f^{\mathrm{T}}(x)HC^{-1}\varGamma^{\mathrm{T}}\varPi f(x).$$

由矩阵 $PC^{-1}C^{-1}P$ 的正定性以及 $\varGamma^{\mathrm{T}}\varGamma = \|\zeta\|^2 I$, $\|\zeta\| \leqslant \|M\|$, 并利用向量不等式

$$2u^{\mathrm{T}}v \leqslant \frac{1}{\varepsilon}u^{\mathrm{T}}u + \varepsilon v^{\mathrm{T}}v, \quad u, v \in \mathbf{R}^n, \varepsilon > 0\text{是任意实数}, \qquad (4.1.11)$$

得到

$$2x^{\mathrm{T}} P C^{-1} \varGamma^{\mathrm{T}} \varPi f(x)$$

$$\leqslant \frac{1}{\varepsilon} x^{\mathrm{T}} P C^{-1} \varGamma^{\mathrm{T}} \varGamma C^{-1} P x + \varepsilon f^{\mathrm{T}}(x) \varPi^{\mathrm{T}} \varPi f(x)$$

$$\leqslant \frac{1}{\varepsilon} \|M\|^2 x^{\mathrm{T}} P C^{-2} P x + \varepsilon f^{\mathrm{T}}(x) \varPi^{\mathrm{T}} \varPi f(x),$$

$$2f^{\mathrm{T}}(x) H C^{-1} \varGamma^{\mathrm{T}} \varPi f(x)$$

$$\leqslant \frac{1}{\varepsilon'} f^{\mathrm{T}}(x) H C^{-1} \varGamma^{\mathrm{T}} \varGamma C^{-1} H f(x) + \varepsilon' f^{\mathrm{T}}(x) \varPi^{\mathrm{T}} \varPi f(x)$$

$$\leqslant f^{\mathrm{T}}(x) \left(\frac{1}{\varepsilon'} \|M\|^2 H C^{-2} H + \varepsilon' \varPi^{\mathrm{T}} \varPi \right) f(x).$$

因此,

$$\left. \frac{\mathrm{d}V}{\mathrm{d}t} \right|_{(4.1.8)} \leqslant x^{\mathrm{T}} \left(\frac{1}{\varepsilon} \|M\|^2 P C^{-2} P - 2 R^{-1} C^{-1} P \right) x$$

$$+ 2x^{\mathrm{T}}(PC^{-1}T - R^{-1}C^{-1}H + K^{\mathrm{T}}Q)f(x)$$

$$+ f^{\mathrm{T}}(x) \left(\frac{1}{\varepsilon'} \|M\|^2 H C^{-2} H + (\varepsilon' + \varepsilon) \varPi^{\mathrm{T}} \varPi + 2(HC^{-1}T - Q) \right) f(x)$$

$$= (x^{\mathrm{T}}, f^{\mathrm{T}}(x)) \varPsi \begin{pmatrix} x \\ f(x) \end{pmatrix}.$$

其中

$$\varPsi = \begin{pmatrix} -R^{-1}C^{-1}P - PC^{-1}R^{-1} + \dfrac{1}{\varepsilon} \|M\|^2 PC^{-2}P & PC^{-1}T - R^{-1}C^{-1}H + K^{\mathrm{T}}Q \\ PC^{-1}T - R^{-1}C^{-1}H + K^{\mathrm{T}}Q & \varOmega \end{pmatrix},$$

$$\varOmega = HC^{-1}T + TC^{-1}H + \frac{1}{\varepsilon'} \|M\|^2 HC^{-2}H + (\varepsilon' + \varepsilon) \varPi^{\mathrm{T}} \varPi - 2Q.$$

$\Psi < 0$(负定) 的充分必要条件是 $\Phi < 0$(负定), 故由 $\Phi < 0$ 知 $\left.\dfrac{\mathrm{d}V}{\mathrm{d}t}\right|_{(4.1.8)} < 0$, 所以系统 (4.1.3) 的平衡点 u^* 全局渐近稳定.

推论 4.1.3 若存在正定的对角阵 $H = \mathrm{diag}(h_1, h_2, \cdots, h_n)$, 常数 $\varepsilon > 0$ 使得

$$\Theta = \begin{pmatrix} HC^{-1}T + TC^{-1}H + \varepsilon \Pi^{\mathrm{T}}\Pi & \|M\| H \\ \|M\| H & -\varepsilon C^2 \end{pmatrix} \leqslant 0$$

(常负), 则系统 (4.1.3) 的平衡点 u^* 全局渐近稳定.

证明 在定理 4.1.4 的证明中, 令 $P = 0$, $Q = 0$, 取 Lyapunov 函数

$$V = 2\sum_{i=1}^{n} h_i \int_0^{x_i} f_i(z)\mathrm{d}z,$$

沿式 (4.1.8) 的解对 V 求导数, 得到

$$\begin{aligned}
\left.\frac{\mathrm{d}V}{\mathrm{d}t}\right|_{(4.1.8)} &= 2\sum_{i=1}^{n} h_i f_i(x_i)\dot{x}_i \\
&= -2x^{\mathrm{T}}R^{-1}C^{-1}Hf(x) + 2f^{\mathrm{T}}(x)HC^{-1}Tf(x) + 2f^{\mathrm{T}}(x)HC^{-1}\Gamma^{\mathrm{T}}\Pi f(x) \\
&\leqslant -2x^{\mathrm{T}}R^{-1}C^{-1}Hf(x) \\
&\quad + f^{\mathrm{T}}(x)\left(\frac{1}{\varepsilon}\|M\|^2 HC^{-2}H + \varepsilon \Pi^{\mathrm{T}}\Pi + HC^{-1}T + T^{\mathrm{T}}C^{-1}H\right)f(x).
\end{aligned}$$

容易验证 $\Theta \leqslant 0$ 的充分必要条件是

$$\frac{1}{\varepsilon}\|M\|^2 HC^{-2}H + \varepsilon \Pi^{\mathrm{T}}\Pi + HC^{-1}T + T^{\mathrm{T}}C^{-1}H \leqslant 0,$$

故

$$\left.\frac{\mathrm{d}V}{\mathrm{d}t}\right|_{(4.1.8)} \leqslant -2x^{\mathrm{T}}R^{-1}C^{-1}Hf(x) = -2\sum_{i=1}^{n} \frac{h_i}{R_i C_i} x_i f_i(x_i) < 0,$$

因此得到系统 (4.1.3) 的平衡点 u^* 全局渐近稳定.

注 2 对于系统 (4.1.3), 当二阶连接权 $T_{ijk} \equiv 0$ 时可得其特殊情形, 即一阶 Hopfield 网络

$$C_i \frac{\mathrm{d}u_i}{\mathrm{d}t} = -\frac{u_i}{R_i} + \sum_{j=1}^{n} T_{ij} g_j(u_j) + I_i, \quad i = 1, 2, \cdots, n. \tag{4.1.12}$$

其中 $C_i > 0$, $R_i > 0$. 由定理 4.1.4 的推论得到 Hopfield 神经网络式 (4.1.12) 的平衡点 u^* 全局渐近稳定的充分条件为: 存在对角阵 $H = \mathrm{diag}(h_1, h_2, \cdots, h_n) > 0$ 使得 $HT + T^{\mathrm{T}}H \leqslant 0$.

定理 4.1.5　若存在正定矩阵 P 使得

$$\alpha = \lambda_{\min}(C^{-1}R^{-1}P + PC^{-1}R^{-1}) - 2\left(\left\|PC^{-1}T\right\| + \left\|PC^{-1}\right\|\left\|\Pi\right\|\left\|M\right\|\right)\max_{1\leqslant i\leqslant n}\{K_i\} > 0,$$

则系统 (4.1.3) 的平衡点 u^* 全局指数稳定, 且系统的运动 $u(t;0,u_0)$ 满足

$$\|u(t;0,u_0) - u^*\| \leqslant \delta\|u^* - u_0\|\mathrm{e}^{-\beta t}, \quad \forall t \geqslant 0, \forall u_0 \in \mathbf{R}^n.$$

其中 $\delta = \sqrt{\dfrac{\lambda_{\max}(P)}{\lambda_{\min}(P)}}$, $\beta = \dfrac{\alpha}{2\lambda_{\max}(P)}$.

证明　取 Lyapunov 函数 $V = x^{\mathrm{T}}Px$, 沿式 (4.1.8) 的解对 V 求导数, 得到

$$\begin{aligned}
\left.\frac{\mathrm{d}V}{\mathrm{d}t}\right|_{(4.1.8)} &= \dot{x}^{\mathrm{T}}Px + x^{\mathrm{T}}P\dot{x} \\
&= -x^{\mathrm{T}}(C^{-1}R^{-1}P + PC^{-1}R^{-1})x + 2x^{\mathrm{T}}PC^{-1}Tf(x) + 2x^{\mathrm{T}}PC^{-1}F^{\mathrm{T}}(x)\Pi\zeta \\
&\leqslant -\lambda_{\min}(C^{-1}R^{-1}P + PC^{-1}R^{-1})\|x\|^2 \\
&\quad + 2\left\|PC^{-1}T\right\|\|x\|\|f(x)\| + 2\left\|PC^{-1}\right\|\left\|F^{\mathrm{T}}(x)\right\|\|x\|\|\Pi\|\|\zeta\|.
\end{aligned}$$

由式 (4.1.4)、(4.1.5) 得到

$$\left\|F^{\mathrm{T}}(x)\right\| = \|f(x)\| \leqslant \max_{1\leqslant i\leqslant n}\{K_i\}\|x\|, \quad \|\zeta\| \leqslant \|M\|. \tag{4.1.13}$$

从而有

$$\begin{aligned}
\left.\frac{\mathrm{d}V}{\mathrm{d}t}\right|_{(4.1.8)} &\leqslant -\bigg(\lambda_{\min}(C^{-1}R^{-1}P + PC^{-1}R^{-1}) - 2(\left\|PC^{-1}T\right\| \\
&\quad + \left\|PC^{-1}\right\|\|\Pi\|\|M\|)\max_{1\leqslant i\leqslant n}\{K_i\}\bigg)\|x\|^2 \\
&\leqslant -\alpha\|x\|^2.
\end{aligned}$$

由 $\lambda_{\min}(P)\|x\|^2 \leqslant V(x) \leqslant \lambda_{\max}(P)\|x\|^2$ 得到

$$\left.\frac{\mathrm{d}V}{\mathrm{d}t}\right|_{(4.1.8)} \leqslant -\alpha\|x\|^2 \leqslant -\frac{\alpha}{\lambda_{\max}(P)}V(x) = -2\beta V(x),$$

由 Gronwall 不等式得到

$$V(x(t;0,x_0)) \leqslant V(x_0)\mathrm{e}^{-2\beta t}, \quad \forall t \geqslant 0, \forall u_0 \in \mathbf{R}^n,$$

所以有

$$\|x\| \leqslant \delta\|x_0\|\mathrm{e}^{-\beta t},$$

即

$$\|u(t;0,u_0) - u^*\| \leqslant \delta \|u^* - u_0\| \, \mathrm{e}^{-\beta t}, \quad \forall t \geqslant 0, \forall u_0 \in \mathbf{R}^n.$$

证明完成.

数据仿真

考虑二阶 Hopfield 型神经网络

$$C_i \frac{\mathrm{d}u_i}{\mathrm{d}t} = -\frac{u_i}{R_i} + \sum_{j=1}^{n} T_{ij} g_j(u_j) + \sum_{j=1}^{n}\sum_{k=1}^{n} T_{ijk} g_j(u_j) g_k(u_k) + I_i, \tag{4.1.14}$$
$$i = 1, 2, 3.$$

其中

$$R = \mathrm{diag}(R_1, R_3, R_3) = \mathrm{diag}(5, 5, 10),$$

$$C = \mathrm{diag}(C_1, C_2, C_3) = \mathrm{diag}(1.1, 1.2, 1),$$

$$T = (T_{ij})_{3\times3} = \begin{pmatrix} 0.27 & -0.18 & -0.34 \\ 0.02 & 0.3 & -0.91 \\ 0.21 & -0.71 & 0.19 \end{pmatrix},$$

$$T_1 = (T_{1ij})_{3\times3} = \begin{pmatrix} 0.15 & -0.02 & 0.01 \\ -0.02 & 0.16 & -0.12 \\ -0.05 & -0.02 & 0.07 \end{pmatrix},$$

$$T_2 = (T_{2ij})_{3\times3} = \begin{pmatrix} 0.18 & 0.01 & -0.12 \\ -0.07 & 0.13 & -0.07 \\ -0.05 & 0.10 & 0.06 \end{pmatrix},$$

$$T_3 = (T_{1ij})_{3\times3} = \begin{pmatrix} 0.07 & -0.01 & -0.06 \\ 0.04 & 0.01 & -0.12 \\ -0.01 & -0.13 & 0.16 \end{pmatrix}.$$

$g_i(u_i)$ 满足条件:

$$0 < g_1'(u_1) \leqslant 0.7,$$
$$0 < g_2'(u_2) \leqslant 0.6,$$
$$0 < g_3'(u_3) \leqslant 0.8,$$
$$|g_i(u_i)| \leqslant 0.1, \quad i = 1, 2, 3.$$

由 Matlab 计算得到, 取常数 $\varepsilon = 1.4543$, $\varepsilon' = 1.4543$ 以及矩阵

$$P = \begin{pmatrix} 0.1299 & -0.0007 & -0.0001 \\ 0.0007 & 0.1166 & 0 \\ -0.0001 & 0 & 0.0691 \end{pmatrix},$$

$$Q = \mathrm{diag}(1.1814, 1.1302, 1.1141) > 0,$$

$$H = \mathrm{diag}(0.1711, 0.1204, 0.0937) > 0$$

使得 $\varPhi < 0$. 因此, 由定理 4.1.1 知, 系统 (4.1.13) 的平衡点 u^* 全局渐近稳定.

取矩阵 $P = \mathrm{diag}(0.2354, 0.2164, 0.1305) > 0$, 则 $\alpha > 0$. 因此, 由定理 4.1.5 知, 系统 (4.1.14) 的平衡点 u^* 全局指数稳定.

取常数 $\varepsilon = 1.5917$, $\varepsilon' = 1.5666$ 以及 $P = \mathrm{diag}(0.2354, 0.2164, 0.1305) > 0$ 使得 $A < 0$. 因此, 由定理 4.1.1 知, 系统 (4.5.3) 的平衡点 u^* 全局指数稳定.

4.1.4　具有时滞的二阶 Hopfield 神经网络的稳定性

考虑具有下列形式的二阶 Hopfield 型时滞神经网络:

$$C_i \frac{\mathrm{d}u_i(t)}{\mathrm{d}t} = -\frac{u_i(t)}{R_i} + \sum_{j=1}^{n} T_{ij} g_j(u_j(t - \tau_j))$$

$$+ \sum_{j=1}^{n} \sum_{k=1}^{n} T_{ijk} g_j(u_j(t - \tau_j)) g_k(u_k(t - \tau_k)) + I_i, \quad i = 1, 2, \cdots, n, \quad (4.1.15)$$

其中, $C_i > 0$, $R_i > 0$ 和 I_i 分别为第 i 个神经元的电容常数、电阻常数和网络的外部输入; T_{ij} 和 T_{ijk} 分别为网络的一阶和二阶连接权; τ_i 是第 i 个神经元的时滞, $0 \leqslant \tau_i \leqslant \tau, i = 1, 2, \cdots, n$, τ 为某一常数; 初值 $\phi_i : [-\tau, 0] \to \mathbf{R}, i = 1, 2, \cdots, n$ 为连续函数.

假设 $g_i(u)$ 满足条件:

$$|g_i(u)| \leqslant M_i, \quad |g_i(u) - g_i(v)| \leqslant K_i |u - v|, \quad u, v \in \mathbf{R}, i = 1, 2, \cdots, n. \quad (4.1.16)$$

其中 M_i, K_i 为常数.

令

$$C = \mathrm{diag}(C_1, C_2, \cdots, C_n), R = \mathrm{diag}(R_1, R_2, \cdots, R_n), T = (T_{ij})_{n \times n},$$

$$T_i = (T_{ijk})_{n \times n}, i = 1, 2, \cdots, n, \varPi = (T_1 + T_1^{\mathrm{T}}, T_2 + T_2^{\mathrm{T}}, \cdots, T_n + T_n^{\mathrm{T}})^{\mathrm{T}},$$

$$g(u(t - \tau)) = (g_1(u_1(t - \tau_1)), g_2(u_2(t - \tau_2)), \cdots, g_n(u_n(t - \tau_n)))^{\mathrm{T}},$$

$$u(t) = (u_1(t), u_2(t), \cdots, u_n(t))^{\mathrm{T}}, K = \mathrm{diag}(K_1, K_2, \cdots, K_n),$$

$$I = (I_1, I_2, \cdots, I_n)^{\mathrm{T}},$$

$$G(u(t - \tau)) = \mathrm{diag}(g(u(t - \tau)), g(u(t - \tau)), \cdots, g(u(t - \tau))).$$

由此, 又将式 (4.1.15) 写成等价形式

$$C \frac{\mathrm{d}u(t)}{\mathrm{d}t} = -R^{-1} u(t) + T g(u(t - \tau)) + \frac{1}{2} G^{\mathrm{T}}(u(t - \tau)) \varPi g(u(t - \tau)) + I. \quad (4.1.17)$$

引理 4.1.1 系统 (4.1.15) 至少有一个平衡点.

证明 若 u^* 为系统 (4.1.15) 的平衡点, 则 u^* 满足矩阵方程

$$u^* = RTg(u^*) + \frac{1}{2}RG^{\mathrm{T}}(u^*)\Pi g(u^*) + RI.$$

作映射 $F : \mathbf{R}^n \to \mathbf{R}^n$, $Fu = RTg(u) + \frac{1}{2}RG^{\mathrm{T}}(u)\Pi g(u) + RI$, 则 F 为连续映射.

设

$$\Omega = \left\{ u \in \mathbf{R}^n \,\middle|\, \|u - RI\|_{\infty} \leqslant \|R\|_{\infty}\left(\|T\|_{\infty} + \frac{n}{2}\|\Pi\|_{\infty}L\right)L \right\},$$

其中

$$L = \max_{1 \leqslant i \leqslant n} \sup_{s \in R} \{|g_i(s)|\},$$

则 Ω 为 $\mathbf{R}^n$ 中的有界闭集, 其中 $\|A\|_{\infty} = \sup\limits_{1 \leqslant i,j \leqslant n} |a_{ij}|$, $A = (a_{ij})_{n \times n}$.

由于 $\forall u \in \Omega$, 有

$$
\begin{aligned}
\|F(u) - RI\|_{\infty} &= \left\| R\left(Tg(u) + \frac{1}{2}G^{\mathrm{T}}(u)\Pi g(u)\right) \right\|_{\infty} \\
&\leqslant \|R\|_{\infty}\left(\|T\|_{\infty} + \frac{1}{2}\left\|G^{\mathrm{T}}(u)\right\|_{\infty}\|\Pi\|_{\infty}\right)\|g(u)\|_{\infty} \\
&\leqslant \|R\|_{\infty}\left(\|T\|_{\infty} + \frac{n}{2}\|\Pi\|_{\infty}L\right)L,
\end{aligned}
$$

故 F 将 Ω 映射成自身, 于是由 Brouwer 不动点定理知, F 至少有一个不动点 u^*, 即系统 (4.1.15) 至少有一个平衡点 u^*. 证明完成.

设 $u^* = (u_1^*, u_2^*, \cdots, u_n^*)^{\mathrm{T}}$ 为系统 (4.1.15) 的平衡点, 令

$$x = u - u^* = (x_1, x_2, \cdots, x_n)^{\mathrm{T}}, \quad f_i(x_i) = g_i(x_i + u_i^*) - g_i(u_i^*),$$

易知

$$|f_i(z)| \leqslant K_i|z| \text{ 且} zf_i(z), \int_0^z f_i(s)ds \geqslant 0, z \in \mathbf{R}. \tag{4.1.18}$$

由此, 式 (4.1.15) 可写成等价形式

$$
\begin{aligned}
C_i\frac{\mathrm{d}x_i(t)}{\mathrm{d}t} = {}&-\frac{x_i(t)}{R_i} + \sum_{j=1}^{n}T_{ij}f_j(x_j(t-\tau_j)) \\
&+ \sum_{j=1}^{n}\sum_{k=1}^{n}T_{ijk}(f_j(x_j(t-\tau_j))f_k(x_k(t-\tau_k)) \\
&+ f_k(x_k(t-\tau_k))g_j(u_j^*) + f_j(x_j(t-\tau_j))g_k(u_k^*)), \tag{4.1.19} \\
&i = 1, 2, \cdots, n.
\end{aligned}
$$

利用 Taylor 公式, 将式 (4.1.19) 写为

$$C_i \frac{\mathrm{d}x_i(t)}{\mathrm{d}t} = -\frac{x_i(t)}{R_i} + \sum_{j=1}^{n} \left(T_{ij} + \sum_{k=1}^{n} (T_{ijk} + T_{ikj})\zeta_k \right) f_j(x_j(t-\tau)), \tag{4.1.20}$$
$$i = 1, 2, \cdots, n.$$

其中 ζ_k 介于 $g_k(u_k(t-\tau_k))$ 与 $g_k(u_k^*)$ 之间, 系统 (4.1.20) 的初值 $x_{i0}(\theta) = x_i(\theta) = \Phi_i(\theta), \theta \in [-\tau, 0]$ 其中 $\Phi_i(\theta) = \phi_i(\theta) - u_i^*, i = 1, 2, \cdots, n.$

令

$$\Phi = (\Phi_1, \Phi_2, \cdots, \Phi_n)^{\mathrm{T}},$$

记 $C([-\tau, 0], \mathbf{R}^n)$ 为连续函数 $\phi : [-\tau, 0] \to \mathbf{R}^n$ 构成的集合, 其中的范数定义为

$$\|\phi\|_\tau = \sup_{-\tau \leqslant s \leqslant 0} \|\phi(s)\|.$$

则 $C([-\tau, 0], \mathbf{R}^n)$ 为具有一致收敛拓扑结构的 Banach 空间,

设 $f : C([-\tau, 0], \mathbf{R}^n) \to \mathbf{R}^n$ 完全连续, $f(0) = 0$ 且使自治泛函微分方程 $\dot{x}(t) = f(x_t)$ 的解对初值具有连续依赖性, 其中 $x_t \in C([-\tau, 0], \mathbf{R}^n)$ 定义为 $x_t(\theta) = x(t+\theta)$, $\theta \in [-\tau, 0]$, 用 $x(t) = x(t, \phi)$ 表示通过 $(0, \phi)$ 的解,

若 $V : C([-\tau, 0], \mathbf{R}^n) \to \mathbf{R}$ 是连续函数, 定义其沿 $\dot{x}(t) = f(x_t)$ 的解的 Dini 导数为

$$\dot{V}(\phi) = \lim_{h \to 0^+} \sup \frac{V(x(t+h, \phi)) - V(x(t, \phi))}{h}.$$

引理 4.1.2　设 $V : C([-\tau, 0], \mathbf{R}^n) \to \mathbf{R}$ 连续, 且存在非负函数 $a(r)$ 和 $b(r)$ 使得当 $r \to \infty$ 时, $a(r) \to \infty$, 并且 $a(\|\phi(0)\|) \leqslant V(\phi), \dot{V}(\phi) \leqslant -b(\|\phi(0)\|)$, 则方程 $\dot{x}(t) = f(x_t)$ 的平衡点 $x = 0$ 是稳定的, 且任意解有界. 若还有 $b(r)$ 是正定的, 则平衡点 $x = 0$ 是渐近稳定的.

定理 4.1.6　设 $A = (a_{ij})_{n \times n}$, 其中 $a_{ij} = \sum_{j=1}^{n} \left(T_{ij} + \sum_{k=1}^{n} (T_{ijk} + T_{ikj})M_k \right)$. 若 $C^{-1}R^{-1} - C^{-1}AK$ 是 M 矩阵, 则系统 (4.1.15) 的平衡点 u^* 是全局渐近稳定的.

证明　因为 $C^{-1}R^{-1} - C^{-1}AK$ 是 M 矩阵, 所以存在常数 $p_i > 0$, $i = 1, 2, \cdots, n$, 使得

$$\frac{p_j}{R_j C_j} - K_j \sum_{i=1}^{n} \frac{p_i}{C_i} a_{ij} > 0, \quad j = 1, 2, \cdots, n.$$

因此

$$\gamma = \min_{1 \leqslant j \leqslant n} \left\{ \frac{p_j}{R_j C_j} - K_j \sum_{i=1}^{n} \frac{p_i}{C_i} a_{ij} \right\} > 0.$$

取 Lyapunov 泛函

$$V(\Phi) = \sum_{i=1}^{n} p_i \left(|\Phi_i(0)| + \frac{1}{C_i} \sum_{j=1}^{n} a_{ij} K_j \int_{-\tau_j}^{0} |\Phi_j(\theta)| \, d\theta \right)$$

以及 $a(r) = \min\limits_{1 \leqslant i \leqslant n} \{p_i\} r$, 则当 $r \to \infty$ 时, $a(r) \to \infty$, 且显然 $a(\| \Phi(0) \|_1) \leqslant V(\Phi)$.

沿式 (4.1.20) 的解对 $V(\Phi)$ 求 Dini 导数, 并由式 (4.1.18) 得到

$$\dot{V}(\Phi) \Big|_{(4.1.20)} \leqslant \sum_{i=1}^{n} p_i \left(-\frac{|x_i(t)|}{R_i C_i} + \frac{1}{C_i} \sum_{j=1}^{n} \left(|T_{ij}| + \sum_{k=1}^{n} |T_{ijk} + T_{ikj}| |\zeta_k| \right) |f_j(x_j(t-\tau_j))| \right.$$

$$\left. + \frac{1}{C_i} \sum_{j=1}^{n} a_{ij} K_j \left(|x_j(t)| - |x_j(t-\tau_j)| \right) \right)$$

$$\leqslant \sum_{i=1}^{n} p_i \left(-\frac{|x_i(t)|}{R_i C_i} + \frac{1}{C_i} \sum_{j=1}^{n} a_{ij} K_j |x_j(t-\tau_j)| \right.$$

$$\left. + \frac{1}{C_i} \sum_{j=1}^{n} a_{ij} K_j \left(|x_j(t)| - |x_j(t-\tau_j)| \right) \right)$$

$$= \sum_{i=1}^{n} p_i \left(-\frac{|x_i(t)|}{R_i C_i} + \frac{1}{C_i} \sum_{j=1}^{n} a_{ij} K_j |x_j(t)| \right)$$

$$= -\sum_{j=1}^{n} \left(\frac{p_j}{R_j C_j} \right) |x_j(t)| + \sum_{i=1}^{n} \left(\sum_{j=1}^{n} \frac{p_i}{C_i} a_{ij} K_j \right) |x_j(t)|$$

$$= -\sum_{i=1}^{n} \sum_{j=1}^{n} \left(\frac{p_j}{R_j C_j} - \frac{p_i}{C_i} a_{ij} K_j \right) |x_j(t)|$$

$$= -\sum_{j=1}^{n} \left(\frac{p_j}{R_j C_j} - K_j \sum_{i=1}^{n} \frac{p_i}{C_i} a_{ij} \right) |x_j(t)|$$

$$\leqslant -\gamma \sum_{j=1}^{n} |x_j(t)| = -\gamma \| \Phi(0) \|_1 .$$

令 $b(r) = \gamma r$, 显然 $b(r)$ 正定, 由引理 4.1.2 可知, 定理的结论成立. 证明完成.

注 3 对于系统 (4.1.15), 当二阶连接权 $T_{ijk} \equiv 0$ 时, 可得其特殊情形, 即一阶 Hopfield 时滞网络

$$C_i \frac{du_i(t)}{dt} = -\frac{u_i(t)}{R_i} + \sum_{j=1}^{n} T_{ij} g_j(u_j(t-\tau_j)) + I_i, \quad i = 1, 2, \cdots, n. \tag{4.1.21}$$

由定理 4.1.6 得到 Hopfield 时滞神经网络 (4.1.21) 的平衡点全局渐近稳定的一个充分条件是: $A = (a_{ij})_{n \times n}$ 为 M 矩阵, 其中

$$a_{ij} = \begin{cases} \dfrac{1}{R_j C_j} - \dfrac{1}{C_j} |T_{jj}| K_j, & i \neq j, \\ -\dfrac{1}{C_j} |T_{jj}| K_j, & i = j. \end{cases}$$

它等价于存在一个对角矩阵 $P = \mathrm{diag}(p_1, p_2, \cdots, p_n) > 0$, 使得

$$\sum_{j=1}^{n} \frac{p_j}{C_j} |T_{ji}| < \frac{p_i}{R_i C_i K_i}, \quad i = 1, 2, \cdots, n.$$

本节只简单介绍二阶 Hopfield 神经网络的稳定性问题, 如需了解更多, 可以查找相关的资料和文献.

4.2　具有扩散的神经网络模型和动力学问题

Hopfield 型连续神经网络的稳定性有广泛的理论和应用价值, 特别是应用电子电路来实现某些新的优化智能计算, 非常吸引人, 从而研究的人越来越多. 但人们考虑这类动力学行为, 仅注意时间方向动态的变化, 严格地讲, 电子在不均匀的电磁场中运行, 扩散现象不可避免, 所以应该考虑具有反应扩散的 Hopfield 型神经网络. 这样的网络必然是一组偏微分方程, 要解决必须具备一定的偏微分方程和泛函知识, 本节直接使用相关的定义和概念, 希望读者自行参考有关文献.

考虑下列具有反应扩散的二阶 Hopfield 神经网络模型:

$$\begin{cases} C_i \dfrac{\partial u_i}{\partial t} = -\dfrac{u_i}{R_i} - A u_i + \sum_{j=1}^{n} T_{ij} g_j(u_j) + \sum_{j=1}^{n} \sum_{k=1}^{n} T_{ijk} g_j(u_j) g_k(u_k) + I_i, \\ u_i(x, t)|_{\partial \Omega} \equiv 0, \quad i = 1, 2, \cdots, n. \end{cases} \tag{4.2.1}$$

其中 $C_i > 0$, $R_i > 0$ 和 I_i 分别为第 i 个神经元的电容常数、电阻常数和网络的外部输入, T_{ij} 和 T_{ijk} 分别为网络的一阶和二阶连接权, u_i 是第 i 个神经元的输出, $\Omega \in \mathbf{R}^m$ 是紧的, $\mathrm{mes}(\Omega) > 0$, $A = -\left(\dfrac{\partial^2}{\partial x_1^2} + \dfrac{\partial^2}{\partial x_2^2} + \cdots + \dfrac{\partial^2}{\partial x_m^2} \right)$ 是 Ω 上自伴随的、正定的算子, 它满足 $\displaystyle\int_{\Omega} x^{\mathrm{T}}(Ax) \mathrm{d}x \geqslant \lambda_1 \|x\|^2$, 其中 λ_1 是 A 的第一个特征值, 记 A 的定义域为 $D(A)$.

假设 $g_i(u_i)$ 满足条件:

$$|g_i(u_i)| \leqslant M_i, \quad 0 < g_i'(u_i) \leqslant K_i, \quad i = 1, 2, \cdots, n, \tag{4.2.2}$$

其中 M_i, K_i 为常数.

设 $u = u^*$, 即 $u_i = u_i^*$, $i = 1, 2, \cdots, n$ 为式 (4.1.3) 的平衡点. 令

$$y = u - u^* = (y_1, y_2, \cdots, y_n)^{\mathrm{T}},$$

$$f_i(y_i) = g_i(y_i + u_i^*) - g_i(u_i^*).$$

易知

$$|f_i(z)| \leqslant K_i |z| \quad \text{且} \quad z f_i(z), \int_0^z f_i(s)\mathrm{d}s \geqslant 0, \quad z \in R. \tag{4.2.3}$$

由此, 式 (4.2.1) 可写成等价形式

$$
\begin{aligned}
C_i \frac{\partial y_i}{\partial t} = {}& -\frac{y_i}{R_i} - A y_i + \sum_{j=1}^n T_{ij} f_j(y_j) \\
& + \sum_{j=1}^n \sum_{k=1}^n T_{ijk}(f_j(y_j) f_k(y_k) + f_k(y_k) g_j(u_j^*) + f_j(y_j) g_k(y_k^*))
\end{aligned}
\tag{4.2.4}
$$

$$i = 1, 2, \cdots, n.$$

利用 Taylor 公式, 将式 (4.2.4) 写为

$$C_i \frac{\mathrm{d}y_i}{\mathrm{d}t} = -\frac{y_i}{R_i} - A y_i + \sum_{j=1}^n T_{ij} f_j(y_j) + \sum_{j=1}^n \sum_{k=1}^n (T_{ijk} + T_{ikj}) \zeta_k f_j(y_j) \tag{4.2.5}$$

$$i = 1, 2, \cdots, n$$

其中 ζ_k 介于 $g_k(u_k)$ 与 $g_k(u_k^*)$ 之间. 令

$$
\begin{aligned}
& C = \mathrm{diag}(C_1, C_2, \cdots, C_n), \\
& R = \mathrm{diag}(R_1, R_2, \cdots, R_n), T = (T_{ij})_{n \times n}, \\
& T_i = (T_{ijk})_{n \times n}, \quad i = 1, 2, \cdots, n, \\
& \varPi = (T_1 + T_1^{\mathrm{T}}, T_2 + T_2^{\mathrm{T}}, \cdots, T_n + T_n^{\mathrm{T}})^{\mathrm{T}}, \\
& f(x) = (f_1(x_1), f_2(x_2), \cdots, f_n(x_n))^{\mathrm{T}}, \\
& F(x) = \mathrm{diag}(f(x), f(x), \cdots, f(x)), \\
& \zeta = (\zeta_1, \zeta_2, \cdots, \zeta_n)^{\mathrm{T}}, \\
& \varGamma = \mathrm{diag}(\zeta, \zeta, \cdots, \zeta), \\
& M = (M_1, M_2, \cdots, M_n)^{\mathrm{T}}, \\
& K = (K_1, K_2, \cdots, K_n)^{\mathrm{T}},
\end{aligned}
$$

由此, 又将式 (4.2.4) 写成等价形式

$$C \frac{\mathrm{d}y}{\mathrm{d}t} = -R^{-1}y - A y + T f(y) + F^{\mathrm{T}}(y) \varPi \zeta. \tag{4.2.6}$$

这里规定, 对任意方阵 Q, $\|Q\| = \sqrt{\lambda_{\max}(Q^{\mathrm{T}}Q)}$, 对任意向量 $y \in \mathbf{R}^n$, $\|y\| = \left(\int_\Omega y^{\mathrm{T}}y\mathrm{d}x\right)^{\frac{1}{2}}$.

由于 $-A$ 是 Ω 上的一个强连续算子半群的无穷小生成元, 根据 A.Pazy 中经典的解的存在唯一性, (4.2.6) 对任意初始值 $u_0 \in L^2(\Omega)$, 都存在唯一的解, $u(t,x) \in C(I \times \Omega, H_0^1(\Omega) \cap D(A))$.

定义 4.2.1 设 $(X,(\cdot,\cdot),\|\cdot\|)$ 是一个 Hilbert 空间, X 上的一个算子 A 是正定 (常正, 常负) 的, 如果对任意 $x \in X$ 且 $x \neq 0$, 都有 $(Ax,x) > 0(\geqslant 0, \leqslant 0)$.

4.2.1 具有反应扩散的二阶 Hopfield 神经网络全局渐近稳定性分析

定理 4.2.1 若存在对称正定矩阵 P, 对角阵 $H = \mathrm{diag}(h_1, h_2, \cdots, h_n)$, $Q = \mathrm{diag}(q_1, q_2, \cdots, q_n)$, $h_i \geqslant 0$, $q_i \geqslant 0$, $i - 1, 2, \cdots, n$ 以及常数 $\varepsilon > 0$, $\varepsilon' > 0$ 使得算子矩阵

$$
\Phi = \begin{pmatrix}
-R^{-1}C^{-1}P - PC^{-1}R^{-1} & PC^{-1}T - R^{-1}C^{-1}H - HC^{-1}A + K^{\mathrm{T}}Q & \|M\|P & 0 \\
T^{\mathrm{T}}C^{-1}P - HC^{-1}R^{-1} - HC^{-1}A + QK & HC^{-1}T + T^{\mathrm{T}}C^{-1}H + (\varepsilon+\varepsilon')\Pi^{\mathrm{T}}\Pi - 2Q & 0 & \|M\|H \\
\|M\|P & 0 & -\varepsilon C^2 & 0 \\
0 & \|M\|H & 0 & -\varepsilon'C^2
\end{pmatrix}
$$

是常负的, 则系统 (4.2.1) 的平衡点 u^* 全局渐近稳定.

证明 取 Lyapunov 函数

$$
V(y) = \int_\Omega y^{\mathrm{T}}Py\mathrm{d}x + 2\int_\Omega \left(\sum_{i=1}^n h_i \int_0^{y_i} f_i(z)\mathrm{d}z\mathrm{d}y_i - t\sum_{i=1}^n q_i f_i(y_i)(f(y_i) - K_i y_i)\right)\mathrm{d}x
$$

沿式 (4.2.6) 的解对 $V(y)$ 求导数, 得到

$$
\begin{aligned}
\frac{\mathrm{d}V}{\mathrm{d}t}\bigg|_{(4.2.6)} &= \int_\Omega (\dot{y}^{\mathrm{T}}Py + y^{\mathrm{T}}P\dot{y})\mathrm{d}x \\
&\quad + 2\int_\Omega \left(\sum_{i=1}^n h_i f_i(y_i)\dot{y}_i - 2\sum_{i=1}^n q_i f_i(y_i)(f(y_i) - K_i y_i)\right)\mathrm{d}x \\
&= -2\int_\Omega y^{\mathrm{T}}R^{-1}C^{-1}Py\mathrm{d}x - \int_\Omega \left((Ay)^{\mathrm{T}}C^{-1}Py) + y^{\mathrm{T}}PC^{-1}Ay\right)\mathrm{d}x \\
&\quad + 2\int_\Omega y^{\mathrm{T}}(PC^{-1}T - R^{-1}C^{-1}H - C^{-1}HA + K^{\mathrm{T}}Q)f(y)\mathrm{d}x \\
&\quad + 2\int_\Omega y^{\mathrm{T}}PC^{-1}\Gamma^{\mathrm{T}}\Pi f(y)\mathrm{d}x \\
&\quad + 2\int_\Omega y^{\mathrm{T}}(f^{\mathrm{T}}(y)(HC^{-1}T - Q)f(x) + f^{\mathrm{T}}(y)HC^{-1}\Gamma^{\mathrm{T}}\Pi f(y)\mathrm{d}x.
\end{aligned}
$$

由矩阵 $PC^{-2}P$ 的正定性以及 $\Gamma^{\mathrm{T}}\Gamma = \|\zeta\|^2 I$, $\|\zeta\| \leqslant \|M\|$ 并利用向量不等式 (4.1.11) 得到

$$2\int_\Omega y^{\mathrm{T}}PC^{-1}\Gamma^{\mathrm{T}}\Pi f(y)\mathrm{d}x$$

$$\leqslant \frac{1}{\varepsilon}\int_\Omega y^{\mathrm{T}}PC^{-1}\Gamma^{\mathrm{T}}\Gamma C^{-1}Py\mathrm{d}x + \varepsilon\int_\Omega f^{\mathrm{T}}(y)\Pi^{\mathrm{T}}\Gamma^{\mathrm{T}}\Gamma\Pi f(y)\mathrm{d}x$$

$$\leqslant \frac{1}{\varepsilon}\|M\|^2\int_\Omega y^{\mathrm{T}}PC^{-2}Py\mathrm{d}x + \varepsilon\int_\Omega f^{\mathrm{T}}(y)\Pi^{\mathrm{T}}\Pi f(y)\mathrm{d}x,$$

$$2\int_\Omega f^{\mathrm{T}}(y)HC^{-1}\Gamma^{\mathrm{T}}\Pi f(y)\mathrm{d}x$$

$$\leqslant \frac{1}{\varepsilon'}\int_\Omega f^{\mathrm{T}}(y)HC^{-1}\Gamma^{\mathrm{T}}\Gamma C^{-1}Hf(y)\mathrm{d}y + \varepsilon'\int_\Omega f^{\mathrm{T}}(y)\Pi^{\mathrm{T}}\Pi f(y)\mathrm{d}y$$

$$\leqslant \int_\Omega f^{\mathrm{T}}(y)\left(\frac{1}{\varepsilon'}\|M\|^2 HC^{-2}H + \varepsilon'\Pi^{\mathrm{T}}\Pi\right)f(y)\mathrm{d}x.$$

因此,

$$\left.\frac{\mathrm{d}V}{\mathrm{d}t}\right|_{(4.2.6)} \leqslant -\int_\Omega\left((Ay)^{\mathrm{T}}C^{-1}Py) + y^{\mathrm{T}}PC^{-1}Ay\right)\mathrm{d}x + \int_\Omega (y^{\mathrm{T}}, f^{\mathrm{T}}(y))\,\Psi\begin{pmatrix} y \\ f(y) \end{pmatrix}\mathrm{d}x$$

其中

$$\Psi = \begin{pmatrix} -R^{-1}C^{-1}P - PC^{-1}R^{-1} + \dfrac{1}{\varepsilon}\|M\|^2 PC^{-2}P & PC^{-1}T - R^{-1}C^{-1}H - C^{-1}HA + K^{\mathrm{T}}Q \\ T^{\mathrm{T}}C^{-1}P - HC^{-1}R^{-1} - HC^{-1}A + QK & \Omega \end{pmatrix},$$

$$\Omega = HC^{-1}T + TC^{-1}H + \frac{1}{\varepsilon'}\|M\|^2 HC^{-2}H + (\varepsilon' + \varepsilon)\Pi^{\mathrm{T}}\Pi - 2Q.$$

$\Psi \leqslant 0$ 的充分必要条件是 $\Phi \leqslant 0$. 由 $P > 0$ 和 A 的正定性知, 对任意 $y \in H_0^1(\Omega)$ 且 $y \neq 0$

$$\int_\Omega \left((Ay)^{\mathrm{T}}C^{-1}Py) + y^{\mathrm{T}}PC^{-1}Ay\right)\mathrm{d}x > 0. \tag{4.2.7}$$

故由 $\Phi \leqslant 0$ 知 $\left.\dfrac{\mathrm{d}V}{\mathrm{d}t}\right|_{(4.2.6)} < 0$, 所以系统 (4.2.1) 的平衡点 u^* 全局渐近稳定.

推论 4.2.1 若存在正定的对角阵 $H = \mathrm{diag}(h_1, h_2, \cdots, h_n)$, 常数 $\varepsilon > 0$ 使得

$$\Theta = \begin{pmatrix} HC^{-1}T + T^{\mathrm{T}}C^{-1}H + \varepsilon\Pi^{\mathrm{T}}\Pi & \|M\|H \\ \|M\|H & -\varepsilon C^2 \end{pmatrix} \leqslant 0$$

(常负), 则系统 (4.2.1) 的平衡点 u^* 全局渐近稳定.

证明 在定理 4.2.1 的证明中, 令 $P = 0$, $Q = 0$ 取 Lyapunov 函数

$$V(y) = 2 \int_{\Omega} \left(\sum_{i=1}^{n} h_i \int_{0}^{y_i} f_i(z) \mathrm{d}z \right) \mathrm{d}x$$

沿式 (4.2.1) 的解对 $V(y)$ 求导数, 得到

$$\left. \frac{\mathrm{d}V}{\mathrm{d}t} \right|_{(4.2.6)} = 2 \int_{\Omega} \left(\sum_{i=1}^{n} h_i f_i(y_i) \dot{y}_i \right) \mathrm{d}x$$

$$= 2 \int_{\Omega} (-y^{\mathrm{T}}(R^{-1}C^{-1}H + C^{-1}HA)f(y) + f^{\mathrm{T}}(y)HC^{-1}Tf(y)$$

$$+ f^{\mathrm{T}}(y)HC^{-1}\Gamma^{\mathrm{T}}\Pi f(y))\mathrm{d}x$$

$$\leqslant -2 \int_{\Omega} y^{\mathrm{T}}(R^{-1}C^{-1}H + C^{-1}HA)f(y)\mathrm{d}x$$

$$+ \int_{\Omega} f^{\mathrm{T}}(y) \left(\frac{1}{\varepsilon} \|M\|^2 HC^{-2}H + \varepsilon\Pi^{\mathrm{T}}\Pi + HC^{-1}T + T^{\mathrm{T}}C^{-1}H \right) f(y)\mathrm{d}x.$$

容易验证 $\Theta \leqslant 0$ 的充分必要条件是

$$\frac{1}{\varepsilon} \|M\|^2 HC^{-2}H + \varepsilon\Pi^{\mathrm{T}}\Pi + HC^{-1}T + T^{\mathrm{T}}C^{-1}H \leqslant 0,$$

再由 Green 公式可得

$$-2 \int_{\Omega} y^{\mathrm{T}}(R^{-1}C^{-1}H + C^{-1}HA)f(y)\mathrm{d}x$$

$$= -2 \int_{\Omega} \left(\sum_{i=1}^{n} \frac{h_i}{R_i C_i} x_i f_i(x_i) \right) \mathrm{d}x - 2 \int_{\Omega} \left(\sum_{i=1}^{n} \frac{h_i}{C_i} f_i'(y_i) \left(\frac{\partial y_i}{\partial x_i} \right)^2 \right) \mathrm{d}x < 0.$$

因此得到系统 (4.2.1) 的平衡点 u^* 全局渐近稳定.

4.2.2 具有反应扩散的二阶 Hopfield 神经网络全局指数稳定性分析及收敛速度的估计

定理 4.2.2 若存在正定矩阵 P 使得

$$\alpha = \lambda_{\min}(C^{-1}R^{-1}P + PC^{-1}R^{-1} + C^{-1}PA + PC^{-1}A)$$

$$- 2 \left(\|PC^{-1}T\| + \|PC^{-1}\| \|\Pi\| \|M\| \right) \max_{1 \leqslant i \leqslant n} \{K_i\} > 0.$$

则系统 (4.2.1) 的平衡点 u^* 全局指数稳定, 且系统的运动 $u(t; 0, u_0)$ 满足

$$\|u(t; 0, u_0) - u^*\| \leqslant \delta \|u^* - u_0\| \mathrm{e}^{-\beta t}, \quad \forall t \geqslant 0, \forall u_0 \in \mathbf{R}^n,$$

其中 $\delta = \sqrt{\dfrac{\lambda_{\max}(P)}{\lambda_{\min}(P)}}$, $\beta = \dfrac{\alpha}{2\lambda_{\max}(P)}$.

证明 取 Lyapunov 函数 $V(y) = \displaystyle\int_{\Omega} y^{\mathrm{T}} P y \mathrm{d}x$, 沿式 (4.2.6) 的解对 V 求导数, 得到

$$
\begin{aligned}
\left.\frac{\mathrm{d}V}{\mathrm{d}t}\right|_{(4.2.6)} &= \int_{\Omega} (\dot{y}^{\mathrm{T}} P y + y^{\mathrm{T}} P \dot{y}) \mathrm{d}x \\
&= -\int_{\Omega} y^{\mathrm{T}} (C^{-1} R^{-1} P + P C^{-1} R^{-1} + C^{-1} P A + P C^{-1} A) y \mathrm{d}x \\
&\quad + 2 \int_{\Omega} (y^{\mathrm{T}} P C^{-1} T f(y) + 2 y^{\mathrm{T}} P C^{-1} F^{\mathrm{T}}(y) \Pi \zeta) \mathrm{d}x \\
&\leqslant -\lambda_{\min}(C^{-1} R^{-1} P + P C^{-1} R^{-1} + C^{-1} P A + P C^{-1} A) \|y\|^2 \\
&\quad + 2 \|P C^{-1} T\| \|y\| \|f(y)\| + 2 \|P C^{-1}\| \|F^{\mathrm{T}}(y)\| \|y\| \|\Pi\| \|\zeta\|
\end{aligned}
$$

由式 (4.2.2) 和 (4.2.3) 得到

$$
\|F^{\mathrm{T}}(y)\| = \|f(y)\| \leqslant \max_{1 \leqslant i \leqslant n} \{K_i\} \|y\|, \quad \|\zeta\| \leqslant \|M\|. \tag{4.2.8}
$$

从而有

$$
\begin{aligned}
\left.\frac{\mathrm{d}V}{\mathrm{d}t}\right|_{(4.2.6)} &\leqslant -\Big(\lambda_{\min}(C^{-1} R^{-1} P + P C^{-1} R^{-1} + C^{-1} P A + P C^{-1} A) \\
&\quad -2 \left(\|P C^{-1} T\| + \|P C^{-1}\| \|\Pi\| \|M\| \right) \max_{1 \leqslant i \leqslant n} \{K_i\} \Big) \|x\|^2 \\
&\leqslant -\alpha \|y\|^2.
\end{aligned}
$$

由 $\lambda_{\min}(P) \|y\|^2 \leqslant V(y) \leqslant \lambda_{\max}(P) \|y\|^2$ 得到

$$
\left.\frac{\mathrm{d}V}{\mathrm{d}t}\right|_{(4.6.6)} \leqslant -\alpha \|y\|^2 \leqslant -\frac{\alpha}{\lambda_{\max}(P)} V(y) = -2\beta V(y).
$$

由 Gronwall 不等式证得

$$
V(y(t; 0, y_0)) \leqslant V(y_0) \mathrm{e}^{-2\beta t}, \quad \forall t \geqslant 0, \forall y_0 \in \mathbf{R}^n.
$$

所以有 $\|y\| \leqslant \delta \|y_0\| \mathrm{e}^{-\beta t}$, 即

$$
\|u(t; 0, u_0) - u^*\| \leqslant \delta \|u^* - u_0\| \mathrm{e}^{-\beta t}, \quad \forall t \geqslant 0, \forall u_0 \in \mathbf{R}^n.
$$

证明完成.

定理 4.2.3　　若存在正定矩阵 P, 常数 $\varepsilon, \varepsilon' > 0$ 使得

$$A = \begin{pmatrix} \bar{\Omega} & P & P \\ P & -\varepsilon C^2 & 0 \\ P & 0 & -\varepsilon' C^2 \end{pmatrix} < 0,$$

$$\bar{\Omega} = -C^{-1}R^{-1}P - PC^{-1}R^{-1} - C^{-1}PA - PC^{-1}A$$

$$+ \left(\varepsilon \left\| TT^{\mathrm{T}} \right\| + \varepsilon' \left\| M \right\|^2 \left\| \Pi \right\|^2 \right) \max_{1 \leqslant i \leqslant n} \{K_i\} I.$$

则系统 (4.2.1) 的平衡点 u^* 全局指数稳定, 且系统的运动 $u(t; 0, u_0)$ 满足

$$\left\| u(t; 0, u_0) - u^* \right\| \leqslant \delta \left\| u^* - u_0 \right\| \mathrm{e}^{-\gamma t}, \quad \forall t \geqslant 0, \forall u_0 \in \mathbf{R}^n.$$

其中

$$\delta = \sqrt{\frac{\lambda_{\max}(P)}{\lambda_{\min}(P)}}, \quad \gamma = \frac{\lambda_{\min}(Q)}{2\lambda_{\max}(P)}, \quad Q = \bar{\Omega} - \left(\frac{1}{\varepsilon} + \frac{1}{\varepsilon'} \right) PC^{-2}P.$$

证明　　取 Lyapunov 函数 $V(y) = \int_{\Omega} y^{\mathrm{T}} P y \mathrm{d}x$, 沿式 (4.6.6) 的解对 V 求导数, 由向量不等式 (4.1.11) 和式 (4.1.12) 得到

$$\left. \frac{\mathrm{d}V}{\mathrm{d}t} \right|_{(4.2.6)} = \int_{\Omega} (\dot{y}^{\mathrm{T}} P x + y^{\mathrm{T}} P \dot{y}) \mathrm{d}x$$

$$= -\int_{\Omega} y^{\mathrm{T}} (C^{-1}R^{-1}P + PC^{-1}R^{-1} + C^{-1}PA + PC^{-1}A) y \mathrm{d}x$$

$$+ 2\int_{\Omega} (y^{\mathrm{T}} PC^{-1} T f(y) + 2 y^{\mathrm{T}} PC^{-1} F^{\mathrm{T}}(y) \Pi \zeta) \mathrm{d}x$$

$$\leqslant -\int_{\Omega} \left(y^{\mathrm{T}} (C^{-1}R^{-1}P + PC^{-1}R^{-1} + C^{-1}PA + PC^{-1}A) y \right.$$

$$+ \frac{1}{\varepsilon} y^{\mathrm{T}} PC^{-2} P y + \varepsilon f^{\mathrm{T}}(y) TT^{\mathrm{T}} f(y)$$

$$+ \frac{1}{\varepsilon'} y^{\mathrm{T}} PC^{-2} P y + \varepsilon' \zeta^{\mathrm{T}} \Pi^{\mathrm{T}} F(y) F^{\mathrm{T}}(y) \Pi \zeta \bigg) \mathrm{d}x$$

$$\leqslant \int_{\Omega} y^{\mathrm{T}} \left(C^{-1}R^{-1}P + PC^{-1}R^{-1} + C^{-1}PA + PC^{-1}A \right.$$

$$- \left(\frac{1}{\varepsilon} + \frac{1}{\varepsilon'} \right) PC^{-2} P \bigg) y \mathrm{d}x$$

$$+ \varepsilon \left\| TT^{\mathrm{T}} \right\| \left\| f(y) \right\|^2 + \varepsilon' \left\| \zeta \right\|^2 \left\| \Pi \right\|^2 \left\| F(x) F^{\mathrm{T}}(y) \right\|$$

$$\leqslant -\int_{\Omega} y^{\mathrm{T}} \left(C^{-1}R^{-1}P + PC^{-1}R^{-1} + C^{-1}PA + PC^{-1}A \right.$$

$$- \left(\frac{1}{\varepsilon} + \frac{1}{\varepsilon'} \right) PC^{-2}P \Big) y \mathrm{d}x$$

$$+ \left(\varepsilon \left\| TT^{\mathrm{T}} \right\| + \varepsilon' \left\| M \right\|^2 \left\| \Pi \right\|^2 \right) \max_{1 \leqslant i \leqslant n} \{K_i\} \left\| x \right\|^2$$

$$\leqslant - \int_{\Omega} y^{\mathrm{T}} \Big(C^{-1}R^{-1}P + PC^{-1}R^{-1} + C^{-1}PA + PC^{-1}A - \left(\frac{1}{\varepsilon} + \frac{1}{\varepsilon'} \right) PC^{-2}P$$

$$- \left(\varepsilon \left\| TT^{\mathrm{T}} \right\| + \varepsilon' \left\| M \right\|^2 \left\| \Pi \right\|^2 \right) \max_{1 \leqslant i \leqslant n} \{K_i\} I \Big) y \mathrm{d}x$$

$$\leqslant - \int_{\Omega} y^{\mathrm{T}} Q y \mathrm{d}x$$

$A < 0$ 的充分必要条件是 $Q < 0$, 因此, 由 $A < 0$ 得到

$$\left. \frac{\mathrm{d}V}{\mathrm{d}t} \right|_{(4.6.6)} \leqslant -\lambda_{\min}(Q) \left\| y \right\|^2 .$$

由 $\lambda_{\min}(P) \left\| y \right\|^2 \leqslant V(y) \leqslant \lambda_{\max}(P) \left\| y \right\|^2$ 得到

$$\left. \frac{\mathrm{d}V}{\mathrm{d}t} \right|_{(4.6.6)} \leqslant -\alpha \left\| y \right\|^2 \leqslant -\frac{\lambda_{\min}(Q)}{\lambda_{\max}(P)} V(x) = -2\gamma V(y).$$

由 Gronwall 不等式有

$$V(y(t; 0, x_0)) \leqslant V(y_0) \mathrm{e}^{-2\beta t}, \quad \forall t \geqslant 0, \forall u_0 \in \mathbf{R}^n.$$

所以有 $\left\| y \right\| \leqslant \delta \left\| y_0 \right\| \mathrm{e}^{-\beta t}$, 即

$$\left\| u(t; 0, u_0) - u^* \right\| \leqslant \delta \left\| u^* - u_0 \right\| \mathrm{e}^{-\beta t}, \quad \forall t \geqslant 0, \forall u_0 \in \mathbf{R}^n.$$

证明完成.

　　定理 4.2.4　若存在正定的对角阵 $H = \mathrm{diag}(h_1, h_2, \cdots, h_n)$, 常数 $\varepsilon > 0$ 使得

$$\bar{\Theta} = \begin{pmatrix} HT + TH + \varepsilon \Pi^{\mathrm{T}} \Pi & \left\| M \right\| H \\ \left\| M \right\| H & -\varepsilon I \end{pmatrix} < 0.$$

则系统 (4.2.1) 的平衡点 u^* 全局指数稳定, 且系统的运动 $u(t; 0, u_0)$ 满足

$$\left\| u(t; 0, u_0) - u^* \right\| \leqslant \bar{\delta} \left\| u^* - u_0 \right\| \mathrm{e}^{-\frac{r}{2}t}, \quad \forall t \geqslant 0, \forall u_0 \in \mathbf{R}^n.$$

其中

$$r = \max_{1 \leqslant i \leqslant n} \left\{ \frac{1}{R_i C_i} + \frac{\lambda_1}{C_i} \right\},$$

$$\gamma_i = \sum_{j=1}^{n} \left(|T_{ij}| + \sum_{k=1}^{n} |T_{ikj} + T_{ikj}| M_k \right) \cdot \sqrt{\frac{2k_j}{h_j C_j} \max_{1 \leqslant l \leqslant n} (h_l C_l K_l)},$$

$$\bar{\delta} = \left(\sum_{i=1}^{n} \left(1 + \frac{2R_i \gamma_i}{2(1 + \lambda_1 R_i) - R_i C_i r} \gamma_i \right)^2 \right)^{\frac{1}{2}}.$$

证明　取 Lyapunov 函数 $V(x) = 2\int_\Omega \left(\sum_{i=1}^n h_i C_i \int_0^{x_i} f_i(z)\mathrm{d}z\right)\mathrm{d}x$, 沿式 (4.2.6) 的解对 V 求导数, 由 (4.2.6) 得到

$$\left.\frac{\mathrm{d}V}{\mathrm{d}t}\right|_{(4.2.6)} = 2\int_\Omega \left(\sum_{i=1}^n h_i C_i f_i(y_i)\dot{y}_i\right)\mathrm{d}x$$

$$= -2\int_\Omega \left(y^\mathrm{T}(R^{-1}H + HA)f(y) + 2f^\mathrm{T}(y)HTf(y) + 2f^\mathrm{T}(y)H\Gamma^\mathrm{T} \mathit{II} f(y)\right)\mathrm{d}x$$

$$\leqslant -2\int_\Omega \left(y^\mathrm{T}(R^{-1}H + HA)f(y)\right)\mathrm{d}x$$

$$+ \int_\Omega \left(f^\mathrm{T}(y)\left(\frac{1}{\varepsilon}\|M\|^2 H^2 + \varepsilon \mathit{\Pi}^\mathrm{T}\mathit{\Pi} + HT + T^\mathrm{T}H\right)f(y)\right)\mathrm{d}x.$$

$\bar{\Theta} < 0$ 的充分必要条件是 $\dfrac{1}{\varepsilon}\|M\|^2 H^2 + \varepsilon \mathit{\Pi}^\mathrm{T}\mathit{\Pi} + HT + T^\mathrm{T}H < 0$, 故再由 Green 公式可得

$$\left.\frac{\mathrm{d}V}{\mathrm{d}t}\right|_{(4.2.6)} \leqslant -2\int_\Omega \left(y^\mathrm{T}(R^{-1}H + HA)f(y)\right)\mathrm{d}x$$

$$= -2\int_\Omega \left(\sum_{i=1}^n \left(\frac{h_i}{R_i}y_i f_i(y_i) + h_i f_i'(y_i)\left(\frac{\partial y_i}{\partial x_i}\right)^2\right)\right)\mathrm{d}x$$

$$= -2\int_\Omega \left(\sum_{i=1}^n \frac{h_i}{R_i}y_i f_i(y_i)\right)\mathrm{d}x$$

$$\leqslant -rV(y).$$

由 Gronwall 不等式证得

$$V(y(t; 0, y_0)) \leqslant V(y_0)\mathrm{e}^{-rt}, \quad \forall t \geqslant 0, \forall y_0 \in \mathbf{R}^n,$$

而

$$V(y_0) = 2\int_\Omega \left(\sum_{i=1}^n h_i C_i \int_0^{y_i(0)} f_i(z)\mathrm{d}z\right)\mathrm{d}x$$

$$\leqslant 2\int_\Omega \left(\sum_{i=1}^n h_i C_i y_i(0)f_i(y_i(0))\right)\mathrm{d}x$$

$$\leqslant 2\int_\Omega \left(\sum_{i=1}^n h_i C_i K_i y_i^2(0)\right)\mathrm{d}x$$

$$\leqslant 2\max_{1\leqslant i\leqslant n}\{h_i C_i K_i\}\|y_0\|^2.$$

由式 (4.2.2) 可证明

$$\int_0^{x_i} f_i(z)\mathrm{d}z \geqslant \frac{f_i^2(x_i)}{2K_i}, \quad \forall t \geqslant 0, \forall u_0 \in \mathbf{R}^n, i = 1, 2, \cdots, n.$$

则有 $V(y) \geqslant 2h_iC_i \int_\Omega \left(\int_0^{y_i} f_i(z)\mathrm{d}z \right) \mathrm{d}x \geqslant \frac{h_iC_i}{K_i} \int_\Omega (f_i^2(y_i)) \mathrm{d}x$, $i = 1, 2, \cdots, n$, 所以

$$\|f_i(y_i)\| \overset{\text{def}}{=} \left(\int_\Omega (f_i^2(y_i)) \mathrm{d}x \right)^{\frac{1}{2}} \leqslant \|y_0\| \sqrt{\frac{2k_j}{h_jC_j} \max_{1 \leqslant l \leqslant n}(h_lC_lK_l)} \cdot \mathrm{e}^{-\frac{r}{2}t}, \quad i = 1, 2, \cdots, n.$$

由式 (4.2.2), (4.2.4) 和 (4.2.5) 得到

$$
\begin{aligned}
C_iD^+\|y_i\| \leqslant & -\frac{1}{R_i}\|y_i\| - \lambda_1\|y_i\| \\
& + \sum_{j=1}^n |T_{ij}|\,\|f_j(y_j)\| + \sum_{j=1}^n \sum_{i=1}^n |T_{ijk} + T_{ikj}|\,|M_k|\,\|f_j(y_j)\| \\
\leqslant & -\left(\frac{1}{R_i} + \lambda_1 \right)\|y_i\| + \|y_0\| \cdot \sum_{j=1}^n \left(|T_{ij}| + \sum_{i=1}^n |T_{ijk} + T_{ikj}|\,|M_k| \right) \\
& \cdot \sqrt{\frac{2k_j}{h_jC_j} \max_{1 \leqslant l \leqslant n}(h_lC_lK_l)} \cdot \mathrm{e}^{-\frac{r}{2}t} \\
\leqslant & -\left(\frac{1}{R_i} + \lambda_1 \right)\|y_i\| + \gamma_i\|y_0\|\,\mathrm{e}^{-\frac{r}{2}t}
\end{aligned}
$$

所以由 Gronwall 不等式得到

$$
\begin{aligned}
\|y_i(t;0,x_0)\| \leqslant & \|y_i(0)\|\,\mathrm{e}^{-\left(\frac{1}{R_iC_i} + \frac{\lambda_1}{C_i} \right)t} + \frac{\gamma_i}{C_i}\|y_0\| \int_0^t \mathrm{e}^{-\frac{rs}{2}} \mathrm{e}^{-\left(\frac{1}{R_iC_i} + \frac{\lambda_1}{C_i} \right)(t-s)}\mathrm{d}s \\
\leqslant & \|y_0\| \left(\mathrm{e}^{-\left(\frac{1}{R_iC_i} + \frac{\lambda_1}{C_i} \right)t} + \frac{2R_i\gamma_i}{2(1+\lambda_1R_i) - R_iC_ir}\mathrm{e}^{-\frac{rt}{2}} \right) \\
\leqslant & \|y_0\| \left(1 + \frac{2R_i\gamma_i}{2(1+\lambda_1R_i) - R_iC_ir}\gamma_i \right), \quad \forall t \geqslant 0, \forall y_0 \in \mathbf{R}^n, \quad i = 1, 2, \cdots, n.
\end{aligned}
$$

故

$$\|y_i(t;0,y_0)\| \leqslant \|y_0\| \left(\sum_{i=1}^n \left(1 + \frac{2R_i\gamma_i}{2(1+\lambda_1R_i) - R_iC_ir}\gamma_i \right)^2 \right)^{\frac{1}{2}} \mathrm{e}^{-\frac{rt}{2}} = \bar{\delta}\|y_0\|\,\mathrm{e}^{-\frac{rt}{2}},$$

即

$$\|u(t;0,u_0) - u^*\| \leqslant \bar{\delta}\|u^* - u_0\|\,\mathrm{e}^{-\beta t}, \quad \forall t \geqslant 0, \forall u_0 \in \mathbf{R}^n.$$

证明完成.

方程 (4.2.1) 中, 反应扩散项是耗散的, 它加快了解的收敛速度, 因此上文中定理 4.1.1~4.1.4 以及推论都同样适用于方程 (4.2.1) 的平衡点.

4.3　脉冲神经网络系统的动力学问题

在第 3 章已经介绍了一般的 Hopfeild 神经网络和 BAM 神经网络模型及动力学问题, 由于信号传输速度的有限性, 时滞是不可避免的. 而时滞往往导致系统震荡、分岔、不稳定. 脉冲 (系统状态在某些时刻发生突然改变) 和时滞一样能影响系统的动力学行为. 因此, 有必要考虑当神经网络系统同时具有脉冲和时滞影响时平衡点的存在性与稳定性问题. 所有这些成功应用都极大地依赖于神经网络的动态特性, 稳定性是神经网络的主要性能之一. 本节首先介绍具有混合时滞和脉冲影响的 BAM 神经网络的平衡点的存在性和全局指数稳定性. 通过运用压缩映像原理和 Lyapunov 稳定性定理, 得到了系统存在唯一平衡点和全局指数稳定的充分条件, 然后简单介绍具有时滞的脉冲二阶 Hopfeild 神经网络模型及稳定性问题.

4.3.1　BAM 系统的平衡点的存在性及指数稳定性

考虑如下具有混合时滞和脉冲的常系数 BAM 神经网络

$$
\begin{cases}
x_i'(t) = -a_i x_i(t) + \sum_{j=1}^{p} c_{ji} f_j(y_j(t - \sigma_{ji})) + \sum_{j=1}^{p} \int_0^{\tau} p_{ji} f_j(y_j(t-s)) \mathrm{d}s + r_i, & t \geqslant 0, t \neq t_k, \\
\Delta x_i(t) = (\alpha_{ik} - 1) x_i(t), & i = 1, 2, \cdots, n, k = 1, 2, \cdots, t - t_k, \\
y_j'(t) = -b_j y_j(t) + \sum_{i=1}^{n} d_{ij} g_i(x_i(t - \delta_{ij})) + \sum_{i=1}^{n} \int_0^{\tau} q_{ij} g_j(x_i(t-s)) \mathrm{d}s + s_j, & t \geqslant 0, t \neq t_k, \\
\Delta y_j(t) = (\beta_{jk} - 1) y_j(t), & j = 1, 2, \cdots, p, k = 1, 2, \cdots, t = t_k.
\end{cases}
$$

$$(4.3.1)$$

这里 $\Delta x_i(t_k) = x_i(t_k^+) - x_i(t_k^-)$ 和 $\Delta y_j(t_k) = y_j(t_k^+) - y_j(t_k^-)$ 是 t_k 时刻的脉冲, 且有 $x_i(t_k^-) = x_i(t_k)$, $y_j(t_k^-) = y_j(t_k)$. $t_1 < t_2 < \cdots$ 是严格单调递增序列, $\lim\limits_{k \to \infty} t_k = +\infty$. n 和 p 分别为 x 层和 y 层神经网络中神经元的数量, x_i 和 y_j 分别为第 i 个神经元和第 j 个神经元的状态变量, $c_{ji}, d_{ij}, p_{ji}, q_{ij}$ 是连接权, $\sigma_{ji} > 0$, $\delta_{ij} > 0$ 是传输时滞, τ 是分布时滞, r_i 和 s_j 是外部输入. $a_i > 0$ 和 $b_j > 0$ 分别表示第 i 个神经元和第 j 个神经元在静息状态下的静息率, $f_j(j = 1, 2, \cdots, p)$, $g_i(i = 1, 2, \cdots, n)$ 都是传输激励函数.

系统 (4.3.1) 满足下列初始条件:

$$
x_i(t) = \varphi_i(t), \quad t \in [-\sigma, 0], \quad \sigma = \max\{\max_{\substack{1 \leqslant i \leqslant n \\ 1 \leqslant j \leqslant p}} \sigma_{ji}, \tau\}, \quad i = 1, 2, \cdots, n.
$$

$$
y_j(t) = \psi_j(t), \quad t \in [-\delta, 0], \quad \delta = \max\{\max_{\substack{1 \leqslant i \leqslant n \\ 1 \leqslant j \leqslant p}} \delta_{ij}, \tau\}, \quad j = 1, 2, \cdots, p.
$$

这里 $\varphi_i(t)$ 和 $\psi_i(t)$ 是定义在 $[-\sigma, 0]$ 和 $[-\delta, 0]$ 上的连续实值函数, $x_i(t)(i = 1, 2, \cdots, n)$, $y_j(t)(j = 1, 2, \cdots, p)$ 在 $(0, \beta)(\beta > 0)$ 是分段连续函数, 记 $z(t) = (x_1(t), \cdots, x_n(t),$

$y_1(t), \cdots, y_p(t))^{\mathrm{T}} \in \mathbf{R}^{n+p}$. 由系统 (4.3.1) 可知 $z(t_k^+)$ 和 $z(t_k^-)$ 都存在且 $z(t)$ 在区间 $(t_{k-1}, t_k) \subset (0, \beta)$ 可微, 假设 $z(t)$ 是左连续的且 $z(t_k^-) = z(t_k)$, $\alpha_{ik}, \beta_{jk}, r_i, s_j$ 是实数.

再假设下列条件成立:

(A1) $a_i, b_j \in (0, \infty), c_{ji}, d_{ij}, p_{ij}, q_{ij}, r_i, s_j \in \mathbf{R}, \sigma_{ji}, \delta_{ij} \in (0, \infty), i = 1, 2, \cdots, n, j = 1, 2, \cdots, p.$

(A2) f_j 和 g_i 在 $\mathbf{R}$ 上是连续函数且满足 Lipschitz 条件:

$$|f_j(x) - f_j(y)| \leqslant L_j^f |x - y|, \quad |g_i(x) - g_i(y)| \leqslant L_i^g |x - y|, \quad x, y \in \mathbf{R}.$$

其中 $L_j^f (j = 1, \cdots, p), L_i^g (i = 1, \cdots, n)$ 是 Lipschitz 常数.

1. 系统平衡点的存在性和唯一性

当神经网络被应用于最优化问题时, 首先要考虑的问题就是系统平衡点的存在性和唯一性以及全局指数稳定性, 在没有要求函数有界, 可微和单调的情况下, 得到了系统 (4.3.1) 存在唯一平衡点的充分条件.

如果 (4.3.1) 有常数解 $z^* = (x_1^*, \cdots, x_n^*, y_1^*, \cdots, y_p^*)^{\mathrm{T}} \in \mathbf{R}^{n+p}$, 则有

$$\begin{cases} a_i x_i^* = \sum_{j=1}^p c_{ji} f_j(y_j^*) + \tau \sum_{j=1}^p p_{ji} f_j(y_j^*) + r_i, & i = 1, 2, \cdots, n, \\ b_j y_j^* = \sum_{i=1}^n d_{ij} g_i(x_i^*) + \tau \sum_{i=1}^n q_{ij} g_i(x_j^*) + s_j, & j = 1, 2, \cdots, p \end{cases} \tag{4.3.2}$$

或

$$\begin{cases} x_i^* = \sum_{j=1}^p \frac{1}{a_i}(c_{ji} + \tau p_{ji}) f_j(y_j^*) + \frac{r_i}{a_i}, & i = 1, 2, \cdots, n, \\ y_j^* = \sum_{i=1}^n \frac{1}{b_j}(d_{ij} + \tau q_{ij}) g_i(x_i^*) + \frac{s_j}{b_j}, & j = 1, 2, \cdots, p. \end{cases} \tag{4.3.3}$$

为了后面的叙述方便, 我们记 $\rho(F)$ 是矩阵 F 的谱半径.

定理 4.3.1 除了条件 (A1)—(A2) 外, 再假设 $\rho(K) < 1$.

$$K = (K_{ij})_{(n+p) \times (n+p)},$$

$$K_{ij} = \begin{cases} M_{j-n,i} L_{j-n}^f, & 1 \leqslant i \leqslant n \text{且} n+1 \leqslant j \leqslant n+p, \\ N_{j,i-p} L_i^g, & p+1 \leqslant i \leqslant n+p \text{且} 1 \leqslant j \leqslant p, \\ 0, & 1 \leqslant i, j \leqslant n \text{且} n+1 \leqslant i, j \leqslant n+p. \end{cases}$$

$$M_{ji} = \frac{1}{a_i}(|c_{ji}| + |\tau p_{ji}|), \quad N_{ij} = \frac{1}{b_j}(|d_{ij}| + |\tau q_{ij}|).$$

则系统 (4.3.1) 存在唯一的平衡点.

证明　为了说明式 (4.3.1) 有平衡点, 将证明式 (4.3.3) 有解, 作映射:

$$\phi : \mathbf{R}^{n+p} \to \mathbf{R}^{n+p},$$

$$\phi(z) = (\phi_1(x_1), \cdots, \phi_n(x_n), \phi_{n+1}(y_1), \cdots, \phi_{n+p}(y_p))^{\mathrm{T}}$$

$$= (\phi_1(z)_1, \cdots, \phi_n(z)_n, \phi_{n+1}(z)_{n+1}, \cdots, \phi_{n+p}(z)_{n+p})^{\mathrm{T}},$$

这里

$$\phi_i(x_i) = \sum_{j=1}^{p} \frac{1}{a_i}(c_{ji} + \tau p_{ji}) f_j(y_j) + \frac{r_i}{a_i}, \quad i = 1, 2, \cdots, n,$$

$$\phi_{n+j}(y_j) = \sum_{i=1}^{n} \frac{1}{b_j}(d_{ij} + \tau q_{ij}) g_i(x_i) + \frac{s_j}{b_j}, \quad j = 1, 2, \cdots, p.$$

只要能证明 ϕ 有不动点 z^*, 则 z^* 就是式 (4.3.1) 的平衡点.

对

$$\forall z(t) = (x_1(t), \cdots, x_n(t), y_1(t), \cdots, y_p(t))^{\mathrm{T}} \in \mathbf{R}^{n+p},$$

$$\forall \bar{z}(t) = (\bar{x}_1(t), \cdots, \bar{x}_n(t), \bar{y}_1(t), \cdots, \bar{y}_p(t))^{\mathrm{T}} \in \mathbf{R}^{n+p}, \tag{4.3.4}$$

记

$$|\phi(z) - \phi(\bar{z})|_\Delta = \big[|(\phi_1(x_1) - \phi_1(\bar{x}_1))_1|, \cdots, |(\phi_n(x_n) - \phi_n(\bar{x}_n))_n|,$$

$$|(\phi_{n+1}(y_1) - \phi_{n+1}(\bar{y}_1))_{n+1}|, \cdots, \big|(\phi_{n+p}(y_p) - \phi_{n+p}(\bar{y}_p))_{n+p}\big| \big]^{\mathrm{T}}$$

于是有

$$|\phi(z) - \phi(\bar{z})|_\Delta = [|(\phi_1(x_1) - \phi_1(\bar{x}_1))_1|, \cdots, |(\phi(x_n) - \phi(\bar{x}_n))_n|,$$

$$|(\phi_{n+1}(y_1) - \phi_{n+1}(\bar{y}_1))_{n+1}|, \cdots, \big|(\phi(y_p) - \phi(\bar{y}_p))_{n+p}\big|]^{\mathrm{T}}$$

$$= \Bigg[\Bigg| \sum_{j=1}^{p} \frac{1}{a_1}(c_{j1} + \tau p_{j1})[f_j(y_j) - f_j(\bar{y_j})] \Bigg|, \cdots,$$

$$\Bigg| \sum_{j=1}^{p} \frac{1}{a_n}(c_{jn} + \tau p_{jn})[f_j(y_j) - f_j(\bar{y_j})] \Bigg|,$$

$$\Bigg| \sum_{i=1}^{n} \frac{1}{b_1}(d_{i1} + \tau q_{i1})[g_i(x_i) - g_i(\bar{x_i})] \Bigg|, \cdots,$$

$$\Bigg| \sum_{i=1}^{n} \frac{1}{b_p}(d_{ip} + \tau q_{ip})[g_i(x_i) - g_i(\bar{x_i})] \Bigg| \Bigg]^{\mathrm{T}}$$

$$\leqslant \left[\sum_{j=1}^{p} M_{j1} \left| f_j(y_j) - f_j(\overline{y}_j) \right|, \cdots, \sum_{j=1}^{p} M_{jn} \left| f_j(y_j) - f_j(\overline{y}_j) \right|, \cdots, \right.$$

$$\left. \sum_{i=1}^{n} N_{i1} \left| g_i(x_i) - g_i(\overline{x}_i) \right|, \cdots, \sum_{i=1}^{n} N_{ip} \left| g_i(x_i) - g_i(\overline{x}_i) \right| \right]^{\mathrm{T}}$$

$$\leqslant \left[\sum_{j=1}^{p} \left(M_{j1} L_j^f \left| y_j - \overline{y}_j \right| \right), \cdots, \sum_{j=1}^{p} \left(M_{jn} L_j^f \left| y_j - \overline{y}_j \right| \right) \cdots, \right.$$

$$\left. \sum_{i=1}^{n} \left(N_{i1} L_i^g \left| x_i - \overline{x}_i \right| \right), \cdots, \sum_{i=1}^{n} \left(N_{ip} L_i^g \left| x_i - \overline{x}_i \right| \right) \right]^{\mathrm{T}}$$

$$= \begin{pmatrix} 0 & \cdots & 0 & M_{11} L_1^f & \cdots & M_{1p} L_p^f \\ \vdots & & \vdots & \vdots & & \vdots \\ 0 & \cdots & 0 & M_{n1} L_1^f & \cdots & M_{np} L_p^f \\ N_{11} L_1^g & \cdots & N_{1n} L_n^g & 0 & \cdots & 0 \\ \vdots & & \vdots & \vdots & & \vdots \\ N_{p1} L_1^g & \cdots & N_{pn} L_n^g & 0 & \cdots & 0 \end{pmatrix} \begin{pmatrix} \left| x_1 - \overline{x}_1 \right| \\ \vdots \\ \left| x_n - \overline{x}_n \right| \\ \left| y_1 - \overline{y}_1 \right| \\ \vdots \\ \left| y_p - \overline{y}_p \right| \end{pmatrix}$$

$$= K \left(\left| x_1 - \overline{x}_1 \right|, \cdots, \left| x_n - \overline{x}_n \right|, \cdots, \left| y_1 - \overline{y}_1 \right|, \cdots, \left| y_p - \overline{y}_p \right| \right)^{\mathrm{T}}$$

$$= K \left| z - \overline{z} \right|_{\Delta}. \tag{4.3.5}$$

m 是正整数, 从式 (4.3.5), 可得

$$\left[\left| (\phi^m(z) - \phi^m(\overline{z}))_1 \right|, \cdots, \left| (\phi^m(z) - \phi^m(\overline{z}))_n \right|, \left| (\phi^m(z) - \phi^m(\overline{z}))_{n+1} \right|, \cdots, \right.$$

$$\left. \left| (\phi^m(z) - \phi^m(\overline{z}))_{n+p} \right| \right]^{\mathrm{T}}$$

$$\leqslant K \left[\left| (\phi^{m-1}(z) - \phi^{m-1}(\overline{z}))_1 \right|, \cdots, \left| (\phi^{m-1}(z) - \phi^{m-1}(\overline{z}))_n \right|, \right.$$

$$\left. \left| (\phi^{m-1}(z) - \phi^{m-1}(\overline{z}))_{n+1} \right|, \cdots, \left| (\phi^{m-1}(z) - \phi^{m-1}(\overline{z}))_{n+p} \right| \right]^{\mathrm{T}}$$

$$\leqslant K^m \left[\left| (z - \overline{z})_1 \right|, \cdots, \left| (z - \overline{z})_n \right|, \cdots, \left| (z - \overline{z})_{n+1} \right|, \cdots, \left| (z - \overline{z})_{n+p} \right| \right]^{\mathrm{T}}. \tag{4.3.6}$$

因为 $\rho(K) < 1$, 所以

$$\lim_{m \to +\infty} K^m = 0,$$

于是存在正整数 N 和正常数 $\eta < 1$, 使得

$$K^N = (h_{kl})_{(n+p) \times (n+p)}, \quad \sum_{l=1}^{n+p} h_{kl} \leqslant \eta, \quad k = 1, 2, \cdots, n+p. \tag{4.3.7}$$

从式 (4.3.6) 和式 (4.3.7), 可得

$$\left|(\phi^N(z) - \phi^N(\bar{z}))_k\right| \leqslant \sum_{l=1}^{n+p} h_{kl} \max_{1 \leqslant l \leqslant n+p} |z_l - \bar{z}_l| \leqslant \eta \|z - \bar{z}\|, \quad k = 1, 2, \cdots, n+p,$$

$$(4.3.8)$$

其中

$$\|z - \bar{z}\| = \max_{1 \leqslant l \leqslant n+p} |z - \bar{z}|_l.$$

根据式 (4.3.8) 有

$$\left\|\phi^N(z) - \phi^N(\bar{z})\right\| = \max_{1 \leqslant l \leqslant n+p} \left|\phi^N(z) - \phi^N(\bar{z})\right|_l \leqslant \eta \left|z - \bar{z}\right|, \qquad (4.3.9)$$

由上可知 $\phi^N : \mathbf{R}^{n+p} \to \mathbf{R}^{n+p}$ 是一个压缩映射.

再由不动点定理, ϕ 有唯一的不动点 $z^* \in \mathbf{R}^{n+p}$ 且 $\phi(z^*) = z^*$, 故系统 (4.3.1) 有唯一的平衡点. 证明完毕.

2. 系统平衡点的指数稳定性

下面在定理 4.3.1 的条件下分析脉冲系统 (4.3.1) 的唯一平衡点的指数稳定性. 为了方便, 先给出几个定义.

定义 4.3.1   设 $\varphi : [-\sigma, 0] \to \mathbf{R}^n$, 即 $\forall s \in [-\sigma, 0]$, 有 $\varphi(s) = [\varphi_1(s), \varphi_2(s), \cdots, \varphi_n(s)]^\mathrm{T}$, 再设 $\psi : [-\delta, 0] \to \mathbf{R}^p$, 即 $\forall s \in [-\delta.0]$, 有 $\psi(s) = [\psi_1(s), \psi_2(s), \cdots \psi_p(s)]^\mathrm{T}$. 假如 φ, ψ 满足如下两个条件:

(1) ϕ 仅有第一类不连续点列 $\{t_k\}$ 且定义 ϕ 在不连续点是左连续的函数向量.

(2) $\varphi_i(t^+) = \alpha_{ik}\varphi_i(t), \forall t \in \{t_k\} \cap [-\sigma, 0], i = 1, 2, \cdots, n,$

$$\psi_i(t^+) = \beta_{jk}\psi_j(t), \forall t \in \{t_k\} \cap [-\delta, 0], j = 1, 2, \cdots, p.$$

则称函数 $\phi(s) = (\varphi^\mathrm{T}(s), \psi^\mathrm{T}(s))^\mathrm{T}$ 是一个分段连续函数向量.

为了需要, 对 $\forall z \in \mathbf{R}^{n+p}$ 定义范数 $\|\cdot\|$ 为

$$\|(z(t)\| = \sum_{i=1}^n |x_i(t)| + \sum_{j=1}^p |y_j(t)|$$

和范数 $\|\cdot\|_{\sigma\delta}$ 为

$$\|\phi\|_{\sigma\delta} = \sup_{-\sigma \leqslant s \leqslant 0} \sum_{i=1}^n |\varphi_i(s)| + \sup_{-\delta \leqslant s \leqslant 0} \sum_{j=1}^p |\psi_j(s)|,$$

为了方便起见, $\|\cdot\|_{\sigma\delta}$ 仍记为 $\|\cdot\|$.

定义 4.3.2 假如存在常数 $\varepsilon > 0$ 和 $M(\varepsilon) > 0$ 对所有 $t \geqslant 0$, 使得

$$\|z - z^*\| \leqslant M(\varepsilon)\mathrm{e}^{-\varepsilon t}|\phi - z^*|_\Delta$$

成立, 则称系统 (4.3.1) 的唯一平衡点 $z^* = (x_1^*, \cdots, x_n^*, y_1^*, \cdots, y_p^*)^{\mathrm{T}}$ 是全局指数稳定的.

定义 4.3.3 连续函数 $f(t)$ 的右上 Dini 导数为

$$D^+ f(t) = \lim_{h \to 0^+} \sup\left\{\frac{f(t+h) - f(t)}{h}\right\},$$

$$D^+|f(t)| = \begin{cases} D^+ f(t), & f(t) > 0, \\ -D^+ f(t), & f(t) < 0, \\ 0, & f(t) = 0. \end{cases}$$

定理 4.3.2 在条件 (A1) 和 (A2) 下, 如果再满足下列两个条件:

(1) $|\alpha_{ik}| \leqslant 1, |\beta_{jk}| \leqslant 1, i = 1, 2, \cdots, n, j = 1, 2, \cdots, p, k = 1, 2, \cdots$.

(2) 存在正常数 λ_i 和 μ_j 使得

$$\begin{cases} \displaystyle\sum_{j=1}^{p} \mu_j L_i^g (d_{ij} + q_{ij}\tau) - \lambda_i a_i < 0, & i = 1, 2, \cdots, n, \\ \displaystyle\sum_{i=1}^{n} \lambda_i L_j^f (c_{ji} + p_{ji}\tau) - \mu_j b_j < 0, & j = 1, 2, \cdots, p \end{cases}$$

成立, 则系统 (4.3.1) 的平衡点是全局指数稳定的.

证明 从定理 4.3.2 的条件 (2) 和连续函数的定义可知, 存在任意小的正数 ε 使得

$$\begin{cases} \displaystyle\sum_{j=1}^{p} \mu_j L_i^g \left(d_{ij}\mathrm{e}^{\varepsilon\delta_{ij}} + q_{ij}\int_0^\tau \mathrm{e}^{\varepsilon s}\mathrm{d}s\right) + \lambda_i(\varepsilon - a_i) < 0, \\ \displaystyle\sum_{i=1}^{n} \lambda_i L_j^f \left(c_{ji}\mathrm{e}^{\varepsilon\sigma_{ji}} + p_{ji}\int_0^\tau \mathrm{e}^{\varepsilon s}\mathrm{d}s\right) + \mu_j(\varepsilon - b_j) < 0. \end{cases} \tag{4.3.10}$$

构造下列 Lyapunov 泛函:

$$V(t) = V_1(t) + V_2(t),$$

$$V_1(t) = \sum_{i=1}^{n} \lambda_i \left(\sum_{j=1}^{p} L_j^f |c_{ji}| \int_{t-\sigma_{ji}}^{t} |y_j(r) - y_j^*|\mathrm{e}^{\varepsilon(r+\sigma_{ji})}\mathrm{d}r\right)$$

$$+ \sum_{i=1}^{n} \lambda_i \left\{|x_i(t) - x_i^*|\mathrm{e}^{\varepsilon t} + \sum_{j=1}^{p} L_j^f |p_{ji}| \int_0^\tau \int_{t-s}^{t} |y_j(r) - y_j^*|\mathrm{e}^{\varepsilon(r+s)}\mathrm{d}r\mathrm{d}s\right\},$$

$$V_2(t) = \sum_{j=1}^p \mu_j \left\{ |y_j(t) - y_j^*| e^{\varepsilon t} + \sum_{i=1}^n L_i^g |q_{ij}| \int_0^\tau \int_{t-s}^t |x_i(r) - x_i^*| e^{\varepsilon(r+s)} \mathrm{d}r \mathrm{d}s \right\}$$

$$+ \sum_{j=1}^p \mu_j \left(\sum_{i=1}^n L_i^g |d_{ij}| \int_{t-\delta_{ij}}^t |x_i(r) - x_i^*| e^{\varepsilon(r+\delta_{ij})} \mathrm{d}r \right).$$

$$D^+ V_1(t) = \sum_{i=1}^n \lambda_i e^{\varepsilon t} \left\{ \sum_{j=1}^p L_j^f |c_{ji}| e^{\varepsilon \sigma_{ji}} |y_j(t) - y_j^*| - \left(\sum_{j=1}^p L_j^f |c_{ji}| |y_j(t - \sigma_{ji}) - y_j^*| \right) \right\}$$

$$+ \sum_{i=1}^n \lambda_i e^{\varepsilon t} \left\{ D^+ |x_i(t) - x_i^*| + \varepsilon |x_i(t) - x_i^* \right.$$

$$\left. + \sum_{j=1}^p L_j^f |p_{ji}| |y_j(t) - y_j^*| \int_0^\tau e^{\varepsilon s} \mathrm{d}s - \sum_{j=1}^p L_j^f |p_{ji}| \int_0^\tau |y_j(t - s) - y_j^*| \mathrm{d}s \right\},$$

$$D^+ V_2(t) = \sum_{j=1}^p \mu_j e^{\varepsilon t} \left\{ D^+ |y_j(t) - y_j^*| + \varepsilon |y_j(t) - y_j^*| \right.$$

$$\left. + \sum_{i=1}^n L_i^g |q_{ij}| |x_i(t) - x_i^*| \int_0^\tau e^{\varepsilon s} \mathrm{d}s - \sum_{i=1}^n L_i^g |q_{ij}| \int_0^\tau |x_i(t - s) - x_i^*| \mathrm{d}s \right\}$$

$$+ \sum_{j=1}^p \mu_j e^{\varepsilon l} \left\{ \left(\sum_{j=1}^p L_i^g |d_{ij}| e^{\varepsilon \delta_{ij}} |x_i(t) - x_i^*| \right) - \left(\sum_{j=1}^p L_i^g |d_{ij}| |x_i(t - \delta_{ij}) - x_i^*| \right) \right\}.$$

由定义 4.3.3 和系统 (4.3.1) 及平衡点满足的方程 (4.3.2) 可得

$$D^+ |x_i(t) - x_i^*| \leqslant -a_i |x_i(t) - x_i^*| + \sum_{j=1}^p |c_{ji}| |f_j(y_j(t - \sigma_{ji})) - f_j(y_j^*))|$$

$$+ \sum_{j=1}^p |p_{ji}| \int_0^\tau |f_j(y_j(t - s)) - f_j(y_j^*)| \mathrm{d}s$$

$$\leqslant -a_i |x_i(t) - x_i^*| + \sum_{j=1}^p L_j^f |c_{ji}| |y_j(t - \sigma_{ji}) - y_j^*|$$

$$+ \sum_{j=1}^p L_j^f |p_{ji}| \int_0^\tau |y_j(t - s) - y_j^*| \mathrm{d}s,$$

$$D^+ |y_j(t) - y_j^*| \leqslant -b_j |y_j(t) - y_j^*| + \sum_{i=1}^n |d_{ij}| |g_i(x_i(t - \delta_{ij})) - g_i(x_i^*))|$$

$$+ \sum_{i=1}^n L_i^g \int_0^\tau |q_{ij}| |x_i(t - s) - x_i^*| \mathrm{d}s$$

$$\leqslant -b_j |y_j(t) - y_j^*| + \sum_{i=1}^n L_i^g |d_{ij}| |x_i(t - \delta_{ij}) - x_i^*|$$

$$+ \sum_{i=1}^{n} L_i^g \int_0^\tau |q_{ij}| \, |x_i(t-s) - x_i^*| \, \mathrm{d}s. \tag{4.3.11}$$

由不等式 (4.3.10) 和 (4.3.11), 得到

$$D^+ V_1(t) \leqslant \sum_{i=1}^{n} \lambda_i \mathrm{e}^{\varepsilon t} \left\{ (\varepsilon - a_i) |x_i(t) - x_i^*| + \sum_{j=1}^{m} L_j^f |c_{ji}| \mathrm{e}^{\varepsilon \sigma_{ji}} |y_j(t) - y_j^*| \right.$$

$$\left. + \sum_{j=1}^{m} L_j^f |p_{ji}| |y_j(t) - y_j^*| \int_0^\tau \mathrm{e}^{\varepsilon s} \mathrm{d}s \right\}$$

$$D^+ V_2(t) \leqslant \sum_{j=1}^{m} \mu_j \mathrm{e}^{\varepsilon t} \left\{ (\varepsilon - b_j) |y_j(t) - y_j^*| + \sum_{i=1}^{n} L_i^g |d_{ij}| \mathrm{e}^{\varepsilon \delta_{ij}} |x_i(t) - x_i^*| \right.$$

$$\left. + \sum_{i=1}^{n} L_i^g |q_{ij}| |x_i(t) - x_i^*| \int_0^\tau \mathrm{e}^{\varepsilon s} \mathrm{d}s \right\}$$

$$D^+ V(t) \leqslant \mathrm{e}^{\varepsilon t} \left\{ \sum_{i=1}^{n} \lambda_i \left(\varepsilon - a_i \right) + \sum_{j=1}^{p} \mu_j \sum_{i=1}^{n} L_i^g \left(|d_{ij}| \, \mathrm{e}^{\varepsilon \delta_{ij}} + |q_{ij}| \int_0^\tau \mathrm{e}^{\varepsilon s} \mathrm{d}s \right) \right\} |x_i(t) - x_i^*|$$

$$+ \mathrm{e}^{\varepsilon t} \left\{ \sum_{j=1}^{p} \mu_j \left(\varepsilon - b_j \right) + \sum_{i=1}^{n} \lambda_i \sum_{j=1}^{p} L_j^f \left(|c_{ji}| \, \mathrm{e}^{\varepsilon \sigma_{ji}} + |p_{ji}| \int_0^\tau \mathrm{e}^{\varepsilon s} \mathrm{d}s \right) \right\} |y_j(t) - y_j^*|$$

$$= \mathrm{e}^{\varepsilon t} \sum_{i=1}^{n} \left\{ \lambda_i \left(\varepsilon - a_i \right) + \sum_{j=1}^{p} \mu_j L_i^g \left(|d_{ij}| \, \mathrm{e}^{\varepsilon \delta_{ij}} + |q_{ij}| \int_0^\tau \mathrm{e}^{\varepsilon s} \mathrm{d}s \right) \right\} |x_i(t) - x_i^*|$$

$$+ \mathrm{e}^{\varepsilon t} \sum_{j=1}^{p} \left\{ \mu_j \left(\varepsilon - b_j \right) + \sum_{i=1}^{n} \lambda_i L_j^f \left(|c_{ji}| \, \mathrm{e}^{\varepsilon \sigma_{ji}} + |p_{ji}| \int_0^\tau \mathrm{e}^{\varepsilon s} \mathrm{d}s \right) \right\} |y_j(t) - y_j^*|$$

$$\leqslant 0, \quad t \neq t_k.$$

由系统 (4.3.1) 的条件可知

$$|x_i(t_k^+) - x_i^*| = |\alpha_{ik}| |x_i(t_k) - x_i^*| \leqslant |x_i(t_k) - x_i^*|,$$

$$|y_j(t_k^+) - y_j^*| = |\beta_{ik}| |y_j(t_k) - y_j^*| \leqslant |y_j(t_k) - y_j^*|.$$

因此 $t = t_k$ 时, 由系统 (4.3.1) 得

$$V(t_k^+) = \sum_{i=1}^{n} \lambda_i \left(\sum_{j=1}^{p} L_j^f |c_{ji}| \int_{t_k - \sigma_{ji}}^{t_k} |y_j(r) - y_j^*| \mathrm{e}^{\varepsilon(r + \sigma_{ji})} \mathrm{d}r \right)$$

$$+ \sum_{i=1}^{n} \lambda_i \left\{ |x_i(t_k^+) - x_i^*| \mathrm{e}^{\varepsilon t_k^+} + \sum_{j=1}^{p} L_j^f |p_{ji}| \int_0^\tau \int_{t_k - s}^{t_k} |y_j(r) - y_j^*| \mathrm{e}^{\varepsilon(r + s)} \mathrm{d}r \mathrm{d}s \right\}$$

$$+ \sum_{j=1}^{p} \mu_j \left\{ |y_j(t_k^+) - y_j^*| e^{\varepsilon t_k^+} + \sum_{i=1}^{n} L_i^g |q_{ij}| \int_0^\tau \int_{t_k-s}^{t_k} |x_i(r) - x_i^*| e^{\varepsilon(r+s)} \mathrm{d}r \mathrm{d}s \right\}$$

$$+ \sum_{j=1}^{p} \mu_j \sum_{i=1}^{n} L_i^g |d_{ij}| \int_{t_k-\delta_{ij}}^{t_k} |x_i(r) - x_i^*| e^{\varepsilon(r+\delta_{ij})} \mathrm{d}r$$

$$\leqslant V(t_k).$$

结合上面的讨论, 对所有 $\forall t \in (t_k, t_{k+1}], k = 1, 2, \cdots,$ 有

$$V(t) \leqslant V(t_k^+) \leqslant V(t_k) \leqslant V(t_{k-1}^+) \leqslant V(t_{k-1}) \leqslant \cdots \leqslant V(0).$$

另一方面, 从 $V(t)$ 的表达式可得

$$V(t) \geqslant e^{\varepsilon t} \sum_{i=1}^{n} \lambda_i |x_i(l) - x_i^*| + e^{\varepsilon t} \sum_{j=1}^{p} \mu_j |y_j(t) - y_j^*|$$

$$\geqslant e^{\varepsilon t} \gamma \left[\sum_{i=1}^{n} |x_i(t) - x_i^*| + \sum_{j=1}^{p} |y_j(t) - y_j^*| \right]$$

$$= e^{\varepsilon t} \gamma \|(x(t), y(t)) - (x^*, y^*)\| = e^{\varepsilon t} \gamma \|z(t) - z^*\|. \tag{4.3.12}$$

这里

$$\gamma = \min \left\{ \min_{1 \leqslant i \leqslant n} \{\lambda_i\}, \min_{1 \leqslant j \leqslant p} \{\mu_j\} \right\}$$

$$V(0) = \sum_{i=1}^{n} \lambda_i \left(\sum_{j=1}^{p} L_j^f |c_{ji}| \int_{-\sigma_{ji}}^{0} |y_j(r) - y_j^*| e^{\varepsilon(r+\sigma_{ji})} \mathrm{d}r \right)$$

$$+ \sum_{i=1}^{n} \lambda_i \left\{ |x_i(0) - x_i^*| + \sum_{j=1}^{p} L_j^f |p_{ji}| \int_0^\tau \int_{-s}^{0} |y_j(r) - y_j^*| e^{\varepsilon(r+s)} \mathrm{d}r \mathrm{d}s \right\}$$

$$+ \sum_{j=1}^{p} \mu_j \left\{ |y_j(0) - y_j^*| + \sum_{i=1}^{n} L_i^g |q_{ij}| \int_0^\tau \int_{-s}^{0} |x_i(r) - x_i^*| e^{\varepsilon(r+s)} \mathrm{d}r \mathrm{d}s \right\}$$

$$+ \sum_{j=1}^{p} \mu_j \left(\sum_{i=1}^{n} L_i^g |d_{ij}| \int_{-\delta_{ij}}^{0} |x_i(r) - x_i^*| e^{\varepsilon(r+\delta_{ij})} \mathrm{d}r \right)$$

$$= \sum_{i=1}^{n} \lambda_i \left(\sum_{j=1}^{p} L_j^f |c_{ji}| \int_{-\sigma_{ji}}^{0} |\psi_j(r) - y_j^*| e^{\varepsilon(r+\sigma_{ji})} \mathrm{d}r \right)$$

$$+ \sum_{i=1}^{n} \lambda_i \left\{ |\varphi_i(0) - x_i^*| + \sum_{j=1}^{p} L_j^f |p_{ji}| \int_0^\tau \int_{-s}^{0} |\psi_j(r) - y_j^*| e^{\varepsilon(r+s)} \mathrm{d}r \mathrm{d}s \right\}$$

$$+ \sum_{j=1}^{p} \mu_j \left\{ |\psi_j(0) - y_j^*| + \sum_{i=1}^{n} L_i^g |q_{ij}| \int_0^\tau \int_{-s}^0 |\varphi_i(r) - x_i^*| \mathrm{e}^{\varepsilon(r+s)} \mathrm{d}r \mathrm{d}s \right\}$$

$$+ \sum_{j=1}^{p} \mu_j \left(\sum_{i=1}^{n} L_i^g |d_{ij}| \int_{-\delta_{ij}}^0 |\varphi_i(r) - x_i^*| \mathrm{e}^{\varepsilon(r+\delta_{ij})} \mathrm{d}r \right)$$

$$\leqslant \sum_{i=1}^{n} \left\{ \lambda_i + \sum_{j=1}^{p} \mu_j L_i^g \left[q_{ij} \int_0^\tau \int_{-s}^0 \mathrm{e}^{\varepsilon(r+s)} \mathrm{d}r \mathrm{d}s + d_{ij} \int_{-\delta_{ij}}^0 \mathrm{e}^{\varepsilon(r+\delta_{ij})} \mathrm{d}r \right] \right\}$$

$$\times \sup_{-\sigma \leqslant s \leqslant 0} \sum_{i=1}^{n} |\varphi_i(s) - x_i^*|$$

$$+ \sum_{j=1}^{p} \left\{ \mu_j + \sum_{j=1}^{p} \lambda_i L_j^f \left[c_{ji} \int_{-\sigma_{ji}}^0 \mathrm{e}^{\varepsilon(r+\sigma_{ji})} \mathrm{d}r + p_{ji} \int_0^\tau \int_{-s}^0 \mathrm{e}^{\varepsilon(r+s)} \mathrm{d}r \mathrm{d}s \right] \right\}$$

$$\times \sup_{-\sigma \leqslant s \leqslant 0} \sum_{j=1}^{p} |\psi_j(s) - y_j^*|$$

$$\leqslant M(\varepsilon) \gamma \| \phi - z^* \|, \tag{4.3.13}$$

这里

$$M(\varepsilon) = \gamma^{-1} \max \left\{ \sum_{i=1}^{n} \left\{ \lambda_i + \sum_{j=1}^{p} \mu_j L_i^g \left[|q_{ij}| \int_0^\tau \int_{-s}^0 \mathrm{e}^{\varepsilon(r+s)} \mathrm{d}r \mathrm{d}s \right. \right. \right.$$

$$\left. \left. + |d_{ij}| \int_{-\delta_{ij}}^0 \mathrm{e}^{\varepsilon(r+\delta_{ij})} \mathrm{d}r \right) \right] \right\}$$

$$\sum_{j=1}^{p} \left\{ \mu_j + \sum_{j=1}^{p} \lambda_i L_j^f \left[|c_{ji}| \int_{-\sigma_{ji}}^0 \mathrm{e}^{\varepsilon(r+\sigma_{ji})} \mathrm{d}r + |p_{ji}| \int_0^\tau \int_{-s}^0 \mathrm{e}^{\varepsilon(r+s)} \mathrm{d}r \mathrm{d}s \right] \right\} \right\}.$$

从式 (4.3.12) 和式 (4.3.13), 可得

$$\mathrm{e}^{\varepsilon t} \gamma \| z(t) - z^* \| \leqslant V(t) \leqslant V(0) \leqslant M(\varepsilon) \gamma \| \phi - z^* \|.$$

即对所有 $t \geqslant 0$ 有

$$\| z(t) - z^* \| \leqslant M(\varepsilon) \mathrm{e}^{-\varepsilon t} \| \phi - z^* \|. \tag{4.3.14}$$

从式 (4.3.14) 直接得到式 (4.3.1) 的平衡点是全局指数稳定的. 证明完毕.

推论 4.3.1 在条件 (A1) 和 (A2) 下, 系统 (4.3.1) 的平衡点是全局指数稳定的. 如果下列条件满足:

(1) $|\alpha_{ik}| \leqslant 1$, $|\beta_{jk}| \leqslant 1$, $i = 1, 2, \cdots, n, j = 1, 2, \cdots, p, k = 1, 2, \cdots$.

$$(2) \begin{cases} \sum_{j=1}^{p} L_i^g(d_{ij} + q_{ij}\tau) - a_i < 0, \quad j = 1, 2, \cdots, p, \\ \sum_{i=1}^{n} L_j^f(c_{ji} + p_{ji}\tau) - b_j < 0, \quad i = 1, 2, \cdots, n. \end{cases}$$

注 (1)　当系统 (4.3.1) 没有脉冲时, 简化为下列模型:

$$\begin{cases} x_i'(t) = -a_i x_i(t) + \sum_{j=1}^{p} c_{ji} f_j(y_j(t - \sigma_{ji})) + \sum_{j=1}^{p} \int_0^{\tau} p_{ji} f_j(y_j(t-s)) \mathrm{d}s + r_i, \quad t \geqslant 0, \\ y_j'(t) = -b_j y_j(t) + \sum_{i=1}^{n} d_{ij} g_i(x_i(t - \delta_{ij}) + \sum_{i=1}^{n} \int_0^{\tau} q_{ij} g_j(x_i(t-s)) \mathrm{d}s + s_j, \quad t \geqslant 0, \end{cases}$$

从定理 4.3.1 的证明过程中可以得到该系统有唯一的平衡点. 同时容易得到全局指数稳定的的条件是: 如果存在正数 λ_i 和 μ_j 使得

$$\begin{cases} \sum_{j=1}^{p} \mu_j L_i^g(d_{ij} + q_{ij}\tau) - \lambda_i a_i < 0, \quad j = 1, 2, \cdots, p, \\ \sum_{i=1}^{n} \lambda_i L_j^f(c_{ji} + p_{ji}\tau) - \mu_j b_j < 0, \quad i = 1, 2, \cdots, n \end{cases}$$

成立.

3. **数值实例和分析**

考虑下列具有脉冲和时滞的 BAM 神经网络:

$$\begin{cases} x_i'(t) = -a_i x_i(t) + \sum_{j=1}^{3} c_{ji} f_j(y_j(t - \sigma_{ji})) + \sum_{j=1}^{3} \int_0^{\tau} p_{ji} f_j(y_j(t-s)) \mathrm{d}s + r_i, \quad t \geqslant 0, t \neq t_k, \\ \Delta x_i(t) = (\alpha_{ik} - 1) x_i(t), \quad i = 1, 2, 3, k = 1, 2, \cdots, t = t_k \\ y_j'(t) = -b_j y_j(t) + \sum_{i=1}^{3} d_{ij} g_i(x_i(t - \delta_{ij})) + \sum_{i=1}^{3} \int_0^{\tau} q_{ij} g_j(x_i(t-s)) \mathrm{d}s + s_j, \quad t \geqslant 0, t \neq t_k, \\ \Delta y_j(t) = (\beta_{jk} - 1) y_j(t), \quad j = 1, 2, 3, k = 1, 2, \cdots, t = t_k. \end{cases}$$

$$(4.3.15)$$

这里

$$(a_1, a_2, a_3) = (1, 1, 1)^{\mathrm{T}}, \quad (b_1, b_2, b_3) = (1, 1, 1)^{\mathrm{T}},$$

$$\sigma_{ji}, \delta_{ij} \in (0, \infty), \quad \mu_j = \lambda_i, \quad L_j^f = L_i^g = \tau = 1,$$

$$\alpha_{ik} = \frac{1}{2}\sin(1 + k), \quad \beta_{jk} = \frac{2}{3}\cos 2k,$$

$$f_j(x) = g_i(x) = \frac{1}{2}(|x + 1| - |x - 1|), \quad i, j = 1, 2, 3,$$

$$M_{ji} = \frac{1}{a_i}(|c_{ji} + |\tau p_{ji}|) = c_{ji} + p_{ji},$$

$$N_{ij} = \frac{1}{b_j}(|d_{ij}| + |\tau q_{ij}|) = d_{ij} + q_{ij}.$$

选取适当正的实数 $c_{ji}, d_{ij}, p_{ji}, q_{ij}$ 使

$$\begin{pmatrix} M_{11} & M_{12} & M_{13} \\ M_{21} & M_{22} & M_{23} \\ M_{31} & M_{32} & M_{33} \end{pmatrix} = \begin{pmatrix} 1/2 & 1/18 & 0 \\ 5/2 & 1/2 & 0 \\ 0 & 0 & 1/2 \end{pmatrix},$$

$$\begin{pmatrix} N_{11} & N_{12} & N_{13} \\ N_{21} & N_{22} & N_{23} \\ N_{31} & N_{32} & N_{33} \end{pmatrix} = \begin{pmatrix} 1/3 & 0 & 0 \\ 0 & 1/3 & 1/32 \\ 0 & 2 & 1/3 \end{pmatrix},$$

$$\begin{pmatrix} r_1 \\ r_2 \\ r_3 \end{pmatrix} = \begin{pmatrix} -2 \\ 4/9 \\ 1/2 \end{pmatrix}, \quad \begin{pmatrix} s_1 \\ s_2 \\ s_3 \end{pmatrix} = \begin{pmatrix} 2/3 \\ -4/3 \\ 61/96 \end{pmatrix}.$$

通过计算可得

$$K = (k_{ij})_{6\times 6} = \begin{pmatrix} 0 & 0 & 0 & 1/2 & 1/18 & 0 \\ 0 & 0 & 0 & 5/2 & 1/2 & 0 \\ 0 & 0 & 0 & 0 & 0 & 1/2 \\ 1/3 & 0 & 0 & 0 & 0 & 0 \\ 0 & 1/3 & 1/32 & 0 & 0 & 0 \\ 0 & 2 & 1/3 & 0 & 0 & 0 \end{pmatrix},$$

利用 Matlab, 可计算出 $\rho(K) = 0.602262 < 1$.

因此, 根据定理 4.3.1 和 4.3.2 可知系统 (4.3.15) 有唯一的平衡点:

$$z^* = (x_1^*, x_2^*, x_3^*, y_1^*, y_2^*, y_p^*)^{\mathrm{T}} = (1, 1, 1, 1, 1, 1)^{\mathrm{T}},$$

从所给数据还可得出

$$\begin{cases} \sum_{j=1}^{p} \mu_j L_i^g (d_{ij} + q_{ij}\tau) - \lambda_i a_i < 0, & j = 1, 2, \cdots, p, \\ \sum_{i=1}^{n} \lambda_i L_j^f (c_{ji} + p_{ji}\tau) - \mu_j b_j < 0, & i = 1, 2, \cdots, n \end{cases}$$

成立, 所以 (4.3.15) 的平衡点是全局指数稳定的.

本节主要研究了带有脉冲时滞的 BAM 的动力学问题, 利用基本不等式性质、压缩映像原理和 Lyapunov 稳定性理论研究了脉冲混合时滞的常系数 BAM 模型 (4.3.1) 存在唯一平衡点及得到平衡点指数稳定性的充分条件. 系统 (4.3.1) 是混合动力系统, 以后研究者可以在这种研究方法的基础上对系统或研究成果再做一些推广得到新的成果. 比如, 可以把常系数问题推广到变系数问题, 从而可以研究系统的周期解和分析系统的稳定性.

4.3.2　具有时滞的脉冲二阶 Hopfield 神经网络模型及动力学问题

由于电路网络中出现脉冲现象 (在某时刻电压发生瞬时增量) 在所难免, 或者有时为了控制网络的动态行为, 需增加脉冲项来达到控制目的, 因此, 在 Hopfield 模型中增加脉冲效应是必要而且具有实际价值的. 比如, 如下含脉冲的 Hopfield 神经网络模型:

$$C_i \frac{\mathrm{d}u_i(t)}{\mathrm{d}t} = -\frac{u_i(t)}{R_i} + \sum_{j=1}^{n} a_{ij} f_j(u_j(t)) + I_i(t), \quad t > 0, t \neq t_k,$$

$$\Delta x_i(t_k) = x_i(t_k^+) - x_i(t_k^-) = \gamma_{ik} x_i(t_k^-), \quad k = 1, 2, \cdots, t = t_k,$$

$$x_i(0^+) = \phi_i, \quad i = 1, 2, \cdots, n.$$

其中, t_k 为脉冲发生的时刻; $t_k < t_{k+1}$; $\lim\limits_{k \to \infty} t_k = +\infty$; $\Delta x_i(t_k) = x_i(t_k^+) - x_i(t_k^-)$ 为第 i 个神经元在脉冲时刻发生的瞬时脉冲增量.

本节考虑具有下列形式的二阶 Hopfield 型时滞脉冲神经网络:

$$C_i \frac{\mathrm{d}u_i(t)}{\mathrm{d}t} = -\frac{u_i(t)}{R_i} + \sum_{j=1}^{n} T_{ij} g_j(u_j(t - \tau_j))$$

$$+ \sum_{j=1}^{n} \sum_{k=1}^{n} T_{ijk} g_j(u_j(t - \tau_j)) g_k(u_k(t - \tau_k)) + I_i(t), \quad t > 0, t \neq t_k. \quad (4.3.16)$$

$$\Delta x_i(t_k) = x_i(t_k^+) - x_i(t_k^-) = \gamma_{ik} x_i(t_k^-), \quad k = 1, 2, \cdots, i = 1, 2, \cdots, n.$$

其中, $C_i > 0$, $R_i > 0$ 和 $I_i(t)$ 分别为第 i 个神经元的电容常数、电阻常数和网络的外部输入; $I_i(t)$ 是以 ω 为周期的周期函数; T_{ij} 和 T_{ijk} 分别为网络的一阶和二阶连接权; τ_i 是第 i 个神经元的时滞, $0 \leqslant \tau_i \leqslant \tau$, $i = 1, 2, \cdots, n$, τ 为某一常数, 其初值 $\phi_i \in Cp = \{$ 是有界变差函数, 且在 $[t - \tau, t]$ 上任何子区间上是右连续的$\}$, $i = 1, 2, \cdots, n$; $\Delta x_i(t_k) = x_i(t_k^+) - x_i(t_k^-)$ 是在时刻 t_k 处的脉冲, $0 < t_1 < t_2 < \cdots$ 且 $\lim\limits_{t \to \infty} t_k = +\infty$.

令

$$x(t) = (x_1(t), x_2(t), \cdots, x_n(t))^{\mathrm{T}}, \quad \phi(s) = (\phi_1(s), \phi_2(s), \cdots, \phi_n(s))^{\mathrm{T}}.$$

定义 4.3.4　如果一个函数 $u_i(t) : [-\tau, +\infty) \to \mathbf{R}$ 满足

(1) $u_i(t)$ 在每一个区间 $(t_k, t_{k+1}) \subset [-\tau, +\infty)$ 上绝对连续.

(2) 对任意 $t_k \in [0, +\infty)$, 右极限 $x_i(t_k^+)$ 存在并让 $u_i(t_k) = u_i(t_k^+)$.

(3) 除了在脉冲时刻 t_k, $k = 1, 2, \cdots$ 有第一类间断点外, $u(t)$ 都满足系统 (4.3.16) 的第一个方程.

(4) $u_i(s) = \phi_i(s)$, $s \in [-\tau, 0]$.

则称 $u(t)$ 是系统 (4.3.16) 过初值 ϕ 的一个解, 常记作 $u(t) = u(t, \phi)$.

本节假设

(B1) $g_i(x) \in C(R, R)$, $g_i(0) = 0$ 且 $g_i(u)$ 满足条件:

$$|g_i(u)| \leqslant M_i, \quad |g_i(u) - g_i(v)| \leqslant K_i |u - v|, \quad u, v \in \mathbf{R}, i = 1, 2, \cdots, n. \quad (4.3.17)$$

其中 M_i, K_i 为常数.

(B2) 对任意向量 $y \in \mathbf{R}^n$, $\|y\| = \sqrt{y^{\mathrm{T}} y}$, 对 $\phi \in Cp$ 定义 $\|\phi\|_\tau = \sup\limits_{-\tau \leqslant s \leqslant 0} \|\phi(s)\|$.

定义 4.3.5 如果 $u^*(t, \varphi)$ 是系统 (4.3.16) 的一个解, 且存在常数 $\alpha, \beta > 0$, 使得对于系统 (4.3.16) 任意一个解 $u(t, \phi)$ 满足

$$\|u(t, \phi) - u^*(t, \varphi)\| \leqslant \beta \|\phi - \varphi\|_\tau^2 \, \mathrm{e}^{-\alpha t},$$

则称 $u^*(t, \varphi)$ 是指数稳定的.

使用积分办法, 很容易验证系统 (4.3.16) 的解存在唯一性.

令

$$C = \mathrm{diag}(C_1, C_2, \cdots, C_n), \quad R = \mathrm{diag}(R_1, R_2, \cdots, R_n), \quad T = (T_{ij})_{n \times n},$$

$$T_i = (T_{ijk})_{n \times n}, i = 1, 2, \cdots, n, \quad \varPi = (T_1 + T_1^{\mathrm{T}}, T_2 + T_2^{\mathrm{T}}, \cdots, T_n + T_n^{\mathrm{T}})^{\mathrm{T}},$$

$$g(u(t - \tau)) = (g_1(u_1(t - \tau_1)), g_2(u_2(t - \tau_2)), \cdots, g_n(u_n(t - \tau_n)))^{\mathrm{T}},$$

$$u(t) = (u_1(t), u_2(t), \cdots, u_n(t))^{\mathrm{T}}, \quad K = \mathrm{diag}(K_1, K_2, \cdots, K_n),$$

$$I = (I_1, I_2, \cdots, I_n)^{\mathrm{T}},$$

$$G(u(t - \tau)) = \mathrm{diag}(g(u(t - \tau)), g(u(t - \tau)), \cdots, g(u(t - \tau))).$$

由此, 又将式 (4.3.16) 写成等价形式

$$C \frac{\mathrm{d}u(t)}{\mathrm{d}t} = -R^{-1} u(t) + T g(u(t - \tau)) + \frac{1}{2} G^{\mathrm{T}}(u(t - \tau)) \varPi g(u(t - \tau)) + I. \quad (4.3.18)$$

引理 4.3.1 系统 (4.3.16) 至少有一个平衡点.

证明 方法与引理 4.1.1 的证明完全相同.

设 $u^* = (u_1^*, u_2^*, \cdots, u_n^*)^{\mathrm{T}}$ 为系统 (4.3.16) 的平衡点. 令

$$x = u - u^* = (x_1, x_2, \cdots, x_n)^{\mathrm{T}}, \quad f_i(x_i) = g_i(x_i + u_i^*) - g_i(u_i^*),$$

有

$$|f_i(z)| \leqslant K_i |z| \quad \text{且} \quad z f_i(z), \int_0^z f_i(s) \mathrm{d}s \geqslant 0, z \in \mathbf{R}. \quad (4.3.19)$$

由此, 式 (4.3.16) 可写成等价形式

$$C_i \frac{\mathrm{d}x_i(t)}{\mathrm{d}t} = -\frac{x_i(t)}{R_i} + \sum_{j=1}^n T_{ij} f_j(x_j(t-\tau_j))$$

$$+ \sum_{j=1}^n \sum_{k=1}^n T_{ijk}(f_j(x_j(t-\tau_j)) f_k(x_k(t-\tau_k))$$

$$+ f_k(x_k(t-\tau_k)) g_j(u_j^*) + f_j(x_j(t-\tau_j)) g_k(u_k^*)),$$

$$i = 1, 2, \cdots, n. \tag{4.3.20}$$

利用 Taylor 公式, 将式 (4.3.20) 写为

$$C_i \frac{\mathrm{d}x_i(t)}{\mathrm{d}t} = -\frac{x_i(t)}{R_i} + \sum_{j=1}^n \left(T_{ij} + \sum_{k=1}^n (T_{ijk} + T_{ikj}) \zeta_k \right) f_j(x_j(t-\tau)),$$

$$i = 1, 2, \cdots, n. \tag{4.3.21}$$

其中 ζ_k 介于 $g_k(u_k(t-\tau_k))$ 与 $g_k(u_k^*)$ 之间. 系统 (4.3.20) 的初值 $\Phi_i(\theta)$, $\theta \in [-\tau, 0]$, 其中 $\Phi_i(\theta) = \phi_i(\theta) - u_i^*$, $i = 1, 2, \cdots, n$.

令

$$\Phi = (\Phi_1, \Phi_2, \cdots, \Phi_n)^{\mathrm{T}}.$$

因为 $C^{-1}R^{-1} - C^{-1}AK$ 是 M 矩阵, 所以存在常数 $p_i > 0$, $i = 1, 2, \cdots, n$, 使得

$$\frac{p_j}{R_j C_j} - \sum_{i=1}^n \frac{p_i}{C_i} a_{ij} K_j > 0, \quad j = 1, 2, \cdots, n.$$

由连续函数性质, 对任意小的 $\varepsilon > 0$, 则有下式成立:

$$\frac{p_j}{R_j C_j} - \mathrm{e}^{\varepsilon\tau} \sum_{i=1}^n \frac{p_i}{C_i} a_{ij} K_j > 0, \quad j = 1, 2, \cdots, n.$$

定理 4.3.3　如果定理 4.1.6 给出的条件成立, 且 $\theta < \varepsilon$, 令

$$\gamma_k = \max_{1 \leqslant i \leqslant n} |\gamma_{ik}|, \quad \theta_k = 1 + \gamma_k, \quad \theta = \sup_k \frac{\ln\theta_k}{t_k - t_{k-1}},$$

则系统 (4.3.16) 的平衡点 u^* 是全局指数稳定的.

证明　取 Lyapunov 泛函

$$V(t, x(t)) = \sum_{i=1}^n p_i \left(\mathrm{e}^{\varepsilon t} |x_i(t, \Phi)| + \frac{1}{C_j} \sum_{j=1}^n a_{ij} K_j \int_{t-\tau_j}^t \mathrm{e}^{\varepsilon(s+\tau_j)} |x_i(s, \Phi)| \mathrm{d}s \right),$$

其中 $\forall \varepsilon > 0$.

沿式 (4.3.21) 的解对 $\bar{V}(t) = V(t, x(t))$ 求 Dini 导数, 并由式 (4.3.19) 得到当 $t \geqslant 0$ 且 $t \neq t_k$,

$$
\begin{aligned}
\frac{\mathrm{d}\bar{V}(t)}{\mathrm{d}t}\bigg|_{(4.3.20)} &\leqslant \mathrm{e}^{\varepsilon t} \sum_{i=1}^{n} p_i \Bigg(-\frac{|x_i(t)|}{R_i C_i} \\
&\quad + \frac{1}{C_i} \sum_{j=1}^{n} \Bigg(|T_{ij}| + \sum_{k=1}^{n} |T_{ijk} + T_{ikj}| |\zeta_k| \Bigg) |f_j(x_j(t - \tau_j))| \\
&\quad + \frac{1}{C_i} \sum_{j=1}^{n} a_{ij} K_j (\mathrm{e}^{\varepsilon \tau} |x_j(t)| - |x_j(t - \tau_j)|) \Bigg) \\
&\leqslant \mathrm{e}^{\varepsilon t} \sum_{i=1}^{n} p_i \Bigg(-\frac{|x_i(t)|}{R_i C_i} + \frac{1}{C_i} \sum_{j=1}^{n} a_{ij} K_j |x_j(t - \tau_j)| \\
&\quad + \frac{1}{C_i} \sum_{j=1}^{n} a_{ij} K_j (\mathrm{e}^{\varepsilon \tau} |x_j(t)| - |x_j(t - \tau_j)|) \Bigg) \\
&= \mathrm{e}^{\varepsilon t} \sum_{i=1}^{n} p_i \Bigg(-\frac{|x_i(t)|}{R_i C_i} + \frac{1}{C_i} \mathrm{e}^{\varepsilon \tau} \sum_{j=1}^{n} a_{ij} K_j |x_j(t)| \Bigg) \\
&= -\mathrm{e}^{\varepsilon t} \Bigg(\sum_{j=1}^{n} \Bigg(\frac{p_j}{R_j C_j} \Bigg) - \mathrm{e}^{\varepsilon \tau} \sum_{i=1}^{n} \Bigg(\sum_{j=1}^{n} \frac{p_i}{C_i} a_{ij} K_j \Bigg) \Bigg) |x_j(t)| \\
&= -\mathrm{e}^{\varepsilon t} \sum_{i=1}^{n} \sum_{j=1}^{n} \Bigg(\frac{p_j}{R_j C_j} - \frac{p_i}{C_i} a_{ij} K_j \mathrm{e}^{\varepsilon \tau} \Bigg) |x_j(t)| \\
&\leqslant 0.
\end{aligned}
$$

这表明 $\bar{V}(t)$ 在 $[0, +\infty)$ 是单调递减的, 从而

$$
\mathrm{e}^{\varepsilon t} \sum_{i=1}^{n} p_i |x_i(t, \Phi)| \leqslant \bar{V}(t) \leqslant \bar{V}(0).
$$

又当 $t \in [-\tau, 0]$, $x_i(t, \phi) = \phi$, $i = 1, 2, \cdots, n$,

$$
\begin{aligned}
\bar{V}(0) &= \sum_{i=1}^{n} p_i \Bigg(|\Phi| + \frac{1}{C_j} \sum_{j=1}^{n} a_{ij} K_j \int_{-\tau_j}^{0} \mathrm{e}^{2\varepsilon(s + \tau_j)} |\Phi(s)| \, \mathrm{d}s \Bigg) \\
&\leqslant \sum_{i=1}^{n} p_i \Bigg(1 + \frac{1}{C_j} \sum_{j=1}^{n} a_{ij} K_j \int_{-\tau_j}^{0} \mathrm{e}^{2\varepsilon(s + \tau_j)} \mathrm{d}s \Bigg) |\Phi|_\tau \\
&\leqslant \sum_{i=1}^{n} p_i \Bigg(1 + \frac{1}{C_j} \sum_{j=1}^{n} \frac{a_{ij} K_j}{2\varepsilon} \mathrm{e}^{2\varepsilon \tau_j} \Bigg) |\Phi|_\tau \\
&\leqslant r |\Phi|_\tau.
\end{aligned}
$$

其中

$$r = \sum_{i=1}^{n} p_i \left(1 + \frac{1}{C_j} \sum_{j=1}^{n} \frac{a_{ij} K_j}{2\varepsilon} e^{2\varepsilon \tau_j} \right).$$

则当 $t \geqslant 0$ 且 $t \neq t_k$ 时

$$\sum_{i=1}^{n} p_i |x_i(t, \Phi)| \leqslant r |\Phi|_\tau e^{-\varepsilon t}. \tag{4.3.22}$$

改写

$$V(t, x(t)) = \sum_{i=1}^{n} p_i \left(e^{\varepsilon t} |x_i(t, \Phi)| + \frac{1}{C_j} \sum_{j=1}^{n} a_{ij} K_j \int_{-\tau_j}^{0} e^{\varepsilon(t+s+\tau_j)} |x_i(t+s, \Phi)| \, ds \right)$$

当 $t = t_k$ 时,

$$V(t_k, x(t_k)) = V(t_k^-, x(t_k^-) + \Delta x(t_k))$$

$$+ \sum_{i=1}^{n} p_i \left(e^{\varepsilon t_k} |\Delta x(t_k^-)| + \frac{1}{C_j} \sum_{j=1}^{n} a_{ij} K_j \int_{-\tau_j}^{0} e^{\varepsilon(t_k+s+\tau_j)} |\Delta x_i(t_k+s, \Phi)| \, ds \right)$$

$$\leqslant (1 + \gamma_k) V(t_k^-, x(t_k^-)) = \theta_k V(t_k^-, x(t_k^-)),$$

其中, $\gamma_k = \max\limits_{1 \leqslant i \leqslant n} |\gamma_{ik}|$, $\theta_k = 1 + \gamma_k$. 从而

$$V(t_k, x(t_k)) \leqslant V(0, \phi) \prod_{0 \leqslant t_k \leqslant t} \theta_k \leqslant \alpha |\Phi|_\tau e^{\theta t_k}. \tag{4.3.23}$$

综合 (4.3.22) 和 (4.3.23), 得到系统 (4.3.16) 的平衡点 u^* 是全局指数稳定的. 证明完成.

图 4.3.1 具时变时滞的 Hopfield 神经网络的指数稳定.

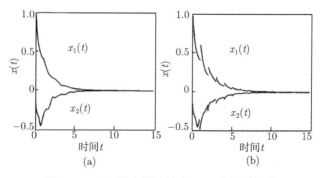

图 4.3.1　(a) 不含脉冲效应, (b) 含脉冲效应

事实上, 由于脉冲只发生在某些时刻, 其他时段正常, 所以处理脉冲系统的关键就在于解决好这些时刻处的相关问题. 基于此, 第 3 章的许多结论都可以推广到脉冲情形, 请读者自行处理, 本节不再赘述.

4.4 随机神经网络模型及动力学问题

从神经生理学的观点来看, 生物神经元本质上是随机的, 因为神经网络重复地接受相同的刺激, 其响应并不相同, 这意味着随机性在生物神经网络中起着重要的作用. 随机神经网络 (random neural network, RNN) 正是仿照生物神经网络的这种机理进行设计和应用的. 随机神经网络 (RNN) 在人工神经网络中是一类比较独特、出现较晚的神经网络, 它的网络结构、学习算法、状态更新规则以及应用等方面都因此具有自身的特点. 作为仿生神经元数学模型, 随机神经网络在联想记忆、图像处理、组合优化问题上都显示出较强的优势.

随机神经网络一般有两种: 一种是采用随机性神经元激活函数; 另一种是采用随机型加权连接, 即在普通人工神经网络中加入适当的随机噪声, 例如在 Hopfield 网络中加入逐渐减少的白噪声.

4.4.1 随机 Hopfield 神经网络模型及动力学问题

设 $(\Omega, \wp, P)$ 是具有自然滤波 $\{\wp\}_{t \geq 0}$ 的完备概率空间, 设 $W(t) = (W_1(t), W_2(t), \cdots, W_m(t))^{\mathrm{T}}$ 是概率空间 $(\Omega, \wp, P)$ 上的 m 维布朗运动.

考虑如下 Itô 型无时滞随机 Hopfield 神经网络模型:

$$\begin{cases} \mathrm{d}x(t) = f(x(t), t)\mathrm{d}t + g(x(t), t)\mathrm{d}W(t), & t > t_0, \\ x(t_0) = x_0 \in \mathbf{R}^n. \end{cases} \tag{4.4.1}$$

其中

$$\begin{aligned} x(t) &= (x_1(t), x_2(t), \cdots, x_n(t))^{\mathrm{T}}, \\ f(x, t) &= (f_1(x, t), f_2(x, t), \cdots, f_n(x, t))^{\mathrm{T}}, \\ g(x, t) &= (g_1(x, t), g_2(x, t), \cdots, g_n(x, t))^{\mathrm{T}}. \end{aligned}$$

假设 $f(0, t) \equiv 0, g(0, t) \equiv 0, t \geq t_0$ 且其解是整体存在唯一的, 其通过 (t_0, x_0) 的解为 $x(t) = x(t; t_0, x_0)$.

记

$$V(x, t) \in C^{2,1}(S_h \times \bar{R}_+, \bar{R}_+), \quad \bar{R}_+ = [t_0, +\infty),$$

表示定义在 $S_h = \{x | \|x\| < h\} \subset \mathbf{R}^n$ 上的非负函数 $V(x, t)$ 全体, 其中 $V(x, t)$ 关于 x 有连续的二阶导数, 关于 t 有连续的一阶导数.

现对式 (4.4.1) 定义一个微分算子

$$L \stackrel{\text{def}}{=} \frac{\partial}{\partial t} + \sum_{i=1}^{n} g_i(x,t)\frac{\partial}{\partial x_i} + \frac{1}{2}\sum_{i=1}^{n}\sum_{j=1}^{n} g_i(x,t)g_j(x,t)\frac{\partial^2}{\partial x_i \partial x_j}.$$

如果 L 作用到函数 $V(x,t) \in C^{2,1}(S_h \times \bar{R}_+, \bar{R}_+)$ 上, 则有

$$LV \stackrel{\text{def}}{=} \frac{\partial V}{\partial t} + \frac{\partial V}{\partial x} \cdot f(x,t) + \frac{1}{2}tr\left(g^{\mathrm{T}}(x,t)\frac{\partial^2 V}{\partial x \partial x}g(x,t)\right). \tag{4.4.2}$$

其中

$$\frac{\partial V}{\partial x} = \left(\frac{\partial V}{\partial x_1}, \frac{\partial V}{\partial x_2}, \cdots, \frac{\partial V}{\partial x_n}\right)^{\mathrm{T}}, \quad \frac{\partial^2 V}{\partial x \partial x} = \left(\frac{\partial^2 V}{\partial x_i \partial x_j}\right)_{n \times n}.$$

应用 Itô 公式, 若系统 (5.2.1) 的解 $x(t) \in S_h$, 则有

$$\mathrm{d}V = LV\mathrm{d}t + \frac{\partial V}{\partial x}g(x,t)\mathrm{d}W.$$

这就引出了微分算子 L 定义的由来.

定义 4.4.1　对 $\forall \varepsilon \in (0,1), \forall \varepsilon_1 > 0$, 存在 $\delta = \delta(\varepsilon, \varepsilon_1, t_0)$, 使得当 $\|x_0\| \leqslant \delta$ 时, 有

$$P\{\|x(t;t_0,x_0)\| < \varepsilon_1, t \geqslant t_0\} \geqslant 1 - \varepsilon,$$

则称系统 (4.4.1) 的零解是随机稳定的或是依概率稳定的.

定义 4.4.2　设系统 (4.4.1) 的零解是随机稳定的, 又对 $\forall \varepsilon \in (0,1)$, 存在 $\delta = \delta(\varepsilon, t_0)$, 使得当 $\|x_0\| \leqslant \delta$ 时, 有

$$P\left\{\lim_{t\to\infty}\|x(t;t_0,x_0)\| = 0\right\} \geqslant 1 - \varepsilon.$$

则称系统 (5.2.1) 的零解是随机渐近稳定的或是依概率渐近稳定的.

定义 4.4.3　系统 (4.4.1) 的零解是几乎必然指数稳定的, 如果对每一个解 $x(t;t_0,x_0)$ 都有

$$\lambda \stackrel{\text{def}}{=} \lim_{t\to\infty}\sup\frac{1}{t}\log\|x(t;t_0,x_0)\| < 0, \quad \text{a.s.}$$

定义 4.4.4　系统 (4.4.1) 的零解是几乎必然指数稳定的, 如果对每一个解 $x(t;t_0,x_0)$ 都有

$$\lambda \stackrel{\text{def}}{=} \lim_{t\to\infty}\sup\frac{1}{t}E\left(\log\|x(t;t_0,x_0)\|\right) < 0.$$

引理 4.4.1　若存在正定函数 $V(x,t) \in C^{2,1}(S_h \times \bar{R}_+, \bar{R}_+)$, 使得

$$LV(x,t) \leqslant 0.$$

则系统 (4.4.1) 的零解是随机稳定的.

引理 4.4.2 若存在正定具有无穷小上界的函数 $V(x,t) \in C^{2,1}(S_h \times \bar{R}_+, \bar{R}_+)$, 使得

$$LV(x,t) < 0,$$

则系统 (4.4.1) 的零解是随机渐近稳定的.

引理 4.4.3 假设存在函数 $V(x,t) \in C^{2,1}(S_h \times \bar{R}_+, \bar{R}_+)$ 和常数 $p > 0$, $c_1 > 0$, $c_2 \in \mathbf{R}$, $c_3 \geqslant 0$, 使得对一切 $x \neq 0$ 和 $t \geqslant t_0$ 有

(1) $c_1 \|x\|^p \leqslant V(x,t)$;

(2) $LV(x,t) \leqslant c_2 V(x,t)$;

(3) $\left| \dfrac{\partial V(x,t)}{\partial x} g(x,t) \right|^2 \geqslant c_3 V(x,t)$.

则系统 (4.4.1) 的零解是几乎必然指数稳定的, 且

$$\limsup_{t \to \infty} \frac{1}{t} \log \|x(t; t_0, x_0)\| \leqslant -\frac{c_3 - 2p}{2p}, \quad \text{a.s.}$$

对一切 $x_0 \in \mathbf{R}^n$ 成立.

下面考虑 Itô 型随机神经网络:

$$
\begin{cases}
\mathrm{d}x_i(t) = \left(-b_i x(t) + \displaystyle\sum_{j=1}^{n} a_{ij} g_j(x_j(t)) \right) \mathrm{d}t + \displaystyle\sum_{j=1}^{m} \sigma_{ij}(x(t)) \mathrm{d}W_j(t), \quad i = 1, 2, \cdots, n, \\
x(0) = x_0 \in \mathbf{R}^n,
\end{cases}
\tag{4.4.3}
$$

其中

$$x(t) = (x_1(t), x_2(t), \cdots, x_n(t))^{\mathrm{T}},$$

$$b_i = \frac{1}{C_i R_i}, \quad a_{ij} = \frac{T_{ij}}{C_i}, g_i(0) = 0, \quad \sigma(x) = (\sigma_{ij}(x))_{n \times n}$$

是局部 Lipschitz 连续的且满足 $\|\sigma(x)\| \leqslant k \|x\|$, $\sigma(0) = 0$, 以上的 $i, j = 1, 2, \cdots, n$.

令

$$B = \mathrm{diag}(b_1, b_2, \cdots, b_n),$$

$$A = (a_{ij})_{n \times n}, \quad g(x(t)) = (g_1(x_1(t)), g_2(x_2(t)), \cdots, g_n(x_n(t)))^{\mathrm{T}},$$

则式 (4.4.1) 可改写成等价形式

$$
\begin{cases}
\mathrm{d}x(t) = (-Bx(t) + Ag(x(t))) \, \mathrm{d}t + \sigma(x(t)) \mathrm{d}W(t), \\
x(0) = x_0 \in \mathbf{R}^n,
\end{cases}
\tag{4.4.4}
$$

其通过 $(0, x_0)$ 的解为 $x(t, x_0)$.

假设 $g_i(u)$ 满足条件:

$$ug_i(u) \geqslant 0, \quad |g_i(u)| \leqslant \beta_i |u|, \quad u \in \mathbf{R},$$

其中 β_i 为常数, $i = 1, 2, \cdots, n$.

记

$$\alpha \wedge \beta = \min\{\alpha, \beta\}, \quad \alpha \vee \beta = \max\{\alpha, \beta\}.$$

定理 4.4.1 设存在正定矩阵 $Q = (q_{ij})_{n \times n}$ 和常数 $\mu \in \mathbf{R}$, $\rho \geqslant 0$, 使得对任意的 $x \in \mathbf{R}^n$ 有

$$2x^{\mathrm{T}}Q(-Bx + Ag(x)) + \mathrm{tr}\left(\sigma^{\mathrm{T}}(x)Q\sigma(x)\right) \leqslant \mu x^{\mathrm{T}}Qx,$$

$$x^{\mathrm{T}}Q\sigma(x)\sigma^{\mathrm{T}}(x)Qx \geqslant \rho\left(x^{\mathrm{T}}Qx\right)^2,$$

则系统 (4.4.4) 的任意解都满足

$$\limsup_{t \to \infty} \frac{1}{t} \log \|x(t, x_0)\| \leqslant -\left(\rho - \frac{\mu}{2}\right), \quad \text{a.s.}$$

特别地, 若 $\rho > \dfrac{\mu}{2}$, 则系统 (4.4.4) 的零解是几乎必然指数稳定的.

证明 设 $V(x) = x^{\mathrm{T}}Qx$, 则由式 (4.4.2) 得到

$$LV = 2x^{\mathrm{T}}Q(-Bx + Ag(x)) + \mathrm{tr}\left(\sigma^{\mathrm{T}}(x)Q\sigma(x)\right)$$

$$\leqslant -2\sum_{i=1}^{n} q_i b_i x_i^2(t) + \sum_{i=1}^{n} q_i \sum_{j=1}^{n} |a_{ij}| \beta_j (C_j x_i^2(t) + \frac{1}{C_j} x_j^2(t)) + \max_i \left\{ q_i |\sigma(x(t))|^2 \right\}$$

$$= -\sum_{i=1}^{n} \left(2q_i b_i - q_i \sum_{j=1}^{n} |a_{ij}| \beta_j C_j - \frac{\beta_i}{C_i} \sum_{j=1}^{n} q_j |a_{ji}| \right) x_i^2(t) + k \max_i q_i \|x\|^2$$

$$\leqslant (k \max_i q_i - \lambda) \sum_{i=1}^{n} x_i^2(t)$$

$$\leqslant \left(\frac{k \max_i q_i}{\min_i q_i} - \frac{\lambda}{\max_i q_i} \right) \sum_{i=1}^{n} q_i x_i^2(t)$$

$$\leqslant \mu x^{\mathrm{T}}Qx.$$

由引理 4.4.3 即可得到结论.

推论 4.4.1 设存在矩阵 $Q = \mathrm{diag}(q_1, q_2, \cdots, q_n) > 0$ 和常数 $\mu > 0$, $\rho \geqslant 0$, 使得对任意 $x \in \mathbf{R}^n$ 有

$$\mathrm{tr}\left(\sigma^{\mathrm{T}}(x)Q\sigma(x)\right) \leqslant \mu x^{\mathrm{T}}Qx,$$

$$x^{\mathrm{T}}Q\sigma(x)\sigma^{\mathrm{T}}(x)Qx \geqslant \rho\left(x^{\mathrm{T}}Qx\right)^2.$$

记 $\lambda_{\max}(H)$ 为矩阵的最大特征值 $H = (h_{ij})_{n \times n}$，其中

$$h_{ij} = \begin{cases} 2q_i[-b_i + (0 \vee a_{ii})\beta_i], & i = j, \\ q_i \, |a_{ij}| \, \beta_j + q_j \, |a_{ji}| \, \beta_i, & i \neq j, \end{cases}$$

则系统 (4.4.4) 的任意解都满足

$$\limsup_{t \to \infty} \frac{1}{t} \log \|x(t, x_0)\| \leqslant -\left(\rho - \frac{1}{2} \left(\mu + \frac{\lambda_{\max}(H)}{\max\limits_i q_i} \right) \right), \quad \text{a.s.}$$

推论 4.4.2 假设 $\sum\limits_{j=1}^{n} |a_{ij}| \leqslant b_i$ 且存在矩阵 $Q = \text{diag}(q_1, q_2, \cdots, q_n) > 0$ 和常数 $\mu > 0, \rho \geqslant 0$ 使得 $\beta_i^2 \sum\limits_{j=1}^{n} q_j \, |a_{ji}| \leqslant q_i b_i, 1 \leqslant i \leqslant n$ 成立且对任意的 $x \in \mathbf{R}^n$ 有

$$\text{tr}\left(\sigma^{\mathrm{T}}(x) Q \sigma(x) \right) \leqslant \mu x^{\mathrm{T}} Q x,$$
$$x^{\mathrm{T}} Q \sigma(x) \sigma^{\mathrm{T}}(x) Q x \geqslant \rho \left(x^{\mathrm{T}} Q x \right)^2.$$

则系统 (4.4.4) 的任意解都满足

$$\limsup_{t \to \infty} \frac{1}{t} \log \|x(t, x_0)\| \leqslant -\left(\rho - \frac{\mu}{2} \right), \quad \text{a.s.}$$

推论 4.4.3 若 $|a_{ij}| = |a_{ji}|, 1 \leqslant i, j \leqslant n$ 且常数 $\mu > 0, \rho \geqslant 0$，使得对任意的 $x \in \mathbf{R}^n$ 有

$$\text{tr}\left(\sigma^{\mathrm{T}}(x) Q \sigma(x) \right) \leqslant \mu x^{\mathrm{T}} Q x$$
$$x^{\mathrm{T}} Q \sigma(x) \sigma^{\mathrm{T}}(x) Q x \geqslant \rho \left(x^{\mathrm{T}} Q x \right)^2$$

则系统 (4.4.4) 的任意解都满足

$$\limsup_{t \to \infty} \frac{1}{t} \log \|x(t, x_0)\| \leqslant -\left(\rho + b(1 - \bar{\beta}) - \frac{1}{2}\mu \right), \quad \text{a.s.,} \ \text{当} \ 1 \geqslant \bar{\beta} \ \text{时}$$

或

$$\limsup_{t \to \infty} \frac{1}{t} \log \|x(t, x_0)\| \leqslant -\left(\rho - \bar{b}(\bar{\beta} - 1) - \frac{1}{2}\mu \right), \quad \text{a.s.,} \ \text{当} \ 1 < \bar{\beta} \ \text{时,}$$

其中 $\bar{\beta} = \max\limits_i \beta_i, \bar{b} = \max\limits_i b_i, b = \min\limits_i b_i$.

定理 4.4.2 设存在正定矩阵 $Q = (q_{ij})_{n \times n}$ 和常数 $\mu \in \mathbf{R}, \rho \geqslant 0$，使得对任意的 $x \in \mathbf{R}^n$ 有

$$2x^{\mathrm{T}} Q(-Bx + Ag(x)) + \text{tr}\left(\sigma^{\mathrm{T}}(x) Q \sigma(x) \right) \geqslant \mu x^{\mathrm{T}} Q x,$$

$$x^{\mathrm{T}} Q \sigma(x) \sigma^{\mathrm{T}}(x) Q x \leqslant \rho \left(x^{\mathrm{T}} Q x \right)^2.$$

则系统 (4.4.4) 的任意解都满足

$$\lim_{t \to \infty} \inf \frac{1}{t} \log \| x(t, x_0) \| \geqslant \frac{\mu}{2} - \rho, \quad \text{a.s.}$$

特别地, 若 $\rho < \dfrac{\mu}{2}$, 则系统 (4.4.4) 的零解是几乎必然指数不稳定的.

推论 4.4.4   设存在矩阵 $Q = \mathrm{diag}(q_1, q_2, \cdots, q_n) > 0$ 和常数 $\mu > 0, \rho \geqslant 0$, 使得对任意的 $x \in \mathbf{R}^n$ 有

$$\mathrm{tr} \left(\sigma^{\mathrm{T}}(x) Q \sigma(x) \right) \geqslant \mu x^{\mathrm{T}} Q x,$$
$$x^{\mathrm{T}} Q \sigma(x) \sigma^{\mathrm{T}}(x) Q x \leqslant \rho \left(x^{\mathrm{T}} Q x \right)^2.$$

记 $\lambda_{\max}(H)$ 为矩阵的最大特征值 $S = (s_{ij})_{n \times n}$, 其中

$$s_{ij} = \begin{cases} 2 q_i [-b_i + (0 \wedge a_{ii}) \beta_i], & i = j, \\ -q_i \, |a_{ij}| \, \beta_j - q_j \, |a_{ji}| \, \beta_i, & i \neq j, \end{cases}$$

则系统 (4.4.4) 的任意解都满足

$$\lim_{t \to \infty} \inf \frac{1}{t} \log \| x(t, x_0) \| \geqslant \frac{1}{2} \left(\mu + \frac{\lambda_{\max}(S)}{\max\limits_i q_i} \right) - \rho, \quad \text{a.s.}$$

推论 4.4.5   若 $|a_{ij}| = |a_{ji}|, 1 \leqslant i, j \leqslant n$ 且常数 $\mu > 0, \rho \geqslant 0$, 使得对任意的 $x \in \mathbf{R}^n$ 有

$$\mathrm{tr} \left(\sigma^{\mathrm{T}}(x) Q \sigma(x) \right) \geqslant \mu x^{\mathrm{T}} Q x,$$
$$x^{\mathrm{T}} Q \sigma(x) \sigma^{\mathrm{T}}(x) Q x \leqslant \rho \left(x^{\mathrm{T}} Q x \right)^2.$$

则系统 (4.4.4) 的任意解都满足

$$\lim_{t \to \infty} \inf \frac{1}{t} \log \| x(t, x_0) \| \geqslant \frac{1}{2} \mu - b(1 - \bar{\beta}) - \rho, \quad \text{a.s.}$$

其中 $\bar{\beta} = \max\limits_i \beta_i, \ \bar{b} = \max\limits_i b_i, \ b = \min\limits_i b_i$.

一个确定性的神经网络系统

$$\dot{x}(t) = -B x(t) + A g(x(t))$$

可能是不稳定的, 但可以通过随机扰动来实现稳定. 仅考虑线性随机扰动

$$\sigma(x(t)) \mathrm{d} W(t) = \sum_{k=1}^{m} H_k x(t) \mathrm{d} W_k(t),$$

即

$$\sigma(x) = (H_1 x, H_2 x, \cdots, H_n x),$$

其中 $H_k(1 \leqslant k \leqslant m)$ 是一个 $n \times n$ 矩阵. 扰动后的系统为

$$\begin{cases} \mathrm{d}x(t) = (-Bx(t) + Ag(x(t)))\,\mathrm{d}t + \sum_{k=1}^{m} H_k x(t)\mathrm{d}W_k(t), \\ x(0) = x_0 \in \mathbf{R}^n. \end{cases} \tag{4.4.5}$$

易见,

$$\mathrm{tr}\left(\sigma^{\mathrm{T}}(x)Q\sigma(x)\right) = \sum_{k=1}^{m} x^{\mathrm{T}} H_k^{\mathrm{T}} Q H_k x,$$

$$x^{\mathrm{T}} Q\sigma(x)\sigma^{\mathrm{T}}(x)Qx = \mathrm{tr}\left(\sigma^{\mathrm{T}}(x)Qxx^{\mathrm{T}}Q\sigma(x)\right)$$

$$= \sum_{k=1}^{m} x^{\mathrm{T}} H_k^{\mathrm{T}} Q x x^{\mathrm{T}} Q Q H_k x$$

$$= \sum_{k=1}^{m} \left(x^{\mathrm{T}} H_k^{\mathrm{T}} Q x\right)^2.$$

定理 4.4.3 设存在正定矩阵 $Q = (q_{ij})_{n \times n}$ 和常数 $\mu \in \mathbf{R}$, $\rho \geqslant 0$, 使得对任意的 $x \in \mathbf{R}^n$ 有

$$2x^{\mathrm{T}} Q(-Bx + Ag(x)) + \sum_{k=1}^{m} x^{\mathrm{T}} H_k^{\mathrm{T}} Q H_k x \leqslant \mu x^{\mathrm{T}} Q x,$$

$$\sum_{k=1}^{m} \left(x^{\mathrm{T}} H_k^{\mathrm{T}} Q x\right)^2 \geqslant \rho \left(x^{\mathrm{T}} Q x\right)^2,$$

则系统 (4.4.5) 的任意解都满足

$$\limsup_{t \to \infty} \frac{1}{t} \log \|x(t, x_0)\| \leqslant -\left(\rho - \frac{\mu}{2}\right), \quad \text{a.s.}$$

特别地, 若 $\rho > \dfrac{\mu}{2}$, 则系统 (4.4.5) 的零解是几乎必然指数稳定的.

定理 4.4.4 设存在正定矩阵 $Q = (q_{ij})_{n \times n}$ 和常数 $\mu \in \mathbf{R}$, $\rho \geqslant 0$, 使得对任意的 $x \in \mathbf{R}^n$ 有

$$2x^{\mathrm{T}} Q(-Bx + Ag(x)) + \mathrm{tr}\left(\sigma^{\mathrm{T}}(x)Q\sigma(x)\right) \geqslant \mu x^{\mathrm{T}} Q x,$$

$$\sum_{k=1}^{m} \left(x^{\mathrm{T}} H_k^{\mathrm{T}} Q x\right)^2 \leqslant \rho \left(x^{\mathrm{T}} Q x\right)^2,$$

则系统 (4.4.5) 的任意解都满足

$$\lim_{t\to\infty}\inf\frac{1}{t}\log\|x(t,x_0)\|\geqslant\frac{\mu}{2}-\rho,\quad\text{a.s.}$$

特别地, 若 $\rho<\dfrac{\mu}{2}$, 则系统 (4.4.5) 的零解是几乎必然指数不稳定.

考虑具有可变时滞的 Itô 型随机 Hopfield 神经网络

$$\begin{cases}\mathrm{d}x(t)=(-Ax(t)+B\sigma(x(t-\delta_1(t))))\,\mathrm{d}t+f(t,x(t),x(t-\delta_2(t)))\mathrm{d}W(t),\\ x(0)=\phi,\end{cases}\tag{4.4.6}$$

其中

$$x(t)=(x_1(t),x_2(t),\cdots,x_n(t))^{\mathrm{T}},A=\mathrm{diag}(a_1,a_2,\cdots,a_n)>0,$$
$$B=(b_{ij})_{n\times n}\in\mathbf{R}^{n\times n},$$
$$x(t-\delta_i(\tau))=(x_1(t-\delta_i(t)),x_2(t-\delta_i(t)),\cdots,x_n(t-\delta_i(t)))^{\mathrm{T}},$$
$$\delta_i(t)\in C(\mathbf{R}^+,[0,\tau]),\tau>0,$$
$$\sigma(x(t-\delta_i(\tau))=\sigma_1(x_1(t-\delta_i(\tau))),$$
$$\sigma_2(x_2(t-\delta_i(\tau))),\cdots,\sigma_n(x_n(t-\delta_i(\tau)))^{\mathrm{T}},\quad i=1,2.$$

系统 (4.4.6) 中:

(1) $f:\mathbf{R}^+\times\mathbf{R}^n\times\mathbf{R}^n\to\mathbf{R}^n\times\mathbf{R}^m$ 是局部 Lipschitz 连续的且满足 $f(t,0,0)\equiv0$; $\|f(t,x,y)\|\leqslant k(\|x\|+\|y\|),\forall(t,x,y)\in\mathbf{R}^+\times\mathbf{R}^n\times\mathbf{R}^n$ 且存在 $\alpha_1,\alpha_2\geqslant0$, 使得

$$\mathrm{tr}\left(f^{\mathrm{T}}(t,x,y)f(t,x,y)\right)\leqslant\alpha_1\|x\|^2+\alpha_2\|y\|^2,\quad\forall(t,x,y)\in\mathbf{R}^+\times\mathbf{R}^n\times\mathbf{R}^n.$$

(2) 存在 $\sigma(0)=0,0\leqslant\dfrac{\sigma_i(u)-\sigma_i(v)}{u-v}\leqslant M_i,\forall(x,y)\in\mathbf{R}^n\times\mathbf{R}^n.$

(3) 系统 (5.5.1) 的初值 $x(0)=\phi\in L_{\wp_0}^p([-\tau,0],\mathbf{R}^n)$,

对 (4.4.6) 两端积分, 得

$$\begin{cases}x(t)=x(0)+\int_0^t(-Bx(s)+A\sigma(x(s-\delta_1(s))))\,\mathrm{d}s+\int_0^tf(s,x(s),x(s-\delta_2(s)))\mathrm{d}W(s),\\ x(0)=\phi,\end{cases}$$

系统 (4.4.6) 有唯一解. 因此, 设在整个 $t\geqslant0$ 上, 其通过 $(0,\phi)$ 的唯一解为 $x(t)=x(t,\phi)$. 显然, 这个解是连续的且平方可积的.

若 $x\in\mathbf{R}^n$, 则 $\|x\|=\sqrt{x^{\mathrm{T}}x}$, 若 A 是一个矩阵, 则其范数为

$$\|A\|=\sup\left\{\|Ax\|:\|x\|=1\right\}.$$

引理 4.4.4　设 $x(t)=x(t,\phi)$ 是系统 (4.4.6) 的解, 则对 $i=1,2$ 有

$$E\|x(t)-x(t-\delta(t))\|^2\leqslant N\sup_{-2\tau\leqslant\theta\leqslant0}E\|x(t+\theta)\|^2,$$

其中 $N = \left(\|A\|\tau + \|B\| \|M\|\tau + \sqrt{\tau(\alpha_1 + \alpha_2)} \right)^2$

证明 由 Hölder 不等式, 有

$$E\|x(t) - x(t - \delta(t))\|^2$$
$$\leqslant (\varepsilon_1^2 + \varepsilon_2^2 + \varepsilon_3^2) \left[\varepsilon_1^{-2} E \left| \int_{t-\delta_i(t)}^{t} -Ax(s)\mathrm{d}s \right|^2 \right.$$
$$\left. + \varepsilon_2^{-2} E \left| \int_{t-\delta_i(t)}^{t} Bx(\sigma(x(s - \delta_1(s))))\mathrm{d}s \right|^2 + \varepsilon_2^{-2} E \left| \int_{t-\delta_i(t)}^{t} f\mathrm{d}W(s) \right|^2 \right],$$

这里 $\varepsilon_1 = \sqrt{\|A\|\tau}$, $\varepsilon_2 = \sqrt{\|B\|\|M\|\tau}$, $\varepsilon_3 = \sqrt{\tau(\alpha_1 + \alpha_2)}$, 再一次使用 Hölder 不等式与条件 (2), 得到

$$E \left| \int_{t-\delta_i(t)}^{t} -Ax(s)\mathrm{d}s \right|^2 \leqslant \tau^2 \|A\|^2 \sup_{-2\tau \leqslant \theta \leqslant 0}$$

$$E\|x(t+\theta)\|^2, E \left| \int_{t-\delta_i(t)}^{t} Bx(\sigma(x(s-\delta_1(s)))) \mathrm{d}s \right|^2 \leqslant \tau^2 \|B\|^2 \|M\|^2 \sup_{-2\tau \leqslant \theta \leqslant 0} E\|x(t+\theta)\|^2.$$

有

$$E \left| \int_{t-\delta_i(t)}^{t} f\mathrm{d}W(s) \right|^2 \leqslant \tau^2(\alpha_1 + \alpha_2) \sup_{-2\tau \leqslant \theta \leqslant 0} E\|x(t+\theta)\|^2.$$

证明完成.

定理 4.4.5 设存在正定矩阵 D, 正对角矩阵 $Q = \mathrm{diag}(q_1, q_2, \cdots, q_n)$, 使得

$$Q(-AM^{-1} + B) + (-AM^{-1} + B)^{\mathrm{T}}Q = -D.$$

记 $k = \|A^{-1}B\|^2 \lambda_{\min}^{-1}(D)$, $k_1 = \lambda_{\min}^{-1}(A^{-1})$, $k_2 = \lambda_{\max}^{-1}(A^{-1}) + 2k\|QM\|$, N 如引理 4.4.4 中所述, 如果

$$2\left(\|A^{-1}B\| + k\|QB\|\|M\| \right)\|M\|\sqrt{Nk_1^{-1}k_2} + \left(\|A^{-1}\| + k\|Q\|\|M\| \right)\left(\alpha_1 + \alpha_2 k_1^{-1}k_2 \right) < 1, \tag{4.4.7}$$

则系统 (4.4.6) 的零解是均方指数稳定, 也是几乎必然指数稳定的.

证明 作 Lyapunov 函数

$$V(x) = x^{\mathrm{T}}A^{-1}x + 2k\sum_{i=1}^{n} q_i \int_0^{x_i} \sigma_i(s)\mathrm{d}s,$$

使用 Itô 公式, 有

$$LV(x) = 2(x^{\mathrm{T}}(t)A^{-1} + k\sigma^{\mathrm{T}}(x(t))Q)(-Ax(t) + B\sigma(x(t - \delta_1(t))))$$

$$+ \mathrm{tr}\left(f^{\mathrm{T}}(A^{-1} + kQ \sum (x(t))) f \right). \tag{4.4.8}$$

其中

$$\sum (x(t)) = \mathrm{diag}(\sigma_1'(x_1(t)), \sigma_2'(x_2(t)), \cdots, \sigma_n'(x_n(t))),$$

而

$$2(x^{\mathrm{T}}(t)A^{-1} + k\sigma^{\mathrm{T}}(x(t))Q)(-Ax(t) + B\sigma(x(t)))$$

$$\leqslant 2x^{\mathrm{T}}(t)A^{-1}(-Ax(t) + B\sigma(x(t))) + 2k\sigma^{\mathrm{T}}(x(t))Q(-Ax(t) + B\sigma(x(t)))$$

$$\leqslant 2x^{\mathrm{T}}(t)x(t) + 2x^{\mathrm{T}}(t)A^{-1}B\sigma(x(t)) + 2k\sigma^{\mathrm{T}}(x(t))Q(-AM^{-1} + B)\sigma(x(t))$$

$$\leqslant -2\left\| x(t) \right\|^2 + \left\| x(t) \right\|^2 + \left\| A^{-1}B \right\| \left\| \sigma(x(t)) \right\|^2 - k\lambda_{\min}(D) \left\| \sigma(x(t)) \right\|^2$$

$$= -\left\| x(t) \right\|^2. \tag{4.4.9}$$

由于

$$2(x^{\mathrm{T}}(t)A^{-1} + k\sigma^{\mathrm{T}}(x(t))Q)B(\sigma(x(t - \delta_1(t))) - \sigma(x(t)))$$

$$\leqslant \left\| M \right\| (\left\| A^{-1}B \right\| + k \left\| QB \right\| \left\| M \right\|) \left(\beta \left\| x(t) \right\| + \beta^{-1} \left\| x(t - \delta_1(t)) - x(t) \right\|^2 \right), \tag{4.4.10}$$

其中 $\beta = \sqrt{Nk_1^{-1}k_2}$.

$$\mathrm{tr}\left(f^{\mathrm{T}} \left(A^{-1} + kQ \sum (x(t)) \right) f \right)$$

$$\leqslant (\left\| A^{-1} \right\| + k \left\| Q \right\| \left\| M \right\|) \left(\alpha_1 \left\| x(t) \right\|^2 + \alpha_2 \left\| x(t - \delta_2(t)) \right\|^2 \right). \tag{4.4.11}$$

将式 (4.4.9) ∼ 式 (4.4.11) 代入式 (4.4.8) 得到

$$LV(x) \leqslant \lambda \left\| x \right\|^2 + (\left\| A^{-1}B \right\| + k \left\| QB \right\| \left\| M \right\|) \left\| M \right\| \beta^{-1} \left\| x(t) - x(t - \delta_1(t)) \right\|^2$$

$$+ (\left\| A^{-1} \right\| + k \left\| Q \right\| \left\| M \right\|) \alpha_2 \left\| x(t - \delta_1(t)) \right\|^2.$$

其中 $\lambda = -1 + (\left\| A^{-1}B \right\| + k \left\| QB \right\| \left\| M \right\|) \left\| M \right\| \beta + (\left\| A^{-1} \right\| + k \left\| Q \right\| \left\| M \right\|) \alpha_1$, 由引理 4.4.4 有

$$ELV \leqslant \lambda E \left\| x \right\|^2 + \eta \sup_{-2\tau \leqslant \theta \leqslant 0} E \left\| x(t + \theta) \right\|^2,$$

其中 $\eta = (\left\| A^{-1}B \right\| + k \left\| QB \right\| \left\| M \right\|) \left\| M \right\| \beta^{-1}N + (\left\| A^{-1} \right\| + k \left\| Q \right\| \left\| M \right\|) \alpha_2$. 由 V 的定义可以从上式推出

$$ELV \leqslant k_2^{-1}\lambda ELV + \eta k_1^{-1} \sup_{-2\tau \leqslant \theta \leqslant 0} EV(x(t + \theta)).$$

由已知条件 (4.4.7), 必存在 $q > 0$ 使得

$$-\lambda^* = k_2^{-1}\lambda + \eta k_1^{-1}q < 0.$$

从而当 $EV(x(t+\theta)) < qEV(x(t))(-2\tau \leqslant \theta \leqslant 0)$ 时, 可以推出

$$ELV(x(t)) \leqslant -\lambda^* EV(x(t)).$$

由随机泛函微分方程的 Razumikhin 型定理, 可推出系统 (4.4.6) 的零解是均方指数稳定, 也是几乎必然指数稳定的. 证明完成.

若系统 (4.4.6) 中 $f \equiv 0$, 则对变时滞的 Hopfield 型神经网络

$$\dot{x}(t) = -Ax(t) + B\sigma(x(t - \delta_1(t))) \tag{4.4.12}$$

有如下推论:

推论 4.4.6 设存在正定矩阵 D, 正对角矩阵 $Q = \text{diag}(q_1, q_2, \cdots, q_n)$, 使得

$$Q(-AM^{-1} + B) + (-AM^{-1} + B)^{\text{T}}Q = -D.$$

记

$$k = \left\|A^{-1}B\right\|^2 \lambda_{\min}^{-1}(D), k_1 = \lambda_{\min}^{-1}(A^{-1}), k_2 = \lambda_{\max}^{-1}(A^{-1}) + 2k\left\|QM\right\|,$$
$$\bar{N} = (\|A\| + \|B\|\,\|M\|)\,\tau,$$

如果

$$2\left(\left\|A^{-1}B\right\| + k\left\|QB\right\|\,\|M\|\right)\|M\|\bar{N}\sqrt{k_1^{-1}k_2} < 1, \tag{4.4.13}$$

则系统 (4.4.12) 的零解是指数稳定的.

下面给出与时滞无关的稳定性判据.

定理 4.4.6 设存在正定矩阵 G, D, 使得

$$GA + A^{\text{T}}G = D.$$

若

$$\lambda_{\min}(D) > 2\|GB\|\,\|M\|\sqrt{\lambda_{\max}(G)\lambda_{\min}^{-1}(G)} + \|G\|\left(\alpha_1 + \lambda_{\max}(G)\lambda_{\min}^{-1}(G)\alpha_2\right),$$

则系统 (4.4.12) 的零解是指数稳定的.

证明 作 Lyapunov 函数 $V(x) = x^{\text{T}}Gx$, 则

$$\lambda_{\min}(G)\|x\|^2 \leqslant V(x) \leqslant \lambda_{\max}(G)\|x\|^2$$

对

$$\forall (t, x, y_1, y_2) \in \mathbf{R}^+ \times \mathbf{R}^3,$$

有

$$
\begin{aligned}
& V_x(x)(-Ax + B\sigma(y_1)) + \frac{1}{2}\text{tr}\left(f^{\mathrm{T}}(t, x, y_2)V_{xx}f(t, x, y_2)\right) \\
&= 2x^{\mathrm{T}}G(-Ax + B\sigma(y_1)) + \text{tr}\left(f^{\mathrm{T}}(t, x, y_2)Gf(t, x, y_2)\right) \\
&\leqslant -x^{\mathrm{T}}Dx + 2x^{\mathrm{T}}GB\sigma(y_1) + \|GB\|^2\|M\|^2\beta^{-1}\|y_1\|^2 + \|G\|\left(\alpha_1\|x\|^2 + \alpha_2\|y_2\|^2\right) \\
&= (-\lambda_{\min}(D) + \beta + \|G\|\alpha_1)\|x\|^2 + \|GB\|^2\|M\|^2\beta^{-1}\|y_1\|^2 + \|G\|\alpha_2\|y_2\|^2 \\
&\leqslant -\left(\lambda_{\min}(D) - \beta - \|G\|\alpha_1\right)\lambda_{\max}^{-1}(G)V(x) + \|GB\|^2\|M\|^2\beta^{-1}\lambda_{\min}^{-1}(G)V(y_1) \\
&\quad + \|G\|\alpha_2\lambda_{\min}^{-1}(G)V(y_2).
\end{aligned}
$$

其中

$$\beta = \|G\|\|M\|\sqrt{\lambda_{\max}(G)\lambda_{\min}^{-1}(G)}.$$

由已知条件易推出

$$(\lambda_{\min}(D) - \beta - \|G\|\alpha_1)\lambda_{\max}^{-1}(G) > \|GB\|^2\|M\|^2\beta^{-1}\lambda_{\min}^{-1}(G) + \|G\|\lambda_{\min}^{-1}(G)\alpha_2.$$

系统 (4.4.6) 的零解是均方指数稳定, 也是几乎必然指数稳定的.

推论 4.4.7 设存在正定矩阵 G, D, 使得 $GA + A^{\mathrm{T}}G = D$, 若

$$\lambda_{\min}(D) > 2\|GB\|\|M\|\sqrt{\lambda_{\max}(G)\lambda_{\min}^{-1}(G)},$$

则系统 (4.4.12) 的零解是指数稳定的.

4.4.2 随机细胞神经网络模型及动力学问题

细胞神经网络对二维图像的初级加工特别有用, 现已形成了一个新的学科分支. 它的实现也比 Hopfield 网络容易, 网络的芯片也已不断出现, 是一个值得注意的领域. 细胞神经网络的基本单元称为人工细胞, 它是由线性电容、线性电阻、线性控制元件和非线性控制元件组成的, 如同一个细胞自动机, 它只同周围的神经元相接, 是一个连续的动态系统. 细胞神经网络应用于运动图像处理时, 需要引入细胞间信号传递的时间延迟. 关于细胞神经网络与时滞细胞神经网络的动力学问题在第 3 章已经介绍. 外部信号的干扰通常是随机的, 所以本节简单介绍具有随机扰动的细胞神经网络模型及指数稳定性. 利用 Lyapunov 泛函或 Lyapunov 函数与 $It\hat{o}$ 公式, 给出这种细胞神经网络的均方指数稳定与几乎必然指数稳定的判据.

首先介绍与时滞无关的稳定性判据:

设 $(\Omega, \wp, P)$ 是具有自然滤波 $\{\wp\}_{t \geqslant 0}$ 的完备概率空间, 设 $W(t) = (W_1(t), W_2(t), \cdots, W_m(t))^{\mathrm{T}}$ 是概率空间 $(\Omega, \wp, P)$ 上的 m 维布朗运动.

考虑具有可变时滞的 Itô 型随机细胞神经网络:

$$\begin{cases} \mathrm{d}x(t) = (-Dx(t) + A\sigma(x(t)) + B\sigma(x_\tau(t)))\, \mathrm{d}t + f(t, x(t), x_\tau(t))\mathrm{d}W(t), \\ x(0) = \phi. \end{cases} \tag{4.4.14}$$

其中

$$x(t) = (x_1(t), x_2(t), \cdots, x_n(t))^{\mathrm{T}} \in \mathbf{R}^n, \quad D = \mathrm{diag}(d_1, d_2, \cdots, d_n) > 0,$$
$$A = (a_{ij})_{n \times n} \in \mathbf{R}^{n \times n}, \quad B = (b_{ij})_{n \times n} \in \mathbf{R}^{n \times n},$$
$$\sigma(x(t)) = (\sigma_1(x_1(t)), \sigma_2(x_2(t)), \cdots, \sigma_n(x_n(t)))^{\mathrm{T}},$$
$$f(t, x(t), x_\tau(t)) = (f_{ij}(t, x(t), x_\tau(t)))_{n \times m},$$
$$\sigma(x_\tau(t)) = (\sigma_1(x_1(t - \tau_1)), \sigma_2(x_2(t - \tau_2)), \cdots, \sigma_n(x_n(t - \tau_n)))^{\mathrm{T}}.$$

系统 (4.4.14) 的初值 $x(0) = \phi \in L^2_{\wp_0}([-\tau, 0], \mathbf{R}^n)$.

系统 (4.4.14) 中:

(1) $f : \mathbf{R}^+ \times \mathbf{R}^n \times \mathbf{R}^n \to \mathbf{R}^n \times \mathbf{R}^m$ 是局部 Lipschitz 连续的且满足 $f(t, 0, 0) \equiv 0$;

$$\|f(t, x, y)\| \leqslant k\left(\|x\| + \|y\|\right), \quad \forall (t, x, y) \in \mathbf{R}^+ \times \mathbf{R}^n \times \mathbf{R}^n,$$

且存在 $\alpha_1, \alpha_2 \geqslant 0$, 使得

$$\mathrm{tr}\left(f^{\mathrm{T}}(t, x, y)f(t, x, y)\right) \leqslant \alpha_1 \|x\|^2 + \alpha_2 \|y\|^2, \quad \forall (t, x, y) \in \mathbf{R}^+ \times \mathbf{R}^n \times \mathbf{R}^n;$$

(2) $\sigma_i(x_i) = \dfrac{|x_i + 1| - |x_i - 1|}{2}, i = 1, 2, \cdots, n;$

(3) 对每一个 $\phi \in L^2_{\wp_0}([-\tau, 0], \mathbf{R}^n)$, 系统 (4.4.14) 几乎必然存在唯一的解 $x(t) = x(t, \phi)$, 它是连续的均方可积的.

若 $x \in \mathbf{R}^n$, 则 $\|x\| = \sqrt{x^{\mathrm{T}}x}$, 若 A 是一个矩阵, 则其范数为

$$\|A\| = \sup\left\{\|Ax\| : \|x\| = 1\right\},$$

$$\|\phi\|_\tau = \sup_{-\tau \leqslant s \leqslant 0} \|\phi(s)\|.$$

定理 4.4.7 设存在正定矩阵 G 和 $\bar{G}$, 正对角矩阵 Q 和 $\bar{Q}$, 使得

$$-(GD + D^{\mathrm{T}}G) + Q + \bar{Q} + GA\bar{Q}^{-1}A^{\mathrm{T}}G + GBQ^{-1}B^{\mathrm{T}}G = -\bar{G}, \tag{4.4.15}$$

则

$$\lambda_{\min}(\bar{G}) > \|G\|(a_1 + a_2), \tag{4.4.16}$$

且系统 (4.4.14) 的零解是均方指数稳定的, 也是几乎必然指数稳定的.

证明　为了方便, 将系统 (4.4.14) 改写为

$$\mathrm{d}x(t) = (-Dx(t) + AHx(t) + BHx_\tau(t))\,\mathrm{d}t + f(t, x(t), x_\tau(t))\mathrm{d}W(t),$$

其中

$$H = H(x(t)) = \mathrm{diag}(\psi_1(x_1), \psi_2(x_2), \cdots, \psi_n(x_n)),$$

$$\psi_i(x_i) = \begin{cases} x_i^{-1}\sigma_i(x_i), & x_i \neq 0, \\ 0, & x_i = 0. \end{cases}$$

取 Lyapunov 函数

$$V(x, t) = x^{\mathrm{T}}Gx + \int_{-\tau}^{0} x(t+s)Qx(t+s)\mathrm{d}s$$

使用 Itô 公式得到

$$\begin{aligned} LV(x(t)) &= 2x^{\mathrm{T}}(t)G(-Dx(t) + AHx(t) + BHx(t-\tau)) \\ &\quad + x^{\mathrm{T}}(t)QHx(t) - x^{\mathrm{T}}(t-\tau)QHx(t-\tau) \\ &\quad + \mathrm{tr}\left(f^{\mathrm{T}}(t, x(t), x(t-\tau))Gf(t, x(t), x(t-\tau))\right) \\ &= -2x^{\mathrm{T}}(t)GDx(t) + 2x^{\mathrm{T}}(t)GAHx(t) + 2x^{\mathrm{T}}(t)GBHx(t-\tau) \\ &\quad + x^{\mathrm{T}}(t)Qx(t) - x^{\mathrm{T}}(t-\tau)Qx(t-\tau). \end{aligned} \tag{4.4.17}$$

因为

$$\begin{aligned} 2x^{\mathrm{T}}(t)GAHx(t) &\leqslant x^{\mathrm{T}}(t)\bar{Q}x(t) + x^{\mathrm{T}}(t)GAH\bar{Q}^{-1}HA^{\mathrm{T}}Gx(t) \\ &\leqslant x^{\mathrm{T}}(t)\bar{Q}x(t) + x^{\mathrm{T}}(t)GA\bar{Q}^{-1}A^{\mathrm{T}}Gx(t), \end{aligned} \tag{4.4.18}$$

$$2x^{\mathrm{T}}(t)GBHx(t) \leqslant x^{\mathrm{T}}(t)Qx(t) + x^{\mathrm{T}}(t)GBQ^{-1}B^{\mathrm{T}}Gx(t), \tag{4.4.19}$$

$$\mathrm{tr}\left(f^{\mathrm{T}}(t, x(t), x(t-\tau))Gf(t, x(t), x(t-\tau))\right) \leqslant \|G\| \left(\alpha_1 \|x(t)\|^2 + \alpha_2 \|x(t-\tau)\|^2\right). \tag{4.4.20}$$

将 (4.4.18) ∼ 式 (4.4.20) 代入式 (4.4.17) 中, 得到

$$LV(x(t)) \leqslant -\lambda_{\min}(G) \|x(t)\|^2 + \|G\| \left(\alpha_1 \|x(t)\|^2 + \alpha_2 \|x(t-\tau)\|^2\right).$$

由已知条件 (4.4.16) 得到, 必存在唯一的 $\varepsilon > 0$ 使得

$$\lambda_{\min}(G) = \|G\| (\alpha_1 + \varepsilon) + (\|G\| \alpha_2 + \|Q\| \varepsilon\tau) \mathrm{e}^{\varepsilon\tau}. \tag{4.4.21}$$

再一次使用 Itô 公式, 由上式得到

$$
\begin{aligned}
E\left(\mathrm{e}^{\varepsilon\tau}V(x(t))\right) \leqslant\ & E\left(\phi^{\mathrm{T}}G\phi\right) + \|Q\|\, C_1 \\
& - \left[\lambda_{\min}(G) - \|G\|\,(\alpha_1 + \varepsilon)\right]\int_0^t \mathrm{e}^{\varepsilon s} E\,\|x(s)\|^2\,\mathrm{d}s \\
& + \|G\|\,\alpha_2 \int_0^t \mathrm{e}^{\varepsilon s} E\,\|x(s-\tau)\|^2\,\mathrm{d}s \\
& + \varepsilon \int_0^t \mathrm{e}^{\varepsilon s}\mathrm{d}s \int_{-\tau}^0 E\left(x^{\mathrm{T}}(s-\theta)Qx(s-\theta)\right)\mathrm{d}\theta, \qquad (4.4.22)
\end{aligned}
$$

其中 $C_1 = \displaystyle\int_{-\tau}^0 E\,\|x(s)\|^2\mathrm{d}s$, 且当 $t \geqslant \tau$ 时

$$
\int_0^t \mathrm{e}^{\varepsilon s} E\,\|x(s-\tau)\|^2\,\mathrm{d}s \leqslant \mathrm{e}^{\varepsilon\tau}C_1 + \mathrm{e}^{\varepsilon\tau}\int_0^{t-\tau}\mathrm{e}^{\varepsilon r}E\,\|x(r)\|^2\,\mathrm{d}r, \qquad (4.4.23)
$$

$$
\begin{aligned}
&\int_0^t \mathrm{e}^{\varepsilon s}\mathrm{d}s \int_{-\tau}^0 E\left(x^{\mathrm{T}}(s-\theta)Qx(s-\theta)\right)\mathrm{d}\theta \\
&= \int_0^t \mathrm{e}^{\varepsilon s}\mathrm{d}s \int_{s-\tau}^s E\left(x^{\mathrm{T}}(r)Qx(r)\right)\mathrm{d}r \\
&= \int_{-\tau}^t E\left(x^{\mathrm{T}}(r)Qx(r)\right)\mathrm{d}r \int_{s\vee r}^{t\wedge(r+\tau)}\mathrm{e}^{\varepsilon s}\mathrm{d}s \\
&\leqslant \tau\|Q\|\,C_1\mathrm{e}^{\varepsilon\tau} + \|Q\|\,\tau\mathrm{e}^{\varepsilon\tau}\int_0^t \mathrm{e}^{\varepsilon r}E\,\|x(r)\|^2\,\mathrm{d}r. \qquad (4.4.24)
\end{aligned}
$$

将式 (4.4.23)、式 (4.4.24) 代入式 (4.4.22) 中并使用式 (4.4.21), 得到

$$
E\left(\mathrm{e}^{\varepsilon\tau}V(x(t))\right) \leqslant C_2.
$$

其中

$$
C_2 = \|G\|\,E\left(\|\phi\|_\tau^2\right) + \|Q\|\,C_1 + \left(\|G\|\,\alpha_2 + \|Q\|\,\varepsilon\tau\right)C_1\mathrm{e}^{\varepsilon\tau}.
$$

因此

$$
E\,\|x(t)\|^2 \leqslant \lambda_{\min}^{-1}(G)C_2\mathrm{e}^{-\varepsilon t}.
$$

这说明系统 (4.4.14) 的零解均方指数稳定, 也容易推出其零解也是几乎必然一致指数稳定的. 证明完毕.

定理 4.4.8 设存在正定矩阵 G 和 $\bar{G}$, 正对角矩阵 Q, 使得

$$
-(GD + D^{\mathrm{T}}G) + Q + GBQ^{-1}B^{\mathrm{T}}G = -\bar{G},
$$

则

$$\lambda_{\min}(\bar{G}) > \|G\| (a_1 + a_2) + 2 \|GA\|,$$

且系统 (4.4.14) 的零解是均方指数稳定的, 也是几乎必然指数稳定的.

　　　证明　仍取 Lyapunov 函数

$$V(x,t) = x^{\mathrm{T}} G x + \int_{-\tau}^{0} x(t+s)) Q x(t+s) \mathrm{d}s,$$

使用 Itô 公式得到

$$
\begin{aligned}
LV(x(t)) &= 2x^{\mathrm{T}}(t) G(-Dx(t) + AHx(t) + BHx(t-\tau)) \\
&\quad + x^{\mathrm{T}}(t) Q H x(t) - x^{\mathrm{T}}(t-\tau) Q H x(t-\tau) \\
&\quad + \mathrm{tr}\left(f^{\mathrm{T}}(t, x(t), x(t-\tau)) G f(t, x(t), x(t-\tau))\right) \\
&= -2x^{\mathrm{T}}(t) G D x(t) + 2x^{\mathrm{T}}(t) G A H x(t) + 2x^{\mathrm{T}}(t) G B H x(t-\tau) \\
&\quad + x^{\mathrm{T}}(t) Q x(t) - x^{\mathrm{T}}(t-\tau) Q x(t-\tau).
\end{aligned}
$$

将不等式 (4.4.15) 换成 $2x^{\mathrm{T}}(t) G A H x(t) \leqslant 2\|GA\| \|x(t)\|^2$, 其余部分的证明类似于定理 4.4.7.

　　　定理 4.4.9　设存在正定矩阵 G, 使得

$$\lambda_{\min}(GD + D^{\mathrm{T}}G) > 2\left(\|GA\| + \|GB\|\right) + \|G\| (\alpha_1 + \alpha_2),$$

则系统 (4.4.14) 的零解是均方指数稳定的, 也是几乎必然指数稳定的.

　　　证明　取 Lyapunov 函数

$$V(x,t) = x^{\mathrm{T}} G x + \|GB\| \int_{-\tau}^{0} x(t+s) x(t+s) \mathrm{d}s,$$

使用 Itô 公式得到

$$
\begin{aligned}
LV(x(t)) &= 2x^{\mathrm{T}}(t) G(-Dx(t) + AHx(t) + BHx(t-\tau)) \\
&\quad + x^{\mathrm{T}}(t) Q H x(t) - x^{\mathrm{T}}(t-\tau) Q H x(t-\tau) \\
&\quad + \mathrm{tr}\left(f^{\mathrm{T}}(t, x(t), x(t-\tau)) G f(t, x(t), x(t-\tau))\right) \\
&= -2x^{\mathrm{T}}(t) G D x(t) + 2x^{\mathrm{T}}(t) G A H x(t) + 2x^{\mathrm{T}}(t) G B H x(t-\tau) \\
&\quad + x^{\mathrm{T}}(t) Q x(t) - x^{\mathrm{T}}(t-\tau) Q x(t-\tau) \\
&\leqslant -\left(\lambda_{\min}(GD + D^{\mathrm{T}}G) - 2\left(\|GA\| + \|GB\|\right)\right) \|x(t)\|^2 \\
&\quad + \|G\| \left(\alpha_1 \|x(t)\|^2 + \alpha_2 \|x(t-\tau)\|^2\right).
\end{aligned}
$$

将不等式 (4.4.18) 换成 $2x^{\mathrm{T}}(t)GAHx(t) \leqslant 2\,\|GA\|\,\|x(t)\|^2$, 其余部分的证明类似于定理 4.4.7.

注 1 若定理 4.4.7~4.4.9 中, G, Q 与 $\bar{Q}$ 取特殊矩阵, 如单位矩阵, 可以得到一系列简单的判据.

注 2 若系统 (4.4.14) 中 $\alpha_1 = \alpha_2 = 0$, $D = I$, 则得到时滞细胞神经网络

$$\begin{cases} \dot{x}(t) = -Dx(t) + A\sigma(x(t)) + B\sigma(x_\tau(t)), \\ x(0) = \phi. \end{cases}$$

零解渐近稳定的条件: $\|A\| + \|B\| < 1$.

下面再来看与时滞有关的稳定性判据:

引理 4.4.5 设 $x(t)$ 是系统 (4.4.14) 的解, 则 $\forall \varepsilon > 0$, 有

$$\int_0^t \mathrm{e}^{\varepsilon s} E\,\|x(s) - x(s-\tau)\|^2\,\mathrm{d}s$$

$$\leqslant C_2 + 4\,(\tau\,\|B\| + \alpha_2)\,C_1 \tau \mathrm{e}^{2\varepsilon\tau} + C_2 \int_0^t \mathrm{e}^{\varepsilon s} E\,\|x(s)\|^2\,\mathrm{d}s. \tag{4.4.25}$$

其中

$$C_1 = \int_{-\tau}^0 \mathrm{e}^{\varepsilon s} E\,\|\phi(s)\|^2\,\mathrm{d}s,$$

$$C_2 = \int_0^\tau \mathrm{e}^{\varepsilon s} E\,|x(s) - x(s-\tau)|^2\,\mathrm{d}s,$$

$$C_3 = 4\tau\left(\tau\left(\|D\|^2 + \|A\|^2\right) + \alpha_1 + \left(\tau\,\|B\|^2 + \alpha_2\right)\mathrm{e}^{\varepsilon\tau}\right).$$

证明 当 $t \leqslant \tau$ 时, 结论显然成立.

当 $t \geqslant \tau$ 时, 由 Hölder 不等式

$$E\,\|x(s) - x(s-\tau)\|^2$$

$$= E\left\|\int_{s-\tau}^s \dot{x}(r)\mathrm{d}r\right\|^2$$

$$= 4E\left\|\int_{s-\tau}^s Dx(r)\mathrm{d}r\right\|^2 + E\left\|\int_{s-\tau}^s A\sigma(x(r))\mathrm{d}r\right\|^2$$

$$+ E\left\|\int_{s-\tau}^s B\sigma(x(r-\tau))\mathrm{d}r\right\|^2 + E\left\|\int_{s-\tau}^s f\mathrm{d}W\right\|^2$$

$$\leqslant \left(\|D\|^2 + \|A\|^2 + \alpha_1\right)\int_{s-\tau}^s E\,\|x(r)\|^2\,\mathrm{d}r$$

$$+ 4\left(\tau\,\|B\|^2 + \alpha_2\right)\int_{s-\tau}^s E\,\|x(r-\tau)\|^2\,\mathrm{d}r. \tag{4.4.26}$$

先估计

$$\int_\tau^t e^{\varepsilon s} ds \int_{s-\tau}^s E\|x(r)\|^2 dr \leqslant \tau e^{\varepsilon \tau} \int_0^t e^{\varepsilon s} E\|x(s)\|^2 ds$$

$$\int_\tau^t e^{\varepsilon s} ds \int_{s-\tau}^s E\|x(r-\tau)\|^2 dr \leqslant \tau e^{\varepsilon \tau} C_1 + \tau e^{\varepsilon \tau} \int_0^t e^{\varepsilon s} E\|x(r)\|^2 dr.$$

将上述两式代入式 (4.4.26) 得到式 (4.4.25).

定理 4.4.10　设存在正定矩阵 G, 使得

$$\lambda_{\min}(GD + D^T G) > 2\|G(A+B)\| + 2\|GB\|\beta + \|G\|(\alpha_1 + \alpha_2), \tag{4.4.27}$$

其中

$$\beta = 2\sqrt{\tau(\tau(\|D\|^2 + \|A\|^2 + \|B\|^2) + \alpha_1 + \alpha_2)},$$

则系统 (4.4.14) 的零解是均方指数稳定的, 也是几乎必然指数稳定的.

证明　取 Lyapunov 函数 $V(x,t) = x^T G x$, 使用 Itô 公式得到

$$\begin{aligned}
LV(x(t)) &= 2x^T(t)G(-Dx(t) + AHx(t) + BHx(t-\tau)) \\
&\quad + x^T(t)QHx(t) - x^T(t-\tau)QHx(t-\tau) \\
&\quad + \mathrm{tr}\left(f^T(t,x(t),x(t-\tau))Gf(t,x(t),x(t-\tau))\right) \\
&= -2x^T(t)GDx(t) + 2x^T(t)GAHx(t) + 2x^T(t)GBHx(t-\tau) \\
&\quad + x^T(t)Qx(t) - x^T(t-\tau)Qx(t-\tau) \\
&\leqslant -\lambda\|x(t)\|^2 + \|GB\|\beta^{-1}\|x(t)-x(t-\tau)\|^2 + \|G\|\alpha_2\|x(t-\tau)\|^2. \tag{4.4.28}
\end{aligned}$$

其中

$$\lambda = -\lambda_{\min}(GD + D^T G) + 2\|G(A+B)\| + \|GB\|\beta + \|G\|\alpha_1,$$

由已知条件 (4.4.27), 必存在唯一的 $\varepsilon > 0$ 使得

$$\lambda + \|G\|\varepsilon + \|GB\|\beta^{-1}C_3 + \|G\|\alpha_2 e^{\varepsilon\tau} = 0,$$

其中 C_3 见引理 4.4.5. 由引理 4.4.5 与式 (4.4.23) $\sim$ 式 (4.4.25) 可以推出

$$E\left(e^{\varepsilon\tau} V(x(t))\right) \leqslant C_4,$$

其中

$$C_4 = \|GB\|\beta^{-1}\left(C_2 + 4\left(\tau\|B\|^2 + \alpha^2\right)\tau C_1 e^{2\varepsilon\tau}\right) + \|G\|\alpha_2 C_1 e^{\varepsilon\tau} + \|G\|\|\phi\|_\tau^2,$$

因此

$$E\|x(t)\|^2 \leqslant \lambda_{\min}^{-1}(G)C_4 e^{-\varepsilon t}.$$

这说明系统 (4.4.14) 的零解均方指数稳定, 也容易推出其零解也是几乎必然一致指数稳定的.

注 3 当时滞较小时, 定理 4.4.10 优于定理 4.4.7~4.4.9.

本节简单介绍了随机 Hopfield 神经网络和随机细胞神经网络模型及稳定性问题, 对于其他较复杂的随机神经网络 (如二阶随机神经网络), 可以通过查找相关文献进行了解, 这里不再介绍.

第5章 神经网络的应用

人工神经网络 (artificial neural network, ANN) 是由许多处理单元 (又称神经元) 按照一定的拓扑结构相互连接而成的一种网络系统. 这种网络系统具有非线性大规模自适应能力、良好的非线性映射能力、自学习适应能力、并行信息处理能力和较好的容错性, 而神经网络的行为又是大量神经元的集体行为, 并不是各单元行为的简单相加, 而表现出一般复杂非线性动态系统的特征. 神经元可以处理一些环境信息十分复杂、知识背景不清楚和推理规则不明确的问题, 因此神经网络在各个领域中具有广泛的应用, 主要有以下几个方面的应用:

(1) 模式识别. 模式识别涉及模式的预处理变换和将一种模式映射转为其他类型的操作. 神经网络在这两个方面都有许多成功的应用, 如用于手写字符的识别、语音的处理、图像的识别、身份识别、医学诊断、工业产品检测等众多科学领域等.

(2) 优化计算. 指在已知约束条件下寻找一组参数组合, 使由该组合确定的目标函数达到最小值.

(3) 知识处理. 神经网络的知识抽取能力使其能够在没有任何先验知识的情况下自动从输入数据中提取特征, 发现规律, 并通过自组织过程加强自身, 构建适合于表达所发现的规律.

(4) 医学专家系统:

①利用神经网络学习功能、联想记忆功能和分布式并行信息处理功能, 来解决医学专家系统中的知识表示、获取和并行推理等问题.

②神经网络系统辨识是非算法式的, 神经网络本身就是辨识模型, 其可调参数反映在网络内部的连接权上, 不需要建立以实际系统数学模型为基础的辨识格式, 故可以省去辨识前对系统建模这一步骤.

③神经网络作为实际系统的辨识模型, 实际上也是系统的一个物理实现, 可应用于在线控制.

(5) 信号处理. 神经网络广泛用于自适应信号处理 (自适应滤波、时间序列预测等) 和非线性信号处理 (非线性滤波、非线性预测等).

(6) 数据压缩. 神经网络可以对待传送 (或待存储) 的数据提取模式特征, 只将该特征传出 (或存储), 接收 (或使用) 时再将其转换为原始模式.

(7) 汽车工程. 神经网络已经成功应用于挡位选择系统、刹车智能控制系统以及柴油机燃烧系统中.

(8) 军事工程. 神经网络已应用于飞行器的跟踪、水下潜艇位置分析、密码学等军事领域.

(9) 化学工程. 神经网络在制药、生物化学、化学工程领域取得了不少成果, 如谱分析、化学反应生成物的鉴定等.

(10) 水利工程. 水力发电过程辨识和控制、河川径流预测、河流水质分类、水资源规划等实际问题中都有关于神经网络的应用.

(11) 神经控制器. 控制器在实施控制系统中起着大脑的作用, 神经网络具有自学习和自适应的等智能特点, 非常适合做控制器. 对于复杂的非线性系统, 神经控制器所能达到的控制效果往往明显好于常规控制器.

(12) 故障诊断与容错控制. 神经网络故障诊断与容错控制有两种途径: 一种是在传统的方法中使用神经网络; 另一种是用神经网络直接构成具有容错能力的控制器.

(13) 神经网络的收敛性和稳定性问题. 在逼近非线性函数问题上, 神经网络的现有理论只解决了存在性问题, 神经网络的学习速度一般比较慢, 为满足实时控制的需要, 必须予以解决对于控制器和辨识器, 如何选择合适的神经网络模型与确定的结构, 尚无理想的结论. 本章主要介绍前四个方面的应用, 其他各项应用, 读者可以查找相关参考资料进一步了解.

5.1 神经网络应用于模式识别

5.1.1 神经网络模式识别的基本知识

1. 神经网络模式识别的基本概念

模式识别就是机器识别、计算机识别或者机器自动化识别, 目的在于让机器自动识别事物, 使机器具备人所具有的对各种事物与现象进行分析、描述与判断的部分能力. 其研究的目的就是利用计算机对物理对象进行分类, 在错误概率最小的条件下, 使识别的结果尽量与客观事物相符合. 机器辨别事物最基本的方法是计算, 原则上说是对计算机要分析的事物与标准模板的相似程度进行比较计算.

模式识别技术已广泛应用于文字识别、语音识别、指纹识别、图像识别、身份识别、医学诊断、工业产品检测等众多科学领域. 模式识别技术同时也是人工智能的基础技术, 随着科学技术的不断发展, 模式识别不断发展和完善, 模糊理论、神经网络、遗传算法和支持向量机等研究成果也渗透进来, 融合形成了解决复杂问题的一种有效机制. 在运用模式识别技术中, 需要将具体问题与模式识别方法结合起来, 同时把人工神经网络、智能计算结合起来, 逐步通过模式分类、网络训练、确定优化区域找到优化准则, 从而实现优化、应用和发展. 经过多年的科学发展, 文字识别是模式识别领域发展最为成熟并应用最为广泛的方面, 如手写体阿拉伯数字的识别在邮政信函自动分拣上起到重要的作用. 语音识别的难度和复杂度都很高, 因为要提取语音的特征, 不仅要分析语音的结构和语音的物理过程, 还要涉及听觉的物理和生理过程. 但是, 语音识别课题已在不同领域中运用, 尤其在身份鉴别中起到很大作用. 同样, 模式识别在医学上应用也很多, 如医学图片分析、染色体的自动分类、癌细胞的分类等领域. 应该可以这样说, 模式识别技术在科学不断发展的推动下, 已逐渐被人们所认知和认同, 并能结合新的有关科学研究技术, 有效地解决复杂多变的识别问题, 从而提供了一种分析解决问题的重要工具.

2. 神经网络模式识别的原理

人工神经网络由许多具有非线性映射能力的神经元组成, 神经元之间通过权系数相连接. 它的信息分布式存储于连接权系数中, 使网络具有很高的容错性和鲁棒性, 而在模式识别中往往存在噪声干扰或输入模式的部分损失, 网络的这一特点是成功解决模式识别问题的原因之一. 另外, 人工神经网络的自组织、自适应学习的功能, 极大地放松了传统识别方法所需的约束条件, 使其对某些识别问题显示出极大的优越性. 模式识别的具体过程大致是对研究对象进行数据采集、数据预处理、特征提取和选择以及模式分类四步骤. 在此, 运用 Matlab 工具箱中的神经网络模型, 利用人工神经网络技术解决有关模式识别的简单问题.

对于一个典型的神经网络模式识别系统, 如图 5.1.1 所示, 总的来说, 采集系统将采集到的原始数据输入模式识别系统, 这些原始数据集合形成一个激励向量. 寻找存在于激励向量内部特征的相关属性, 是这种系统一个最基本的要求, 这些能够更真实、更清晰地表达模式基本结构相关属性的一个有序集合, 构成一个特征向量. 如何寻找该特征向量是问题的关键, 这就要涉及模式特征提取与选择的问题, 最后要求建立一个能够识别不同模式的网络.

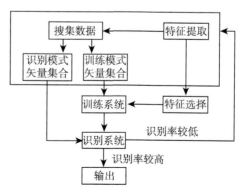

图 5.1.1　神经网络模式识别过程流程

5.1.2 神经网络在手写体字符识别中的应用

由于在邮编分类、支票识别、中英文的自动录入和司法鉴定等领域的广泛应用, 手写体字符识别历来是模式识别研究领域的一个研究热点. 手写体字符的随机性大、断笔、连笔及字体状况因人而异, 传统的统计识别方法识别效果并不能令人满意. 神经网络利用自学习适应能力在复杂的分布中提取出人还不能直观理解的规律, 根据训练样本集来调整连接的权值, 构造出相应的分类曲面, 完成分类计算. 基于神经网络的手写体字符识别系统一般分为预处理、特征提取、神经网络分类器和后处理等模块. 下面简单介绍手写体字符识别的过程:

1. 手写体字符识别分类中的神经网络模型

手写体字符图像的特征空间分布十分复杂, 目前还没有找到完全可分的特征映射及相应曲面, 因而数量众多的手写体字符识别实用系统都有误识和为降低误识而引入的拒识. 人工神经网络是仿生学的产物, 它通过网络节点间的连接来存储信息并完成分类计算. 目前用作分类器的神经网络主要有以下几类:

(1) 多层感知器 (MLP). MLP 是应用最广泛的前向神经网络模型, 从理论上讲 MLP 可以拟合任意连续分类曲面. 在学习阶段由 BP 算法完成网络参数设定. MLP 节点大多使用 sigmoid 输出函数, 是一种非线性拟合方法. 例如, 若训练集样本远少于真实样本数目, 训练往往不能达到全局最优, 当训练集足够大且有代表性时, MLP 有很好的识别效果.

(2) Kohonen 神经网络. 该网络一般由输入层、输出层组成. Kohonen 网通过无教师训练方法, 收敛时不同模式在输出层形成不同的兴奋群. 图像识别应用中输出层多采用二维排列. Kohonen 网的自组织学习方法适于完成大模式集的一次性分类, 但是由于它不具有隐层, 因而分类面相对简单, 从而对于噪声比较敏感.

(3) 支持向量机 (SVM). SVM 的主要思想是建立一个超平面作为决策曲面, 使得正例和反例之间的隔离边缘被最大化, 在模式分类问题上能提供较好的泛化性能. SVM 针对有限样本情况, 得到的是全局最优解, 解决了在 BP 算法中无法避免的局部极值问题. 目前通常采用的方法是通过组合多个二值分类器来实现多类分类器的构造.

(4) 卷积神经网络. 该网络是为识别二维图像而特殊设计的一个多层感知器, 这种二维图像对平移、比例缩放、倾斜或者其他形式的变形具有高度不变形. 经过在卷积和抽样之间的连续交替得到一个 "双尖塔" 的效果, 在特定的测试集上取得了满意的效果.

还有许多神经网络模型, 如 Clifford 神经网络、概率神经网络、模糊神经网络等应用于手写体字符识别. 多年来的研究结果表明, 基于单个识别器原理, 仅靠选择不同的神经网络以期从根本上提高系统性能是不大现实的. 由于不同分类器的错误分布不同, 各识别子系统选用不同的分类器带入更多信息, 采用多分类器的系统集成的方法, 综合后可能得到更佳的结果.

2. 神经网络分类器集成方法

根据分而治之的原则, 一个复杂的计算任务可以被分解成一些简单的计算任务, 然后再将这些任务的解重新组合起来. 在手写体字符识别系统中, 应用神经网络作为分类器时, 可以将特征向量的一部分分配给一些专家 (由神经网络实现) 以求得计算的简单化, 这样就将输入空间划分成一组子空间. 各个专家都独立地接收特征数据并给出自己的识别结果, 在相互独立的识别结果基础上得到最终的答案. 结果集成的方法主要有投票的方法、贝叶斯方法和神经网络合成方法.

1) 投票

在应用神经网络设计分类器阶段, 传统的方法是设计一个大的网络, 从 K 类问题中识别出其中一个, 这会引起网络的训练时间过长或难以收敛. 应用组合模块的概念, 可将原始的 K 类问题分解为 K 个 2 类子问题, 也就是 K 个 2 分类器与 K 类问题一一对应. 如图 5.1.2 所示, (a) 显示一个 2 分类器的结构, 采用 BP 网络的结构, 输入层有 d 个结点, 隐层有 4 个结点, 输出层有 2 个结点. 整个系统由这 K 个子网络组成, 结构如图 5.1.2(b) 所示. 2 分类器只是将某一类与 $K-1$ 类区域分开, 最后由一个模块依据 K 个分类器的输出以投票方法进行决策.

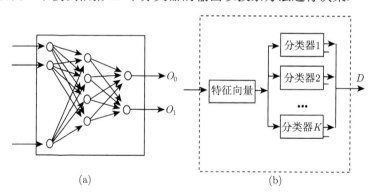

图 5.1.2　组合模块结构的分类系统

在训练和识别阶段, BP 算法是被用到每一个分类器, 这 K 个 2 分类器被独立地训练, 因此需要为每一个 2 分类器准备训练样本. 为了训练 2 分类器识别类别 ω_i, 在组织训练样本时有一部分属于 ω_i, 其余不属于 ω_i, 然后就开始进行前向和后向计算过程. 该方法分别在 4 个数据集上进行了实验: 10 个数字, 26 个英文字母, 100 个 touching numeral pairs 和 352 个 Hangul characters. 结果表明, 随着字符集的增大, 用于计算的权值的个数的比例和计算的复杂性与通用的结构相比有明显的减少, 同时指出该方法非常适用于大字符集的识别工作.

2) 神经网络合成的方法

针对手写体数字, 采用 Kirsch 算子分别提取图像的水平方向、垂直方向、右对角线和左对角线 4 个方向的局部特征, 还提取了图像的全局特征.

针对这 5 组特征, 设计了一个用于分类的集成型神经网络系统, 如图 5.1.3 所示, 采用 5 个子网分别对水平分量、垂直分量、右对角线、左对角线和全局分量进行单独训练, 最后用一个 BP 网络对 5 个网络的输出进行集成识别, 得到 10 维数字. 对此 10 维数据采用 MaxNet 方法, 选取最大值作为最终的识别结果. 实验结果表明, 通过集成 BP 网络对 5 个特征分量进行集成后, 对测试样本的识别率可提高两个百分点, 达到 97%.

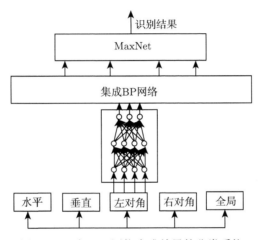

图 5.1.3 由 BP 网络合成结果的分类系统

3) 贝叶斯方法

贝叶斯方法是基于概率的方法, 它利用具有代表性的训练集获得各个识别器识别结果的先验分布, 应用中得到各子系统的识别结果后, 利用贝叶斯公式计算实际被测试类别的后验概率, 后验概率最大者就是集成的最终结果. 当识别率在训练集有代表性时就会用图 5.1.3 中的 BP 网络合成结果的分类系统, 这种方法好于投票方法. 但依赖于训练集的指导也制约了它在开放测试中的表现. 此外贝叶斯方法没有考虑到识别子系统的可信度分布与出错的关系问题, 不能充分利用识别子系统的输出可信度. 应用贝叶斯分类器在手写体字符的数据库上获得了 99.72% 的识别率, 与模板匹配的方法相比识别率有显著的提高.

5.1.3 基于 Hopfield 神经网络的遥感图像超分辨率识别算法

在 Y T Zhou 等提出的用神经网络进行图像恢复的思想和方法的启发下, 把

Hopfield 神经网络技术引入图像的超分辨率处理中, 提出了基于 Hopfield 神经网络的遥感图像超分辨率目标识别算法. 由于 Hopfield 网络是一种健壮、有效并且简单的技术, 通过对人造合成图像处理的实验结果表明, 提出的方法具有准确的进行亚像素级地物目标识别的能力, 能够提高遥感图像的目标分辨率, 使其目标特征信息更清晰.

1. Hopfield 神经网络实现的图像超分辨率目标识别处理算法分析

基于 Hopfield 神经网络的遥感图像超分辨率识别算法旨在利用 Hopfield 神经网络类别比例估计进行映射获得各类目标的空间分布信息, 从而实现亚像素级的目标识别. 通过求 Hopfield 网络内的能量函数的最小值来获取问题的最佳解, 网络结构是按照能描绘更好的空间分辨率的图像来设计的. 而能量函数的约束条件则决定了该结构设计中神经元的二元激励的空间分布, 利用 Hopfield 神经网络求得能量函数的最小值, 该最小值对应于对各像素类别成分的两极映射. 利用 Hopfield 神经网络实现图像超分辨率处理算法进行分析.

1) Hopfield 神经网络结构

从图 5.1.4 可以看到, 网络的组织方式遵循神经元和数字图像像素点一一对应的原则, 因此, 不妨给神经元引入类似坐标的标记方法, 如 $neuron(i, j)$, 代表位于网格第 i 行 j 列的神经元, 该神经元的输入电压为 u_{ij}, 输出电压为 v_{ij}. z 表示从原始卫星遥感图像到新的高分辨率图像的放大系数. 算法收敛到稳定状态后, 在得到的较高分辨率的图像中, 神经元描述的是地面覆盖目标的两极分类的结果. 图 5.1.4 给出了使用的符号以及图像空间坐标和神经网络间坐标间的线性变化关系的说明. 例如, 在卫星图像中的像素点 (x,y) 变换到 $z \times z$ 的神经网络中, 相应的坐标为 $(xz + [z/2], yz + [z/2])$, 其中 $[\cdot]$ 表示取整.

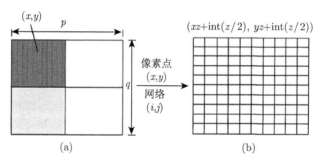

图 5.1.4　图像与神经网络的对应坐标关系

(a)2×2 的图像, p, q 为图像的维数, x, y 为像素点坐标;

(b) 表示图 (a) 图像的 Hopfield 网络, x, j 为神经元坐标

2) Hopfield 神经网络的初始化

给网络中各神经元赋初值时, 需遵循以下两条原则:

(1) 确定对应低分辨率图像中同一像素的一组神经元, 并随机地给该组中一定比例的神经元赋 $u_{\text{inist}} = 0.55$ 的初始值, 该比例和原来像素中的类别比例相等, 给神经元组中剩余的神经元赋予 $u_{\text{inist}} = 0.45$ 的初始值. 选择 0.55 和 0.45 作为初始值, 实际上是给各神经元设定了一种初始的开、关状态. 这样的取值主要是出于节省时间的考虑.

(2) 完全随机地给神经元赋予 $[0.45, 0.55]$ 的一个初始值, 这样便可以和按类别比例进行的初始化进行对比, 并且由于没有利用类别估计的结果, 这种初始化过程并不会引入额外的误差.

3) 能量函数

能量函数是通过目标函数和约束条件的组合定义的, 即

$$E = - \sum_i \sum_j (k_1 G_{1_{ij}} + k_2 G_{2_{ij}} + k_3 P_{ij}). \tag{5.1.1}$$

式中, k_1, k_2, k_3 为加权求和的权值; $G_{1_{ij}}, G_{2_{ij}}$ 为两目标函数的输出; P_{ij} 为比例约束神经元的输出.

4) 目标函数

几乎所有自然或人造的场景都具有一定程度的空间连续性. 具体来说, 在图像中邻近像素间的相似性一般大于较远的像素间的相似性, 其不相似的程度和环境与所观察物体的特性有关. 在这种情况下, 需要使一个神经元的输出能和邻近神经元的输出相似. 当神经元 $\text{neuron}(i, j)$ 的输出和 8 个邻近神经元输出的平均值相似时, 给出较低的能量, 否则就认为网络产生较高的能量. 但是, 要生成二值图像, 仅满足邻近神经元输出相似是不够的, 因此, 引入了两个目标函数, 一个旨在增大神经元的输出 (使输出趋近于 1); 另一个旨在减小神经元的输出 (使输出趋近于 0).

为了方便, 记

$$A \triangleq \frac{1}{8} \sum_{\substack{k=i-1 \\ k \neq i}}^{i+1} \sum_{\substack{l=j-1 \\ l \neq j}}^{j+1} v_{kl},$$

如果邻近 8 个像素的平均输出 $A > 0.5$, 第 1 个目标函数就将中心神经元的输出增大, 使之逼近 1.

$$\frac{\mathrm{d} G_{1_{ij}}}{\mathrm{d} v_{ij}} = \frac{1}{2}[1 + \tanh(A - 0.5)\lambda](v_{ij} - 1). \tag{5.1.2}$$

其中, λ 控制了函数的陡峭程度, 而 $\tanh$ 函数则控制了邻近神经元的作用. 如果邻近神经元的平均输出小于 0.5, 式 (5.1.2) 的取值将向 0 逼近, 这样该函数就对式 (5.1.1) 表示的能量函数几乎没有任何影响. 如果平均输出大于 0.5, 式 (5.1.2) 的

取值就会向 1 逼近, $(v_{ij} - 1)$ 函数控制了负梯度输出的幅度, 零梯度只有在 $v_{ij} = 1$ 时可以取得. 梯度为负, 神经元的输出将增大.

当周围 8 个神经元的平均输出 $A < 0.5$ 时, 第 2 个目标函数将中心神经元的输出由 1 递减到 0.

$$\frac{\mathrm{d}G_{1ij}}{\mathrm{d}v_{ij}} = \frac{1}{2}(1 - \tanh(A\lambda))v_{ij}.$$

当周围神经元的平均输出大于 0.5 时, tanh 函数的取值将逼近 0, 而当 tanh 函数的取值小于 0.5 时, 函数取值将逼近 1, 中心神经元的输出决定了整梯度输出的幅度, 只有当 $v_{ij} = 0$ 时才取零梯度. 当梯度为正时, 能量函数将减小. 只有当 $v_{ij} = 1$ 同时 $A > 0.5$, 或者 $v_{ij} = 0$ 同时 $A < 0.5$ 时, 能量函数才等于零, 此时 $G_{1ij} + G_{2ij} = 0$. 这和要产生空间连续性的目的是一致的, 同时神经元的输出将逐渐逼近 0 或 1, 从而生成一幅二值图像.

5) 比例约束

目标函数增强了空间连续性. 但是仅使用目标函数会使所有的神经元的输出只取 0 或者 1, 因此, 需要将目标函数的作用限制在一定区域内. 比例约束 P_{ij} 正是基于这样的考虑而引进的, 设计它的目的是为了保持模糊分类得到的像素内类比例. 这一目标可以通过限定一组神经元的总输出和它们所对应的原始像素点的预测比例值相等来实现. 下面引入一种区域比例估计函数, 它表示一组神经元中所有取值大于或者等于 0. 55 的神经元所占的比例.

$$区域比例估计函数 = \frac{1}{2z^2} \sum_{k=xz}^{xz+z} \sum_{l=yz}^{yz+z} (1 + \tanh(v_{kl} - 0.55)\lambda). \tag{5.1.3}$$

tanh 函数可以保证在神经元的输出大于 0.55 的情况下, 其输出可以看作 1, 并认为它位于一类的估计区域内. 当输出小于 0.55 时, 该神经元不包括在估计范围内, 这样便可以简化估计过程, 并且限定了神经元的输出必须超过初始分配的 0.55 才能进入计算的范围. 为保持模糊分类得到的各类像素内的类别比例, 将每一像素的类目标比例 a_{xy} 从区域比例估计式 (5.1.3) 中减去当像素 (x,y) 的区域比例估计小于目标区域时式 (5.1.3) 产生的一个负梯度, 这样便会增大神经元的输出进行弥补. 分类估计的过估计会产生正梯度, 相应地会导致神经元输出的减小. 只有当区域比例估计和目标区域估计完全一致时才会产生零梯度, 这种情况对应式 (5.1.1) 中的 $P_{ij} = 0$.

2. Hopfield 神经网络目标识别处理的主要实验过程分析

在实验中, 实验数据是遥感图像, 遥感图像的一个重要特点是单个像素一般对应着地面的多目标成分 (如对应地面的一块草地和湖面), 即存在像素中的类混叠现象. 因此, 实验数据的设计应充分考虑到遥感图像这一特点. 此外, 算法需要利用模糊分类预处理的分类结果. 由分析可知, 预处理结果的误差, 不可避免地会给最后结果带来影响.

1) 实验数据的准备

客观世界虽然千姿百态, 但是具体分析起来, 再复杂的物体也可以看作由一些基本的几何形状组成. 因此, 设计了一些具有基本几何形状的合成图像作为实验数据, 以测试算法对不同几何形状目标的识别能力. 此外, 所有自然和人造场景中的空间连续性都可以通过组成客观场景中的各种形状 (如田野、公路、房屋等) 来表现. 为了量化对空间连续性的描述, 引入了密集度和环状系数两个指标.

密集度定义为: $c = \dfrac{4\pi\alpha}{p^2}$, 式中 p 为周长, α 为面积.

环状系数定义为 $r = \dfrac{\alpha}{\pi(\max)^2}$, 式中 α 为面积, max 为目标形状中心到周界的最大距离.

将数字图像中几何形状的面积定义为包含的像素数, 将周长定义为组成边界的像素数, 这样, 图像中的 α, q 和 max 都可以通过统计得到. 由于合成图像中不同的形状对应的密集度和环状系数有很大差别, 这样, 便可以测试 Hopfield 网络预测具有不同空间连续性目标时的性能.

2) 设定约束权值

为了进行预测, 还需要选择适当的目标和约束权值 k_1, k_2, k_3. 由于能量函数最终是由几部分加权求和得到的, 因此权系数 k_1, k_2, k_3 的选择非常重要, 因为它们控制了优化过程的方向.

图5.1.5是一个具体的预测例子, 其中放大系数为5. 应当指出的是, 在算法中为简单起见, 忽略了周围像素的作用, 但在实际应用中, 类比例在周围像素中的分布对神经元的预测有重要的影响. 图5.1.5是放大系数为 5 的合成图像的初始化结果.

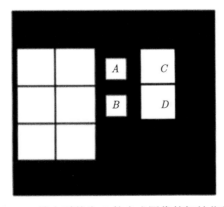

图 5.1.5   放大系数为 5 的合成图像的初始化结果

图 5.1.5 中有 8 个像素被赋予了高的输出 (白色像素点), 17 个被赋予低输出

(即黑色像素点). 图 5.1.5 中目标类的比例为 8/25, 采用约束随机初始化的方法, 则类比例约束马上就能满足 (即在初始状态下, 25 个神经元中有 8 个得到了激励, 此时比例约束系数 p 取值为零, 而 G_1, G_2 两个目标函数将取较大的值. 为了减小 G_1, G_2 两个函数值, 并保持目标比例为 8/25, A 和 B 两个神经元的输出应增大, 而 C 和 D 的输出应减小.

如果比例约束的权重太大, 这是由于初始的 p 很小, 而 G_1, G_2 两个函数又由于权重太小能产生的作用十分有限, 即 $k_1G_1 + k_2G_2 < k_3P$, 网络基本上会维持图 5.1.5 所示的状态, 很难改变. 如果两个目标函数的权重太大, 这时 A, B 两个神经元的输出将增大, 神经元 C, D 的输出将保持较大的输出不变, 同时 C, D 周围的神经元的输出也会增大. 而约束条件由于权值太小, 即 $k_1G_1 + k_2G_2 < k_3P$, 其作用不足以维持类比例约束不变.

综合以上分析可知, k_1, k_2, k_3 的选择应基本上维持目标函数和比例约束函数之间的平衡. 因此, 在实验中选择 $k_1 = k_2 = k_3 = 1$.

3. Hopfield 神经网络的图像超分辨率处理的实验结果分析

图 5.1.6(a) 给出 3 种 64×64 的二值图像序列, 文中用这些图像对 Hopfield 网络的性能进行测试. 图 5.1.6(a) 为高斯模糊处理得到的 3 种图像的重构图像 (64×64). 从图中可见, 图像的边界处明显不光滑. 将这 3 种图像中的每幅 (每种 5 幅序列图像) 图像作为 Hopfield 网络的输入, 进行神经网络学习, 获得最优权重, 最后输出最佳重构图像. 设放大系数为 1, 即不放大, 可以测试网络逼近原始的 3 种图像的能力. 图 5.1.6(b) 为经过 Hopfield 神经网络处理的图像, 从图中也可明显看到, 图像的边界变得光滑, 图像的分辨率近似提高 1.5 倍.

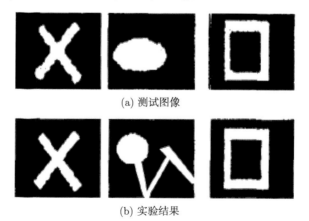

(a) 测试图像

(b) 实验结果

图 5.1.6　Hopfield 网络测试图像和实验结果

5.1.4 神经网络的全自动模式识别跟踪系统

运动目标的检测与跟踪在许多领域有着广泛的应用. 目前针对检测和跟踪动态目标的方法有许多报道, 但大都仅是对动态目标进行跟踪, 并没有涉及对目标的识别. 为此, 必须寻求一种基于神经网络的全自动模式识别跟踪系统, 以实现对动态目标的自动识别与跟踪.

1. 神经网络全自动模式识别跟踪的实现

本系统是基于神经网络模式识别理论所建立的跟踪系统. 其主要思想: 利用神经网络具有非线性逼近函数和存储记忆能力的强大功能, 对训练特征向量集合进行学习训练, 得到稳定收敛的网络, 最后对实时采集的特征向量进行识别, 实现系统功能. 要实现模式的自动识别, 首先要提取模式的本质特征值. 所谓本质特征值就是可以明显区分不同模式的特征值.

考虑到实时性的要求, 本系统只提取运动区域的面积、长度、高度、占空比、体态比、上区灰度、下区灰度和全区灰度这 8 个特征值. 运动参数不适合用来作为特征值, 因为运动目标的速度不稳定性和速度方向的随机性会导致神经网络振荡收敛或者无法收敛. 而且, 前面所述的这些特征值, 对于某些模式不一定都是本质特征值, 因此, 如何选择有效的特征值是神经网络模式识别系统中关键的环节. 如果选择的特征值不能区分不同的模式, 那么这个特征值对后面的网络训练不仅起不了决定性的作用, 反而会影响网络的收敛性. 本节采取下面的步骤实现特征的选择和网络的训练.

(1) 通过 MOD(moving object detector) 算法, 在跟踪的过程中提取上述 8 个特征值, 并保存为特定单模式的文件, 以便进行后期处理. 通过采集可以设置所要采集的特征集合个数, 即模式的个数以及各个模式的特征向量个数.

(2) 通过对系统所采集到的训练特征值集合进行自组织特征映射, 得到一个二维空间拓扑阵列. 该特征值阵列的特点是具有相似特征的向量会聚集在几何位置相邻的空间. 这样, 就可以得到初始的特征聚类阵列. 在学习之前, 可以随时改变学习的各种参数, 以达到最佳的聚类效果. 最后, 可以对该二维阵列进行保存备份.

(3) 通过最简单的聚类方法 —— 学习 K-均值聚类对上述的特征向量进行聚类于一定数目的模式. 接着, 通过分析这些模式特征向量之间的方差, 按方差的大小进行特征值的排列, 可以指定特征向量的维数或者方差的阈值自动选择特征值, 也可以通过观察各个特征值的方差进行人工选择. 最后, 进行输入和输出特征向量的构建, 作为 BP 网络的输入, 并保存为文件.

(4) 进行 BP 网络的参数设置, 以提高网络的收敛性能. 可以设置输入和输出特征值的维数; 设置收敛控制参数, 选择是否动态改变学习率, 选择是顺序训练还是随机训练; 设置各种训练, 如权值级别、步长系数、稳定系数、误差阈值、最大迭代次数、隐层单元个数, 力求使网络既简单又能实现模式识别.

(5) 进行网络的训练, 在训练过程中可以动态地显示误差收敛曲线、误差值和迭代次数, 而且可以控制网络中途停止训练. 通过观察误差收敛曲线图可以直接判断该网络是否收敛. 在一定的条件下, 只要不断地进行特征的不同组合的选择, 同时适时改变训练参数, 网络总可以达到满意的收敛效果. 最后得到权值网络, 并保存为文件, 作为全自动模式识别的核心模块.

(6) 选择已训练好的网络, 进行全自动模式识别跟踪. 跟踪过程中当前帧分别用数字显示识别出的模式类别号. 当遇到网络输出层都小于某个阈值时, 就判断是新的目标模式, 将其编上一个特殊的类别号 10. 以上各个步骤各自独立成为一个功能模块, 没有交叉数据, 这样便于模块化管理. 在得到训练网络之后, 只要知道输入模式的特征值, 就可以判断该特征向量属于哪个模式. 如果有多个特征向量, 可以分别求出它们的模式类别, 即可以识别出不同的目标. 这样要跟踪哪些目标, 只要预先知道它们属于哪个模式, 就非常容易进行跟踪. 因此, 要实现神经网络模式识别, 关键技术是权值网络的训练. 在全自动模式识别跟踪之前, 必须进行权值网络的训练 (若其权值网络不存在). 图 5.1.7 是权值网络训练的流程图.

2. 识别跟踪系统实验测试与数据分析

本系统通过跟踪一个用户选择的目标进行运动区域特征参数的提取. 运动区域的运动参数的随机性和方向性, 对于神经网络来说, 会带来网络的不稳定, 难以收敛. 因此, 本系统没有把运动参数作为运动区域的本质特征值. 只提取上文所述的 8 个特征值, 而且每个模式只跟踪采集 20 帧, 即每个模式只有 20 个特征向量, 并采集 3 种模式类别, 一共 60 个特征向量. 随机重复抽取这 60 个特征向量, 组成一个 600 个特征向量集合, 作为自组织特征映射网络的输入. 经过初始的聚类学习, 得到 8×8 的二维拓扑空间阵列, 该阵列的几何邻域具有相似的特征向量. 这 64 个特征向量就作为下一步 K-均值聚类算法的输入向量. 经过 K-均值聚类自组织学习, 得到 3 类模式的中心向量. 通过对这 3 个中心向量的分析, 进行特征的选择, 得到 BP 网络的输入特征向量和目标特征向量. 经过对上述已选择的特征向量进行训练, 最终可得到收敛网络, 得到隐含层和输出层的权值矩阵.

1) 算法性能分析

A. SOFM

本系统是以半径为5的邻域进行 8×8 二维拓扑阵列的特征映射. 在有序化阶段以0.95的学习率循环训练 2000 次, 而在收敛阶段以 0.05 的学习率再循环学习 3000 次, 最后得到所需的数据. 通过不断试验, 本算法能够实现自组织特征聚类的功能. 特别是在本系统中更加适用, 因为本系统通过跟踪所采集的测试特征向量集合已经知道各个特征向量的模式类别, 这为后期的处理提供了极为有利的参考价值.

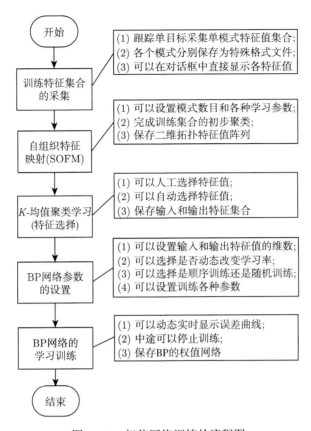

图 5.1.7   权值网络训练的流程图

B. K-均值聚类

本实验通过对 SOFM 的输出特征向量进行自组织学习聚类, 因为预先知道模式类别的数目, 本算法就会更加有效地实现聚类的功能. 从结果数据可以分析得到聚类结果的中心特征向量确实是上述 3 种模式的几何空间的中心. 这些数据对下一步的特征选择工作起到了重要的作用.

C. BP 算法

本实验是在特征选择的基础上对特征向量进行网络训练, 也是对所选择的特征向量进行验证其是否能够分类出各种模式. 本实验对上述 3 种类别的模式进行训练识别. 图 5.1.8(a) 是选择其中 6 个特征值方差较大的特征值作为输入的特征向量训练的收敛曲线, 对该误差收敛曲线的分析可知这种特征值的选择能够使网络稳定收敛. 图 5.1.8(b) 是选择全部 8 个特征值的特征向量作为输入的特征向量训练的收敛曲线, 该误差收敛曲线发生大幅度的振荡, 最后不可收敛.

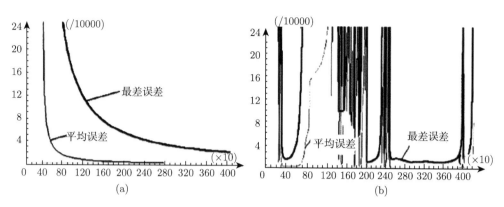

图 5.1.8   BP 网络收敛曲线

通过对本实验过程的分析, 网络是否能够快速稳定地收敛与输入测试的特征向量和各种训练参数值密切相关. 若特征向量选择不好, 则是不可收敛的. 各种训练参数值的设置也是重要因素. 稳定系数太小, 就会发生局部振荡现象; 学习率太小, 收敛速度就会显得太慢; 采用动态改变学习率的策略, 在训练的初始阶段会产生局部振荡现象, 但后期的收敛速度较快; 初始权值选择不合适, 也会使得收敛速度变慢.

2) 实验结果及性能分析

图 5.1.9(a) 显示了一条林荫道上来往的行人和摩托车, 方框中的数字是该运动目标所属的模式类编号. 可以看出, 系统正确地提取了各个运动目标并对其进行了分类. 图 5.1.9(b) 是提取出的运动目标区域, 基本和各个目标的轮廓差不多.

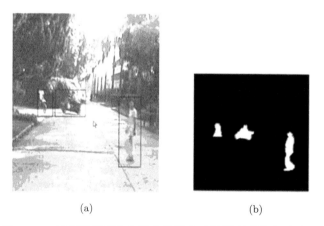

(a)   (b)

图 5.1.9   复杂背景下多个运动目标自动识别跟踪的实验结果

本系统的主要性能指标是运动目标的正确识别率和每循环一次的平均处理时

间. 在实时性的要求上, 由于在模式分类时无须运动参数, 因此它比目前普遍采用的形心预测跟踪系统所需的处理时间要少 20ms/帧左右. 本系统主要是考虑如何提高运动目标的正确识别率, 这就要求 BP 网络的收敛性要稳定. 要使 BP 网络稳定地收敛, 就必须要求测试的特征向量能够代表不同模式的本质特征, 这就要求要对这些特征向量进行特征选择. 这些具体要求就构成本系统的必要功能单元. 本系统的关键环节是特征的选择和训练参数的设置. 若特征选择不好, 就不可能使网络收敛. 如果测试的特征向量本身不能有效地表示成特定数目的特征模式, 即说明特征向量在几何空间上分布比较分散, 根本谈不上空间聚类的问题, 那么就算不断地调整训练参数的设置, 也是不可能使网络达到收敛的. 所以, 系统误差主要来自于特征提取过程中所带来的误差.

5.1.5 RBF 神经网络应用于股票预测

1. RBF 神经网络对股票市场的预测及其理论基础

股票价格的可预测性问题与有效市场假说密切相关, 基础分析派依据金融统计数据, 特别是股票发行公司一系列财务报表, 通过调查公司损益、公司收支平衡、派息记录、管理阶层的政策、营销额的增长情况、竞争条件等因素, 来预测公司未来的经营状况, 以公司的盈利前景作为投资人购入或抛出股票的依据. 前面所讨论的一系列解读财务报表的技巧和方法以及把公司营业水平、盈利水平的判断作为决定投资人行为的根据内容, 都是一派理论的实践, 这方面的理论主要有传统的股票价格理论和传统的信任心股价理论等. 技术分析派则认为, 一切外在影响股价的因素都已经大部分反映在股票市场价格的变化上, 只要通过对过去到现在股市上的价格变动分析, 就可以预测未来股价的可能趋势. 并认为股票市场上的价格波动是具有周期性和重复性的, 股市上买者和卖者低买高卖的心态过去出现过, 预期将来也会反复出现, 市场供求关系的变化规律是可以通过对价格变化趋势的分析来预测的. 这方面的理论主要有道氏理论、艾略特波动理论等. 如果有效市场假说成立, 那么就意味着股票市场的价格已经完全体现了信息的影响, 价格变化服从随机游走, 任何人不能凭借历史信息从股票市场中攫取超额的利润, 这也就意味着股票价格的预测无意义, 中国股票市场的股票价格时间序列一般是与序列相关的, 也就是说, 历史数据对股票价格的形成起作用, 因此可以通过对历史信息的分析预测价格.

由于神经网络能实现从 n 维空间到 m 维空间的非线性映射, 不管里面的映射关系多么复杂, 对于神经网络来说都是透明的, 而 BPNN 和 RBFNN 采用的方法是对训练样本集中的输入/输出作函数逼近, 然后将训练好的网络进行泛化, 以新的输入变量经过网络的转换得到的输出值为预测值, 其实质是用神经网络进行函数逼近, 其中 RBFNN 具有强大的非线性映射特性、容错性、精度高、自适应性、更强的局部逼近能力和更快的训练速度, 以及唯一最佳逼近点的特点, RBFNN 的函数逼近能力在多个方面都优于 BPNN. 因此下面选用 RBFNN 对股票市场价格进行预测.

　　2. 预测股票价格 RBF 神经网络模型的建立

　　应用 RBFNN 进行预测, 应当适当选择神经网络的各处参数, 包括 RBFNN 中心的确定, 隐层神经元的个数平滑参数等, 就可以按以下步骤构造出一个用于股价预测的模型.

　　(1) 选定训练样本集, 确定输入方向输入向量和目标向量, 对样本数据进行预处理;

　　(2) 用聚类法确定 RBF 神经网络的中心, 用尝试法确定平滑参数 sprea 和隐层神经元的个数;

　　(3) 用训练好的 RBF 神经网络对股票市场进行预测.

　　训练样本及确定方法: 由于股市行情的涨落是一个时间序列问题, 现在时刻的股票价格是受前一段时间的股市变化因素影响. 可以将股市看成确定性非线性动力系统, 即内部的动力机制是确定的, 股价的历史数据和其他信息蕴含着可用于预测未来股价的信息. 把文字表述转化成数学的角度说来, 即存在一个函数 $x(t+m) = F(x_{t-k}, \cdots, x_t; y_{t-l}, \cdots, y_t; z_t, \cdots)$, 其中, x 表示股价, y, z 是外部变量. 若只考虑股价序列内部关系, 则 F 可表示为 $x(t+m) = F(x_{t-k}, \cdots, x_t)$, 而从这个样本中将 $X = (x_{t-k}, \cdots, x_t)^{\mathrm{T}}$ 作为该 RBF 神经网络的输入, 将 $S = (x_{t+m})$ 作为 RBF 神经网络在输入 X 情况下的期望输出, 训练样本集可以写为

$$\Omega = \{[X_1, S_1], [X_2, S_2], \cdots\}. \tag{5.1.4}$$

　　预计方法设计: 可以采用以 10 天的股价预测随后 1 天的股价的一步预测方法, 方法描述如下: 即网络输入 $X = \{x_n, x_{n+1}, \cdots, x_{n+10}\}$, 通过 10 天的数据输出 $S = \{x_{n+11}\}$.

　　输入向量和目标向量的确定: 本节通过采用上证指数 80 个交易日的数据位实验对象进行预测, 将已知的时间序列数据作为构成训练样本的数据, 并通过预测结果与样本进行对比形成检验样本, 从而对这 80 个数据进行归一化处理, 达到比较好的比较效果.

　　确定隐层神经元数: 隐层神经元数与散步常数是相关的, 通过综合分析考虑得知神经元数量太少, 网络样本中获取信息的能力就会越差, 不足以概括和体现样本中非概率性的内容. 相对的, 如果所选取的神经元数量过多, 相对的又有可能把样本中非规律性的内容带入模型中, 从而出现所谓 "过度吻合" 问题. 因此, 如何确定一个适当的神经元个数是我们要着重考虑的问题, 如果采用 K-均值聚类算法确定 RBF 神经网络的中心, 就用尝试法确定平滑参数和隐层神经元的个数.

训练网络: 通过采用 MATLAB 神经网络工具箱做运算, 可以调用函数 Net= newrb(p, t, goal, spread) 进行训练, 目的就是通过前 10 天的收盘价, 也就是说, 用第 1 天到第 10 天的预测第 11 天的, 用第 2 天到第 11 天的预测第 12 天, 依次类推.

3. 神经网络进行股票价格预测的实现及结果分析

接下来采用上证指数的 2013.09.02~2013.12.31 的 80 个交易日的数据为实验对象将 1~70 个数据用来构成训练样本, 通过网络训练将推算出预测样本再与最后10 个交易日即为原训练样本进行对比, 从而得出误差结论. 把 1~70 个交易日写成一个 61×10 的矩阵, 即 1~10 个交易日作为第 1 行, 2~11 个交易日作为数据第二行, 如此下去, 一直到 61~70 作为第 61 行, 把这个矩阵 61×10 转置即一个 10×61的矩阵作为输入向量. 把 11~71 个交易日收盘价写成一个 1×71 的矩阵作为输出向量, 利用径向基函数神经网络 net=newrb(p, t, 0, 80) 进行训练, 然后把 61~79 写成一个 10×10 矩阵作为输入向量, 把 71~80 个交易日的收盘价写成一个 1×10 的矩阵作为输出向量, 利用 y=sim(net, p-test) 进行仿真, 从而可以得出训练网络样本. 然后通过此方法我们决定预测 2014.01.01~2014.05.05(80 个交易日) 的走势, 可以得到预测效果, 如图 5.1.10 所示.

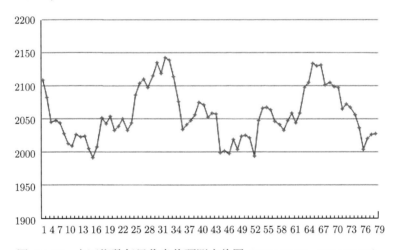

图 5.1.10 上证指数每日收盘价预测走势图 (2014.01.01~2014.05.05)

同样的, 通过此预测模型, 我们可以得出相关的预测数据, 并且与实际数据进行比较得出预测误差. 具体结果见表 5.1.1.

从图表中可以得出相关结论, 在误差 [−20, 20] 内所占的比率为 67.37%, 而在[20, 40] 内的误差所占比率为 17.09%, 在误差 [−40, −20] 内的比率为 19.47%. 从数据中可以发现 RBF 神经网络在时间序列预测中的可行性, 并且具有有效性与普适性.

表 5.1.1

序号	实际收盘价	预测收盘价	绝对误差	序号	实际收盘价	预测收盘价	绝对误差
1	2109.387	2095.9778	−13.40921	41	2059.578	2049.294	−10.284
2	2083.136	2102.9456	19.809638	42	2057.908	2045.2961	−12.6119
3	2045.709	2009.0567	−36.65233	43	1999.065	1996.2556	−2.809448
4	2047.317	2067.2471	19.930129	44	2001.157	2004.7049	3.5478789
5	2044.34	2063.4696	19.129638	45	1997.692	1972.6274	−25.06458
6	2027.622	2027.9559	0.3338878	46	2019.111	2008.597	−10.51400
7	2013.298	2011.1473	−2.150671	47	2004.339	2018.7346	14.395585
8	2009.564	2042.841	33.277034	48	2023.673	2024.5439	0.8708972
9	2026.842	1995.8472	−30.99481	49	2025.196	2043.4503	18.254256
10	2023.348	2037.2265	13.878502	50	2021.734	2009.5606	−12.17344
11	2023.701	2008.09	−15.61105	51	1993.479	1999.6354	6.1563642
12	2004.949	1986.0378	−18.9112	52	2047.619	2039.1824	−8.436567
13	1991.253	2004.5831	13.330131	53	2066.279	2067.1728	0.8937711
14	2008.313	2046.1371	37.824067	54	2067.311	2077.5025	10.191503
15	2051.749	2046.2403	−5.508675	55	2063.67	2045.5227	−18.14727
16	2042.18	2035.5675	−6.612492	56	2046.588	2039.5768	−7.011185
17	2054.392	2047.8884	−6.503622	57	2041.712	2031.3268	−10.38515
18	2033.300	2023.9764	−9.32363	58	2033.306	2026.8207	−6.485345
19	2038.513	2051.9585	13.445483	59	2047.46	2053.8276	6.3676309
20	2049.914	2052.5887	2.6746633	60	2058.988	2044.4076	−14.58043
21	2033.083	2054.9641	21.881105	61	2043.702	2049.9283	6.2262511
22	2044.497	2032.1417	−12.35525	62	2058.831	2077.6293	18.798321
23	2086.067	2058.8714	−27.19561	63	2098.284	2098.1758	−0.108199
24	2103.671	2113.0752	9.4042001	64	2105.237	2067.2945	−37.94251
25	2109.955	2072.3113	−37.64367	65	2134.300	2133.3442	−0.955796
26	2098.401	2108.5824	10.181424	66	2130.542	2138.3797	7.8377423
27	2115.848	2096.5105	−19.33751	67	2131.539	2115.1243	−16.41472
28	2135.415	2119.5488	−15.86620	68	2101.601	2114.4678	12.866803
29	2119.066	2118.4454	−0.620558	69	2105.122	2092.5933	−12.52875
30	2142.554	2153.1212	10.567174	70	2098.885	2101.8328	2.9477561
31	2138.782	2124.5464	−14.23555	71	2097.748	2088.4176	−9.330444
32	2113.693	2129.9002	16.207207	72	2065.826	2078.0769	12.250862
33	2076.686	2080.6673	3.9812795	73	2072.831	2055.4927	−17.33832
34	2034.219	2060.8777	26.658654	74	2067.382	2047.3996	−19.9824
35	2041.254	2049.263	8.0090215	75	2057.033	2075.3117	18.278689
36	2047.354	2037.6284	−9.725550	76	2036.519	2026.8265	−9.692533
37	2056.302	2066.2347	9.9326847	77	2003.487	1988.6137	−14.87328
38	2075.235	2080.5386	5.3035558	78	2020.341	2032.3537	12.012691
39	2071.473	2033.0066	−38.46637	79	2026.358	1993.294	−33.06403
40	2053.084	2062.5393	9.4553181	80	2027.353	2013.2625	−14.09052

本节简单介绍了几种模式识别, 模式识别的种类非常多, 读者可以通过查找相关资料进一步了解.

5.2 神经网络在优化计算中的应用

5.2.1 连续 Hopfield 在优化计算中的应用

第 3 章已介绍连续 Hopfield 神经网络动力系统方程为

$$\begin{cases} C_j \dfrac{\mathrm{d}v_j}{\mathrm{d}t} = -\dfrac{v_j}{R_j} + \sum\limits_{i=1}^{n} w_{ji} x_i + I_j, \\ v_i = \varphi_i^{-1}(x_i), \end{cases} \tag{5.2.1}$$

简单记为

$$\frac{\mathrm{d}v}{\mathrm{d}t} = p(v,t).$$

如果对 $\forall t, \exists v_e$ 有 $p(v_e, t) = 0$, 则称 v_e 是动力系统的平衡点或吸引子.

Hopfield 的能量函数为

$$E = \sum_{j=1}^{n} \left[-\frac{1}{2} \sum_{i=1}^{n} w_{ji} x_j x_i + \int_{0}^{x_j} \varphi_j^{-1}(z)\mathrm{d}z / R_j - I_j x_j \right],$$

这里 $w_{ij} = w_{ji}$. 对能量函数求偏导, 可得到

$$C_j \frac{\mathrm{d}v_j}{\mathrm{d}t} = -\frac{\partial E(x)}{\partial x_j}, \quad j = 1, 2, \cdots, n.$$

从而, 确定 (5.2.1) 的稳定性解演化到了求 $E(x)$ 的局部极小点 (图 5.2.1). 当从某一初始状态变化时, 网络的演变是使能量函数 E 下降, 达到某一局部极小时就停止变化. 这些能量函数的局部极小点就是网络的稳定点或称吸引子.

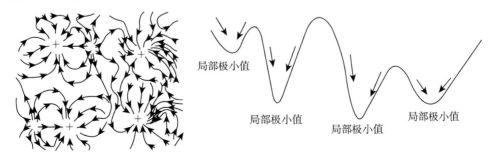

图 5.2.1 能量函数的局部极小点

当 Hopfield 用于优化计算时, 网络的权值是确定的, 应将目标函数与能量函数相对应, 通过网络的运行使能量函数不断下降并最终达到最小, 从而得到问题对应的极小解.

用 Hopfield 神经网络求解优化问题的一般过程如下:

(1) 选择合适的问题表示方法, 使神经网络的输出与问题的解相对应;

(2) 构造合适的能量函数, 使其最小值对应问题的最优解;

(3) 由能量函数和稳定条件设计网络参数, 如连接权值和偏置参数等;

(4) 构造相应的神经网络和动态方程;

(5) 用硬件实现或软件模拟.

下面介绍连续 Hopfield 神经网络在 TSP(travelling salesman problem) 问题中的应用:

1. TSP 问题描述

假定有 N 个城市的集合 $(C_1, C_2, \cdots, C_n)$, 它们之间的距离 d_{xy} 已知. 要求找出一条经过每个城市仅一次的最短路径, 并且回到开始的出发点. 下面就基于 Hopfield 网络对 TSP 旅行商问题进行建模. 对于 TSP 问题而言, 其解答最好是用 $n \times n$ 置换矩阵 V 来表示, 矩阵的每个元素代表一个神经元, 一个矩阵对应着一条可行的路径. 矩阵中的每一行代表一个特定的城市, 每一列代表某一旅行路径中的特定位序. 按照 TSP 问题的基本要求, 即访问每个城市各一次后返回到起点. 这就是优化计算中的所谓可行解.

以某商人行走 4 个城市为例, 见表 5.2.1.

表 **5.2.1**

1 为是, 0 为否	第 1 站	第 2 站	第 3 站	第 4 站
城市 1	0	1	0	0
城市 2	0	0	1	0
城市 3	1	0	0	0
城市 4	0	0	0	1

表 5.2.1 代表商人行走顺序为: 城市 3→ 城市 1→ 城市 2→ 城市 4, 每一行、每一列的和各为 1.

2. 能量函数的构建

每个神经元接收到的值为 z_{ij}, 其输出值为 y_{ij}, 激活函数采用 Sigmoid 函数, 记两个城市 x 和 y 的距离是 d_{xy}. 则 TSP 流程图如图 5.2.2 所示.

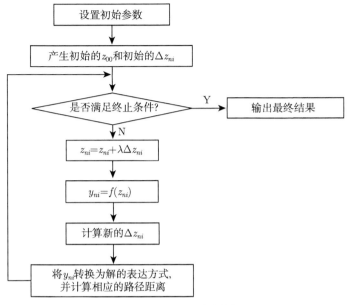

图 5.2.2 TSP 流程图

(1) 希望每一行的和为 1, 即

$$E_1 = \sum_{u=1}^{n} \sum_{i=1}^{n} \sum_{j \neq i} y_{ui} y_{uj}$$

最小, 每一行最多有一个 1 时, $E_1 = 0$.

(2) 希望每一列的和为 1, 即

$$E_2 = \sum_{i=1}^{n} \sum_{u=1}^{n} \sum_{v \neq u} y_{ui} y_{vi}$$

最小, 每一列最多有一个 1 时, $E_2 = 0$.

(3) 希望每一行每一列正好有一个 1, 则

$$E_3 = \left(\sum_{i=1}^{n} \sum_{j=1}^{n} y_{ij} - n \right)^2$$

为零.

(4) E_1, E_2, E_3 只能保证 TSP 的一个可行解, 为了得到 TSP 的最小路径, 当 $d_{uv} = d_{vu}$ 时, 希望

$$E_4 = \sum_{u=1}^{n} \sum_{v \neq u} \sum_{i=1}^{n} d_{uv} y_{ui} (y_{v(i+1)} + y_{v(i-1)})$$

最小, 其中, $y_{u0} = y_{un}, y_{u(n+1)} = y_{u1}, d_{uv}y_{ui}y_{v(i+1)}$ 表示城市 u 和 v 之间的距离 (i 代表行走顺序).

(5) 根据连续 Hopfield 神经网络能量函数,

$$E_5 = \sum_{i,j} \int_0^{y_{ij}} f_{ij}^{-1}(y)\mathrm{d}y.$$

最后, 能量函数表示为

$$E = \frac{A}{2}E_1 + \frac{B}{2}E_2 + \frac{C}{2}E_3 + \frac{D}{2}E_4 + \alpha E_5,$$

其中 A, B, C, D, α 为非负常数.

由动力学方程得

$$\begin{cases} \dfrac{\mathrm{d}z_{ui}}{\mathrm{d}t} = -\dfrac{\partial E}{\partial y_{ui}} \\ \qquad = -\alpha z_{ui} - A\displaystyle\sum_{j\neq i} y_{uj} - B\sum_{v\neq u} y_{vi} - C\left(\sum_{v=1}^n \sum_{j=1}^n y_{vj} - n\right) \\ \qquad\quad - D\displaystyle\sum_{v\neq u} d_{uv}(y_{vi+1} + y_{vi-1}), \\ y_{ui} = f(z_{ui}). \end{cases}$$

整理后

$$\begin{cases} w_{ui,vj} = -A\delta_{uv}(1-\delta_{ij}) - B\delta_{ij}(1-\delta_{uv}) - C - Dd_{uv}(\delta_{j,j+1} + \delta_{j,i-1}), \\ I_{ui} = nC, \end{cases}$$

其中

$$\delta_{ij} = \begin{cases} 1, & i = j \\ 0, & i \neq j, \end{cases} \qquad d_{uu} = 0.$$

3. TSP 问题数据仿真

取 10 个城市, (d^*=2.691) 仿真 (程序代码略), 各城市坐标已知, 参数 A, B, C, D 取 Hopfield 对网络模型的参数值: A=500, B=500, C=200, D=500, 仿真步长取 0.1, 仿真次数取 1000 次. 由于 Matlab 工具箱中只提供了离散 Hopfield 网络的仿真函数, 没有提供连续型的仿真函数, 所以这里将微分方程化为差分方程求解. 当网络运行至稳定状态时, 矩阵 V 的输出即代表 TSP 问题的可行解.

取下列参数:

V=[0.4000 0.4439; 0.2439 0.1463; 0.1707 0.2293; 0.2293 0.761; 0.5171 0.9414;
        0.8732 0.6536; 0.6878 0.5219; 0.8488 0.3609; 0.6683 0.2536; 0.6195 0.2634].

数据位置如图 5.2.3 所示, 迭代步骤如图 5.2.4(a)~(d) 所示, 最优图如图 5.2.5 所示.

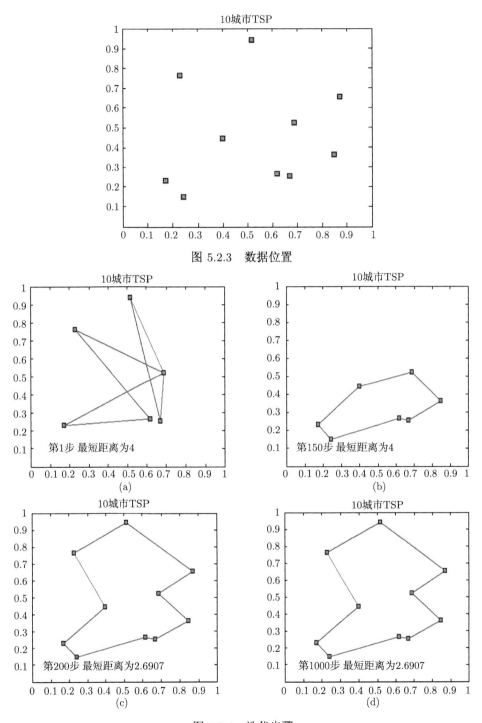

图 5.2.3 数据位置

图 5.2.4 迭代步骤

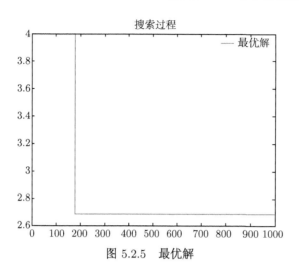

图 5.2.5　最优解

激励函数为 Sigmoid

$$y_{ui} = f(z_{ui}) = \cfrac{1}{1 + e^{-\frac{2z_{ui}}{\mu_0}}}$$

其中

$$u_0 = 0.02, \quad \sum_{u=1}^{10} \sum_{i=1}^{10} y_{ui} = 10, \quad z_{00} = -\frac{\mu_0}{2} \ln 9,$$
$$z_{ui} = z_{00} + \lambda \Delta z_{ui}, \quad -0.1\mu_0 \leqslant \Delta z_{ui} \leqslant 0.1\mu_0,$$
$$\lambda = 0.00001.$$

4. Hopfield 网络优化的缺陷

用 Hopfield 网络优化的出发点建立在神经网络是稳定的, 网络势必收敛到渐近平衡点, 且神经网络的渐近平衡点恰好是能量函数的极小值. 所以用 Hopfield 网络优化会导致:

(1) 网络最终收敛到局部极小解, 而非全局最优解;

(2) 网络可能会收敛到问题的不可行解;

(3) 网络优化的最终结果在很大程度上依赖于网络的参数.

5.2.2　神经网络与其他优化算法的结合

1. BP 算法与遗传算法的结合

由于传统 BP 网络以梯度下降法训练神经元的权重和偏置, 常常陷于局部最佳解. 因此, 提出了以遗传算法代替梯度下降法演化 BP 网络, 将网络的权重和偏值设定为染色体基因, 并依次编码, 确定适应度函数用于评价神经网络好坏, 利用交叉、变异等遗传操作对当前群体进行处理, 搜寻全局最佳权重和偏值. 同时设计了用于手写体数字识别的聚类神经网络结构, 如图 5.2.6 所示. 该系统首先提取了手写体数字的 4 个方向特征和 1 个全局特征, 共 5 组特征. 输入层有 5 组 4×4 个结点, 每一组特征与隐层相应的特征组是全互连的, 输出层与隐层是全互连的, 输出层由 10 个结点组成, 一个结点对应一类, 如果输出类 i, 则第 i 个结点为 1, 其余结点为 0. 因此, 这个网络有 170 个结点和 2080 个独立的参数. 训练和学习算法均采用 BP 算法和遗传算法相结合的方法, 在 3 个不同的数据库上进行了实验. 实验结果表明, 这个在输入层和隐藏层有 5 个子网络的多层聚类神经网络, 在每个子网络分别依据不同的特征数据用 BP 算法和遗传算法相结合的方法进行训练后, 在识别相似手写体字符时是有效的.

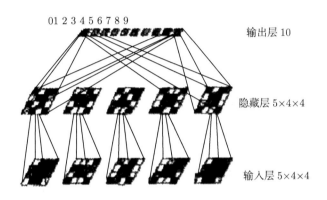

图 5.2.6　聚类结构的分类系统

2. 基于协作进化算法的神经网络集成

对神经网络集成实现方法的研究主要集中在两个方面, 即怎样将多个神经网络的输出结论进行结合以及如何生成集成中的个体网络. 为了使个体神经网络有不同的误差分布空间和多样性的结构, 已经提出的集成方法有 Bagging、Boosting 和 Cross Validation 等. 但在这些方法中, 每个神经网络是被独立或顺序训练的, 即个体神经网络的设计和学习过程是被分开的. 利用神经网络训练过程中的交互信息使训练过程能够合作进行, 将协作进化 (coevolution) 算法和多目标优化算法应用在神经网络集成中, 即个体神经网络的训练和组合是同时进行的. 应用协作进化算法构造出由多个合作的个体神经网络组成的分类系统, 该合作模型主要由两个合作进化的分离群体组成, 分别是神经网络组合群和神经网络集成群. 在神经网络群进化过程中, 应用多目标优化算法, 使个体网络更好地合作, 通过一些性能参数反映计划过程的性能, 如测试网络多样性、测试误差函数的正则性和网络之间的差异性等. 当个体神经网络采用 BP 算法, 将该方法应用于字符识别时, 分类系统的性能有显著提高.

5.3   神经网络应用与知识处理

下面主要通过 ANN 的商业银行贷款风险预警进行分析.

近年来我国政府对防范贷款风险非常重视, 积极倡导运用现代信息技术管理手段推行商业银行风险管理, 我国在 2000 年已经建立金融风险管理预警系统. ANN 在商业银行信贷风险预警 (early warning, EW) 系统中的应用, 无论从思想上, 还是技术上都是对传统经济预警系统的一种拓宽和突破, 解决了传统预警模型难以处理高度非线性模型, 克服了缺少自适应能力、信息和知识获取的间接、费时、效率低等困难, 从而为预警走向实用化奠定了基础. 这里着重讨论涉及财务因素的预警信号, 采用前向三层的 BP 模型, 设计网络结构, 并进行网络训练和测试. 最后用 VB 语言和 ACCESS97 进行计算机实施并进行样本实证分析.

1. 前向三层 BP 网络商业银行信贷风险预警系统的构造

前向三层 BP 网络在经济领域已有比较广泛的应用, 如股价预测、汇率中长期预测等, 并且取得了较好的效果. 然而, 在预警领域尤其是商业银行信贷风险的预警方面尚不多见, 将 ANN 应用于该领域是一次非常有意义的探索和尝试.

从模式识别的角度看, 商业银行信贷风险预警是一个模式分类的过程: 从警兆指标 → 警情指标 → 警度之间的映射关系来看, 经济预警是一个函数逼近的过程; 从警兆指标 → 警情指标 → 警度之间的噪声与报警准确处理方式来看, 经济预警又是一个最优化过程. 模式识别、函数逼近、最优化处理正是 ANN 最擅长的应用领域, 因此, ANN 应用于商业银行信贷风险预警是非常适合的.

ANN 目前研究、应用最广泛的是前向三层 BP 网络. 图 5.3.1 即为前向三层 BP 网络示意图, 它由输入层、中间层、输出层组成. 中间层位于输入层和输出层之间, 作为输入模式的内部表示, 对一类输入模式所包含的区别于其他类别的输入模式的特征进行抽取, 并将抽取出的特征传递给输出层, 由输出层对输入模式的类别作最后的判别. 因此, 也可以把中间层称为特征抽取层. 中间层输入模式进行特征抽取的过程, 实际上就是对输入层与中间层之间连接权进行 "自组织化" 的过程. 在网络的训练过程中, 各层之间的连接权起着 "传递特征" 的作用. 各连接权从初始的随机值逐渐演变, 最终达到能够表征输入模式的过程, 就是 "自组织化过程".

指标预警方法是其他传统预警方法的基础, 它也是最常用的预警方法. 图 5.3.2 为指标预警方法示意图. 显然, 商业银行信贷风险预警系统非常适合于前向三层 BP 网络. 一般而言, BP 网络算法主要有以下几个步骤:

(1) 对全部连接权的权值进行初始化, 一般设置成较小的随机数, 以保证网络不会出现饱和或反常情况;

(2) 取一组训练数据输入网络, 计算出网络的输出值;

(3) 计算该输出值与期望值之间的偏差, 然后从输出层反向计算到输入层, 向着减少该偏差的方向调整各个权值;

(4) 对训练集中的每一组数据都重复上面. 两个步骤, 直到整个训练偏差达到能被接受的程度为止.

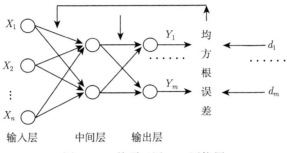

图 5.3.1　前项三层 BP 网络层

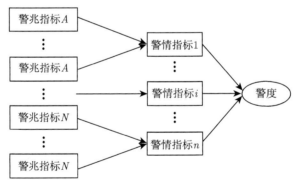

图 5.3.2　指标预警方法示意图

在前向三层 BP 网络算法中, 对网络性能影响比较大的是权值修正法, 这里采用下面的方法:

$$W_{jh}(t+1) = W_{jh}(t) - \eta \frac{\partial E}{\partial W_{jh}} + \alpha(W_{jh}(t) - W_{jh}(t-1)),$$

$$W_{hi}(t+1) = W_{hi}(t) - \eta \frac{\partial E}{\partial W_{hi}} + \alpha(W_{hi}(t) - W_{hi}(t-1)).$$

其中, t 为迭代次数; G 为学习率; G 为动量因子; W_{jh} 为输入层节点与中间层节点之间的连接权值; W_{hi} 为中间层节点与输出层节点之间的连接权值. 权值修正是在误差向后传播的过程中逐层传播进行的, 当网络的所有权值都被更新一次后, 网络即经过一个学习周期.

前向三层 BP 网络需要一个训练集和一个评价其训练效果的测试集. 训练集和测试集应源于同一对象的由输入/输出对构成的集合. 其中, 训练集用于训练网络, 以达到指定的要求, 而测试集是用来评价已训练好的网络的性能.

2. 贷款风险预警信号知识处理

贷款风险预警信号的知识表示、特征抽取: 贷款风险早期征兆因素或预警信号可归纳为财务因素、信息因素、组织因素、商业行为等. 本节主要讨论有关财务状况的预警信号. 财务因素分析作为一个 "公共" 工具, 可以满足不同分析的需要, 就信贷风险中的财务因素分析来说, 其最为关注的是借款人的偿债能力, 可以从损益表和资产负债表开始, 依次分析借款人的财务状况、盈利能力和营运能力即各种财务比率, 最后落脚于分析借款人现在和未来的偿债能力上.

财务比率包括四类: 盈利能力比率、营运能力比率、长期偿债能力比率和短期偿债能力比率, 每类比率又包含若干具体指标. 所有这些指标在财务分析时其重要程度尚无定论, 目前在实际操作中大多数只是凭着经验得到一个大概. 为了避免模糊的分析判断、增强可操作性, 现使用一套适用于银行贷款的企业财务状况系统. 该系统包括以下 4 类 15 项财务指标:

(1) 盈利能力比率: 营业毛利率、营业利润率、净利润率、资产收益率、股东权益收益率、成本费用率;

(2) 营运能力比率: 应收账款周转率、存货周转率、总资产周转率、固定资产周转率;

(3) 短期偿债能力比率: 流动比率、速动比率;

(4) 长期偿债能力比率: 资产负债率、负债与所有者权益比率、利息保障倍数.

该系统的综合评分方法如下:

(1) 以行业平均值为标准值;

(2) 标准分的总分为 100 分, 其中盈利能力比率 35 分 (营业毛利率 4 分、营业利润率 3 分、净利润率 3 分、资产收益率 10 分、股东权益收益率 10 分、成本费用率 5 分), 营运能力比率 25 分 (应收账款周转率 8 分、存货周转率 8 分、总资产周转率 5 分、固定资产周转率 4 分), 短期偿债能力比率 15 分 (流动比率 8 分、速动比率 7 分), 长期偿债能力比率 25 分 (资产负债率 7 分、负债与所有者权益比率 6 分、利息保障倍数 12 分);

(3) 根据企业财务报表, 分项计算 15 项指标的实际值, 然后加权计算每类的实际得分. 计算公式为: 实际得分 = 权数 ×(实际值/标准值).

数据处理: 信贷风险预警神经网络的数据处理的一个问题是输入/输出数据向量的确定. 神经网络的输入就是信贷风险特征抽取所确定的数据, 它们多是连续型变量, 网络的输出则是布尔型离散向量, 如果信贷风险分为正常和需要预警, 那么

输出向量定义为 $(0, 1)$、$(1, 0)$. 另外, 应将综合评价得出的实际得分进行归一化处理, 以作为网络的实际输入.

3. 实验设计

现在, 对于信贷风险预警的神经网络进行实验设计, 实验的设计是示范性的. 根据合作单位苏州中信银行提供的数据, 结合信贷风险的特征抽取, 提取盈利能力、营运能力、短期偿债能力和长期偿债能力四个警兆指标, 作为 BP 网络输入层的输入; 警度分为正常和预警, 作为 BP 网络输出层的输出实验数据见表 5.3.1.

表 5.3.1

警度	企业编号	盈利能力	营运能力	短期偿债能力	长期偿债能力
	1	0.30	0.20	0.09	0.20
	2	0.28	0.21	0.10	0.18
	3	0.31	0.17	0.08	0.18
	4	0.28	0.18	0.12	0.19
正	5	0.29	0.18	0.11	0.22
常	6	0.27	0.19	0.09	0.20
	7	0.28	0.20	0.09	0.17
	8	0.30	0.20	0.08	0.18
	9	0.31	0.21	0.10	0.18
	10	0.29	0.18	0.08	0.19
警度	企业编号	盈利能力	营运能力	短期偿债能力	长期偿债能力
	1	0.18	0.12	0.06	0.13
	2	0.16	0.13	0.07	0.14
	3	0.23	0.15	0.05	0.18
	4	0.27	0.14	0.03	0.11
预	5	0.25	0.12	0.04	0.08
警	6	0.24	0.10	0.07	0.09
	7	0.24	0.08	0.06	0.12
	8	0.36	0.13	0.06	0.13
	9	0.23	0.11	0.05	0.10
	10	0.19	0.09	0.07	0.19

神经网络的决策工具 BP 网络中, 输入节点 $n = 4$, 输出节点 $i = 2$, 中间层节

点根据经验取作 $m = 3$, 增益值 $G = 0.3, A = 0.3$, 权值矩阵初值 W_{jh} 的元素是服从 $N(0, 1)$ 正态分布的随机数, 即

$$W_{jh} = \begin{pmatrix} -0.3258 & -0.8116 & 0.9511 \\ 0.9098 & 0.7635 & -0.1817 \\ -0.2966 & 0.8013 & -0.8024 \end{pmatrix}, \quad W_{hi} = \begin{pmatrix} 0.8054 & -0.2930 \\ 0.6054 & 0.7899 \\ -0.2572 & -0.4331 \end{pmatrix}.$$

在一般 PC 机上训练 8900 次, 耗时约 8 min, 即平均误差很小, 权值矩阵如下:

$$W_{jh} = \begin{pmatrix} 8.7748 & 36.4754 & -10.5350 \\ 39.4298 & 19.4465 & 6.5359 \\ -36.4391 & 46.8195 & 10.3235 \\ -5.8497 & -9.6137 & 0.5724 \end{pmatrix}, \quad W_{hi} = \begin{pmatrix} -20.0303 & 9.1097 \\ -5.8775 & 36.1267 \\ 12.6415 & -29.9501 \end{pmatrix}.$$

在实验设计中, 预留了一组测试向量, 经过并行推理, 结果见表 5.3.2. 在实验中不同的权值初值可能产生不同的权值矩阵结果, 但是对于原始输入/输出数据 (表 5.3.1), 符合率可以达到 95%, 且推理结果与表 5.3.2 是一致的.

表 5.3.2　神经网络工具的测试结果

警度	企业编号	盈利能力	营运能力	短期偿债能力	长期偿债能力	推理结果
正常	1	0.27	0.22	0.11	0.18	$(0.082, 0.935) \rightarrow (0, 1)$
预警	2	0.20	0.12	0.09	0.20	$(0.912, 0.080) \rightarrow (1, 0)$

4. BP 网络模型的计算机实现

本系统采用 VB+ Access 数据库实现. 以前人们多采用 C 或 C++ 语言实现该系统, 但考虑到界面的友好性、程度的可读性和通用性原则, 这里采用了 VB 作为编程语言; 应用数据库作为后台, 可以使得对于每一个具体的研究项目建立一个单独的数据库文件 (包括从初始权重表、终止权重表、训练数据表、测试数据表、预测数据表和网络结构表等), 从而可以很容易地达到多个研究项目共享同一套程度代码. 另外, 由于 VB 提供了功能强大、使用便捷的数据库接口, 因而可基本实现程序和数据库的无缝连接.

5.4　神经网络在医学中的应用

人工神经网络 (ANN) 是医学方面非常热门的一个研究领域. 人工 ANN 应用于医学领域亦有近 40 多年的历史, 但是只是在最近 20 余年才有较快的发展. 目前国内外有相当多的研究在探讨 ANN 在临床工作中的应用.

1. ANN 应用于临床诊断

在临床工作中医生大多是凭借一些临床资料, 如患者症状、体征以及各种检查结果, 根据临床经验得出结论, 但是哪些资料的价值大应该着重考虑, 哪些只作次要考虑, 各个医生的意见有时很不一致. 究其原因还是由于个人的经验决定了他们对各种资料所给的 "权重" 不同所致. 人脑容量虽大, 但是对大样本量的资料的整合功能却较差, 而 ANN 在这一方面有较强的优势, 它能够通过大宗样本的学习最终获得诊断疾病的能力.

ANN 应用于疾病的诊断有较高的实用价值. 许多研究都显示 ANN 应用于临床诊断有较高的敏感性和特异性. Tourassi 等将 ANN 应用于肺栓塞的诊断, 他从 PI-OPED 研究的数据中随机抽取了 1064 份临床资料 (其中 387 例为肺栓塞, 其余 681 例为非肺栓塞患者) 应用于 ANN 的训练和检测, 并把 ANN 的诊断结果同内科医师的诊断结果进行了对比, 结果显示 ANN 诊断的准确性比医师的准确性还要高, 同时也指出用于训练的训练集的例数越多, 网络的诊断能力就越强、准确性也越高.

国内有常崇旺等应用 BP 人工神经网络, 通过运用 424 例患者的一般情况、危险因素、症状、体征等 7 大类 59 项资料对网络进行训练构建了一个帕金森病的诊断模型. 通过该模型对 113 例患者 (其中帕金森病患者 33 例) 进行诊断, 显示 ANN 有较好的诊断价值, 其漏诊率是 8.3%, 误诊率是 6.4%, 准确性为 85.3%, 虽然与专家诊断结果相比在统计学上无明显差异, 但是, 这项研究的训练集的例数偏少是一个不容忽视的问题, 如果加大 ANN 训练的样本量, 结果也许会更好. 这与 Tourassi 的看法是一致的.

另有一份较大样本资料用于冠心病的 ANN 诊断的研究, 赵炳让等通过 1200 份病例的训练, 300 例用于训练时的检测, 然后对 167 例病例进行模拟诊断并同实际结果进行比较, 计算出网络诊断的准确性为 92.79%, 敏感性及特异性分别为 92.79% 和 87.05%.

吴拥军等则将 12 项血清指标运用于 BP 网络进行肺癌诊断的研究中, 其资料构成是 50 例肺癌患者, 40 例肺良性疾病 (如肺结核、支气管炎等) 以及 50 例正常人的 CEA、CA125、NSE 等 12 项血清指标, 从中随机抽取了 100 例用于网络的训练, 其余 30 例用于检测, 研究结果显示 ANN 的肺癌的识别率及预测率均为 100%, 并且可以同时区分是正常、良性疾病还是肺癌.

2. ANN 应用于医学影像

由于 ANN 自身工作原理的特征: 能够 "记忆"、"分析" 输入的信息, 并根据一定的训练原则输出一个较为合理的预测结果. 因此便有人尝试将 ANN 应用于临床影像学之中, 从影像学资料中筛选出有诊断和鉴别意义的影像学特征作为输入变量.

Wu 等构建了一个根据运用乳腺影像学检查所表现的各种特征 (从密度相关因

子, 钙化灶相关因子等 5 大类 43 项中筛选了 14 个作为输入变量) 训练了一个用于区分肿块良恶性的 BP 网络, 并同影像学专家和住院医师的判别结果运用 ROC 分析作了比较, 发现 ANN 在区分乳腺摄片中的良恶性病变有较高的敏感性和特异性, 同时 ANN 相对影像学专家和住院医师有较高的阳性预测价值 (ANN 为 0.68, 其余二者分别为 0.63 和 0.57).

3. ANN 应用于预后情况的研究

临床医生往往根据某一或几个预后因素估计患者的生存时间或预后, 甚至凭经验来预测. ANN 可以用来处理多因素资料甚至是因素与结果的关系不甚明确的资料.

Burke 等通过 3 组不同的临床资料运用 ANN 分析预测各组患者的 5 年和 10 年生存, 并同 TNM 分期系统预测结果的准确性进行了比较. 对乳腺癌组的分析显示, 应用 TNM 分期中的 3 个因子: 肿瘤大小, 阳性淋巴结数目以及有无远处转移, 作为 ANN 的输入变量用以预测 5 年生存, 其准确性为 0.770, TNM 则为 0.720. 同样的方法分析了另一组乳腺癌患者的 10 年生存, 结果 ANN 的预测准确性为 0.730, 比 TNM 分期的 0.692 要高. 另有一组大肠癌资料被用于 5 年生存的预测, 用上述同样的方法, ANN 的准确性是 0.815, 若增加与疾病相关的统计学和解剖学的因子作为 ANN 的输入变量后, ANN 的预测准确性上升至 0.869, 而 TNM 则仅从 0.737 上升到 0.784. 可以认为应用 ANN 可以提高对癌症患者生存预测的准确性.

类似地, Snow 等则将 ANN 与传统的 Logistic 回归进行了比较. 他们通过对众多可能影响结肠癌患者生存的因子先进行了敏感性分析, 从而筛选出有意义的影响因子作为输入变量, 构建了一个 5 年生存预测模型, 并且将之与运用 Logistic 回归构建的 5 年生存预测模型的预测结果作比较, 结果也显示 ANN 的准确性较 Logstic 回归为高. 贺佳等用 BP 网络研究影响肝癌手术后复发的相关因素的筛选, 通过对 1000 多份病例资料的分析, 先对 54 个可能的影响因素作 ANN 的单因素分析, 对选取有意义的 18 项因子作多因素分析, 最终筛选出 9 个与预后相关密切的因子, 作为肝癌手术后复发预测的重要指标, 其结果与临床实际十分相符.

Santos-Garcia 等根据 1994~1999 年 5 年间因 NSCLC(非小细胞癌) 而进行肺切除的 384 份病例临床资料训练了一个预测手术后死亡的模型, 再利用该网络对 2000 年 2 月至 2001 年 12 月间的 141 例手术后的 NSCLC 患者作分析, 计算手术后的病死率, 并应用 ROC 分析, 显示该模型的病死率预测的准确性可以达到 0.98, 因此认为 ANN 较传统的统计学方法可以作出更加准确的预测.

4. ANN 应用于临床决策分析

ANN 是一种非常有潜力的临床决策支持系统工具. ANN 能够为每个患者 "量体裁衣" 地给出一个特定的预测值, 这是同以往传统的统计分析方法区别最为明显的一点. 在以往的临床决策过程中, 通常是将来自于特定人群大样本资料的某一事件的概率应用于某一个特定的个体的身上. 然而, 代表一特定人群的概率能否适用于特定的个体是值得探讨的. 比如, 统计学显示 III 期鼻咽癌患者的 5 年生存率为 50%~60%, 那么对一个具体的 III 期鼻咽癌患者能否说他 5 年生存的可能性就是 50%~60% 呢? 显然不能. 比如, 20 岁的一般情况好的 III 期鼻咽癌患者同 60 岁的一般情况差的 III 期鼻咽癌患者的预后就不可能一样. 同样, 在对人群大样本资料分析的基础上 ANN 的应用以概率的方式为个体化的实现提供了可能, 也就为临床决策的个体化提供了可能, 从而为决策的科学化提供了保证. Bestwick 和 Burke 在一篇文章中将 ANN 和 Kaplan-Meier 这两种方法应用于癌症患者的预后研究之中, 通过比较分析后认为 ANN 能够有效地为患者个体作出较为准确的预测.

另外, 最近 Ronco 将 ANN 应用于乳腺癌的筛查工作中, 以期提高筛查的成本效益比, 具体做法是运用 ANN 对乳腺癌亚高危人群作预选后再作进一步的实验室筛选. 通过研究分析, 结果显示 ANN 的阳性预测价值 (PPV) 为 94.04%, 阴性预测价值 (NPV) 为 97.60%, 同时将 ANN 同 Logistic 回归作了比较, ANN 显示出较好的预测性能, 因为 Logistic 回归的 PPV 仅为 77.46%, NPV 仅为 68.81%, 明显较 ANN 的为低. 因此, 可以认为将 ANN 应用于大规模的临床筛查实验前的预选是有实用前景的.

5. ANN 应用于医学信号处理

在生物学信号的检测和分析处理中主要集中于对心电、脑电、肌电、胃肠电等信号的识别, 脑电信号的分析, 医学图像的识别等.

6. ANN 应用于心血管系统的建模与诊断

神经网络可用于模拟人体心血管系统. 利用神经网络构建人的心血管系统模型, 并将模型与人实际生理测量进行对比, 从而对身体健康情况进行诊断. 如果这个程序定期进行, 就可以在早期检测出潜在的危害, 与疾病作斗争的过程相对容易一些. 人的血管系统模型必须模仿不同生理活动水平下的生理变量 (心率, 收缩压, 舒张压和呼吸率) 之间的关系. 如果将模型应用于人, 那么该模型便是此人的身体状况模型.

7. ANN 应用于医学专家系统

医学专家系统就是运用专家系统的设计原理与方法, 模拟医学专家诊断, 治疗疾病的思维过程编辑的计算机程序, 它可以帮助医生解决复杂的医学问题, 作为医生诊断、治疗的辅助工具. 目前最热门的神经网络仿真软件是 NeuroSolutions, 它可以协助我们快速建构出所要的神经网络, 以方便训练、测试网络. NeuroSolutions 提供了 90 种以上的视觉化类神经组件, 可让使用者任意连接及合成不同的网络架构, 以实现类神经网络仿真及专业化应用, 这种同时兼具视觉化美感的操作界面及强大功能的专业化软件是其他同等级的产品不能替代的. 如果要想了解 ANN 应用于医学方面更多的问题, 可以查找相关的资料, 限于本书的篇幅, 这里不再赘述.

参 考 文 献

[1] 钟守铭, 刘碧森, 王晓梅, 等. 神经网络稳定性理论. 北京: 科学出版社, 2008

[2] 王晓梅, 钟守铭, 郭科. 具有时滞的细胞神经网络的全局渐近稳定性分析. 成都理工大学学报. 自然科学版, 2004, 31(4): 422-426

[3] 蒋宗礼. 人工神经网络导论. 北京: 高等教育出版社, 2001

[4] 杨建刚. 人工神经网络实用教程. 杭州: 浙江大学出版社, 2001

[5] 廖晓昕. 动力系统的稳定性理论与应用. 北京: 国防工业出版社, 2000

[6] 廖晓昕. 稳定性的理论、方法和应用. 武汉: 华中科技大学出版社, 2005

[7] 廖晓昕. Hopfield 神经网络的稳定性. 中国科学 (A 辑), 1993, 23(10): 1025-1035

[8] 焦李成. 神经网络的应用与实现. 西安: 电子科技大学出版社, 1993

[9] 陈明, 等. MATLAB 神经网络原理与实例精解. 北京: 清华大学出版社, 2013, 156-190

[10] 王晓慧, 许永龙. 随机时滞 Hopfield 型神经网络的几乎指数稳定性. 天津师范大学学报 (自然科学版), 2006, 26(2): 41-44

[11] 丛爽, 王怡雯. 随机神经网络发展现状综述. 控制理论与应用, 2004, 21(6):975-985

[12] 张蕾, 钟守铭. 二阶 Hopfeild 型神经网络的稳定性分析. 电子科技大学学报, 2007, 36(2): 439-441

[13] 邱亚林, 钟守铭. 具有时滞的细胞神经网络周期解与稳定性. 工科数学, 2000, 16(1): 6-12

[14] 徐柄吉, 廖晓昕, 刘新芝, 陈钦生. 二阶 Hopfield 型神经网络的稳定性分析及收敛速度的估计. 电子学报, 2003, 31(1): 63-67

[15] 徐炳吉, 沈铁, 廖晓昕, 刘新芝. 具有时滞的二阶 Hopfield 型神经网络的稳定性分析. 系统工程与电子技术, 2002, 24 (7):77-81

[16] 巴桑卓玛. 浅谈李雅普诺夫函数的构造及应用. 西藏大学学报, 2006, 21(3): 111-123

[17] 关治洪, 孙德宝, 沈建京. 高阶 Hopfield 型神经网络的定性分析. 电子学报, 2002, 28(3): 77-80

[18] 胡进, 钟守铭, 梁莉. 随机时滞 Hopfield 型神经网络稳定性分析. 电子科技大学学报, 2007, 36(2): 409-411

[19] 马向玲, 田宝国. Hopf ield 网络应用实例分析. 计算机仿真, 2005, 29(6): 64-66

[20] 吴拥军, 吴逸明, 屈凌波, 等. 人工神经网络在肺癌诊断中的应用研究. 中国微生物和免疫学杂志, 2003, 23(8):646-649

[21] 徐炳吉, 廖晓昕. 具有时滞的高阶 Hopfield 型神经网络的稳定性. 电路与系统学报, 2002, 7(1): 9-12

[22] 杨志春, 徐道义. 具有变时滞和脉冲效应的 Hopfield 神经网络的全局指数稳定性. 应用数学和力学, 2006, 27(11):1329-1334

[23] 沈铁, 廖晓昕. 广义的时滞细胞神经网络的动态分析. 电子学报, 1999, 27: 62-64

[24] 沈铁, 赵勇, 廖晓昕, 杨叔子. 具有可变时滞的 Hopfield 型随机神经网络的指数稳定性. 数学物理学报, 2002, 20(3):400-404

[25] 沈铁, 张玉民, 廖晓昕. 随机细胞神经网络的指数稳定性. 电子学报, 2002, 30（11）:1672-1675

[26] 钟守铭, 等. 具有无穷时滞的细胞神经网络的稳定性. 电子学报, 2001, 29 (5) :626 - 629

[27] 钟守铭, 黄廷祝, 黄元清. 具有无穷时滞的细胞神经网络的稳定性分析. 电子学报, 2001, 29(5):626-629

[28] 赵彦彬, 陈新. 基于神经网络的全自动模式识别跟踪系统. 计算机工程, 2006, 32(13):209-211

[29] 杨保安, 季海. 基于人工神经网络的商业银行贷款风险预警研究系统工程. 理论与实践, 2001, 5:70-74

[30] 王旭, 王宏, 王文辉. 人工神经元网络原理与应用. 沈阳: 东北大学出版社, 2000

[31] 韩力群. 人工神经网络理论、设计及应用. 北京: 化学工业出版社, 2002

[32] 高隽. 人工神经网络原理及仿真实例, 北京: 机械工业出版社, 2007

[33] 马锐. 人工神经网络原理. 北京: 机械工业出版社, 2010

[34] Arisk S. Stability analysis of delayed neural networks. IEEE Transactions on Circuits and Systems-I, 2000, 47(7): 1089-1092

[35] Burke H B, Goodman P H, Rosen D B, et al. Artificial neural networks improve the accuracy of cancer survival prediction. Cancer, 2001, 79(4): 857-862

[36] Cao J D. Global exponential stability of Hopfield neural networks. Int. J. Sys. Sci. , 2001, 32(2): 233-236

[37] Cao J, Zhong S, Hu Y. Global stability analysis for a class of neural networks with varying delays and control input. Applied Mathematics and Computation, 2007, 189:1480-1490

[38] Dong J X, Krzyzak A, Suen C Y. An improved handwritten Chinese character recognition system using support vector machine. Pattern Recognition Letters , 2005 , 26 (12):1849 -1856

[39] Fan X M. Random attractor for a damped Sine-Gordon equation with white noise. Pacific Journal of Mathematics, 2004, 216(1):63-76

[40] Fan X M, Zhou S. Kernel sections for nonautonomous strongly damped wave equations of non-degenerate Kirchhoff Type. Applied Mathematics and Computation, 2004, 158 (1): 253-266.

[41] Fan X M. Attractors for a damped stochastic wave equation of Sine–Gordon type with sublinear multiplicative noise. Stochastic Analysis and Applications, 2006, 24: 767-793

[42] Fan X M, Wang Y. Fractal dimension on attractors for a stochastic wave equation with nonlinear damping and white noise. Stochastic Analysis and Applications, 2007, 25: 381-396

[43] Fan X M, Wang Y. Pullback attractors for a second order nonautonomous lattice dynamical system with nonlinear dampping. Physics Letter A, 2007, 365(1/2): 17-27

[44] Fan X M. Global periodic attractor for a first order lattice dynamic system with time periodic term. Far East Journal of Applied Mathematics, 2007, 27(1): 137-144

[45] AI - Omari F A, AI - J arrah O. Handwritten Indian numerals recognition system using probabilistic neural networks. Advanced Engineering Informatics , 2004 , 18 (1) :9-16

[46] Hu S Q, Wang J. Absolute exponential stability of a class of continuous-time recurrent neural networks. IEEE Trans-Neural Networks, 2003, 14(1): 35-45

[47] Jin H, Zhong S M, Li L. Exponential stability analysis of stochastic delayed cellular neural network. Chaos, Solitons and Fractals, 2006, 27:1006-1010

[48] Li H, Lv S, Zhong S M. Global uniform asymptotic stability of competitive neural networks with different-time scale and delay. journal of electronic science and technology of China, 2005, 3(2):126-129

[49] Liu X W, Zhong S M, Zhang F L. A stability criterion for HNFDE with non-uniform delays. Chaos, Solitons and Fractals, 2005, 24: 1299-1305

[50] Luo W P, Zhong S M, Yang J. Stability for impulsive neural networks with time delay by razumikhin method. Proceedings of the Fifth International Conference on Machine Learning and Cybernetics, Dalian, 13-16, August 2006:4149-4154

[51] Luo W P, Zhong S M, Liu X Z, Yang J. Global exponential stability analysis of impulsive cohen-grossberg neural networks with delays. Proceedings on 3rd International Conference on Impulsive Dynamic Systems and Applications, 2006: 1561-1564

[52] Ohlsson M. WeAidU-a decision support system for myocardinal perfussion images using artificial neural networks. Artifi Intell in Med, 2004, 3091: 49-60

[53] Snow P B, Kerr D J, Brandt J M, et al. Neural network and regression predictions of 5-year survival after colon carcinoma treatment. Cancer, 2001, 91(8):2003-2009

[54] Xu D Y, Zhao H Y, Zhu H. Global dynamics of Hopfield neural networks involving variable delays. Computers Math. Appl, 2001, 42:39-45

[55] Jun X, Pi D Y, Cao Y Y, Zhong S M. On stability of neural networks by a lyapunov functional based approach. IEEE Transactions on Circuits and Systems-I: Regular Papers, 2007, 54(4):912-924

[56] Yan K Y, Zhong S M, Yang J X. Asymptotic properties of a dynamic neural system with asymmetric connection weights. Journal of Electronic Science and Technology of China, 2005, 3(1):78-81

[57] Yang J X, Zhong S M, Yan K Y. Stability for cellular neural networks with delay. Journal of Electronic Science and Technology of China, 2005, 3(2):123-125

[58] Yang J, Zhong S M, Liu X Z, Luo W P. Stability analysis of stochastic interval neural networks with mixed delays by LMI approach. Proceedings on 3rd International Conference on Impulsive Dynamic Systems and Applications, 2006: 1570-1574

[59] Yang J X, Zhong S M. Exponential stability of neural networks with asymmetric connection weights. Chaos, Solitons and Fractals, 2007, 34: 580-587

[60] Yang J X, Zhong S M, YAN K Y: Exponential Stability for Delayed Cellular Neural Networks. Journal of Electronic Science and Technology of China, 2005, 3(3):238-240

[61] Yang J X, Zhong S M, Yan K Y. Stability for Cellular neural networks with delay. Journal of Electronic Science and Technology of China, 2005, 3 (2): 123-125.

[62] Zhang Y P, Liu X Z, Zhu H, Zhong S M. Analysis and synthesis of a class of cell partitions switched neural control systems. Proceedings on 3rd International Conference on Impulsive Dynamic Systems and Applications, 2006: 1580-1584

[63] Zhao H Y. Invariant set and attractor of non-autonomous functional differential systems. Mathematical Analysis and Applications, 2003, 28(2):437-443

[64] Zhong S M, Liu X Z. Exponential stability and periodicity of cellular neural networks with time delay. Mathematical and Computer Modelling, 2007, 45: 1231-1240

[65] Zhong S M, Long Y H, Liu X W. Exponential stability criteria of fuzzy cellular neural networks with time-varying delays. Proceedings of the Fifth International Conference on Machine Learning and Cybernetics, Dalian, 13-16, August 2006:4144-4148

[66] Zhou S, Fan X M. Kernel sections for non-autonomous strongly damped wave equations. J. Math. Anal. Appl. , 2002, 275:850-869

[67] Zhou Y T. Image restoration using a neural network. IEEE trans. on A SSP, 1988, 36(7): 1141-1151

[68] Wang X M, Zhong S. Existence and globally exponential stability of equilibrium for BAM neural networks with mixed delays and impulses. International Journal of Information and Mathematical Sciences, 2010: 37-42

[69] Wu W, Wang J, Cheng M S, et al. Convergence analysis of online gradient method for BP neural networks. Neural Networks, 2011, (24): 91-98

[70] Zheng C D, Zhang H, Wang Z. Novel exponential stability criteria of high-order neural networks with time-varying delays. IEEE Trans Syst Man Cybern Part B, 2011, 41:486–496

[71] Thipcha J, Niamsup P. Global exponential stability criteria for bidirectional associative memory neural networks with time-varying delays. Abstract and Applied Analysis, 2013, 23 (2013): 1-16

[72] Feng W, Yang S X, Wu H. Further results on robust stability of bidirectional associative memory neural networks with norm-bounded uncertainties. Neurocomputing 2015, 148: 535-543

附录　神经网络工具箱函数

A.1　工具箱函数索引

MATLAB6.5 神经网络 NNET4.0.2 包含了 170 多种工具箱函数, 有关这些函数的详细使用说明, 可以通过 MATLAB 的帮助文件得到.

在命令窗口输入

help 函数名

也可以获得相应函数的帮助信息.

为方便读者使用, 这里按分类列出神经网络工具箱函数, 见表 A1.

表 A1　神经网络工具箱函数分类索引

函数		功能
分析	errsurf	计算单输入神经元的误差曲面
函数	maxlinlr	计算线性神经元的最大学习率
	boxdist	向量间距离函数
距离	dist	欧几里得 (Euclidean) 距离权值函数连接距离函数
函数	1inkdist	连接距离函数
	mandist	曼哈顿 (Manhattan) 距离权值函数
图形		
界面	nntool	神经网络工具—图形用户界面
函数		
网络		
层初	initnw	NP(nguyen-Widrow) 网络层初始化函数
始化	initwb	通过权值和阈值对网络层进行初始化
函数		
	learncon	"良心"(conscience) 阈值学习函数
	learngd	梯度下降法权值 / 阈值学习函数
	learngdm	加动量因子的梯度下降法权值 / 阈值学习函数
	learnhd	Hebb 权值学习函数
学习	earnhd	加衰减因子的 Hebb 权值学习函数
函数	learnis	内星 (instar) 权值学习函数
	learnk	Kohonen 权值学习函数
	learnlvl	LVQ1 权值学习函数
	learnlv2	LVQ2 权值学习函数
	learnos	外星 (outstar) 权值学习函数

续表

函数		功能
学习函数	learnp	感知器权值/阈值学习函数
	learnpn	正规化感知器权值/阈值学习函数
	learnsom	自组织映射权值学习函数
线性搜索函数	srchbac	进行一维最小值搜索
	srchbre	用 Brent 搜索方法进行一维间隔搜索
	srchcha	用 Charalambous 搜索方法进行一维最小值搜索
	srchgol	用黄金分割搜索方法进行一维最小值搜索
	srchhyb	用混合对分/三次插值搜索方法进行一维最小值搜索
网络输入求导函数	dnetprod	乘积网络输入函数的求导函数
	dnetsum	求和网络输入函数的求导函数
网络输入函数	netprod	乘积网络输入函数
	ttetstin	求和网络输入函数
网络初始化函数	initlay	网络层初始化函数
网络通用函数	adapt	网络自适应调整函数
	disp	显示神经网络属性的函数
	display	显示神经网络名及其属性的函数
	init	初始化神经网络
	sim	神经网络仿真函数
	traln	神经网络训练函数
网络创建函数	network	创建自定义神经网络
	newc	创建竞争型网络层
	newcf	创建可训练的级联 BP 网络
	newelm	创建 Elman 反向传播网络创建前馈 BP 网络
	newff	创建前馈 BP 网络
	newfftd	创建输入延迟的前馈 BP 网络
	newgrnn	设计泛化回归神经网络 (GRNN)
	newhop	创建 Hopfield 反馈网络
	newlin	创建线性网络层
	newlind	设计线性网络层
	newlvq	创建学习向量量化 (LVQ) 神经网络
	newp	创建感知器层
	newpnn	设计概率神经网络
	newrb	设计径向基函数神经网络
	newrbe	设计精确的径向基函数 (RBF) 神经网络
	neuso	创建自组织 (SOM) 神经网络
误差性能求导函数	dmae	平均绝对误差性能 (mae) 的求导函数
	dmse	均方误差性能 (mse) 的求导函数
	dmsereg	归一化均方误差性能 (msereg) 的求导函数
	dsse	平方和误差性能 (sse) 的求导函数
误差性能函数	mae	平均绝对误差性能函数
	mse	均方误差性能函数
	msereg	归一化均方误差性能函数
	sse	平方和误差性能函数

续表

函数		功能
绘图函数	hitltonw	绘制权值矩阵的 hitltonw 图形
	hintonwh	绘制权值和阈值矩阵的 hinton 图形
	plotbr	绘制贝叶斯 (Bayesian) 归一化训练的误差性能曲面
	plotep	在误差性能曲面上绘制权值和阈值的位置
	plotes	绘制单输入单个神经元的误差曲面
	plotpc	绘制感知器神经网络的分类线
	plotperf	绘制网络的误差性能曲线
	plotpv	绘制感知器神经网络的输入/目标向量
	plotsorn	绘制自组织映射图
	plotv	从坐标原点以直线绘制向量
	plotvec	以不同的颜色绘制向量图
预处理和后处理函数	postmnmx	使经 premnmx 预处理的归一化数据重新转换为非归一化数据
	postreg	实现训练后的网络输出响应与目标值之间的线性回归分析
	poststd	使经 prestd 预处理的归一化数据重新转换为非归一化的数据
	prenlnmx	归一化输入向量和目标向量, 使其取值范围为 $[-1,1]$
	prepca	输入向量的主分量分析函数
	prestd	使处理后的数据平均值为 0, 标准偏差为 1
	tramnmx	以 premnmx 计算的最小值和最大值对数据进行转换
	trapca	以 prepca 计算的主分量转换函数
	trastd	以 prestd 计算的均值和标准偏差对数据进行转换
Simulink 支持函数	genslm	建立 Simulink 环境, 对神经网络进行仿真
拓扑函数	gridtop	网格型拓扑函数
	hextop	六边型拓扑函数
	randtop	随机型拓扑函数
训练函数	trainb	按照权值和阈值的学习规则, 用成批的训练样本对网络进行训练
	trainbfg	按照 BFGS 拟牛顿法对神经网络进行训练
	trainhr	按照 Bayesian 归一化法对反向传播神经网络进行训练
	trainc	根据输入的训练样本依次对神经网络进行循环训练
	traincgb	采用 Powell-Beale 复位算法的变梯度反向传播训练函数
	traincgf	采用 flether-reeves 算法的变梯度反向传播训练函数
	tralncgp	采用 Polak-Ribiere 算法的变梯度反向传播训练函数
	traingd	采用最速梯度下降算法的反向传播训练函数
	traingda	采用学习率可变的最速梯度下降算法的反向传播训练函数
	traingdm	以动量 BP 算法修正神经网络的权值和阈值
	traingdx	以学习率可变的动量 BP 算法修正神经网络的权值和阈值
	trainlm	采用 Levenberg-Marquardt 算法的变梯度反向传播算法
	trainoss	以一步正切 BP 算法修正神经网络的权值和阈值
	tralnr	按随机顺序以指定的学习函数对网络进行训练
	tralnrp	以弹性 BP 算法修正神经网络的权值和阈值
	tralns	根据输入的训练样本序列依次对神经网络进行训练 / 学习
	tralnscg	采用 SCG 算法的变梯度反向传播算法

续表

函数		功能
传输函数的求导函数	dhardlim	硬限函数 hardlim 的求导函数
	dhardlims	对称硬限函数 hardhms 的求导函数
	dlogsig	对数 S 形传输函数 logsig 的求导函数
	dposlin	正线性传输函数 poslin 的求导函数
	dpurelin	线性传输函数 purelin 的求导函数
	dradbas	径向基传输函数 radbas 的求导函数
	dsatlin	饱和线性传输函数 sathn 的求导函数
	dsatlins	对称饱和线性传输函数 sathns 的求导函数
	dtansig	双曲正切 S 型传输函数 tansig 的求导函数
	dtribas	三角基传输函数 tribas 的求导函数
传输函数	compet	竞争型传输函数
	hardlim	硬限传输函数
	hardlims	对称硬限传输函数
	logsig	对数 S 形传输函数
	poslin	正线性传输函数
	purelin	线性传输函数
	radbas	径向基传输函数
	satlin	饱和线性传输函数
	satlins	对称饱和线性传输函数
	softmax	柔性最大值传输函数
	tansig	双曲正切 S 形传输函数
	tribas	三角基传输函数
实用函数	calca	计算网络输出和其他信号
	calca1	计算单一时间步长的网络信号
实用函数	calce	计算网络层误差
	calce1	计算单一时间步长的网络层误差
	calcgx	以权值或阈值作为单一向量 X，计算其误差性能的梯度
	calcjejj	计算 Jacobian 误差性能向量
	calcjx	以权值或阈值作为单一向量 X，计算误差性能的 Jacobian 矩阵
	calcpd	计算延迟的网络输入
	calcperf	计算网络输出、信号和误差性能
	formlx	将权值和阈值重新组合成单一向量
	getx	将权值或阈值看成单一向量 X，获得网络的权值和阈值
	setx	将权值或阈值看成单一向量 X，设置网络的权值和阈值
向量函数	cell2mat	将多个矩阵构成的细胞矩阵转换为单一矩阵
	combvec	生成所有可能的向量组合
	con2seq	将并行向量转换为串行向量
	concur	生成并行阈值向量
	ind2vec	将行下标构成的行向量转换为稀疏矩阵
	mat2cell	向量将矩阵拆分为细胞矩阵

续表

函数		功能
向量 函数	minmax	计算矩阵行向量元素的取值范围
	normc	归一化矩阵的列向量
	normr	归一化矩阵的行向量
	pnormc	伪归一化矩阵的列向量
	quant	以量化等级的整数倍离散化数据
	seq2con	将串行向量转换为并行向量
	sumsqr	矩阵元素的平方和
	vec2ind	将稀疏矩阵向量转换为行下标构成的行向量
权值 和阈 值初 始化 函数	initcon	"良心"学习规则的阈值初始化函数
	inltzero	零权值初始化函数
	midpoint	中值权值初始化函数
	randnc	归一化列向量的随机权值初始化函数
	randnr	归一化行向量的随机权值初始化函数
	rands	对称随机权值/阈值初始化函数
	revert	以最后一次权值和闽值的初始化值进行初始化
权值求导函数	ddotprod	对点积权值函数求导
权值 函数	dist	Euclidean 距离权值函数
	dotprod	点积权值函数
	mandist	Manhattan 距离权值函数
	negdist	负距离权值函数
	normprod	归一化点乘权值函数

A.2 工具箱函数详解

为了避免对函数中的参数和变量的含义重复说明, 现将其列于表 A2 中.

表 A2 函数中的参数和变量

A	$S \times Q$ 的输出向量矩阵, S 为神经元数, Q 为输入样本数
Af	网络层最终延迟条件
Ai	网络层初始延迟条件, default=zeros. 可选参数, 仅当网络层有延迟时选用 为 $NI \times LD$ 的细胞矩阵, 其每个子矩阵 $A_i(i,k)$ 为 $S_i \times Q$ 矩阵
B	$S \times 1$ 的阈值向量, S 为神经元数
BLF	后向传播网络的权值和闭值学习函数, default='learngdm'
BTF	后向传播网络的训练函数, default='traingdx'
BV	阈值 B 的行向量
C	表示颜色的行向量矩阵
CLR	"良心"学习规则的学习率, default=0.001
D	$S \times S$ 的神经元距离, S 为神经元数
DF	在两次显示间隔内增加的神经元数, default=25

续表

DFCN	距离函数, default='linkdist', 还可以是 linkdist、dist 或 mandist
Di	在 SOFM 网络中, 表示第 i 个网络层的大小, defaults=[5 8]
	dimi 在第 i 维坐标中神经元的个数
E	$1 \times Q$ 或 $S \times Q$ 的网络输出误差向量矩阵, S 为神经元数, Q 为输入样本数 epoch
	训练经历的步长数, default= 训练记录的长度
ES	误差矩阵向量
F	传输函数名 (字符串)
gA	$S \times R$ 的性能函数对输出的梯度, S 为神经元数, R 为输入向量元素数目 goal
	误差目标值, default=0.0
gW	$S \times R$ 的性能函数对权值的梯度, S 为神经元数, R 为输入向量元素数目 i 网络层序号
KLR	Kohonen 学习率, defaul=0.01
ID	网络输入向量的延迟量 (nct.numInputDelays)
LD	网络层的延迟量 (net.numLayerDelays)
LF	学习函数
LP	学习参数
LR	学习率, default=0.01
LS	学习状态, 初始值 LS=[]
M	在 plotv 函数中, 表示 $R \times Q$ 向量 (Q 个向量, 每个向量有 R 个元素,
	R 的值不得小于 2, 当 R 的值大于 2 时, 只取每个向量的前 2 行作图);
	在 plotvec 函数中, 表示绘图标记, default='+'
maxp	$R \times l$ 的列向量, 表示输入向量 P 的各列向量的最大值
maxt	$S \times I$ 的列向量, 表示目标向量 T 的各列向量的最大值
maxw	权值的最大值, default=max (max(abs(W)))
maxp	$R \times l$ 的列向量, 表示输入向量 P 的各列向量的均值
meant	$S \times l$ 的列向量, 表示目标向量 T 的各列向量的均值
min-frac	保留分量对方差贡献百分比的最小值
minp	$R \times 1$ 的列向量, 表示输入向量 P 的各列向量的最小值
mint	$S \times 1$ 的列向量, 表示目标向量 T 的各列向量的最小值
minw	权值的最小值, default=MI\100
MN	最大神经元数. Defoult=Q
N	$S \times Q$ 的输入向量矩阵. S 为神经元数. Q 为输入样本数
name	训练的数名. dofault=''
ND	邻城距离. dofault=l
net	神经网络名称
Ni	网络输入向量数 (net.numInputs)
N1	网络层数 (net.numLayers)
No	网络输出向量数 (net.numOutputs ")
Nt	网络目标向量数 (net . numOutputs Targets)
OLR	创建 SOFM 网络时. 排序阶段的学习率. 默认值为 0.9
OSTEPS	创建 SOFM 网络时, 排序阶段的训练次数. 默认位为 1000
P	$R \times Q$ 的输入向量矩阵 (或 $l \times Q$ 的全 l 向量). R 为输入向量元素数目. Q 为输入样本数
PC	IVQ 网络中, 输出层 $S2$ 个输出单元表示各类模式的百分比 (其和为 1)

Pd	延迟的输入向量. 为 NoxNix TS 的细胞矩阵, 其每个子矩阵 Pd{1.j. ts}. 为 Dij×Q 的矩阵,Dij=Ri* length (net.inputWeight{i,j}.delays)
perf	网络的性能 (每一次训练的误差)
Pf	输入向量最终延迟条件
PF	误差性能函数 default='mse'
Pi	输入向量初始延迟条件. default=zeros. 可选参数. 仅当网络输入向量有延迟时选用
PN	$R \times Q$ 归一化输入向量矩阵
pos	$N \times S$ 矩阵. 表示 S 个神经元在 N 维空间中的位置
PP	性能参数
PR	$R\times 2$ 矩阵, 指定输入向量 R 各元素的取值区间 (最大值和最小值).R 为输入向量的元素数目
Ptrans	转换后的数据集
Q	批处理大小 (Batch size)
Ri	第 i 个输入向量的大小 (net.Input{i}. size)
S	神经元数目
Si	第 i 个网络层的大小 (net.Layers{ i }. size)
SNI	第 Nl 个网络层的神经元数目
S1	隐层神经元数
sprade	径向基函数的扩展常数. default=1.0
st	采样时间 default=1
stdp	$R\times 1$ 的列向量, 表示输入向量 P 的各列向量的标准偏差
stdt	$S\times 1$ 的列向量, 表示目标向量 T 的各列向量的标准偏差
T	l×Q 或 $S\times Q$ 的目标向量矩阵. Delault=zeros。可选参数, 仅当网络有目标向量时选用. 在绘图函数中, 表示直线类型. default ='-'. 可选参数
TF	传输函数
TFCN	拓扑函数,default = 'hextop'. 还可以是 gridtop 或 randtop
TFN1	第 $N1$ 个网络层的传输函数
T1	网络层的目标向量, 为NixTS 的细胞矩阵, 其每个子矩阵 $T1\{i, ts\}$ 为 $V_i \times Q$ 矩阵或空矩阵 [ ]
TLR	创建 SOFM 网络时. 调整阶段的学习率. 欲认值为 0.2
TN	$S \times Q$ 的归一化目标向量矩阵
TND	创建 SOFM 网络时, 调整阶段的邻近距离, 默认值为 1
TR	训练记录. "TR .epoch-. " 训练误差性能
transMate	转换矩阵
TS	时间步长数
TV	测试样本向量的结构,default=[ ]
Ui	第 i 个输出向量的大小 (net.outputs{i}.size)
V	plotes 函数中. 表示视角 (仰角和方位角), default=[$-37.5,30$]
Vi	第 i 个目标向量的大小 (not.targets{i} ,size)
VV	确认样本向量的结构. default=[ ]
W	SxR 的权位向量矩阵 (或 $S\times 1$ 的阈值向量), S 为神经元数, R 为输入向量的元素个数
WV	权值 W 的行向量

X	权值、阈值向量或其他向量矩阵
Z	$S \times Q$ 的加权输入向量. S 为神经元数. Q 为输入样本数
Zi	第 i 个 $S \times Q$ 的输入向量, S 为神经元数, Q 为输入样本数